高等数学思维训练与解题方法

（第二版）

佟绍成　李永明　王　涛　编著

东 北 大 学 出 版 社

·沈　阳·

图书在版编目（CIP）数据

高等数学思维训练与解题方法 / 佟绍成，李永明，王涛编著. — 2 版. — 沈阳 ：东北大学出版社，2021. 3
ISBN 978-7-5517-2669-6

Ⅰ. ①高…　Ⅱ. ①佟… ②李… ③王…　Ⅲ. ①高等数学—高等学校—题解　Ⅳ. ①O13-44

中国版本图书馆 CIP 数据核字（2021）第 052199 号

出 版 者：东北大学出版社
地址：沈阳市和平区文化路三号巷 11 号
邮编：110819
电话：024-83687331（市场部）　83680267（社务部）
传真：024-83680180（市场部）　83687332（社务部）
网址：http://www.neupress.com
E-mail：neuph@neupress.com
印 刷 者：辽宁一诺广告印务有限公司
发 行 者：东北大学出版社
幅面尺寸：185 mm × 230 mm
印　　张：15. 25
字　　数：341 千字
出版时间：2006 年 12 月第 1 版
2021 年 3 月第 2 版
印刷时间：2021 年 3 月第 1 次印刷
责任编辑：王兆元
责任校对：项　阳
封面设计：潘正一
责任出版：唐敏智

ISBN 978-7-5517-2669-6　　　　定　　价：38. 00 元

第二版前言

本书于2006年首次出版，经过我校和其他兄弟院校教师和学生十余年使用，该书已成为教师提高课程教学质量的一部优秀辅助教材，并成为学生提高课程学习质量的特色学习资源，收到了良好的实践教学效果．本书第二版在第一版的基础上，结合多年的教学实践和教学反馈情况修订而成．本次修订在保留第一版体系和风格的基础上，进一步丰富了部分章节的内容及教学案例．特别是，根据高等数学课程教学基本要求及近十年来的考研试题内容，对部分章节的典型例题做了适当的删减和补充．另外，修订了第一版中的一些表述，使之更加清晰简洁，也对第一版中存在的一些疏漏进行了改正．

由于作者水平有限，本书中纰漏和错误在所难免，殷切希望广大读者批评指正．

编　者

2021年1月于辽宁工业大学

前　言

高等数学是高等学校工科专业极为重要的一门基础课程，在工科专业研究生入学考试中也是必考的课程之一．该课程具有学时长、内容多、理论性强、难度大、解题技巧性灵活多样等特点，是衡量工科专业学生数学水平的重要标志．学好该门课程能够使工科专业学生逻辑思维和推理能力得到训练，分析和解决问题的能力得到提高，解题技巧和计算水平得到加强，从而为后续课程的学习奠定坚实的数学基础．为此，我们编写了《高等数学思维训练与解题方法》一书，希望达到抛砖引玉的效果．

作为长期从事高等数学课程教学的教师，在教学过程中，我们一直在思考和探索，如何面对高等数学浩如烟海的各种习题、各种抽象的定义和定理等问题，能给学生一种数学思维训练方法，一种启迪，一种解题思路或模式，使他们在这种模式下学会主动学习，掌握高等数学中的基本概念、基本原理和解题方法的内涵和精髓，做到由此及彼，举一反三，从而在各类考试中得心应手，应对自如．

为了实现这个目标，我们在多年教学研究和总结的基础上，把学生在学习高等数学时，对基本概念、定理的理解不深，逻辑推理不严密，计算上忽略公式的先决条件等原因而出现的一些典型错误加以归纳，整理和评析，形成教学案例，以此帮助学生澄清模糊概念，排除思维障碍，加深对基本概念、定理的理解及计算方法的正确把握．此外，我们集高等数学内容的相关程度、知识要点、解题思路、解题方法和技巧于一体，编制了主要章节的解题方法流程图，配置了满足各个分支条件的典型例题，对此进行分析、总结、归纳和计算. 宗旨是使学生从不同角度、全方位、多层次地寻求解题方法，达到培养数学思维、提高分析问题、解决问题和计算能力的目的.

本书内容包括两部分. 第一部分主要总结和归纳了学生在学习高等数学中常出现的典型错误，对这些典型错误进行评析，相应地给出正确的解法，并把相关的知识点融入到正确的解法和评析之中；第二部分主要介绍了高等数学的教学难点和学生在解题方法方面遇到的问题，针对高等数学的主要内容，编制了解题方法流程图，并配备了满足各计算方法的典型例题，以详细介绍如何利用解题方法流程图进行分析和计算. 同时，还对某些例题的解题方法及所应注意的问题进行必要的延伸、总结和归纳.

在本书的编写出版过程中，我校高等数学教研室唐剑涛教授提出了许多好的建议，并做了大量的工作，众多同人给予了大力支持，在此一并表示衷心的感谢！

由于编写时间仓促，作者水平有限，书中不妥和疏漏之处在所难免，敬请读者批评指正.

编　者

2006 年 6 月于辽宁工学院

目　录

第Ⅰ部分　典型错误与评析

一、函数的极限与连续性

【题目1】 用定义证明 $\lim\limits_{x\to 2}x^2=4$.

【错误解法】 对任意给定的 $\varepsilon>0$，要使 $|x^2-4|=|x-2||x+2|<\varepsilon$ 成立，只要 $|x-2|<\dfrac{\varepsilon}{|x+2|}$. 因此取 $\delta=\dfrac{\varepsilon}{|x+2|}$，则当 $0<|x-2|<\delta$ 时，就有 $|x^2-4|<\varepsilon$ 成立，故 $\lim\limits_{x\to 2}x^2=4$.

【错解评析】 以上解法属于对函数极限定义理解上的错误. 由 $\lim\limits_{x\to x_0}f(x)=A$ 的 $<\varepsilon-\delta>$ 定义不难看出，δ 是一个满足"当 $0<|x-x_0|<\delta$ 时，就有 $|f(x)-A|<\varepsilon$ 成立"的正实数，它与 ε 和 x_0 有关(一般地讲，ε 越小，对应的 δ 也越小)，但与 x 无关. 所以，上述解法中取 $\delta=\dfrac{\varepsilon}{|x+2|}$ 是错误的.

【正确解法】 对任意给定的 $\varepsilon>0$，由于 $x\to 2$，不妨限制 $0<|x-2|<1$，从而 $1<x<3$，$|x+2|\leqslant|x|+2<5$. 于是 $|x^2-4|=|x-2||x+2|<5|x-2|$，要使 $|x^2-4|<\varepsilon$，只要 $5|x-2|<\varepsilon$，即 $|x-2|<\dfrac{\varepsilon}{5}$. 由此取 $\delta=\min\left\{1,\dfrac{\varepsilon}{5}\right\}$，则当 $0<|x-2|<\delta$ 时，就有 $|x^2-4|<\varepsilon$ 成立. 故 $\lim\limits_{x\to 2}x^2=4$.

【题目2】 用定义证明 $\lim\limits_{x\to 0}\dfrac{x}{1+x}=0$.

【错误解法】 对任意给定的 $\varepsilon>0$（不妨令 $\varepsilon<1$），要使 $\left|\dfrac{x}{1+x}-0\right|=\dfrac{|x|}{|1+x|}<\varepsilon$ 成立，只要 $|x|<\varepsilon|1+x|$ 成立，又因 $\varepsilon|1+x|\leqslant\varepsilon+\varepsilon|x|$，故只要 $|x|<\varepsilon+\varepsilon|x|$ 成立，即 $|x|<\dfrac{\varepsilon}{1-\varepsilon}$，由此取 $\delta=\dfrac{\varepsilon}{1-\varepsilon}$，则当 $0<|x|<\delta$ 时，就有 $\left|\dfrac{x}{1+x}-0\right|<\varepsilon$ 成立，故 $\lim\limits_{x\to 0}\dfrac{x}{1+x}=0$.

【错解评析】 以上证法犯了逻辑推理上的错误，因为 $\varepsilon|1+x|\leqslant\varepsilon+\varepsilon|x|$，故 $|x|<\varepsilon+\varepsilon|x|$ 时，不能逆推出 $|x|<\varepsilon|1+x|$ 成立.

【正确解法】 对任意给定的 $\varepsilon>0$，由于 $x\to 0$，不妨限制 $|x|<\frac{1}{2}$，则 $|1+x|>\frac{1}{2}$. 于是

$$\left|\frac{x}{1+x}-0\right|=\frac{|x|}{|1+x|}<2|x|.$$

要使 $\left|\frac{x}{1+x}-0\right|<\varepsilon$，只需 $2|x|<\varepsilon$，即 $|x|<\frac{\varepsilon}{2}$，由此取 $\delta=\min\left\{\frac{1}{2},\frac{\varepsilon}{2}\right\}$，则当 $0<|x|<\delta$ 时，就有 $\left|\frac{x}{1+x}-0\right|<\varepsilon$ 成立. 故 $\lim\limits_{x\to 0}\frac{x}{1+x}=0$.

【题目 3】 用定义证明 $\lim\limits_{x\to 0}\frac{1+2x}{x}=\infty$.

【错误解法】 对任意给定的 $M>0$，要使 $\left|\frac{1+2x}{x}\right|>M$ 成立，由于 $\left|\frac{1+2x}{x}\right|=\left|\frac{1}{x}+2\right|\leqslant\frac{1}{|x|}+2$，故只要 $\frac{1}{|x|}+2>M$ 成立，即 $|x|<\frac{1}{M-2}$. 故取 $\delta=\frac{1}{M-2}$，则当 $0<|x|<\delta$ 时，就有 $\left|\frac{1+2x}{x}\right|>M$ 成立. 此即 $\lim\limits_{x\to 0}\frac{1+2x}{x}=\infty$.

【错解评析】 以上证法犯了逻辑推理上的错误. 因为 $\left|\frac{1+2x}{x}\right|=\left|\frac{1}{x}+2\right|\leqslant\frac{1}{|x|}+2$，故当 $\frac{1}{|x|}+2>M$ 成立时，不能逆推出 $\left|\frac{1+2x}{x}\right|>M$ 成立.

【正确解法】 对任意给定的 $M>0$，要使 $\left|\frac{1+2x}{x}\right|>M$ 成立，由于 $\left|\frac{1+2x}{x}\right|=\left|\frac{1}{x}+2\right|\geqslant\frac{1}{|x|}-2$，故只要 $\frac{1}{|x|}-2>M$ 成立，即 $|x|<\frac{1}{M+2}$，因此取 $\delta=\frac{1}{M+2}$，则当 $0<|x|<\delta$ 时，就有 $\left|\frac{1+2x}{x}\right|>M$ 成立. 此即 $\lim\limits_{x\to 0}\frac{1+2x}{x}=\infty$.

【题目 4】 求极限 $\lim\limits_{x\to 0}x^2\sin\frac{1}{x}$.

【错误解法】 $\lim\limits_{x\to 0}x^2\sin\frac{1}{x}=\lim\limits_{x\to 0}x^2\cdot\lim\limits_{x\to 0}\sin\frac{1}{x}=0\cdot\lim\limits_{x\to 0}\sin\frac{1}{x}=0$.

【错解评析】 以上解法属于极限运算法则应用上的一个典型错误. 事实上，在具体应用 $\lim[f(x)\cdot g(x)]=\lim f(x)\cdot\lim g(x)$ 这一极限运算法则时，有一个重要的前提条件，那就是 $\lim f(x)$ 及 $\lim g(x)$ 都必须存在（其他极限运算法则也有相应的条件）. 在此题中，由于极限 $\lim\limits_{x\to 0}\sin\frac{1}{x}$ 不存在，所以不能用乘积的极限运算法则.

【正确解法】 由于 $\lim\limits_{x\to 0}x^2=0$，$\left|\sin\frac{1}{x}\right|\leqslant 1$，即当 $x\to 0$ 时，$x^2\sin\frac{1}{x}$ 是一个无穷小与一个有界函数的乘积，依定理它仍是无穷小. 故 $\lim\limits_{x\to 0}x^2\sin\frac{1}{x}=0$.

【题目 5】　求极限 $\lim\limits_{x\to 0}\dfrac{\tan x-\sin x}{\sin^3 x}$.

【错误解法】　因 $x\to 0$ 时，$\tan x\sim x$，$\sin x\sim x$，故

$$\lim_{x\to 0}\frac{\tan x-\sin x}{\sin^3 x}=\lim_{x\to 0}\frac{x-x}{x^3}=0.$$

【错解评析】　利用等价无穷小代换法则，求两个无穷小之比的极限时，分子分母(或分子或分母)都可用等价无穷小来代换. 更进一步地说，分子或分母的乘积因子可用其等价无穷小代换，但和或差中的项则不能贸然进行代换，否则可能导致错误. 以上解法正是犯了这个错误，即用等价无穷小代换了分子中的第一、二项. 事实上，当 $x\to 0$ 时，$\tan x\sim x$，$\sin x\sim x$，但 $\tan x-\sin x$ 并不等价于 $x-x=0$（常数 0 是比任何无穷小都更高阶的无穷小）. 可证明，当 $x\to 0$ 时，$\tan x-\sin x\sim\dfrac{1}{2}x^3$.

【正确解法】　由 $\sin x\sim x(x\to 0)$，得

$$\lim_{x\to 0}\frac{\tan x-\sin x}{\sin^3 x}=\lim_{x\to 0}\frac{\frac{1}{\cos x}-1}{\sin^2 x}=\lim_{x\to 0}\frac{1-\cos x}{x^2\cos x}.$$

由 $1-\cos x\sim\dfrac{1}{2}x^2(x\to 0)$，得

$$\lim_{x\to 0}\frac{\tan x-\sin x}{\sin^3 x}=\lim_{x\to 0}\frac{1-\cos x}{x^2\cos x}=\lim_{x\to 0}\frac{\frac{1}{2}x^2}{x^2\cos x}=\frac{1}{2}.$$

【题目 6】　求极限 $\lim\limits_{x\to 0}\dfrac{\sin\left(x^2\sin\frac{1}{x}\right)}{x}$.

【错误解法】　因为 $x\to 0$ 时，$x^2\sin\dfrac{1}{x}\to 0$，所以，$\sin\left(x^2\sin\dfrac{1}{x}\right)\sim x^2\sin\dfrac{1}{x}$，从而

$$\lim_{x\to 0}\frac{\sin\left(x^2\sin\frac{1}{x}\right)}{x}=\lim_{x\to 0}\frac{x^2\sin\frac{1}{x}}{x}=\lim_{x\to 0}x\sin\frac{1}{x}=0.$$

【错解评析】　上述求极限的过程中，运用了等价无穷小代换：当 $x\to 0$ 时，$x^2\sin\dfrac{1}{x}\to 0$，所以，$\sin\left(x^2\sin\dfrac{1}{x}\right)\sim x^2\sin\dfrac{1}{x}$. 而这个结论事实上是不成立的，这是由于当 $x\to 0$ 时，$x^2\sin\dfrac{1}{x}$ 能取到零值，例如当 $x_n=\dfrac{1}{n\pi}$时，$\left(\dfrac{1}{n\pi}\right)\sin\dfrac{1}{\frac{1}{n\pi}}=\dfrac{1}{n\pi}\sin n\pi=0$. 故本题不能使用等价无穷小代换的方法来求解，而是应用夹逼准则来考虑.

【正确解法】　因为 $\left|\sin\left(x^2\sin\dfrac{1}{x}\right)\right|\leqslant\left|x^2\sin\dfrac{1}{x}\right|\leqslant x^2$，所以有

$$0<\left|\frac{\sin\left(x^2\sin\frac{1}{x}\right)}{x}\right|\leqslant\left|\frac{x^2}{x}\right|=|x|\to 0,$$

从而
$$\lim_{x\to 0}\frac{\sin\left(x^2\sin\frac{1}{x}\right)}{x}=0.$$

【题目7】 讨论函数$f(x)=\begin{cases}\dfrac{2^{\frac{1}{x}}-1}{2^{\frac{1}{x}}+1}, & x\neq 0\\ 1, & x=0\end{cases}$在$x=0$点的连续性.

【错误解法】 由于$\lim\limits_{x\to 0}f(x)=\lim\limits_{x\to 0}\dfrac{2^{\frac{1}{x}}-1}{2^{\frac{1}{x}}+1}=\lim\limits_{t\to\infty}\dfrac{2^t-1}{2^t+1}=\lim\limits_{t\to\infty}\dfrac{2^t\ln 2}{2^t\ln 2}=1$，而$f(0)=1$，所以函数$f(x)$在$x=0$点处连续.

【错解评析】 以上解法的错误在于忽视了极限定义中$x\to x_0$的方式的任意性，即$x\to 0$应该包括$x\to 0^-$和$x\to 0^+$. 因此，本题中$t=\dfrac{1}{x}$趋于无穷应包括$t\to -\infty$和$t\to +\infty$.

【正确解法】 注意到$\lim\limits_{t\to -\infty}2^t=0$，$\lim\limits_{t\to +\infty}2^t=+\infty$，所以

$$\lim_{t\to 0^-}f(x)=\lim_{x\to 0^-}\frac{2^{\frac{1}{x}}-1}{2^{\frac{1}{x}}+1}=\lim_{t\to -\infty}\frac{2^t-1}{2^t+1}=-1,$$

$$\lim_{t\to 0^+}f(x)=\lim_{x\to 0^+}\frac{2^{\frac{1}{x}}-1}{2^{\frac{1}{x}}+1}=\lim_{t\to +\infty}\frac{2^t-1}{2^t+1}=1.$$

可见$f(x)$在$x=0$点的极限$\lim\limits_{x\to 0}f(x)$不存在，因此函数在$x=0$点不连续.

【题目8】 设$f(x)=\dfrac{x^2-1}{x-1}e^{\frac{1}{x-1}}$，求极限$\lim\limits_{x\to 1}f(x)$.

【错误解法】 $\lim\limits_{x\to 1}\dfrac{x^2-1}{x-1}e^{\frac{1}{x-1}}=\lim\limits_{x\to 1}\left[(x+1)e^{\frac{1}{x-1}}\right]=2\cdot\lim\limits_{x\to 1}e^{\frac{1}{x-1}}=2\cdot\infty=\infty$.

【错解评析】 以上解法的错误与题目7相同，即在求极限$x\to 1$的过程中，没有考虑$x\to 1^-$和$x\to 1^+$. 因此，得到了错误的结论.

【正确解法】 由于$\lim\limits_{x\to 1^-}\dfrac{x^2-1}{x-1}e^{\frac{1}{x-1}}=\lim\limits_{x\to 1^-}\left[(x+1)e^{\frac{1}{x-1}}\right]=2\cdot\lim\limits_{x\to 1^-}e^{\frac{1}{x-1}}=2\cdot 0=0$，

$$\lim_{x\to 1^+}\frac{x^2-1}{x-1}e^{\frac{1}{x-1}}=\lim_{x\to 1^+}\left[(x+1)e^{\frac{1}{x-1}}\right]=2\cdot\lim_{x\to 1^+}e^{\frac{1}{x-1}}=2\cdot\infty=\infty,$$

所以，$\lim\limits_{x\to 1}f(x)$不存在.

注　题目7、题目8提示我们，求极限$\lim\limits_{x\to x_0}f(x)$时，有时需要注意观察当$x\to x_0^-$和$x\to x_0^+$时函数$f(x)$的变化趋势，若趋势不相同，则应先考虑求左极限$f(x_0^-)$和右极限$f(x_0^+)$. 例如，对于函数

$$f(x)=\begin{cases}\arctan\dfrac{1}{x}, & x\neq 0\\ \dfrac{\pi}{2}, & x=0\end{cases},$$

在求$x=0$点的极限$\lim\limits_{x\to 0}f(x)$时，就需要从计算$f(0^-)$和$f(0^+)$入手.

【题目 9】　求极限$\lim\limits_{x\to+\infty}\left(1+\dfrac{1}{x}\right)^{x^2}\cdot \mathrm{e}^{-x}$.

【错误解法】　$\lim\limits_{x\to+\infty}\left(1+\dfrac{1}{x}\right)^{x^2}\cdot \mathrm{e}^{-x}=\lim\limits_{x\to+\infty}\left[\left(1+\dfrac{1}{x}\right)^{x}\right]^{x}\cdot \mathrm{e}^{-x}=\mathrm{e}^{x}\cdot \mathrm{e}^{-x}=1.$

【错解评析】　以上解法错误地使用了重要极限：当$\Delta\to 0$，$\lim(1+\Delta)^{\frac{1}{\Delta}}=\mathrm{e}$. 此极限形式应在整体极限的情况下使用.

【正确解法】　$\lim\limits_{x\to+\infty}\left(1+\dfrac{1}{x}\right)^{x^2}\cdot \mathrm{e}^{-x}=\lim\limits_{x\to+\infty}\mathrm{e}^{x^2\ln\left(1+\frac{1}{x}\right)-x}\overset{令\, t=\frac{1}{x}}{=\!=\!=}\mathrm{e}^{\lim\limits_{t\to 0^+}\frac{\ln(1+t)-t}{t^2}}$

$$=\mathrm{e}^{\lim\limits_{t\to 0^+}\frac{\frac{1}{1+t}-1}{2t}}=\mathrm{e}^{-\frac{1}{2}}.$$

二、一元函数的导数

【题目 10】　设$f(x)=\begin{cases}x\mathrm{e}^{x}-1, & x<0\\ \sin x-1, & x\geqslant 0\end{cases}$，求$f'(x)$.

【错误解法】　当$x<0$时，$f'(x)=(x\mathrm{e}^{x}-1)'=(1+x)\mathrm{e}^{x}$；当$x>0$时，$f'(x)=(\sin x-1)'=\cos x$；当$x=0$时，由于$f(0)=-1$，所以$f'(0)=(-1)'=0$，从而

$$f'(x)=\begin{cases}(1+x)\mathrm{e}^{x}, & x<0\\ 0, & x=0\\ \cos x, & x>0.\end{cases}$$

【错解评析】　在上述解法中，求函数在$x=0$点导数的做法犯了概念性错误. 其原因在于没有正确理解函数在某一点的导数定义. 事实上，由

$$f'(x_0)=\lim_{x\to x_0}\frac{f(x)-f(x_0)}{x-x_0}$$

可以看出，函数$f(x)$在点$x=x_0$的导数$f'(x_0)$，不仅依赖于函数在点x_0的值$f(x_0)$，而且还依赖于函数在该点足够小邻域（左右两侧）的值. 它反映了函数在该点邻近函数值的某种变

化状态，是所谓函数在一点的“局部（包括该点及其附近点）的性质”，并非仅是反映函数在“一点”的性质. 上述解法正是犯了导数$f'(0)$仅与函数在$x=0$的值有关这一片面性错误.

【正确解法】 当$x<0$时，$f'(x)=(xe^x-1)'=(1+x)e^x$；当$x>0$时，$f'(x)=(\sin x-1)'=\cos x$；当$x=0$时，利用导数定义计算$f'(0)$. 由于

$$f'_-(0)=\lim_{x\to 0^-}\frac{f(x)-f(0)}{x-0}=\lim_{x\to 0^-}\frac{xe^x}{x}=1,$$

$$f'_+(0)=\lim_{x\to 0^+}\frac{f(x)-f(0)}{x-0}=\lim_{x\to 0^+}\frac{\sin x}{x}=1,$$

所以$f'(0)=1$. 从而

$$f'(x)=\begin{cases}(1+x)e^x, & x\leqslant 0\\ \cos x, & x>0\end{cases}.$$

注 求分段函数在分段点的导数是一类比较重要的求导练习，通过它可以加深对导数定义的理解. 解决此类问题的基本思想是：

（1）函数在分段点两侧由同一式子定义，而在分段点的函数值单独定义，这时需要依导数定义求极限.

（2）函数在分段点两侧由不同式子定义，这里需要从单侧导数入手. 先分别求出左右导数，若二者相等，即求出导数；若二者不等，则函数在该点不可导.

【题目11】 设$f(x)=\begin{cases}\dfrac{x^2}{2e}, & x\leqslant\sqrt{e}\\ \ln x-\dfrac{1}{2}, & x>\sqrt{e}\end{cases}$，求$f'(\sqrt{e})$.

【错误解法】 当$x\leqslant\sqrt{e}$时，$f'(x)=\left(\dfrac{x^2}{2e}\right)'=\dfrac{x}{e}$，故$f'_-(\sqrt{e})=\lim\limits_{x\to\sqrt{e}^-}\dfrac{x}{e}=\dfrac{1}{\sqrt{e}}$；

当$x>\sqrt{e}$时，$f'(x)=\left(\ln x-\dfrac{1}{2}\right)'=\dfrac{1}{x}$，故$f'_+(\sqrt{e})=\lim\limits_{x\to\sqrt{e}^+}\dfrac{1}{x}=\dfrac{1}{\sqrt{e}}$.

于是得到$f'(\sqrt{e})=\dfrac{1}{\sqrt{e}}$.

【错解评析】 在上述解法中有两个方面的错误. 其一对分段函数在分段点处讨论可导性时，没有先考虑其连续性；其二是把导函数$f'(x)$在点$x=\sqrt{e}$处的左极限$f'(\sqrt{e}^-)$和右极限$f'(\sqrt{e}^+)$当成了函数$f(x)$在点$x=\sqrt{e}$处的左导数$f'_-(\sqrt{e})$和右导数$f'_+(\sqrt{e})$，即错误地认为$f'(\sqrt{e}^-)=f'_-(\sqrt{e})$和$f'(\sqrt{e}^+)=f'_+(\sqrt{e})$；实际上，这是两个不同的概念：$f'(\sqrt{e}^-)=\lim\limits_{x\to\sqrt{e}^-}f'(x)$，而$f'_-(\sqrt{e})=\lim\limits_{x\to\sqrt{e}^-}\dfrac{f(x)-f(\sqrt{e})}{x-\sqrt{e}}$，对此不难举出例子，函数$f(x)$在$x_0$点是可导的，但$f'(x_0)\neq\lim\limits_{x\to x_0}f'(x)$. 例如函数

$$f(x)=\begin{cases}x^2\sin\dfrac{1}{x}, & x<0\\ x^2, & x\geqslant 0\end{cases}$$

在点 $x=0$ 是可导的：$f'_-(0)=f'_+(0)=f'(0)=0$，但导函数

$$f'(x)=\begin{cases}2x\sin\dfrac{1}{x}-\cos\dfrac{1}{x}, & x<0\\ 0, & x=0\\ 2x, & x>0\end{cases}.$$

在点 $x=0$ 左极限 $f'(0^-)=\lim\limits_{x\to 0^-}\left(2x\sin\dfrac{1}{x}-\cos\dfrac{1}{x}\right)$不存在，因而 $f'_-(0)\neq f'(0^-)$.

【正确解法】 先考察函数 $f(x)$ 在 $x=\sqrt{e}$ 处的连续性. 由于

$$f(\sqrt{e}^-)=\lim_{x\to\sqrt{e}^-}\frac{x^2}{2e}=\frac{1}{2},$$

$$f(\sqrt{e}^+)=\lim_{x\to\sqrt{e}^+}\left(\ln x-\frac{1}{2}\right)=0,$$

所以 $f(\sqrt{e}^-)\neq f(\sqrt{e}^+)$，即极限 $\lim\limits_{x\to\sqrt{e}}f(x)$ 不存在，因此函数在 $f(x)$ 在 $x=\sqrt{e}$ 处不连续，当然就谈不上可导.

注　题目11告诉我们，尽管 $\lim\limits_{x\to x_0}f'(x)$ 存在，但函数仍然在点 x_0 不可导. 总之，我们应该分清这样几个概念：

（1）函数 $f(x)$ 在点 x_0 可导，是指 $\lim\limits_{x\to x_0}\dfrac{f(x)-f(x_0)}{x-x_0}$ 存在，或者说是指

$$\lim_{x\to x_0^-}\frac{f(x)-f(x_0)}{x-x_0}=\lim_{x\to x_0^+}\frac{f(x)-f(x_0)}{x-x_0}.$$

（2）极限 $\lim\limits_{x\to x_0^-}f'(x)$ 和 $\lim\limits_{x\to x_0^+}f'(x)$ 或 $\lim\limits_{x\to x_0}f'(x)$ 分别是指导函数 $f'(x)$ 在点 x_0 的左极限、右极限和极限.

（3）当导函数 $f'(x)$ 在点 x_0 连续时，才有

$$\lim_{x\to x_0}\frac{f(x)-f(x_0)}{x-x_0}=\lim_{x\to x_0}f'(x);$$

而当导函数 $f'(x)$ 在点 x_0 左连续时，才有

$$f'_-(x_0)=\lim_{x\to x_0^-}\frac{f(x)-f(x_0)}{x-x_0}=\lim_{x\to x_0^-}f'(x)=f'(x_0^-);$$

当导函数 $f'(x)$ 在点 x_0 右连续时，才有

$$f'_+(x_0)=\lim_{x\to x_0^+}\frac{f(x)-f(x_0)}{x-x_0}=\lim_{x\to x_0^+}f'(x)=f'(x_0^+).$$

【题目12】 设函数 $y=y(x)$ 由方程

$$x^3+y^3+(x+1)\cos(\pi y)+9=0$$

确定，求该函数在点 $x=-1$ 处的导数.

【错误解法】 令

$$y=x^3+y^3+(x+1)\cos(\pi y)+9, \tag{1}$$

两边对 x 求导，得

$$\frac{dy}{dx}=3x^2+3y^2\frac{dy}{dx}+\cos(\pi y)-\pi(x+1)\sin(\pi y)\frac{dy}{dx}.$$

整理得

$$\frac{dy}{dx}=\frac{3x^2+\cos(\pi y)}{1-3y^2+\pi(x+1)\sin(\pi y)}.$$

所以

$$\left.\frac{dy}{dx}\right|_{x=-1}=\frac{3+\cos(\pi y)}{1-3y^2}.$$

【错解评析】 在上述解法中有两个方面的错误：其一是令 $y=x^3+y^3+(x+1)\cos(\pi y)+9$，这完全是由于没有理解隐函数概念所产生的错误. 实际上，由方程(1)确定的函数与题中所给的方程确定的函数 $y=y(x)$ 是不同的，当然所求结果也谈不上正确. 其二是计算 $\frac{dy}{dx}$ 在 $x=-1$ 点的值时，没有将与 $x=-1$ 相对应的 y 值 $y(-1)=-2$ 代入 $\frac{dy}{dx}$ 的表达式中. 因为函数 $y=y(x)$ 是由题中所给方程确定的隐函数，而不是两个相互独立的变量. 所以当 $x=-1$ 时，对应的 y 值 $y(-1)$ 应由方程

$$(-1)^3+[y(-1)]^3+(-1+1)\cos(\pi y(-1))+9=0$$

求得，即 $[y(-1)]^3=-8$，或 $y(-1)=-2$.

【正确解法】 在给定方程两边对 x 求导，得

$$3x^2+3y^2\frac{dy}{dx}+\cos(\pi y)-\pi(x+1)\sin(\pi y)\frac{dy}{dx}=0.$$

整理得

$$\frac{dy}{dx}=\frac{3x^2+\cos(\pi y)}{\pi(x+1)\sin(\pi y)-3y^2}.$$

当 $x=-1$ 时 $y=-2$，所以

$$\left.\frac{dy}{dx}\right|_{x=-1}=\frac{3\cdot(-1)^2+\cos(-2\pi)}{\pi(-1+1)\sin(-2\pi)-3\cdot(-2)^2}=-\frac{1}{3}.$$

【题目 13】 设 $\begin{cases}x=\ln(1+t^2)\\ y=t-\arctan t\end{cases}$，求 $\frac{d^2y}{dx^2}$.

【错误解法 1】 因为

$$\frac{dy}{dx}=\frac{\frac{dy}{dt}}{\frac{dx}{dt}}=\frac{1-\frac{1}{1+t^2}}{\frac{2t}{1+t^2}}=\frac{t}{2},$$

所以

$$\frac{d^2y}{dx^2}=\frac{d}{dt}\left(\frac{t}{2}\right)=\frac{1}{2}.$$

【错误解法 2】

$$\frac{\mathrm{d}^2 y}{\mathrm{d}x^2}=\frac{\frac{\mathrm{d}^2 y}{\mathrm{d}t^2}}{\frac{\mathrm{d}^2 x}{\mathrm{d}t^2}}=\frac{\frac{2t}{(1+t^2)^2}}{\frac{2(1-t^2)}{(1+t^2)^2}}=\frac{t}{1-t^2}.$$

【错解评析】 解法 1 的错误在于将 y 对 x 的二阶导数 $\frac{\mathrm{d}^2 y}{\mathrm{d}x^2}$ 理解为一阶导数 $\frac{\mathrm{d}y}{\mathrm{d}x}$ 对 t 的导数，即错误地理解为 $\frac{\mathrm{d}^2 y}{\mathrm{d}x^2}=\frac{\mathrm{d}}{\mathrm{d}t}\left(\frac{\mathrm{d}y}{\mathrm{d}x}\right)$. 事实上，如果我们设由参数方程 $\begin{cases}x=\varphi(t)\\ y=\psi(t)\end{cases}$ 确定函数 $y=y(x)$，则 y 对 x 的一阶导数

$$\frac{\mathrm{d}y}{\mathrm{d}x}=\frac{\frac{\mathrm{d}y}{\mathrm{d}t}}{\frac{\mathrm{d}x}{\mathrm{d}t}}=\frac{\psi'(t)}{\varphi'(t)}$$

是 t 的函数，而二阶导数$\frac{\mathrm{d}^2 y}{\mathrm{d}x^2}$是对自变量 x 求的，因此应该为

$$\frac{\mathrm{d}^2 y}{\mathrm{d}x^2}=\frac{\mathrm{d}}{\mathrm{d}x}\left(\frac{\mathrm{d}y}{\mathrm{d}x}\right)=\frac{\mathrm{d}}{\mathrm{d}x}\left[\frac{\psi'(t)}{\varphi'(t)}\right].$$

这里应把 t 当成中间变量，即当成 x 的函数 [$x=\varphi(t)$ 的反函数]，于是

$$\frac{\mathrm{d}}{\mathrm{d}x}\left[\frac{\psi'(t)}{\varphi'(t)}\right]=\frac{\mathrm{d}}{\mathrm{d}t}\left[\frac{\psi'(t)}{\varphi'(t)}\right]\cdot\frac{\mathrm{d}t}{\mathrm{d}x}=\frac{\mathrm{d}}{\mathrm{d}t}\left[\frac{\psi'(t)}{\varphi'(t)}\right]\cdot\frac{1}{\frac{\mathrm{d}x}{\mathrm{d}t}}$$

$$=\left[\frac{\psi'(t)}{\varphi'(t)}\right]'\cdot\frac{1}{\varphi'(t)}=\frac{\psi''(t)\varphi'(t)-\psi'(t)\varphi''(t)}{\varphi'^3(t)}.$$

这个二阶导数并不是一阶导数 $\frac{\psi'(t)}{\varphi'(t)}$对 t 再求一次导数的结果.

解法 2 则是盲目地将 $\frac{\mathrm{d}^2 y}{\mathrm{d}x^2}$ 理解为 $\frac{\mathrm{d}^2 y}{\mathrm{d}t^2}$与$\frac{\mathrm{d}^2 x}{\mathrm{d}t^2}$ 之商（可能受到 $\frac{\mathrm{d}y}{\mathrm{d}x}=\frac{\frac{\mathrm{d}y}{\mathrm{d}t}}{\frac{\mathrm{d}x}{\mathrm{d}t}}$的影响）. 而由

$$\frac{\mathrm{d}^2 y}{\mathrm{d}x^2}=\frac{\psi''(t)\varphi'(t)-\psi'(t)\varphi''(t)}{\varphi'^3(t)}$$

便知 $\frac{\mathrm{d}^2 y}{\mathrm{d}x^2}\neq\frac{\frac{\mathrm{d}^2 y}{\mathrm{d}t^2}}{\frac{\mathrm{d}^2 x}{\mathrm{d}t^2}}$，因此解法 2 是错误的.

【正确解法 1】 因为

$$\frac{\mathrm{d}y}{\mathrm{d}x}=\frac{\frac{\mathrm{d}y}{\mathrm{d}t}}{\frac{\mathrm{d}x}{\mathrm{d}t}}=\frac{1-\frac{1}{1+t^2}}{\frac{2t}{1+t^2}}=\frac{t}{2},$$

所以
$$\frac{\mathrm{d}^2y}{\mathrm{d}x^2}=\frac{\mathrm{d}}{\mathrm{d}x}\left(\frac{\mathrm{d}y}{\mathrm{d}x}\right)=\frac{\mathrm{d}}{\mathrm{d}x}\left(\frac{t}{2}\right)=\frac{\mathrm{d}}{\mathrm{d}t}\left(\frac{t}{2}\right)\cdot\frac{\mathrm{d}t}{\mathrm{d}x}$$
$$=\frac{\mathrm{d}}{\mathrm{d}t}\left(\frac{t}{2}\right)\cdot\frac{1}{\frac{\mathrm{d}x}{\mathrm{d}t}}=\frac{1}{2}\cdot\frac{1}{\frac{2t}{1+t^2}}=\frac{1}{4t}(1+t^2).$$

【正确解法 2】 利用一阶微分形式不变性求导.

$$\mathrm{d}x=\frac{2t}{1+t^2}\mathrm{d}t,\ \mathrm{d}y=\left(1-\frac{1}{1+t^2}\right)\mathrm{d}t.$$

于是
$$\frac{\mathrm{d}y}{\mathrm{d}x}=\frac{\left(1-\frac{1}{1+t^2}\right)\mathrm{d}t}{\frac{2t}{1+t^2}\mathrm{d}t}=\frac{t}{2},\ \mathrm{d}\left(\frac{\mathrm{d}y}{\mathrm{d}x}\right)=\frac{1}{2}\mathrm{d}t,$$

$$\frac{\mathrm{d}^2y}{\mathrm{d}x^2}=\frac{\mathrm{d}\left(\frac{\mathrm{d}y}{\mathrm{d}x}\right)}{\mathrm{d}x}=\frac{\frac{1}{2}\mathrm{d}t}{\frac{2t}{1+t^2}\mathrm{d}t}=\frac{1}{4t}(1+t^2).$$

注 求三阶乃至更高阶导数，同样都需要注意本题所出现的问题.

【题目 14】 设 $x=f(y)$ 是 $y=x+\ln x$ 的反函数，求$\frac{\mathrm{d}^2x}{\mathrm{d}y^2}$.

【错误解法】 因为 $\frac{\mathrm{d}x}{\mathrm{d}y}=\frac{1}{\frac{\mathrm{d}y}{\mathrm{d}x}}=\frac{1}{1+\frac{1}{x}}=\frac{x}{x+1}$，则

$$\frac{\mathrm{d}^2x}{\mathrm{d}y^2}=\left(\frac{x}{x+1}\right)'=\frac{x+1-x}{(x+1)^2}=\frac{1}{(x+1)^2}.$$

【错解评析】 本题是对反函数求导，上述解法错误地将二阶导数理解为在其一阶导数求导下，再对其一阶导数直接求导，而

$$\frac{\mathrm{d}^2x}{\mathrm{d}y^2}=\frac{\mathrm{d}}{\mathrm{d}y}\left(\frac{\mathrm{d}x}{\mathrm{d}y}\right)=\frac{\mathrm{d}}{\mathrm{d}y}\left(\frac{1}{\mathrm{d}y/\mathrm{d}x}\right)=\frac{\mathrm{d}}{\mathrm{d}y}\left[\frac{1}{f'(x)}\right]$$
$$=\frac{\mathrm{d}\left[\frac{1}{f'(x)}\right]\Big/\mathrm{d}x}{\mathrm{d}y/\mathrm{d}x}=-\frac{f''(x)}{[f'(x)]^3}.$$

【正确解法】 因为 $\frac{\mathrm{d}x}{\mathrm{d}y}=\frac{1}{\frac{\mathrm{d}y}{\mathrm{d}x}}=\frac{1}{1+\frac{1}{x}}=\frac{x}{x+1}$，则

$$\frac{d^2x}{dy^2}=\frac{d}{dy}\left(\frac{dx}{dy}\right)=\frac{d\left(\frac{x}{x+1}\right)}{dy}=\frac{d\left(\frac{x}{x+1}\right)\Big/dx}{dy/dx}=\frac{d\left(\frac{x}{x+1}\right)}{dx}\cdot\frac{dx}{dy}$$

$$=\frac{1}{(x+1)^2}\cdot\frac{x}{x+1}=\frac{x}{(x+1)^3}.$$

三、函数极限的洛必达法则及函数的性质

【题目 15】 求极限 $\lim\limits_{x\to 0}\frac{(1-\cos x)[x-\ln(1+\tan x)]}{\sin^4 x}$.

【错误解法】

$$\lim_{x\to 0}\frac{(1-\cos x)[x-\ln(1+\tan x)]}{\sin^4 x}=\lim_{x\to 0}\frac{\frac{1}{2}x^2[x-\ln(1+\tan x)]}{x^4}$$

$$=\lim_{x\to 0}\frac{1}{2}\cdot\frac{x-\ln(1+\tan x)}{x^2}=\lim_{x\to 0}\frac{1}{2}\cdot\frac{x-\tan x}{x^2}=\lim_{x\to 0}\frac{1}{2}\cdot\frac{1-\sec^2 x}{2x}$$

$$=\lim_{x\to 0}\frac{1}{2}\cdot\frac{-\tan^2 x}{2x}=\lim_{x\to 0}\frac{1}{4}\cdot\frac{-x^2}{x}=0.$$

【错解评析】 以上解法的错误在于，等价无穷小替换错误，在加减运算中不要使用等价无穷小代换，对于复合函数同样也不要直接使用等价无穷小代换，所以本题中，$x-\ln(1+\tan x)\sim x-\tan x$ 是错误的.

【正确解法】

$$\lim_{x\to 0}\frac{(1-\cos x)[x-\ln(1+\tan x)]}{\sin^4 x}\quad\left(\frac{0}{0}\right)$$

$$=\lim_{x\to 0}\frac{\frac{1}{2}x^2[x-\ln(1+\tan x)]}{x^4}=\lim_{x\to 0}\frac{1}{2}\cdot\frac{x-\ln(1+\tan x)}{x^2}\quad\left(\frac{0}{0}\right)$$

$$=\lim_{x\to 0}\frac{1}{2}\cdot\frac{1}{2x}\cdot\left(1-\frac{\sec^2 x}{1+\tan x}\right)=\frac{1}{4}\lim_{x\to 0}\frac{1+\tan x-\sec^2 x}{x(1+\tan x)}$$

$$=\frac{1}{4}\lim_{x\to 0}\frac{\tan x-\tan^2 x}{x}=\frac{1}{4}\lim_{x\to 0}\frac{\tan x(1-\tan x)}{x}$$

$$=\frac{1}{4}\lim_{x\to 0}\frac{x(1-\tan x)}{x}=\frac{1}{4}\lim_{x\to 0}(1-\tan x)=\frac{1}{4}.$$

【题目 16】 求极限 $\lim\limits_{x\to 0}\frac{x^2\sin\frac{1}{x}}{\sin x}$.

【错误解法】 因当 $x\to 0$ 时，$\frac{x^2\sin\frac{1}{x}}{\sin x}$ 是 $\frac{0}{0}$ 型未定式，所以，由洛必达法则得

$$\lim_{x\to 0}\frac{x^2\sin\frac{1}{x}}{\sin x}=\lim_{x\to 0}\frac{\left(x^2\sin\frac{1}{x}\right)'}{(\sin x)'}=\lim_{x\to 0}\frac{2x\sin\frac{1}{x}-\cos\frac{1}{x}}{\cos x}=\lim_{x\to 0}\left(\frac{2x\sin\frac{1}{x}}{\cos x}-\frac{\cos\frac{1}{x}}{\cos x}\right),$$

又因为 $\lim\limits_{x\to 0}\frac{\cos\frac{1}{x}}{\cos x}$不存在，故 $\lim\limits_{x\to 0}\frac{x^2\sin\frac{1}{x}}{\sin x}$不存在.

【错解评析】 洛必达法则告诉我们：对于$\frac{0}{0}$或$\frac{\infty}{\infty}$型未定式，如果 $\lim\frac{f'(x)}{g'(x)}$存在，则 $\lim\frac{f(x)}{g(x)}$ 存在，且 $\lim\frac{f(x)}{g(x)}=\lim\frac{f'(x)}{g'(x)}$. 但是，如果 $\lim\frac{f'(x)}{g'(x)}$不存在且不为∞，不能推出 $\lim\frac{f(x)}{g(x)}$ 不存在. 因此本题不能用洛必达法则来求解，其原因就在于本题中 $\lim\limits_{x\to 0}\frac{\left(x^2\sin\frac{1}{x}\right)'}{(\sin x)'}$ 不存在且不为∞，不满足使用洛必达法则的前提条件.

【正确解法】 $\lim\limits_{x\to 0}\frac{x^2\sin\frac{1}{x}}{\sin x}=\lim\limits_{x\to 0}\left[x\sin\frac{1}{x}\cdot\frac{x}{\sin x}\right]=\lim\limits_{x\to 0}x\sin\frac{1}{x}\cdot\lim\limits_{x\to 0}\frac{x}{\sin x}=0\times 1=0.$

注 应用洛必达法则可以较简便地求出许多未定式的极限. 但在使用此法则时需要注意以下问题：

（1）直接应用洛必达法则的情形是$\frac{0}{0}$与$\frac{\infty}{\infty}$型的未定式，其他类型的极限不能应用洛必达法则，否则是错误的. 例如：

【错误解法】

$$\lim_{x\to 0}\frac{\int_0^{\cos x}e^{-t^2}dt}{x}=\lim_{x\to 0}\frac{\left(\int_0^{\cos x}e^{-t^2}dt\right)'}{(x)'}=\lim_{x\to 0}\frac{e^{-\cos^2x}\cdot(-\sin x)}{1}=0.$$

其错误的原因就是本题分子的极限 $\lim\limits_{x\to 0}\int_0^{\cos x}e^{-t^2}dt=\int_0^1 e^{-t^2}dt$ 是一非零常数，即本题不是未定式.

【正确解法】 由$\lim\limits_{x\to 0}\int_0^{\cos x}e^{-t^2}dt=\int_0^1 e^{-t^2}dt$（非零常数），而 $\lim\limits_{x\to 0}\frac{1}{x}=\infty$，故 $\lim\limits_{x\to 0}\frac{\int_0^{\cos x}e^{-t^2}dt}{x}=\infty$.

（2）间接应用洛必达法则的情形是$0\cdot\infty$，$\infty-\infty$，0^0，1^∞，∞^0等类型的未定式.

（3）在多次使用洛必达法则求极限时，每次都应事先验证它是否为$\frac{0}{0}$型或$\frac{\infty}{\infty}$型未定式，不能盲目乱用，否则会出现错误. 例如：

【错误解法】

$$\lim_{x\to 1}\frac{x^3-3x+2}{x^3-x^2-x+1}=\lim_{x\to 1}\frac{3x^2-3}{3x^2-2x-1}=\lim_{x\to 1}\frac{6x}{6x-2}=\lim_{x\to 1}\frac{6}{6}=1.$$

其错误的原因在于求解过程中，极限 $\lim\limits_{x\to 1}\frac{6x}{6x-2}$已不是未定式.

【正确解法】

$$\lim_{x\to 1}\frac{x^3-3x+2}{x^3-x^2-x+1}\left(\frac{0}{0}\right)=\lim_{x\to 1}\frac{3x^2-3}{3x^2-2x-1}\left(\frac{0}{0}\right)=\lim_{x\to 1}\frac{6x}{6x-2}=\frac{6}{4}=\frac{3}{2}.$$

（4）洛必达法则是求未定式极限值的有效方法，但不是万能的，本题便是一例.

【题目 17】 证明：若 f 具有二阶导数，则 $f''(x)=\lim\limits_{h\to 0}\dfrac{f(x+h)+f(x-h)-2f(x)}{h^2}$.

【错误解法】 因为当 $h\to 0$ 时，此极限为 $\dfrac{0}{0}$ 型，所以由洛必达法则得

$$\lim_{h\to 0}\frac{f(x+h)+f(x-h)-2f(x)}{h^2}=\lim_{h\to 0}\frac{f'(x+h)-f'(x-h)}{2h}.$$

又因为当 $h\to 0$ 时，上述极限仍为 $\dfrac{0}{0}$ 型，所以再次应用洛必达法则，得

$$\lim_{h\to 0}\frac{f'(x+h)-f'(x-h)}{2h}=\lim_{h\to 0}\frac{f''(x+h)+f''(x-h)}{2}=f''(x).$$

【错解评析】 以上证明方法的错误在于把 $f(x)$ 具有二阶导数的条件当作 $f''(x)$ 存在且连续的条件，所以在求极限的过程中，最后一步 $\lim\limits_{h\to 0}\dfrac{f''(x+h)+f''(x-h)}{2}=f''(x)$ 出现了概念不清楚的问题. 因为虽然 $f(x)$ 具有二阶导数，但 $f''(x)$ 不一定连续，所以 $\lim\limits_{h\to 0}f''(x+h)$ 和 $\lim\limits_{h\to 0}f''(x-h)$ 不一定等于 $f''(x)$. 如果本题的条件变为 f 具有三阶导数，则上述证明的方法是正确的.

【正确解法】 因为当 $h\to 0$ 时，此极限为 $\dfrac{0}{0}$ 型，所以应用洛必达法则，得

$$\lim_{h\to 0}\frac{f(x+h)+f(x-h)-2f(x)}{h^2}=\lim_{h\to 0}\frac{f'(x+h)-f'(x-h)}{2h}.$$

应用导数定义

$$\begin{aligned}\lim_{h\to 0}\frac{f'(x+h)-f'(x-h)}{2h}&=\lim_{h\to 0}\frac{f'(x+h)-f'(x)-[f'(x-h)-f'(x)]}{2h}\\&=\frac{1}{2}\left[\lim_{h\to 0}\frac{f'(x+h)-f'(x)}{h}-\lim_{h\to 0}\frac{f'(x-h)-f'(x)}{h}\right]\\&=\frac{1}{2}[f''(x)+f''(x)]\\&=f''(x).\end{aligned}$$

【题目 18】 设函数 $f(x)$ 具有二阶导数，且 $f(0)=0$，$f'(0)=1$，$f''(0)=2$，试求：$\lim\limits_{x\to 0}\dfrac{f(x)-x}{x^2}$.

【错误解法】 应用洛必达法则，得

$$\lim_{x\to 0}\frac{f(x)-x}{x^2}\quad\left(\frac{0}{0}\right)=\lim_{x\to 0}\frac{f'(x)-1}{2x}\quad\left(\frac{0}{0}\right)=\lim_{x\to 0}\frac{f''(x)}{2}=\frac{1}{2}f''(0)=1.$$

【错解评析】 以上解法的错误与上题相类似. 在解法中，使用了 $\lim\limits_{x\to 0}f''(x)=f''(0)$，即

利用了二阶导函数$f''(x)$在$x=0$处连续的条件，但题设中只给出了$f(x)$具有二阶导数的条件，并未说明二阶导函数$f''(x)$在$x=0$处是否连续，也就是说，$\lim\limits_{x\to 0} f''(x)=f''(0)$不一定成立. 因此，第二次应用洛必达法则求极限$\lim\limits_{x\to 0}\dfrac{f'(x)-1}{2x}$，虽说结果正确，也只是偶然的巧合，其解法是错误的.

【正确解法】 应用洛必达法则及导数定义，得

$$\lim_{x\to 0}\frac{f(x)-x}{x^2}\quad\left(\frac{0}{0}\right)=\lim_{x\to 0}\frac{f'(x)-1}{2x}=\frac{1}{2}\lim_{x\to 0}\frac{f(x)-f(0)}{x-0}=\frac{1}{2}f''(0)=1.$$

注 题目17和题目18的解法中不顾题设条件的错误，在学生的学习中具有一定的普遍性. 下面的例子就是与本题目类似的一个错解：设$f(x)=(x-a)\varphi(x)$，其中$\varphi(x)$在$x=a$处连续，求$f'(a)$.

【错误解法】 因为

$$f'(x)=(x-a)'\varphi(x)+(x-a)\varphi'(x)=\varphi(x)+(x-a)\varphi'(x),$$

所以$f'(a)=\varphi(a)$. 其错误在于题设条件是$\varphi(x)$在$x=a$处连续，并没指明$\varphi(x)$在$x=a$点可导. 而函数在某点连续，并不一定在该点可导. 所以，该解法犯了严重的概念性错误. 正确解法应当是利用导数定义，即

$$f'(a)=\lim_{x\to a}\frac{f(x)-f(a)}{x-a}=\lim_{x\to a}\frac{(x-a)\varphi(x)}{x-a}=\lim_{x\to a}\varphi(x)=\varphi(a).$$

【题目19】 若$\lim\limits_{x\to 0}\dfrac{\sin 6x+xf(x)}{x^3}=0$. 求极限$\lim\limits_{x\to 0}\dfrac{6+f(x)}{x^2}$.

【错误解法1】

$$\begin{aligned}\lim_{x\to 0}\frac{\sin 6x+xf(x)}{x^3}&=\lim_{x\to 0}\frac{\sin 6x}{x^3}+\lim_{x\to 0}\frac{xf(x)}{x^3}\\&=\lim_{x\to 0}\frac{6x}{x^3}+\lim_{x\to 0}\frac{f(x)}{x^2}\\&=\lim_{x\to 0}\frac{6+f(x)}{x^2}=0.\end{aligned}$$

【错误解法2】

$$\lim_{x\to 0}\frac{\sin 6x+xf(x)}{x^3}=\lim_{x\to 0}\frac{6x+xf(x)}{x^3}=\lim_{x\to 0}\frac{6+f(x)}{x^2}=0.$$

【错误解法3】

$$\lim_{x\to 0}\frac{\sin 6x+xf(x)}{x^3}=\lim_{x\to 0}\frac{6\cdot\dfrac{\sin 6x}{6x}+f(x)}{x^2}=\lim_{x\to 0}\frac{6+f(x)}{x^2}=0.$$

【错解评析】 在解法1中，将$\lim\limits_{x\to 0}\dfrac{\sin 6x+xf(x)}{x^3}$拆分成$\lim\limits_{x\to 0}\dfrac{\sin 6x}{x^3}+\lim\limits_{x\to 0}\dfrac{xf(x)}{x^3}$的形式. 根据极限四则运算法则，将其拆分成两项和的形式，需要至少有一项极限存在，而题目中并未明确指出$\lim\limits_{x\to 0}\dfrac{\sin 6x}{x^3}$或$\lim\limits_{x\to 0}\dfrac{xf(x)}{x^3}$的极限存在.

解法2的错误在于，错误使用了“等价无穷小”，等价无穷小的使用条件为“乘除可换”.

解法3的错误在于，错误使用了重要极限，重要极限形式为：$\lim\limits_{\Delta\to 0}\dfrac{\sin\Delta}{\Delta}=1$，在使用重要

极限时，"$\Delta\to 0$"之"Δ"是对极限的整体而言，所以本题中，对部分项使用重要极限是不正确的.

【正确解法】 $\lim\limits_{x\to 0}\dfrac{6+f(x)}{x^2}=\lim\limits_{x\to 0}\dfrac{6x+xf(x)}{x^3}=\lim\limits_{x\to 0}\dfrac{\sin 6x+xf(x)+6x-\sin 6x}{x^3}$

$$=\lim_{x\to 0}\frac{\sin 6x+xf(x)}{x^3}+\lim_{x\to 0}\frac{6x-\sin 6x}{x^3}$$

$$=0+\lim_{x\to 0}\frac{6x-\sin 6x}{x^3}=\lim_{x\to 0}\frac{6-\cos 6x}{3x^2}=\lim_{x\to 0}\frac{6(1-\cos 6x)}{3x^2}$$

$$=\lim_{x\to 0}2\cdot\frac{\frac{1}{2}\cdot(6x)^2}{x^2}=36.$$

注　我们在做已知一极限，求另一极限且其中包含抽象函数问题时，可以通过"凑出"题目中的极限来达到求解的目的.

【题目 20】 当 $0<x<\dfrac{\pi}{2}$时，证明 $\sin x+\tan x>2x$.

【错误解法】 令 $f(x)=\sin x+\tan x-2x\quad\left(0<x<\dfrac{\pi}{2}\right)$，则

$$f'(x)=\cos x+\sec^2 x-2,$$
$$f''(x)=-\sin x+2\sec^2 x\tan x=\sin x(2\sec^3 x-1).$$

显然，当 $0<x<\dfrac{\pi}{2}$时，$f''(x)>0$. 所以 $f'(x)$ 在 $\left(0,\dfrac{\pi}{2}\right)$ 内单调增加，因而在 $\left(0,\dfrac{\pi}{2}\right)$ 内有 $f'(x)>0$，这样可得 $f(x)$ 在 $\left(0,\dfrac{\pi}{2}\right)$ 内单调增加，从而在 $\left(0,\dfrac{\pi}{2}\right)$ 内有 $f(x)>0$，即

$$\sin x+\tan x>2x\quad\left(0<x<\frac{\pi}{2}\right).$$

【错解评析】 在上述解法中，由 $f'(x)$ 在 $\left(0,\dfrac{\pi}{2}\right)$ 内单调增加，便直接得出在 $\left(0,\dfrac{\pi}{2}\right)$ 内 $f'(x)>0$ 的结论是错误的. 我们不难举出这方面的反例. 例如，对于函数 $f(x)=-\dfrac{1}{x}$ $(x>0)$，显然 $f'(x)=\dfrac{1}{x^2}>0$，故 $f(x)$ 在 $x>0$ 内单调增加，但 $f(x)<0$. 正确的做法应当是再进一步考察函数 $f'(x)$ 在区间 $\left[0,\dfrac{\pi}{2}\right)$ 左端点的取值情况，若 $f'(0)\geqslant 0$ 并且能判断 $f'(x)$ 在 $\left[0,\dfrac{\pi}{2}\right)$ 内是连续的，才能得出在 $\left(0,\dfrac{\pi}{2}\right)$ 内 $f'(x)>0$ 的结论. 同样，由 $f(x)$ 在 $\left(0,\dfrac{\pi}{2}\right)$ 内单调增加，使得出在 $\left(0,\dfrac{\pi}{2}\right)$ 内 $f(x)>0$，是犯了与上面同样的错误，也应进一步考察 $f(x)$ 在 $x=0$ 点的取值情况.

【正确解法】 令 $f(x)=\sin x+\tan x-2x \quad \left(0<x<\dfrac{\pi}{2}\right)$，则

$$f'(x)=\cos x+\sec^2 x-2,$$
$$f''(x)=-\sin x+2\sec^2 x\tan x=\sin x(2\sec^3 x-1).$$

显然，当 $0<x<\dfrac{\pi}{2}$ 时，$f''(x)>0$. 所以 $f'(x)$ 在 $\left(0,\dfrac{\pi}{2}\right)$ 内单调增加. 再由 $f'(0)=0$ 及 $f'(x)$ 在 $\left[0,\dfrac{\pi}{2}\right)$ 上的连续性，便知当 $x\in\left(0,\dfrac{\pi}{2}\right)$ 时，$f'(x)>f'(0)=0$，故 $f(x)$ 在 $\left[0,\dfrac{\pi}{2}\right)$ 上单调增加. 又 $f(0)=0$，因此，当 $x\in\left(0,\dfrac{\pi}{2}\right)$ 时，$f(x)>f(0)=0$，即 $\sin x+\tan x-2x>0$ $\left(0<x<\dfrac{\pi}{2}\right)$，从而

$$\sin x+\tan x>2x \quad \left(0<x<\frac{\pi}{2}\right).$$

【题目 21】 设函数 $f(x)$ 连续，且 $f'(0)>0$，判断 $f(x)$ 在 $x=0$ 点处具有的性质.

【错误解法】 因为函数 $f(x)$ 连续，且 $f'(0)>0$，所以根据连续函数的保号性知，$\exists\delta>0$，当 $x\in(-\delta,\delta)$ 时，$f'(x)>0$，即 $f(x)$ 在区间 $(-\delta,\delta)$ 内单调增加.

【错解评析】 以上解法的错误在于对函数的连续与导数之间的关系理解不清楚. 函数 $f(x)$ 连续，且在 $x=0$ 点处可导，推不出函数 $f'(x)$ 在 $x=0$ 处连续，所以不能应用连续函数的保号性结论. 如果题中的条件改为函数 $f(x)$ 具有连续的一阶导数，且 $f'(0)>0$，则上述的判断是正确的.

【正确解法】 由导数的定义，知

$$f'(0)=\lim_{x\to 0}\frac{f(x)-f(0)}{x}>0.$$

根据极限的保号性知，存在 $\delta>0$，当 $x\in(-\delta,0)\cup(0,\delta)$ 时，有

$$\frac{f(x)-f(0)}{x}>0.$$

即当 $x\in(-\delta,0)$ 时，$f(x)<f(0)$；而当 $x\in(0,\delta)$ 时，有 $f(x)>f(0)$.

四、不定积分

【题目 22】 已知 $f'(\sin^2 x)=\cos 2x+\tan^2 x$，求 $f(x)$.

【错误解法】

$$f(x)=\int f'(\sin^2 x)\,\mathrm{d}x=\int(\cos 2x+\tan^2 x)\,\mathrm{d}x$$
$$=\frac{1}{2}\sin 2x+\tan x-x+C.$$

【错解评析】 上述解法之所以错误，是因为$f(x) \neq \int f'(\sin^2 x)\,dx$.

【正确解法】 令$\sin^2 x = t$，由题设有

$$f'(\sin^2 x) = \cos 2x + \tan^2 x = 1 - 2\sin^2 x + \frac{\sin^2 x}{1 - \sin^2 x},$$

故
$$f'(t) = 1 - 2t + \frac{t}{1-t} = -2t + \frac{1}{1-t},$$

两边积分，得

$$f(t) = \int f'(t)\,dt = \int\left(-2t + \frac{1}{1-t}\right)dt = -t^2 - \ln|1-t| + C.$$

从而得所求函数为

$$f(x) = -x^2 - \ln|1-x| + C.$$

【题目23】 设$f(x) = \begin{cases} x^2, & x \leqslant 0 \\ \sin x, & x > 0 \end{cases}$，求$f(x)$的不定积分.

【错误解法】 当$x \leqslant 0$时，

$$\int f(x)\,dx = \int x^2\,dx = \frac{1}{3}x^3 + C_1;$$

当$x > 0$时，

$$\int f(x)\,dx = \int \sin x\,dx = -\cos x + C_2.$$

所以

$$\int f(x)\,dx = \begin{cases} \frac{1}{3}x^3 + C_1, & x \leqslant 0 \\ -\cos x + C_2, & x > 0 \end{cases}.$$

【错解评析】 因为不定积分只能用一个任意常数表示，而上述结论中的C_1，C_2是两个不一定相同的任意常数，故本解法是错误的. 事实上，由于连续函数必有原函数存在，且原函数是连续的，如果分段函数的分段点是函数的第一类间断点，则包含该点在内的区间不存在原函数. 因此，求该类函数的不定积分时，应首先分别求出各区间段上的不定积分表达式，然后由原函数的连续性确定出各积分常数之间的关系，将最后的结论用一个任意常数来表示.

【正确解法1】 当$x \leqslant 0$时，

$$\int f(x)\,dx = \int x^2\,dx = \frac{1}{3}x^3 + C_1;$$

当$x > 0$时，

$$\int f(x)\,dx = \int \sin x\,dx = -\cos x + C_2.$$

所以
$$\int f(x)\,\mathrm{d}x = \begin{cases} \dfrac{1}{3}x^3 + C_1, & x \leqslant 0 \\ -\cos x + C_2, & x > 0 \end{cases}.$$

由于$f(x)$在$(-\infty,+\infty)$内连续，故$F(x) = \int f(x)\,\mathrm{d}x$在$(-\infty,+\infty)$内，从而在$x=0$处亦连续；又$\lim\limits_{x\to 0^-} F(x) = \lim\limits_{x\to 0^-}\left(\dfrac{1}{3}x^3 + C_1\right) = C_1$，$\lim\limits_{x\to 0^+} F(x) = \lim\limits_{x\to 0^+}(-\cos x + C_1) = -1 + C_2$，$F(0) = C_1$；于是由$\lim\limits_{x\to 0^-} F(x) = \lim\limits_{x\to 0^+} F(x) = F(0)$，可得$C_1 = -1 + C_2$，即$C_2 = 1 + C_1$.

令$C_1 = C$，则得
$$\int f(x)\,\mathrm{d}x = \begin{cases} \dfrac{1}{3}x^3 + C, & x \leqslant 0 \\ -\cos x + 1 + C, & x > 0 \end{cases}.$$

【正确解法 2】 本题中所求的不定积分亦可用积分上限函数来表示. 令$F(x) = \int_0^x f(t)\,\mathrm{d}t$，则$\int f(x)\,\mathrm{d}x = F(x) + C$. 又

当$x \leqslant 0$时，
$$F(x) = \int_0^x f(t)\,\mathrm{d}t = \int_0^x t^2\,\mathrm{d}t = \frac{1}{3}x^3,$$

当$x > 0$时，
$$F(x) = \int_0^x f(t)\,\mathrm{d}t = \int_0^x \sin t\,\mathrm{d}t = 1 - \cos x,$$

从而得
$$\int f(x)\,\mathrm{d}x = F(x) + C = \begin{cases} \dfrac{1}{3}x^3 + C, & x \leqslant 0 \\ 1 - \cos x + C, & x > 0 \end{cases}.$$

【题目 24】 设$F(x)$为$f(x)$的原函数，当$x \geqslant 0$时，$f(x)F(x) = \dfrac{x\mathrm{e}^x}{2(1+x)^2}$. 已知$F(0) = 1$，$F(x) > 0$，求$f(x)$.

【错误解法】 将$f(x)F(x) = \dfrac{x\mathrm{e}^x}{2(1+x)^2}$两边积分，并将$F(x) = \int_0^x f(t)\,\mathrm{d}t$代换，化为
$$\left[\int_0^x f(t)\,\mathrm{d}t\right]^2 = \int_0^x \frac{t\mathrm{e}^t\,\mathrm{d}t}{2(1+t)^2} == \int_0^x \left(\frac{\mathrm{e}^t}{1+t}\right)'\mathrm{d}t$$
$$= \frac{\mathrm{e}^x}{1+x} - 1,$$

从而
$$F(x) = \int_0^x f(t)\,\mathrm{d}t = \sqrt{\frac{\mathrm{e}^x}{2(1+x)} - 1}.$$

因此

$$f(x)=F'(x)=\frac{1}{2\sqrt{2}}\frac{xe^x}{(1+x)^2}\left(\frac{e^x}{1+x}-1\right)^{-\frac{1}{2}}.$$

【错解评析】 以上解法错误有两方面：第一，直接利用公式 $F(x)=\int_0^x f(t)\,dt$，没有利用已知条件 $F(0)=1$；第二，即使利用了公式 $F(x)=\int_0^x f(t)\,dt$，但 $\int_0^x f(t)F(x)\,dx=\left[\int_0^x f(x)\,dx\right]^2$ 也不成立，应该是 $\int_0^x f(x)F(x)\,dx=\int_0^x\left[f(x)\int_0^x f(x)\,dx\right]dx$，因此运算结果是错误的.

【正确解法】 由于 $f(x)=F'(x)$，可知 $f(x)F(x)=F'(x)F(x)=\dfrac{xe^x}{2(1+x)^2}$，

则有

$$[F^2(x)]'=\frac{xe^x}{(1+x)^2}.$$

积分，得

$$F^2(x)=\int[F^2(t)]'dt=\int\frac{te^t\,dt}{(1+t)^2}=\int\left(\frac{e^t}{1+t}\right)'dt=\frac{e^x}{1+x}+C.$$

由 $F(0)=1$ 可知，$F^2(0)=1+C$，可得 $C=0$，从而由 $F(x)>0$，有

$$F(x)=\sqrt{\frac{e^x}{1+x}},$$

因此

$$f(x)=F'(x)=\frac{xe^{\frac{1}{2}x}}{2(1+x)^{\frac{3}{2}}}.$$

【题目 25】 求不定积分 $\int\frac{1}{\sqrt{x^2+a^2}}\,dx\quad(a>0)$.

【错误解法】 令 $x=a\tan t$，$\sqrt{x^2+a^2}=a\sec t$，$dx=a\sec^2 t\,dt$，则

$$\begin{aligned}\int\frac{1}{\sqrt{x^2+a^2}}dx&=\int\frac{1}{a\sec t}\cdot a\sec^2 t\,dt=\int\sec t\,dt\\&=\int\csc\left(t+\frac{\pi}{2}\right)d\left(t+\frac{\pi}{2}\right)\\&=\ln\left|\csc\left(t+\frac{\pi}{2}\right)-\cot\left(t+\frac{\pi}{2}\right)\right|+C\\&=\ln|\sec t+\tan t|+C\end{aligned}$$

【错解评析】 以上解法错误在于，最后得到的是关于变量 t 的结果，而题目中求解的是变 量 x 的不定积分，所以在用换元法进行不定积分计算时，要注意对最后结果进行回代.

【正确解法】 求这个积分的困难在于题目中有根式 $\sqrt{x^2+a^2}$，因此可以考虑利用三角公式 $1+\tan^2 t=\sec^2 t$ 化去根式．设 $x=a\tan t\ (-\frac{\pi}{2}<t<\frac{\pi}{2})$，则

$$\sqrt{x^2+a^2}=\sqrt{a^2+a^2\tan^2 t}=a\sqrt{1+\tan^2 t}=a\sec t,\ \mathrm{d}x=a\sec^2 t\mathrm{d}t.$$

于是

$$\int\frac{1}{\sqrt{x^2+a^2}}\mathrm{d}x=\int\frac{a\sec^2 t}{a\sec t}\mathrm{d}t=\int\sec t\mathrm{d}t,$$

其中，$\int\sec t\mathrm{d}t=\ln|\sec t+\tan t|+C$，即

$$\int\frac{1}{\sqrt{x^2+a^2}}\mathrm{d}x=\ln|\sec t+\tan t|+C.$$

为了将 $\sec t$ 及 $\tan t$ 换成 x 的函数，可以根据 $\tan t=\frac{x}{a}$ 做辅助三角形如图 I-1 所示，便有 $\sec t=\frac{\sqrt{x^2+a^2}}{a}$，且 $\sec t+\tan t>0$. 因此，

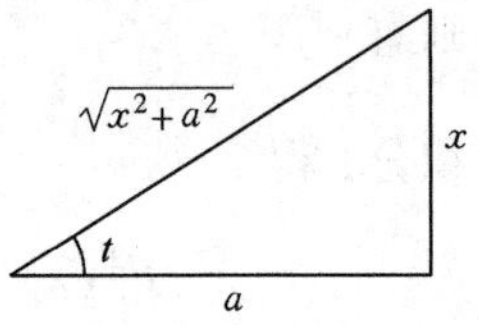

$$\begin{aligned}\int\frac{1}{\sqrt{x^2+a^2}}\mathrm{d}x&=\ln\left(\frac{x}{a}+\frac{\sqrt{a^2+x^2}}{a}\right)+C\\&=\ln(x+\sqrt{x^2+a^2})+C_1,\end{aligned}$$

其中，$C_1=C-\ln a$.

图 I-1

五、定积分

【题目 26】 设 $f(x)=\begin{cases}x^2, & x\in[0,1)\\ x, & x\in[1,2]\end{cases}$，求 $\Phi(x)=\int_0^x f(t)\mathrm{d}t$ 在 $[0,2]$ 上的表达式.

【错误解法】 当 $x\in[0,1)$ 时，

$$\Phi(x)=\int_0^x f(t)\mathrm{d}t=\int_0^x t^2\mathrm{d}t=\frac{1}{3}x^3;$$

当 $x\in[1,2]$ 时，

$$\Phi(x)=\int_0^x f(t)\mathrm{d}t=\int_0^x t\mathrm{d}t=\frac{1}{2}x^2.$$

所以

$$\Phi(x)=\begin{cases}\frac{1}{3}x^3, & x\in[0,1)\\ \frac{1}{2}x^2, & x\in[1,2]\end{cases}.$$

【错解评析】 在变上限的积分函数 $\int_a^x f(t)\,dt$ 中，x 和 t 是两个意义不同的变量. x 在这里表示积分区间的右端点，t 是在区间 $[a, x]$ 上变化的积分变量，对本题来说，t 在区间 $[0, x]$ $(0 \leqslant x \leqslant 2)$ 上变化. 又因本题中被积函数 $f(t)$ 为分段函数，所以，当 $t \in [0, x]$ 时，$f(t)$ 取何表达式，取决于变量 x 的取值情况. 当 $x \in [0, 1)$ 时，由于 $[0, x] \subset [0, 1)$，故此时 $f(t) = t^2$，而当 $x \in [1, 2]$ 时，由于 $[0,1) \subset [0, x] \subset [0, 2]$，故此时要确定 $f(t)$ 取何表达式，就必须以分段点 $t = 1$ 为分段点，将积分区间 $[0, x]$ 划分成 $[0, 1)$ 与 $[1, x]$ 两个子区间之和，则

$$f(t) = \begin{cases} t^2, & t \in [0, 1) \\ t, & t \in [1, x] \subset [1, 2] \end{cases}.$$

而在上述解法中，由于混淆了变上限的积分函数中变量 x 与 t 的作用，所以当 $t \in [0, x]$ $(1 < x \leqslant 2)$ 时，只确定了 $f(t) = t$，即 $\Phi(x) = \int_0^x f(t)\,dt = \int_0^x t\,dt = \frac{1}{2}x^2$，因而造成计算错误.

【正确解法】 当 $x \in [0, 1)$ 时，

$$\Phi(x) = \int_0^x f(t)\,dt = \int_0^x t^2\,dt = \frac{1}{3}x^3;$$

当 $x \in [1, 2]$ 时，

$$\begin{aligned} \Phi(x) &= \int_0^x f(t)\,dt = \int_0^1 f(t)\,dt + \int_1^x f(t)\,dt \\ &= \int_0^1 t^2\,dt + \int_1^x t\,dt = \frac{1}{2}x^2 - \frac{1}{6}. \end{aligned}$$

所以

$$\Phi(x) = \begin{cases} \frac{1}{3}x^3, & x \in [0, 1) \\ \frac{1}{2}x^2 - \frac{1}{6}, & x \in [1, 2] \end{cases}.$$

【题目 27】 设 $f(x) = \begin{cases} \cos x, & |x| < \frac{\pi}{2} \\ 0, & \frac{\pi}{2} \leqslant |x| \leqslant \pi \end{cases}$，求 $F(x) = \int_{-\pi}^x f(t)\,dt$ 在 $[-\pi, \pi]$ 上的表达式.

【错误解法】 当 $x \in \left[-\pi, -\frac{\pi}{2}\right]$ 时，$F(x) = \int_{-\pi}^x f(t)\,dt = \int_{-\pi}^x 0\,dt = 0$；

当 $x \in \left(-\frac{\pi}{2}, \frac{\pi}{2}\right)$ 时，$F(x) = \int_{-\pi}^x f(t)\,dt = \int_{-\pi}^x \cos t\,dt = \sin x$；

当 $x \in \left[\frac{\pi}{2}, \pi\right]$ 时，$F(x) = \int_{-\pi}^x f(t)\,dt = \int_{-\pi}^x 0\,dt = 0$.

所以

$$F(x)=\begin{cases}0, & x\in\left(-\dfrac{\pi}{2},\dfrac{\pi}{2}\right)\\ \sin x, & x\in\left[-\pi,-\dfrac{\pi}{2}\right]\cup\left[-\dfrac{\pi}{2},\pi\right]\end{cases}.$$

【错解评析】 与题目16的错解评析相类似. 在变上限的积分函数$\int_a^x f(t)\,\mathrm{d}t$中, x和t是两个意义不同的变量. x在这里表示积分区间的右端点, t是在区间$[a,x]$上变化的积分变量, 对本题来说, t在区间$[-\pi,x]$ $(-\pi\leqslant x\leqslant\pi)$上变化. 又因本题中被积函数$f(t)$为分段函数, 所以, 当$t\in[-\pi,x]$时, $f(t)$取何表达式, 取决于变量x的取值情况. 当$x\in\left[-\pi,-\dfrac{\pi}{2}\right]$时, 由于$[-\pi,x]\subset\left[-\pi,-\dfrac{\pi}{2}\right]$, 故此时$f(t)=0$; 当$x\in\left(-\dfrac{\pi}{2},\dfrac{\pi}{2}\right)$时, 由于$x\in[-\pi,x]\subset\left[-\pi,\dfrac{\pi}{2}\right)$, 故$f(t)$取为分段函数

$$f(t)=\begin{cases}0, & t\in\left[-\pi,-\dfrac{\pi}{2}\right)\\ \cos x, & t\in\left[-\dfrac{\pi}{2},x\right]\end{cases}.$$

当$x\in\left[\dfrac{\pi}{2},\pi\right]$时, 由于$[-\pi,x]\subset[-\pi,\pi]$, 故$f(t)$取为分段函数

$$f(t)=\begin{cases}0, & t\in\left[-\pi,-\dfrac{\pi}{2}\right)\\ \cos x, & t\in\left(-\dfrac{\pi}{2},\dfrac{\pi}{2}\right)\\ 0, & t\in\left(\dfrac{\pi}{2},x\right]\end{cases}.$$

而在上述解法中, 由于混淆了变上限的积分函数中变量x与t的作用, 所以当$t\in[-\pi,x]$ $(-\pi\leqslant x\leqslant\pi)$时, 只确定了一部分$f(t)$, 因而造成计算错误.

【正确解法】 当$x\in\left[-\pi,-\dfrac{\pi}{2}\right]$时,

$$F(x)=\int_{-\pi}^{x}f(t)\,\mathrm{d}t=\int_{-\pi}^{x}0\,\mathrm{d}t=0;$$

当$x\in\left(-\dfrac{\pi}{2},\dfrac{\pi}{2}\right)$时,

$$F(x)=\int_{-\pi}^{x}f(t)\,\mathrm{d}t=\int_{-\pi}^{-\frac{\pi}{2}}0\,\mathrm{d}t+\int_{-\frac{\pi}{2}}^{x}\cos t\,\mathrm{d}t=\sin x+1;$$

当$x\in\left[\dfrac{\pi}{2},\pi\right]$时,

$$F(x) = \int_{-\pi}^{x} f(t)\,\mathrm{d}t = \int_{-\pi}^{-\frac{\pi}{2}} 0\,\mathrm{d}t + \int_{-\frac{\pi}{2}}^{\frac{\pi}{2}} \cos t\,\mathrm{d}t + \int_{\frac{\pi}{2}}^{x} 0\,\mathrm{d}t = 2.$$

所以

$$F(x) = \begin{cases} 0, & x \in \left[-\pi, -\dfrac{\pi}{2}\right] \\ \sin x + 1, & x \in \left(-\dfrac{\pi}{2}, \dfrac{\pi}{2}\right) \\ 2, & x \in \left[\dfrac{\pi}{2}, \pi\right] \end{cases}.$$

注　题目27说明，当被积函数是分段函数时，积分也需分段进行.

【题目28】　设 $\Phi(x) = \int_0^x \sin(t-x)^2\mathrm{d}t$，求 $\Phi'(x)$.

【错误解法】　$\Phi'(x) = \dfrac{\mathrm{d}}{\mathrm{d}x}\int_0^x \sin(t-x)^2\mathrm{d}t = \sin(x-x)^2 = 0.$

【错解评析】　在上述解法中，试图利用积分上限函数的求导公式：

$$\frac{\mathrm{d}}{\mathrm{d}x}\int_0^x f(t)\,\mathrm{d}t = f(x).$$

此公式表示对积分上限的导数处处等于被积函数在这积分上限的值 $f(x)$. 但需要指出的是，这里被积函数 $f(t)$ 是与积分上限变量 x 无关的一个函数. 而本题被积函数 $\sin(t-x)^2$ 中含有变量 x，所以，当对积分变上限 x 求导时，对 $\sin(t-x)^2$ 中的 x 也要求导. 而上述解法在计算 $\Phi(x)$ 对 x 的导数时，没有注意到这一点，因而造成计算错误.

【正确解法】

$$\Phi'(x) = \frac{\mathrm{d}}{\mathrm{d}x}\int_0^x \sin(t-x)^2\mathrm{d}t = \frac{\mathrm{d}}{\mathrm{d}x}\int_{-x}^0 \sin u^2\mathrm{d}u$$
$$= -\frac{\mathrm{d}}{\mathrm{d}x}\int_0^{-x} \sin u^2\mathrm{d}u = -\sin(-x)^2\cdot(-1) = \sin x^2.$$

【题目29】　设函数 $f(x)$ 连续，$\Phi(x) = \int_0^x f(t+x)\,\mathrm{d}t$，求 $\Phi'(x)$.

【错误解法】　$\Phi'(x) = \dfrac{\mathrm{d}}{\mathrm{d}x}\int_0^x f(t+x)\,\mathrm{d}t = f(2x).$

【错解评析】　与题目28评析相同.

【正确解法】

$$\Phi'(x) = \frac{\mathrm{d}}{\mathrm{d}x}\int_0^x f(t+x)\,\mathrm{d}t = \frac{\mathrm{d}}{\mathrm{d}x}\int_x^{2x} f(u)\,\mathrm{d}u$$
$$= 2f(2x) - f(x).$$

【题目30】 设 $f(x)$ 在 $[a, b]$ 上连续，在 (a, b) 内可导，且 $f'(x) \leqslant 0$，$F(x) = \frac{1}{x-a}\int_a^x f(t)\,\mathrm{d}t$. 证明在 (a, b) 内有 $F'(x) \leqslant 0$.

【错误解法】 因 $f(t)$ 在 $[a, b]$ 上连续，由定积分中值定理得

$$\int_a^x f(t)\,\mathrm{d}t = f(\xi)(x-a).$$

其中 $a<\xi<x$. 于是

$$F(x) = \frac{1}{x-a}\int_a^x f(t)\,\mathrm{d}t = f(\xi).$$

所以 $F'(x)=f'(\xi)$. 又 $f'(x)\leqslant 0$ $(a<\xi<b)$，因而 $f'(\xi)\leqslant 0$，故 $F'(x)\leqslant 0$.

【错解评析】 在上述解法中，由 $F(x)=f(\xi)$，便推出 $F'(x)=f'(\xi)$ 的做法是错误的. 其原因是：① 上式左端是对自变量 x 求导数，故右端也应对 x 求导数；② 由定积分中值定理得：$F(x)=f(\xi)$，这里的 ξ 是介于 a 与 x 之间的某个值，它显然与自变量 x 有关，即 $\xi=\xi(x)$. 所以，若在两边对 x 求导，也应当是 $F'(x)=f'(\xi)\frac{\mathrm{d}\xi}{\mathrm{d}x}$. 即便如此，也仍然得不出 $F'(x)\leqslant 0$ 的结论. 因为这里 $\frac{\mathrm{d}\xi}{\mathrm{d}x}$ 的符号无法确定.

【正确解法】 因 $f(x)$ 在 $[a, b]$ 上连续，故 $\int_a^x f(t)\,\mathrm{d}t$ 在区间 (a, b) 内可导，于是

$$F'(x) = \frac{1}{(x-a)^2}\left[f(x)(x-a) - \int_a^x f(t)\,\mathrm{d}t\right].$$

由定积分中值定理知 $\int_a^x f(t)\,\mathrm{d}t = f(\xi)(x-a)$，其中 $a<\xi<x$. 于是

$$F'(x) = \frac{f(x)(x-a)-f(\xi)(x-a)}{(x-a)^2} = \frac{f(x)-f(\xi)}{x-a}.$$

由于 $f'(x)\leqslant 0$，故 $f(x)$ 单调减少，所以 $f(x)\leqslant f(\xi)$. 又因 $a<x$，故 $F'(x)\leqslant 0$.

【题目31】 $F(x) = \int_0^{x^2} \mathrm{e}^x \sin t\mathrm{d}t$，求 $F'(x)$.

【错误解法1】 $F'(x) = \mathrm{e}^x\sin x^2\cdot(x^2)' = 2x\mathrm{e}^x\sin x^2$.

【错误解法2】 $F'(x) = \left(\mathrm{e}^x\int_0^{x^2}\sin t\mathrm{d}t\right)' = (\mathrm{e}^x)'\int_0^{x^2}\sin t\mathrm{d}t + \mathrm{e}^x\left(\int_0^{x^2}\sin t\mathrm{d}t\right)'$

$$= \mathrm{e}^x\int_0^{x^2}\sin t\mathrm{d}t + \mathrm{e}^x\cdot\sin x^2.$$

【错解评析】 解法1的错误在于没有弄清变量 x 与 t 的区别，题目中积分变量为 t，则被积函数中的 e^x 可以当作常数从积分号里提出来.

解法2的错误在于对复合函数求导法则的不理解：$\left(\int_0^{x^2}\sin t\mathrm{d}t\right)' = \sin x^2\cdot 2x$.

【正确解法】 $F'(x)=\left(\int_0^{x^2}e^x\sin t\mathrm{d}t\right)'=\left(e^x\int_0^{x^2}\sin t\mathrm{d}t\right)'$

$$=(e^x)'\int_0^{x^2}\sin t\mathrm{d}t+e^x\left(\int_0^{x^2}\sin t\mathrm{d}t\right)'$$

$$=e^x\int_0^{x^2}\sin t\mathrm{d}te^x\sin x^2\cdot(x^2)'$$

$$=e^x\int_0^{x^2}\sin t\mathrm{d}t+e^x\sin x^2\cdot 2x$$

$$=e^x\int_0^{x^2}\sin t\mathrm{d}t+2xe^x\sin x^2.$$

【题目32】 计算积分$\int_0^{\frac{\pi}{2}}\sqrt{1-\sin 2x}\mathrm{d}x$.

【错误解法】 $\int_0^{\frac{\pi}{2}}\sqrt{1-\sin 2x}\mathrm{d}x=\int_0^{\frac{\pi}{2}}\sqrt{(\sin x-\cos x)^2}\mathrm{d}x$

$$=\int_0^{\frac{\pi}{2}}(\sin x-\cos x)\mathrm{d}x=(-\cos x-\sin x)\Big|_0^{\frac{\pi}{2}}=0.$$

【错解评析】 上述解法之所以错误，是因为开方$\sqrt{(\sin x-\cos x)^2}=\sin x-\cos x$没带绝对值，应该是$\sqrt{(\sin x-\cos x)^2}=|\sin x-\cos x|$，这是初学者容易犯的错误，注意$\sqrt{u^2}=|u|$.

【正确解法】 $\int_0^{\frac{\pi}{2}}\sqrt{1-\sin 2x}\mathrm{d}x=\int_0^{\frac{\pi}{2}}\sqrt{(\sin x-\cos x)^2}\mathrm{d}x=\int_0^{\frac{\pi}{2}}|\sin x-\cos x|\mathrm{d}x$

$$=\int_0^{\frac{\pi}{4}}(\cos x-\sin x)\mathrm{d}x+\int_{\frac{\pi}{4}}^{\frac{\pi}{2}}(\sin x-\cos x)\mathrm{d}x$$

$$=(\sin x+\cos x)\Big|_0^{\frac{\pi}{4}}+(-\cos x-\sin x)\Big|_{\frac{\pi}{4}}^{\frac{\pi}{2}}$$

$$=2(\sqrt{2}-1).$$

与本题相类似的错误是

$$\int_0^{\pi}\sqrt{\sin^3x-\sin^5x}\mathrm{d}x=\int_0^{\pi}\sqrt{\sin^3x\cos^2x}\mathrm{d}x=\int_0^{\pi}\sin^{\frac{3}{2}}x\cos x\mathrm{d}x$$

$$=\int_0^{\pi}\sin^{\frac{3}{2}}x\mathrm{d}(\sin x)=\left[\frac{2}{5}\sin^{\frac{5}{2}}x\right]_0^{\pi}=0.$$

上述解法的错误在于忽略了函数$\cos x$在$[0,\pi]$上的变化情况. 事实上，

$$\sqrt{\sin^3x-\sin^5x}=\sin^{\frac{3}{2}}x|\cos x|=\begin{cases}\sin^{\frac{3}{2}}x\cos x, & x\in\left[0,\frac{\pi}{2}\right)\\ -\sin^{\frac{3}{2}}x\cos x, & x\in\left[\frac{\pi}{2},\pi\right]\end{cases}.$$

注 在各类积分中，如果被积函数含有绝对值符号，首先要去掉绝对值符号，然后才能计算.

【题目 33】 计算积分 $\int_1^4 \frac{dx}{x(1+\sqrt{x})}$.

【错误解法】 令 $t=\sqrt{x}$，则 $x=t^2$，$dx=2tdt$，所以

$$\int_1^4 \frac{dx}{x(1+\sqrt{x})} = \int_1^4 \frac{2tdt}{t^2(1+t)} = \int_1^4 \frac{2dt}{t(1+t)} = 2\int_1^4 \left(\frac{1}{t}-\frac{1}{1+t}\right)dt$$

$$= 2[\ln t - \ln(1+t)]_1^4 = 2\ln\frac{8}{5}.$$

【错解评析】 本解法使用了换元法 $t=\sqrt{x}$ 进行定积分计算，其错误在于换元的同时没有换积分限，所以导致计算结果的错误，这是初学者容易出现的错误.

【正确解法】 令 $t=\sqrt{x}$，则 $x=t^2$，$dx=2tdt$，当 $x=1$ 时，$t=1$；当 $x=4$ 时，$t=2$，所以

$$\int_1^4 \frac{dx}{x(1+\sqrt{x})} = \int_1^2 \frac{2tdt}{t^2(1+t)} = \int_1^2 \frac{2dt}{t(1+t)}$$

$$= 2\int_1^2 \left(\frac{1}{t}-\frac{1}{1+t}\right)dt = 2[\ln t - \ln(1+t)]_1^2$$

$$= 2\ln\frac{4}{3}.$$

【题目 34】 计算定积分 $\int_0^\pi \frac{dx}{1+\sin^2 x}$.

【错误解法】 $$\int_0^\pi \frac{dx}{1+\sin^2 x} = \int_0^\pi \frac{\frac{1}{\cos^2 x}}{\frac{1}{\cos^2 x}+\frac{\sin^2 x}{\cos^2 x}}dx = \int_0^\pi \frac{d(\tan x)}{1+2\tan^2 x}.$$

令 $\tan x = t$，则

$$\int_0^\pi \frac{dx}{1+\sin^2 x} = \int_0^0 \frac{dt}{1+2t^2} = 0.$$

【错解评析】 由于被积函数 $\frac{1}{1+\sin^2 x}>0$，因而此积分的值不会为 0，所以这个结果是错误的. 原因在于变换 $\tan x = t$，其反函数不是单值的，不满足定积分换元公式所要求的条件. 事实上，计算定积分有两个换元法则：

第一换元法则：若 ① $f(u)$ 在 $[\alpha, \beta]$ 上连续；② $u=\varphi(x)$ 在 $[a, b]$ 上具有连续导数 $\varphi'(x)$，且当 x 在 $[a, b]$ 上变动时，相应地 $\varphi(x)=u$ 不超出 $[\alpha, \beta]$；③ $\varphi(a)=\alpha$，$\varphi(b)=\beta$，则

$$\int_a^b f(\varphi(x))\varphi'(x)dx = \int_\alpha^\beta f(u)du. \tag{1}$$

第二换元法则：若① $f(x)$ 在 $[a, b]$ 上连续；② $x=\varphi(t)$ 在 $[\alpha, \beta]$ 上具有连续导数 $\varphi'(t)$，且当 t 在 $[\alpha, \beta]$ 上变动时，相应的 $x=\varphi(t)$ 不超出 $[a, b]$；③ $a=\varphi(\alpha)$，$b=\varphi(\beta)$，则

$$\int_a^b f(x)\,\mathrm{d}x = \int_\alpha^\beta f(\varphi(t))\varphi'(t)\,\mathrm{d}t. \tag{2}$$

定积分的换元条件看起来比较复杂，但仔细分析一下其证明过程便可以看出其要点. 条件(1)、(2)实质上是为了保证等式两端的被积函数连续(这是原函数存在且可以应用牛顿-莱布尼茨公式的充分条件)，条件③说明在换元时，积分限要相应改变.

定积分的两个换元法则，实质上是一个换元法则，只不过是为了应用的方便，我们才把它分成了两个，但应用时各有特点，需要注意：

(1) 当被积函数具有形状 $f(\varphi(x))\varphi'(x)$ 时，可考虑变换 $u=\varphi(x)$，即在被积函数中把某一个函数作为新积分变量. 此时使用第一换元法则. 而整个换元过程并不涉及变换 $u=\varphi(x)$ 的逆变换问题.

(2) 当使用变换时 $x=\varphi(t)$，即在被积表达式中把自变量 x 当作新积分变量 t 的某一个函数，则使用第二换元法则. 由于要相应地变换积分限，则往往需要用变换 $x=\varphi(t)$ 的逆变换 $t=\varphi^{-1}(x)$，为保持逆变换是单值的，只需变换 $x=\varphi(t)$ 在 $[\alpha,\beta]$ 上单值、单调且具有连续导数即可. 因此，如果逆变换不是单值的，需适当选取一个单值分支. 本题的错误解法就是由于忽略了这一点造成的.

【正确解法】
$$\int_0^\pi \frac{\mathrm{d}x}{1+\sin^2 x} = \int_0^{\frac{\pi}{2}} \frac{\frac{1}{\cos^2 x}}{\frac{1}{\cos^2 x}+\frac{\sin^2 x}{\cos^2 x}}\mathrm{d}x + \int_{\frac{\pi}{2}}^{\pi} \frac{\frac{1}{\cos^2 x}}{\frac{1}{\cos^2 x}+\frac{\sin^2 x}{\cos^2 x}}\mathrm{d}x$$
$$= \int_0^{\frac{\pi}{2}} \frac{\mathrm{d}(\tan x)}{1+2\tan^2 x} + \int_{\frac{\pi}{2}}^{\pi} \frac{\mathrm{d}(\tan x)}{1+2\tan^2 x} \quad (令\ \tan x = t)$$
$$= \int_0^{+\infty} \frac{\mathrm{d}t}{1+2t^2} + \int_{-\infty}^{0} \frac{\mathrm{d}t}{1+2t^2} = 2\int_0^{+\infty} \frac{\mathrm{d}t}{1+2t^2}$$
$$= 2\int_0^{+\infty} \frac{\mathrm{d}t}{1+(\sqrt{2}t)^2} = \sqrt{2}\arctan(\sqrt{2}t)\Big|_0^{+\infty}$$
$$= \sqrt{2}\cdot\frac{\pi}{2} = \frac{\sqrt{2}\pi}{2}.$$

【题目 35】 计算由摆线 $x=a(t-\sin t)$，$y=a(1-\cos t)$ 的一拱，直线 $y=0$ 所围成的图形绕 y 轴旋转而成的旋转体的体积.

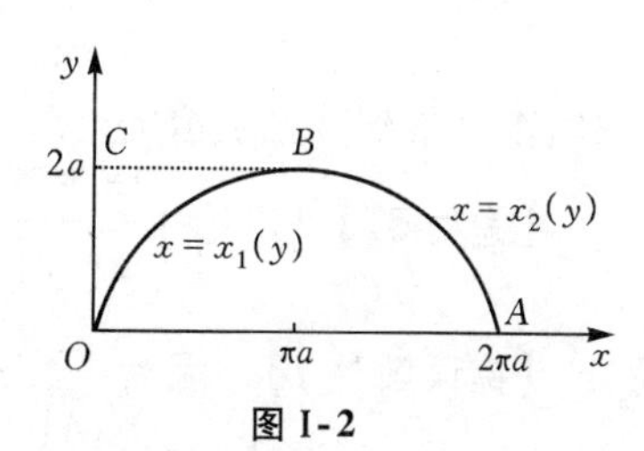

图Ⅰ-2

【错误解法】 因为所给图形绕 y 轴旋转而成的旋转体的体积可看成平面图形 $OABC$ 与 OBC 分别绕 y 轴旋转而成的旋转体的体积之差(如图Ⅰ-2所示)，因此所求体积为

$$V_y = \int_0^{2a} \pi x_2^2(y)\,\mathrm{d}y - \int_0^{2a} \pi x_1^2(y)\,\mathrm{d}y$$

$$= \pi\int_0^{\pi} a^2(t-\sin t)^2 a\sin t\mathrm{d}t - \pi\int_0^{\pi} a^2(t-\sin t)^2 a\sin t\mathrm{d}t = 0.$$

【错解评析】 上述解法之所以错误，是因为曲线 $x_1(y)$ 和 $x_2(y)$ 所对应的参数 t 的取值范围都取成了[0, π]，而事实上 $x_2(y)$ 的取值范围应为[2π, π].

【正确解法】 所给图形绕 y 轴旋转而成的旋转体的体积可看成平面图形 $OABC$ 与 OBC 分别绕 y 轴旋转而成的旋转体的体积之差，因此所求体积为

$$V_y = \int_0^{2a} \pi x_2^2(y)\mathrm{d}y - \int_0^{2a} \pi x_1^2(y)\mathrm{d}y$$
$$= \pi\int_{2\pi}^{\pi} a^2(t-\sin t)^2 a\sin t\mathrm{d}t - \pi\int_0^{\pi} a^2(t-\sin t)^2 a\sin t\mathrm{d}t$$
$$= -\pi a^3\int_0^{2\pi}(t-\sin t)^2\sin t\mathrm{d}t = 6\pi^3 a^3.$$

【题目 36】 计算积分 $\int_0^2 \frac{\mathrm{d}x}{3-x^2}$.

【错误解法】 因为 $\int \frac{\mathrm{d}x}{3-x^2} = \frac{1}{2\sqrt{3}}\ln\left|\frac{\sqrt{3}+x}{\sqrt{3}-x}\right| + C$，故

$$\int_0^2 \frac{\mathrm{d}x}{3-x^2} = \left[\frac{1}{2\sqrt{3}}\ln\left|\frac{\sqrt{3}+x}{\sqrt{3}-x}\right|\right]_0^2 = \frac{1}{2\sqrt{3}}\ln\frac{2+\sqrt{3}}{2-\sqrt{3}}$$
$$= \frac{1}{2\sqrt{3}}\ln(4\sqrt{3}+7).$$

【错解评析】 上述解法之所以错误，是因为错将反常积分当成定积分计算了. 事实上，$x=\sqrt{3}$ 是反常积分 $\int_0^2 \frac{\mathrm{d}x}{3-x^2}$ 的瑕点，被积函数 $\frac{1}{3-x^2}$ 在积分区间 [0, 2] 上不是连续的，故不能使用牛顿-莱布尼茨公式. 本题只能从反常积分的定义出发，来研究其敛散性.

【正确解法】 $\int_0^2 \frac{\mathrm{d}x}{3-x^2} = \int_0^{\sqrt{3}} \frac{\mathrm{d}x}{3-x^2} + \int_{\sqrt{3}}^2 \frac{\mathrm{d}x}{3-x^2}$，而由于

$$\int_0^{\sqrt{3}} \frac{\mathrm{d}x}{3-x^2} = \lim_{t\to\sqrt{3}^-}\int_0^t \frac{\mathrm{d}x}{3-x^2} = \left[\frac{1}{2\sqrt{3}}\ln\left|\frac{\sqrt{3}+x}{\sqrt{3}-x}\right|\right]_0^{\sqrt{3}} = +\infty,$$

故所求反常积分是发散的.

【题目 37】 讨论 $\int_{-\infty}^{+\infty} \frac{x}{\sqrt{1+x^2}}\mathrm{d}x$ 的敛散性.

【错误解法 1】 因为 $\frac{x}{\sqrt{1+x^2}}$ 为奇函数，所以 $\int_{-\infty}^{+\infty} \frac{x}{\sqrt{1+x^2}}\mathrm{d}x = 0$，从而反常积分收敛.

【错误解法 2】 因为 $\int_{-\infty}^{+\infty} \frac{x}{\sqrt{1+x^2}}\mathrm{d}x = \lim_{a\to+\infty}\int_{-a}^{a} \frac{x}{\sqrt{1+x^2}}\mathrm{d}x = \lim_{a\to+\infty} 0 = 0$，从而反常积

分收敛.

【错解评析】 解法 1 的错误是由于将“奇函数在对称区间 $[-a, a]$ $(a>0)$ 上的积分为 0”这个结论盲目地推广到反常积分中而产生的. 虽然我们不难举出函数 $f(x)$ 为奇函数, 且 $\int_{-\infty}^{+\infty} f(x)\,dx = 0$ 的例子, 但此结论也不是 $f(x)$ 为奇函数的结果, 此结论对于一般的反常积分不一定成立, 而只有当 $\int_{-\infty}^{+\infty} |f(x)|\,dx$ 收敛, 即 $\int_{-\infty}^{+\infty} f(x)\,dx$ 绝对收敛时, 结论才成立.

解法 2 的错误在于它所求的只是反常积分的柯西主值, 而非反常积分本身. 事实上, 无穷区间 $(-\infty, +\infty)$ 上的反常积分定义是

$$\int_{-\infty}^{+\infty} f(x)\,dx = \int_{-\infty}^{c} f(x)\,dx + \int_{c}^{\infty} f(x)\,dx = \lim_{a\to -\infty}\int_{a}^{c} f(x)\,dx + \lim_{b\to +\infty}\int_{c}^{b} f(x)\,dx.$$

当右端的两个极限都存在时, 称左端的反常积分收敛; 当右端至少有一个极限不存在时, 称左端的反常积分发散.

需要特别指出的是, 这里 $a\to -\infty$, $b\to +\infty$ 是互相独立无关的, 它们趋于无穷的速度并不要求是等同的. 而解法 2 所考虑的是 a, b 趋于无穷的速度是等同的情形, 即所谓柯西主值意义下的反常积分. 但由柯西主值意义下的反常积分收敛, 并不能推出 (一般意义下) 反常积分收敛. 所以解法 2 是错误的.

【正确解法】 $\int_{-\infty}^{+\infty} \frac{x}{\sqrt{1+x^2}}dx = \int_{-\infty}^{0} \frac{x}{\sqrt{1+x^2}}dx + \int_{0}^{+\infty} \frac{x}{\sqrt{1+x^2}}dx.$

由于

$$\int_{-\infty}^{0} \frac{x}{\sqrt{1+x^2}}dx = \lim_{a\to -\infty}\int_{a}^{0} \frac{x}{\sqrt{1+x^2}}dx = \lim_{a\to -\infty}\left[\sqrt{1+x^2}\right]_{a}^{0}$$

$$= \lim_{a\to -\infty}\left(1-\sqrt{1+a^2}\right) = -\infty,$$

故 $\int_{-\infty}^{+\infty} \frac{x}{\sqrt{1+x^2}}dx$ 发散.

六、多元函数的极限、连续、偏导数和全微分

【题目 38】 设

$$f(x, y) = \begin{cases} \frac{xy}{x^2+y^2}, & (x, y)\neq(0, 0) \\ 0, & (x, y)=(0, 0) \end{cases},$$

判断 $\lim\limits_{(x, y)\to(0,0)} f(x, y)$ 的存在性.

【错误解法】 因为当点 $P(x, y)$ 沿 x 轴趋于点 $(0, 0)$ 时,

$$\lim_{(x, y)\to(0,0)} f(x, y) = \lim_{x\to 0} f(x, 0) = 0.$$

又当点 $P(x, y)$ 沿 y 轴趋于点 $(0,0)$ 时，

$$\lim_{(x,y)\to(0,0)} f(x, y) = \lim_{y\to 0} f(0, y) = 0.$$

所以 $\lim\limits_{(x,y)\to(0,0)} f(x, y) = 0.$

【错解评析】 上述解法的错误在于对二元函数极限的定义理解不清楚. 在二重极限 $\lim\limits_{(x,y)\to(0,0)} f(x, y) = A$ 的定义中，动点 $P(x, y)$ 在 R^2 中趋向点 $P(x_0, y_0)$ 与一元函数 $y = f(x)$ 的自变量 x 在数轴上的变化不同，它可以在区域 $D \subset R^2$ 内沿着不同的路线（如曲线或直线等）和不同方式（连续或离散），从四面八方趋近于点 $P(x_0, y_0)$，二元函数 $f(x, y)$ 在点 (x_0, y_0) 的极限都是 A. 反之，动点 $P(x, y)$ 沿着某两条不同的路线（或点列）趋近于点 $P(x_0, y_0)$，二元函数 $f(x, y)$ 有不同的极限，则二元函数 $f(x, y)$ 在点 $P(x_0, y_0)$ 的极限不存在. 因此，本题中，沿着两个特殊的路线 $y = 0$ 和 $x = 0$，函数 $f(x, y)$ 在原点 $(0, 0)$ 极限都是 0，不能断定 $\lim\limits_{(x,y)\to(0,0)} f(x, y) = 0.$

【正确解法】 因为当点 $P(x, y)$ 沿 x 轴趋于点 $(0,0)$ 时，

$$\lim_{\substack{(x,y)\to(0,0)\\ y=0}} f(x, y) = \lim_{x\to 0} f(x, 0) = 0;$$

又当点 $P(x, y)$ 沿着直线 $y = x$ 趋于点 $(0,0)$ 时，

$$\lim_{\substack{(x,y)\to(0,0)\\ y=x}} f(x, y) = \lim_{x\to 0} \frac{x^2}{x^2 + x^2} = \frac{1}{2},$$

所以 $f(x, y)$ 的极限不存在.

类似地可以证明：函数 $f(x, y) = \dfrac{x^2 y}{x^4 + y^2}$ $[(x, y) \neq (0, 0)]$ 在原点 $(0, 0)$ 的极限不存在.

证明 因为当点 $P(x, y)$ 沿 x 轴趋于点 $(0,0)$ 时，

$$\lim_{\substack{(x,y)\to(0,0)\\ y=0}} f(x, y) = \lim_{x\to 0} f(x, 0) = 0;$$

又当点 $P(x, y)$ 沿着抛物线 $y = x^2$ 趋于点 $(0,0)$ 时，

$$\lim_{\substack{(x,y)\to(0,0)\\ y=x^2}} f(x, y) = \lim_{x\to 0} \frac{x^2 \cdot x^2}{x^4 + x^4} = \frac{1}{2},$$

所以，函数 $f(x, y)$ 在原点 $(0, 0)$ 的极限不存在.

【题目 39】 设二元函数 $f(x, y) = \begin{cases} x^2 + y^2, & xy = 0 \\ 1, & xy \neq 0 \end{cases}$，判别 $f(x, y)$ 在点 $(0, 0)$ 处的连续性.

【错误解法】 由二元函数的偏导数定义，得

$$f'_x(0, 0) = \lim_{\Delta x\to 0} \frac{f(0 + \Delta x, 0) - f(0, 0)}{\Delta x} = \lim_{\Delta x\to 0} \frac{(\Delta x)^2}{\Delta x} = 0,$$

$$f_y'(0,0)=\lim_{\Delta y\to 0}\frac{f(0+\Delta y,\Delta y)-f(0,0)}{\Delta y}=\lim_{\Delta y\to 0}\frac{(\Delta y)^2}{\Delta y}=0.$$

由于函数 $f(x,y)$ 在原点 $(0,0)$ 处对 x 和 y 的偏导数都存在，因此，函数 $f(x,y)$ 在原点 $(0,0)$ 处连续.

【错解评析】 在一元函数中"如果函数 $f(x)$ 在点 x_0 处可导，则函数 $f(x)$ 在 x_0 处连续"，即"可导必连续". 但在多元函数中，此命题不成立，即函数在某一点对各个变量偏导数存在，但函数在该点不一定连续，反之亦然. 以上解法的错误主要是受一元函数"可导必连续"的命题影响所致.

【正确解法】 因为当点 $P(x,y)$ 沿 x 轴趋于点 $(0,0)$ 时，

$$\lim_{\substack{(x,y)\to(0,0)\\ y=0}}f(x,y)=\lim_{x\to 0}f(x,0)=0;$$

又当点 $P(x,y)$ 沿着直线 $y=x$ 趋于点 $(0,0)$ 时，

$$\lim_{\substack{(x,y)\to(0,0)\\ y=x}}f(x,y)=\lim_{x\to 0}f(x,x)=\lim_{x\to 0}1=1,$$

所以，函数 $f(x,y)$ 在原点 $(0,0)$ 的极限不存在，因此，$f(x,y)$ 在原点 $(0,0)$ 处不连续.

类似地，函数 $f(x,y)$ 在点 (x_0,y_0) 处连续，但 $f(x,y)$ 在点 (x_0,y_0) 处对 x 和 y 的偏导数不存在. 例如，设

$$f(x,y)=\begin{cases}\sqrt{x^2+y^2}, & (x,y)\neq(0,0)\\ 0, & (x,y)=(0,0)\end{cases},$$

则 $f(x,y)$ 在点 $(0,0)$ 处连续，但 $f(x,y)$ 在点 $(0,0)$ 处对 x 和 y 的偏导数不存在.

解 因为 $\lim\limits_{(x,y)\to(0,0)}\sqrt{x^2+y^2}=0$，而 $f(0,0)=0$，所以 $f(x,y)$ 在点 $(0,0)$ 处连续.

$$f_x'(0,0)=\lim_{\Delta x\to 0}\frac{f(0+\Delta x,0)-f(0,0)}{\Delta x}=\lim_{\Delta x\to 0}\frac{|\Delta x|}{\Delta x}\text{不存在},$$

$$f_y'(0,0)=\lim_{\Delta y\to 0}\frac{f(0,0+\Delta y)-f(0,0)}{\Delta y}=\lim_{\Delta y\to 0}\frac{|\Delta y|}{\Delta y}\text{不存在}.$$

所以，$f(x,y)$ 在点 $(0,0)$ 处对 x 和 y 的偏导数不存在.

【题目 40】 设函数 $f(x,y)=\sqrt{|xy|}$，判断 $f(x,y)$ 在原点 $(0,0)$ 处的可微性.

【错误解法】 因为

$$f_x'(0,0)=\lim_{\Delta x\to 0}\frac{f(0+\Delta x,0)-f(0,0)}{\Delta x}=\lim_{\Delta x\to 0}\frac{0}{\Delta x}=0,$$

$$f_y'(0,0)=\lim_{\Delta y\to 0}\frac{f(0,0+\Delta y)-f(0,0)}{\Delta y}=\lim_{\Delta y\to 0}\frac{0}{\Delta y}=0,$$

由于函数 $f(x,y)$ 在原点 $(0,0)$ 处对 x 和 y 的偏导数都存在，因此，函数 $f(x,y)$ 在原点 $(0,0)$ 处可微.

【错解评析】 以上解法的错误主要是受一元函数中"函数可导与可微等价"命题影响所导致的错误. 在多元函数中，函数在某一点对各个自变量偏导数存在，推不出函数在该点一

定可微. 多元函数在点(x_0, y_0)可微与否，关键是要判别 $\Delta f-[f_x'(x_0, y_0)\Delta x+f_y'(x_0, y_0)\Delta y]$是不是$\rho$ 的高阶无穷小. 如果 $\lim\limits_{\rho\to 0}\dfrac{\Delta f-\mathrm{d}f}{\rho}=0$，则函数$f(x, y)$在该点可微，否则函数$f(x, y)$ 在该点不可微. 但反过来，多元函数在某一点可微，函数在该一点对各个变量偏导数存在，即函数偏导数存在只是函数可微的必要条件，而不是充分条件.

【正确解法】 因为

$$f_x'(0, 0)=\lim_{\Delta x\to 0}\frac{f(0+\Delta x, 0)-f(0, 0)}{\Delta x}=\lim_{\Delta x\to 0}\frac{0}{\Delta x}=0,$$

$$f_y'(0, 0)=\lim_{\Delta y\to 0}\frac{f(0,0+\Delta y)-f(0, 0)}{\Delta y}=\lim_{\Delta y\to 0}\frac{0}{\Delta y}=0,$$

所以

$$\mathrm{d}f=f_x'(0, 0)\Delta x+f_y'(0, 0)\Delta y=0.$$

又因为

$$\Delta f=f(0+\Delta x, 0+\Delta y)-f(0, 0)=\sqrt{|\Delta x\Delta y|},$$

$$\rho=\sqrt{(\Delta x)^2+(\Delta y)^2},$$

沿着特殊的路线 $\Delta x=\Delta y$, $\rho\to 0\Leftrightarrow\Delta x\to 0$, 所以

$$\lim_{\rho\to 0}\frac{\Delta y-\mathrm{d}f}{\rho}=\lim_{\Delta x\to 0}\frac{|\Delta x|}{\sqrt{2}\,|\Delta x|}=\frac{1}{\sqrt{2}}\neq 0.$$

因此，$f(x, y)$在原点$(0, 0)$不可微.

注 （可微的充分条件）如果$f(x, y)$在点(x_0, y_0)对x和y的偏导数存在，且$f_x'(x, y)$和$f_y'(x, y)$在点(x_0, y_0)连续，则$f(x, y)$在点(x_0, y_0)可微. 但偏导数连续只是可微的充分条件，不是必要的，即函数在一点可微，函数的偏导数在该点不一定连续.

例如：设函数 $f(x, y)=\begin{cases}(x^2+y^2)\sin\dfrac{1}{x^2+y^2}, & x^2+y^2\neq 0\\ 0, & x^2+y^2=0\end{cases}$，则$f(x, y)$在点$(0, 0)$可微，但偏函数不连续.

事实上，易求$f_x'(0, 0)=0$, $f_y'(0, 0)=0$. 有

$$\mathrm{d}f=f_x'(0, 0)\Delta x+f_y'(0, 0)\Delta y=0,$$

$$\begin{aligned}\Delta f&=f(0+\Delta x, 0+\Delta y)-f(0, 0)\\&=((\Delta x)^2+(\Delta y)^2)\sin\frac{1}{(\Delta x)^2+(\Delta y)^2}=\rho^2\sin\frac{1}{\rho^2},\end{aligned}$$

从而

$$\lim_{\rho\to 0}\frac{\Delta f-\mathrm{d}f}{\rho}=\lim_{\rho\to 0}\rho\sin\frac{1}{\rho^2}=0.$$

因此$f(x, y)$在原点$(0, 0)$可微.

而两个偏导数$f_x'(x, y)$和$f_y'(x, y)$在原点却间断. 事实上，$\forall(x, y)$: $x^2+y^2\neq 0$，有

$$f_x'(x,y)=2x\sin\frac{1}{x^2+y^2}-\frac{2x}{x^2+y^2}\cos\frac{1}{x^2+y^2}.$$

特别地，当 $y=x$ 时，极限

$$\lim_{\substack{(x,y)\to(0,0)\\ y=x}}f_x'(x,y)=\lim_{x\to 0}\left(2x\sin\frac{1}{2x^2}-\frac{1}{x}\cos\frac{1}{2x^2}\right)$$

不存在，即 $f_x'(x,y)$ 在原点 $(0,0)$ 间断. 同理可证，$f_y'(x,y)$ 在原点 $(0,0)$ 也间断.

【题目 41】 设 $z^3-3xyz=a^3$，求 $\frac{\partial^2 z}{\partial x^2}$.

【错误解法】 令 $F(x,y,z)=z^3-3xyz-a^3$，则利用隐函数的求导公式，得

$$\frac{\partial z}{\partial x}=-\frac{F_x}{F_z}=-\frac{-3yz}{3z^2-3xy}=\frac{yz}{z^2-xy}.$$

再次应用求导公式，令 $F(x,y,z)=\frac{yz}{z^2-xy}$，则

$$\frac{\partial^2 z}{\partial x^2}=\frac{\partial}{\partial x}\left(\frac{\partial z}{\partial x}\right)=-\frac{F_x}{F_z}=-\frac{\frac{y^2z}{(z^2-xy)^2}}{\frac{y(z^2-xy)-yz\cdot 2z}{(z^2-xy)^2}}=\frac{yz}{z^2+xy}.$$

【错解评析】 上述第二次应用隐函数的求导公式求 $\frac{\partial^2 z}{\partial x^2}$ 的解法是错误的. 导致此错误的原因是将“方程”与“函数”的概念相混淆造成的. 退一步说，即使在第二次应用求导公式时，将公式中的 $F(x,y,z)=\frac{yz}{z^2-xy}$ 改成 $F(x,y,z)=\frac{\partial z}{\partial x}-\frac{yz}{z^2-xy}$，仍得不到 $\frac{\partial^2 z}{\partial x^2}$ 的正确结果. 容易验算，第二次应用求导公式得到的仍是一阶偏导数 $\frac{\partial z}{\partial x}$. 出现这种情况的原因是由于方程 $z^3-3xyz=a^3$ 与 $\frac{\partial z}{\partial x}-\frac{yz}{z^2-xy}=0$ 所确定的是同一函数 $z=z(x,y)$. 正因为如此，所以就不能由两次直接计算 $-\frac{F_x}{F_z}$ 而求得 $\frac{\partial^2 z}{\partial x^2}$，这就是出现错解的根本原因.

【正确解法】 令 $F(x,y,z)=z^3-3xyz-a^3$，则利用隐函数的求导公式，得

$$\frac{\partial z}{\partial x}=-\frac{F_x}{F_z}=-\frac{-3yz}{3z^2-3xy}=\frac{yz}{z^2-xy}.$$

计算 $\frac{\partial^2 z}{\partial x^2}$ 时，可以采用在方程两边同时对 x 求偏导的方法，并视 z 为 x，y 的二元函数 $z(x,y)$，得

$$\frac{\partial^2 z}{\partial x^2}=\frac{\partial}{\partial x}\left(\frac{\partial z}{\partial x}\right)=\frac{\partial}{\partial x}\left(\frac{yz}{z^2-xy}\right)=\frac{y\frac{\partial z}{\partial x}(z^2-xy)-yz\left(2z\frac{\partial z}{\partial x}-y\right)}{(z^2-xy)^2}$$

$$=\frac{y\frac{yz}{z^2-xy}(z^2-xy)-yz\left(2z\frac{yz}{z^2-xy}-y\right)}{(z^2-xy)^2}$$

$$=-\frac{2xy^3z}{(z^2-xy)^3}.$$

【题目42】 设函数 $z=F(x+\varphi(x-y),y)$，其中 F,φ 是二阶可微函数，求 $\frac{\partial^2 z}{\partial x\partial y}$.

【错误解法】 设 $u=x+\varphi(x-y)$，$v=y$，则 $z=F(u,v)$，于是

$$\frac{\partial z}{\partial x}=\frac{\partial F}{\partial u}\frac{\partial u}{\partial x}=(1+\varphi')F_1,$$

$$\frac{\partial^2 z}{\partial x\partial y}=\frac{\partial}{\partial y}\left(\frac{\partial z}{\partial x}\right)=\frac{\partial}{\partial y}[(1+\varphi')F_1]=(1+\varphi')\frac{\partial F_1}{\partial y}+F_1\frac{\partial}{\partial y}(1+\varphi')$$

$$=(1+\varphi')\frac{\partial F_1}{\partial v}\frac{\partial v}{\partial y}+F_1\cdot[\varphi''\cdot(-1)]=(1+\varphi')F_{12}-\varphi''F_1.$$

【错解评析】 求抽象复合函数 F 的二阶偏导数，最需要注意的一点是一阶偏导数 F_1（及 F_2）仍旧是复合函数，且与函数 F 具有同样的中间变量与自变量. 而上述解法中在计算 $\frac{\partial F_1}{\partial y}$ 时，正是忽略了这种变量关系，因而造成计算错误.

【正确解法】 设 $u=x+\varphi(x-y)$，$v=y$，则 $z=F(u,v)$，于是

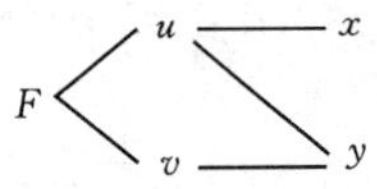

$$\frac{\partial z}{\partial x}=\frac{\partial F}{\partial u}\frac{\partial u}{\partial x}=(1+\varphi')F_1,$$

$$\frac{\partial^2 z}{\partial x\partial y}=\frac{\partial}{\partial y}\left(\frac{\partial z}{\partial x}\right)=\frac{\partial}{\partial y}[(1+\varphi')F_1]$$

$$=(1+\varphi')\frac{\partial F_1}{\partial y}+F_1\frac{\partial}{\partial y}(1+\varphi')$$

$$=(1+\varphi')\left[\frac{\partial F_1}{\partial u}\frac{\partial u}{\partial y}+\frac{\partial F_1}{\partial v}\frac{\partial v}{\partial y}\right]+F_1\cdot[\varphi''\cdot(-1)]$$

$$=(1+\varphi')[F_{11}\cdot(-\varphi')+F_{12}]-\varphi''F_1$$

$$=(F_{12}-\varphi'F_{11})(1+\varphi')-\varphi''F_1.$$

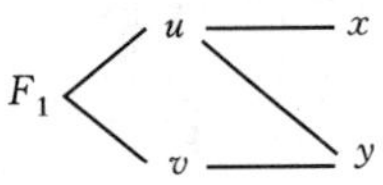

图 I-3

图 I-4

【题目43】 设 $z=f(\sin x,\mathrm{e}^{xy})$，且 f 具有连续的二阶偏导数，求 $\frac{\partial^2 z}{\partial x^2}$.

【错误解法】 设 $u=\sin x$，$v=\mathrm{e}^{xy}$，则 $z=f(u,v)$，则

$$\frac{\partial z}{\partial x}=\frac{\partial f}{\partial u}\frac{\partial u}{\partial x}+\frac{\partial f}{\partial v}\frac{\partial v}{\partial x}=\frac{\partial f}{\partial u}\cos x+y\mathrm{e}^{xy}\frac{\partial f}{\partial v},$$

$$\frac{\partial^2 z}{\partial x^2}=\frac{\partial}{\partial x}\left[\frac{\partial f}{\partial u}\cos x+y\mathrm{e}^{xy}\frac{\partial f}{\partial v}\right]$$

$$=\cos x\frac{\partial^2 f}{\partial u^2}-\sin x\frac{\partial f}{\partial u}+y\mathrm{e}^{xy}\frac{\partial^2 f}{\partial v^2}+y^2\mathrm{e}^{xy}\frac{\partial f}{\partial v}.$$

【错解评析】 与题目42的评析相类似. 此题解法是在分别求$\frac{\partial f}{\partial u}$和$\frac{\partial f}{\partial v}$对$x$的偏导数时出现了错误，忽略了函数$\frac{\partial f}{\partial u}$和$\frac{\partial f}{\partial v}$仍旧是$u=\sin x$，$v=\mathrm{e}^{xy}$的复合函数. 因而造成计算错误.

【正确解法】 设$u=\sin x$，$v=\mathrm{e}^{xy}$，则$z=f(u,v)$，则

$$\frac{\partial z}{\partial x}=\frac{\partial f}{\partial u}\frac{\partial u}{\partial x}+\frac{\partial f}{\partial v}\frac{\partial v}{\partial x}=\frac{\partial f}{\partial u}\cos x+y\mathrm{e}^{xy}\frac{\partial f}{\partial v},$$

$$\frac{\partial^2 z}{\partial x^2}=\frac{\partial}{\partial x}\left(\frac{\partial f}{\partial u}\cos x\right)+\frac{\partial}{\partial x}\left(y\mathrm{e}^{xy}\frac{\partial f}{\partial v}\right)$$

$$=\cos x\left(\frac{\partial^2 f}{\partial u^2}\frac{\partial u}{\partial x}+\frac{\partial^2 f}{\partial u\partial v}\frac{\partial v}{\partial x}\right)-\sin x\frac{\partial f}{\partial u}+y\mathrm{e}^{xy}\left(\frac{\partial^2 f}{\partial v^2}\frac{\partial v}{\partial x}+\frac{\partial^2 f}{\partial v\partial u}\frac{\partial u}{\partial x}\right)+y^2\mathrm{e}^{xy}\frac{\partial f}{\partial v}$$

$$=\cos^2 x\frac{\partial^2 f}{\partial u^2}-\sin x\frac{\partial f}{\partial u}+y^2\mathrm{e}^{xy}\frac{\partial f}{\partial v}+y^2\mathrm{e}^{2xy}\frac{\partial^2 f}{\partial v^2}+2y\mathrm{e}^{xy}\cos x\frac{\partial^2 f}{\partial u\partial v}.$$

【题目44】 设函数f，g可微，且$z=f\left(xy\cdot\frac{y}{x}\right)+g\left(\frac{x}{y}\right)$，计算$x\frac{\partial z}{\partial x}+y\frac{\partial z}{\partial y}$.

【错误解法】

$$\frac{\partial z}{\partial x}=f_1'\cdot y+f_2'\cdot\left(-\frac{y}{x^2}\right)+g_x'(x)\cdot\frac{1}{y}$$

$$\frac{\partial z}{\partial y}=f_1'\cdot x+f_2'\cdot\frac{1}{x}+g_y'(x)\cdot\left(-\frac{x}{y^2}\right)$$

则

$$x\frac{\partial z}{\partial x}+y\frac{\partial z}{\partial y}=2xyf_1'+\frac{x}{y}g_x'-\frac{x}{y}g_y'.$$

【错解评析】 本题需要注意$g\left(\frac{x}{y}\right)$只含有一个中间变量$\frac{x}{y}$，在求解时，只能求导数$g'\left(\frac{x}{y}\right)$.

【正确解法】

$$\frac{\partial z}{\partial x}=f_1'\cdot y+f_2'\cdot\left(-\frac{y}{x^2}\right)+g'\frac{1}{y},$$

$$\frac{\partial z}{\partial y}=f_1'\cdot x+f_2'\cdot\frac{1}{x}+g'\cdot\left(-\frac{x}{y^2}\right).$$

所以

$$x\frac{\partial z}{\partial x}+y\frac{\partial z}{\partial y}=2xyf_1'.$$

七、二重积分和三重积分

【题目 45】 化二重积分 $\iint\limits_D f(x,y)\,\mathrm{d}x\mathrm{d}y$ 为先对 y 后对 x 的二次积分，其中积分区域 D 为 $1\leqslant x^2+y^2\leqslant 4$.

【错误解法】 令 D_1： $x^2+y^2\leqslant 1$； D_2： $x^2+y^2\leqslant 4$. 则

$$\iint\limits_D f(x,y)\,\mathrm{d}x\mathrm{d}y=\iint\limits_{D_2} f(x,y)\,\mathrm{d}x\mathrm{d}y-\iint\limits_{D_1} f(x,y)\,\mathrm{d}x\mathrm{d}y$$

$$=\int_{-2}^{2}\mathrm{d}x\int_{-\sqrt{4-x^2}}^{\sqrt{4-x^2}} f(x,y)\,\mathrm{d}y-\int_{-1}^{1}\mathrm{d}x\int_{-\sqrt{1-x^2}}^{\sqrt{1-x^2}} f(x,y)\,\mathrm{d}y.$$

【错解评析】 此解法属于对二重积分定义理解上的错误. 按照二重积分的定义，其被积函数是定义在积分区域 D 上，在 D 之外可以无定义. 以上解法错误的原因是误认为被积函数在D_1： $x^2+y^2\leqslant 1$ 上也有定义，或定义域可延拓到 $D+D_1$.

【正确解法】 把 $\iint\limits_D f(x,y)\,\mathrm{d}x\mathrm{d}y$ 化为先对 y 后对 x 的二次积分. 因为 D 不是 X-型区域，所以需把 D 化为四个 X-型区域之和（见图 Ⅰ-5）：

$$\iint\limits_D f(x,y)\,\mathrm{d}x\mathrm{d}y=\left(\iint\limits_{D_1}+\iint\limits_{D_2}+\iint\limits_{D_3}+\iint\limits_{D_4}\right)f(x,y)\,\mathrm{d}x\mathrm{d}y$$

$$=\int_{-1}^{1}\mathrm{d}x\int_{\sqrt{1-x^2}}^{\sqrt{4-x^2}} f(x,y)\,\mathrm{d}y+$$

$$\int_{1}^{2}\mathrm{d}x\int_{-\sqrt{4-x^2}}^{\sqrt{4-x^2}} f(x,y)\,\mathrm{d}y+$$

$$\int_{-1}^{1}\mathrm{d}x\int_{-\sqrt{4-x^2}}^{-\sqrt{1-x^2}} f(x,y)\,\mathrm{d}y+$$

$$\int_{-2}^{-1}\mathrm{d}x\int_{-\sqrt{4-x^2}}^{\sqrt{4-x^2}} f(x,y)\,\mathrm{d}y.$$

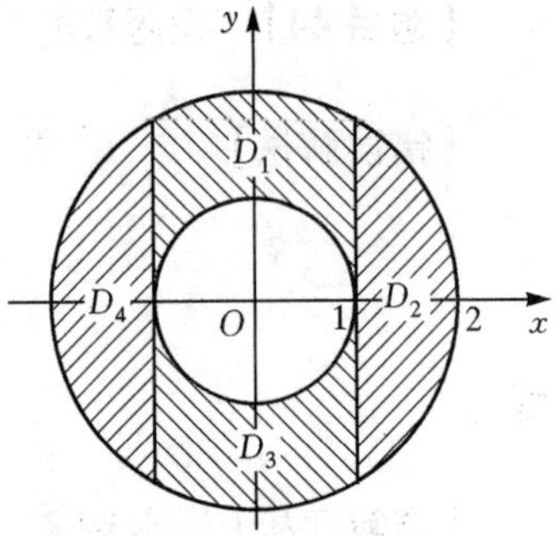

图 Ⅰ-5

注 如果$f(x,y)$是具体函数，并且$f(x,y)$的定义域 D 可以延拓到 $D+D_1$ 上，那么可按照

$$\iint\limits_D f(x,y)\,\mathrm{d}x\mathrm{d}y=\iint\limits_{D_2} f(x,y)\,\mathrm{d}x\mathrm{d}y-\iint\limits_{D_1} f(x,y)\,\mathrm{d}x\mathrm{d}y$$

具体计算求值.

【题目 46】 计算二重积分 $\iint\limits_D \mathrm{e}^{x+y}\,\mathrm{d}x\mathrm{d}y$，其中积分区域 D 为 $|x|+|y|\leqslant 1$.

【错误解法】 令 D_1： $x+y\leqslant 1$，$x\geqslant 0$，$y\geqslant 0$，则

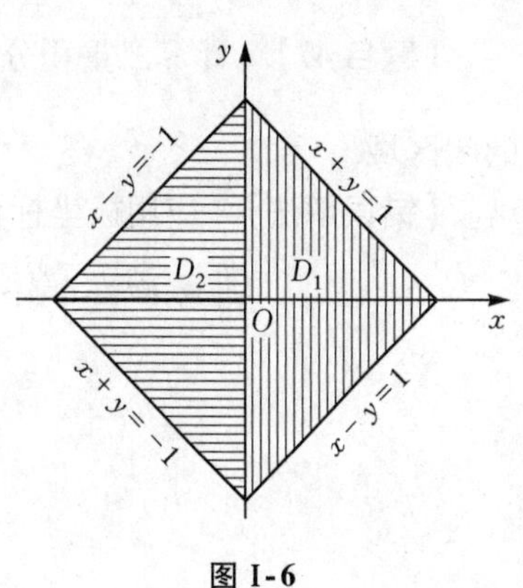

图 I-6

$$\iint\limits_{D} e^{x+y}\mathrm{d}x\mathrm{d}y = 4\iint\limits_{D_1} e^{x+y}\mathrm{d}x\mathrm{d}y = 4\int_0^1 \mathrm{d}x\int_0^{1-x} e^{x+y}\mathrm{d}y$$

$$= 4\int_0^1 e^x\mathrm{d}x\int_0^{1-x} e^y\mathrm{d}y$$

$$= 4\int_0^1 (e - e^x)\mathrm{d}x = 4.$$

【错解评析】 以上解法的错误在于简化二重积分的计算时，只考虑了积分区域 D 的特点，即关于 x 轴、y 轴都对称，而忽略了缺一不可的另一个条件：被积函数应满足 $f(-x,y)=f(x,y)$，且 $f(x,-y)=f(x,y)$，即被积函数 $f(x,y)$ 应关于变量 x, y 均为偶函数，因此造成了计算错误.

【正确解法】 设 $D=D_1+D_2$（如图 I-6 所示），

$$\iint\limits_{D} f(x,y)\mathrm{d}x\mathrm{d}y = \iint\limits_{D_1} f(x,y)\mathrm{d}x\mathrm{d}y + \iint\limits_{D_2} f(x,y)\mathrm{d}x\mathrm{d}y$$

$$= \int_0^1 \mathrm{d}x\int_{x-1}^{1-x} e^{x+y}\mathrm{d}y + \int_{-1}^0 \mathrm{d}x\int_{-1-x}^{1+x} e^{x+y}\mathrm{d}y$$

$$= \int_0^1 (e - e^{2x-1})\mathrm{d}x + \int_{-1}^0 (e^{2x+1} - e^{-x})\mathrm{d}x$$

$$= e - e^{-1}.$$

注 计算二重积分时，当积分区域和被积函数满足下列条件时，方可化简计算：

(1) 若 D 关于 y 轴对称，则

$$\iint\limits_{D} f(x,y)\mathrm{d}\sigma = \begin{cases} 2\iint\limits_{D_1} f(x,y)\mathrm{d}\sigma, & f(-x,y)=f(x,y) \\ 0, & f(-x,y)=-f(x,y) \end{cases}.$$

（这里 D_1 为 D 在 y 轴右边的部分）.

(2) 若 D 关于 x 轴对称，则

$$\iint\limits_{D} f(x,y)\mathrm{d}\sigma = \begin{cases} 2\iint\limits_{D_1} f(x,y)\mathrm{d}\sigma, & f(x,-y)=f(x,y) \\ 0, & f(x,-y)=f(x,y) \end{cases}.$$

（这里 D_1 为 D 在 x 轴上方的部分）.

(3) 若 D 关于 $y=x$ 对称，即 D 满足轮换对称性，则

$$\iint\limits_{D} f(x,y)\mathrm{d}x\mathrm{d}y = \iint\limits_{D} f(y,x)\mathrm{d}x\mathrm{d}y.$$

例如：设 $D=\{(x,y)\mid 0\leqslant x\leqslant\pi,\ 0\leqslant y\leqslant\pi\}$，则

$$\iint\limits_{D} (e^{\sin y} + e^{-\sin x})\mathrm{d}x\mathrm{d}y = \iint\limits_{D} (e^{-\sin y} + e^{\sin x})\mathrm{d}x\mathrm{d}y.$$

【题目 47】 计算二重积分 $\iint\limits_D \sqrt{R^2 - x^2 - y^2}\,\mathrm{d}x\mathrm{d}y$，其中 D 是由圆周 $x^2 + y^2 = Rx$ 所围成的闭区域.

【错误解法】 应用极坐标计算：

$$\begin{aligned}\iint\limits_D \sqrt{R^2 - x^2 - y^2}\,\mathrm{d}x\mathrm{d}y &= \iint\limits_D \sqrt{R^2 - r^2}\cdot r\mathrm{d}r\mathrm{d}\theta \\ &= \int_{-\frac{\pi}{2}}^{\frac{\pi}{2}}\mathrm{d}\theta\int_0^{R\cos\theta}\sqrt{R^2 - r^2}\cdot r\mathrm{d}r \\ &= \int_{-\frac{\pi}{2}}^{\frac{\pi}{2}}\left[-\frac{1}{3}(R^2 - r^2)^{\frac{3}{2}}\right]_0^{R\cos\theta}\mathrm{d}\theta \\ &= \int_{-\frac{\pi}{2}}^{\frac{\pi}{2}}\left[\frac{1}{3}R^3 - \frac{1}{3}R^3\sin^3\theta\right]\mathrm{d}\theta = \frac{1}{3}\pi R^3.\end{aligned}$$

【错解评析】 上述解法的错误在于忽略了函数 $\sin\theta$ 在区间 $\left[-\frac{\pi}{2}, \frac{\pi}{2}\right]$ 上的变化情况，即在 $\left[-\frac{\pi}{2}, 0\right)$ 上，$\sin\theta < 0$；在 $\left[0, \frac{\pi}{2}\right]$ 上，$\sin\theta \geqslant 0$. 所以

$$\left[-\frac{1}{3}(R^2 - r^2)^{\frac{3}{2}}\right]_0^{R\cos\theta} = \frac{R^3}{3}(1 - |\sin\theta|^3) = \begin{cases}\dfrac{R^3}{3}(1 + \sin^3\theta), & \theta \in \left[-\dfrac{\pi}{2}, 0\right) \\ \dfrac{R^3}{3}(1 - \sin^3\theta), & \theta \in \left[0, \dfrac{\pi}{2}\right]\end{cases}.$$

【正确解法】 应用极坐标计算：

$$\begin{aligned}\iint\limits_D \sqrt{R^2 - x^2 - y^2}\,\mathrm{d}x\mathrm{d}y &= \iint\limits_D \sqrt{R^2 - r^2}\cdot r\mathrm{d}r\mathrm{d}\theta \\ &= \int_{-\frac{\pi}{2}}^{\frac{\pi}{2}}\mathrm{d}\theta\int_0^{R\cos\theta}\sqrt{R^2 - r^2}\cdot r\mathrm{d}r \\ &= \int_{-\frac{\pi}{2}}^{\frac{\pi}{2}}\left[-\frac{1}{3}(R^2 - r^2)^{\frac{3}{2}}\right]_0^{R\cos\theta}\mathrm{d}\theta \\ &= \int_{-\frac{\pi}{2}}^{\frac{\pi}{2}}\left[\frac{1}{3}R^3 - \frac{1}{3}R^3|\sin\theta|^3\right]\mathrm{d}\theta \\ &= 2\int_0^{\frac{\pi}{2}}\frac{R^3}{3}(1 - \sin^3\theta)\mathrm{d}\theta = \frac{1}{3}R^3\left(\pi - \frac{4}{3}\right).\end{aligned}$$

【题目 48】 计算二重积分 $\iint\limits_D \sqrt{4 - x^2 - y^2}\,\mathrm{d}x\mathrm{d}y$，$D$：$x^2 + y^2 \leqslant 2x$.

【错误解法】 做极坐标替换，则在极坐标系中，闭区域 D 可表示为

$$D_1=\left\{(r,\theta)\middle|0\leqslant r\leqslant 2\cos\theta,-\frac{\pi}{2}\leqslant\theta\leqslant\frac{\pi}{2}\right\}.$$

于是

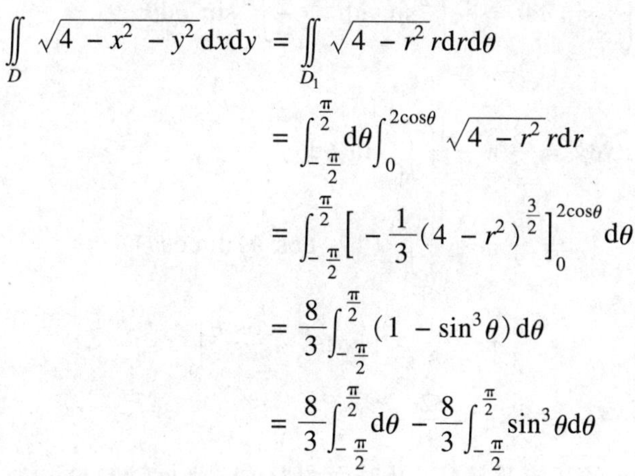

$$\begin{aligned}\iint_D\sqrt{4-x^2-y^2}\,\mathrm{d}x\mathrm{d}y&=\iint_{D_1}\sqrt{4-r^2}\,r\mathrm{d}r\mathrm{d}\theta\\&=\int_{-\frac{\pi}{2}}^{\frac{\pi}{2}}\mathrm{d}\theta\int_0^{2\cos\theta}\sqrt{4-r^2}\,r\mathrm{d}r\\&=\int_{-\frac{\pi}{2}}^{\frac{\pi}{2}}\left[-\frac{1}{3}(4-r^2)^{\frac{3}{2}}\right]_0^{2\cos\theta}\mathrm{d}\theta\\&=\frac{8}{3}\int_{-\frac{\pi}{2}}^{\frac{\pi}{2}}(1-\sin^3\theta)\mathrm{d}\theta\\&=\frac{8}{3}\int_{-\frac{\pi}{2}}^{\frac{\pi}{2}}\mathrm{d}\theta-\frac{8}{3}\int_{-\frac{\pi}{2}}^{\frac{\pi}{2}}\sin^3\theta\mathrm{d}\theta\end{aligned}$$

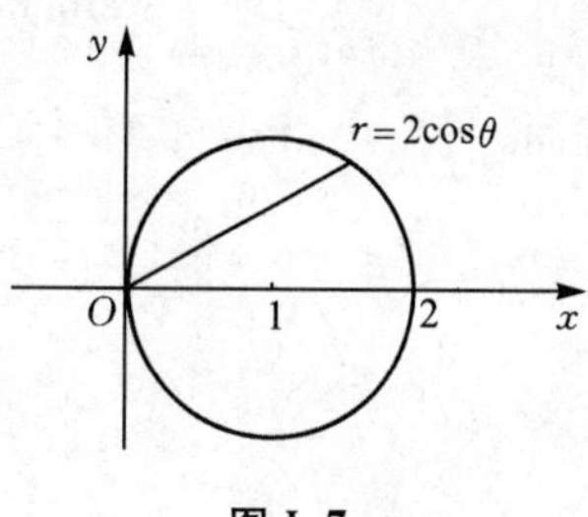

图 I-7

由奇函数在对称区间上定积分的性质可知，$\int_{-\frac{\pi}{2}}^{\frac{\pi}{2}}\sin^3\theta\mathrm{d}\theta=0$. 所以

$$\iint_D\sqrt{4-x^2-y^2}\,\mathrm{d}x\mathrm{d}y=\frac{8}{3}\int_{-\frac{\pi}{2}}^{\frac{\pi}{2}}\mathrm{d}\theta=\frac{8}{3}\pi.$$

【错解评析】　与题目 47 的评析类似.

【正确解法 1】　做极坐标替换，则积分区域可表示为

$$D_1=\left\{(r,\theta)\middle|0\leqslant r\leqslant 2\cos\theta,-\frac{\pi}{2}\leqslant\theta\leqslant\frac{\pi}{2}\right\}.$$

$$\begin{aligned}\iint_D\sqrt{4-x^2-y^2}\,\mathrm{d}x\mathrm{d}y&=\iint_{D_1}\sqrt{4-r^2}\,r\mathrm{d}r\mathrm{d}\theta\\&=\int_{-\frac{\pi}{2}}^{\frac{\pi}{2}}\mathrm{d}\theta\int_0^{2\cos\theta}\sqrt{4-r^2}\,r\mathrm{d}r\\&=\int_{-\frac{\pi}{2}}^{\frac{\pi}{2}}\left[-\frac{1}{3}(4-r^2)^{\frac{3}{2}}\right]_0^{2\cos\theta}\mathrm{d}\theta\\&=\int_{-\frac{\pi}{2}}^{0}\left[-\frac{1}{3}(4-r^2)^{\frac{3}{2}}\right]_0^{2\cos\theta}\mathrm{d}\theta+\int_0^{\frac{\pi}{2}}\left[-\frac{1}{3}(4-r^2)^{\frac{3}{2}}\right]_0^{2\cos\theta}\mathrm{d}\theta\\&=\frac{8}{3}\int_{-\frac{\pi}{2}}^{0}(1+\sin^3\theta)\mathrm{d}\theta+\frac{8}{3}\int_0^{\frac{\pi}{2}}(1-\sin^3\theta)\mathrm{d}\theta\\&=\frac{8}{3}\pi+\frac{8}{3}\int_{-\frac{\pi}{2}}^{0}\sin^3\theta\mathrm{d}\theta-\frac{8}{3}\int_0^{\frac{\pi}{2}}\sin^3\theta\mathrm{d}\theta.\end{aligned}$$

而对于定积分$\int_{-\frac{\pi}{2}}^{0}\sin^3\theta d\theta$来说，只要做变量替换，令$\theta=-t$，则

$$\int_{-\frac{\pi}{2}}^{0}\sin^3\theta d\theta=\int_{-\frac{\pi}{2}}^{0}\sin^3 t dt=-\int_{0}^{\frac{\pi}{2}}\sin^3 t dt=-\int_{0}^{\frac{\pi}{2}}\sin^3\theta d\theta.$$

进而，

$$\begin{aligned}\iint_D\sqrt{4-x^2-y^2}\,dxdy&=\frac{8}{3}\pi-\frac{16}{3}\int_0^{\frac{\pi}{2}}\sin^3\theta d\theta\\&=\frac{8}{3}\pi+\frac{16}{3}\int_0^{\frac{\pi}{2}}(1-\cos^2\theta)d(\cos\theta)\\&=\frac{8}{3}\pi+\frac{16}{3}\times\left[\cos\theta-\frac{\cos^3\theta}{3}\right]_0^{\frac{\pi}{2}}\\&=\frac{8}{3}\pi-\frac{32}{9}.\end{aligned}$$

【正确解法 2】 根据二重积分的几何意义，以及球面图形关于坐标轴的对称性，有

$$\iint_D\sqrt{4-x^2-y^2}\,dxdy=2\iint_{D_1}\sqrt{4-x^2-y^2}.$$

其中，D_1 为 $x^2+y^2\leqslant 2x$ 且 $y\geqslant 0$.

做极坐标替换，则积分区域D_1可表示为：$D_1=\left\{(r,\theta)\mid 0\leqslant r\leqslant 2\cos\theta,0\leqslant\theta\leqslant\frac{\pi}{2}\right\}$.

$$\begin{aligned}\iint_D\sqrt{4-x^2-y^2}\,dxdy&=2\iint_{D_1}\sqrt{4-r_2}\,rdrd\theta\\&=2\int_0^{\frac{\pi}{2}}d\theta\int_0^{2\cos\theta}\sqrt{4-r^2}\,rdr\\&=2\int_0^{\frac{\pi}{2}}\left[-\frac{1}{3}(4-r^2)^{\frac{3}{2}}\right]_0^{2\cos\theta}\\&=\frac{16}{3}\int_0^{\frac{\pi}{2}}(1-\sin^3\theta)d\theta\\&=\frac{16}{3}\int_0^{\frac{\pi}{2}}d\theta-\frac{16}{3}\int_0^{\frac{\pi}{2}}\sin^3\theta d\theta\\&=\frac{8}{3}\pi+\frac{16}{3}\int_0^{\frac{\pi}{2}}(1-\cos^2\theta)d(\cos\theta)\\&=\frac{8}{3}\pi+\frac{16}{3}\times\left[\cos\theta-\frac{1}{3}\cos^3\theta\right]_0^{\frac{\pi}{2}}\\&=\frac{8}{3}\pi-\frac{32}{9}.\end{aligned}$$

【题目49】　计算三重积分 $\iiint\limits_{\Omega} z^3 \mathrm{d}x\mathrm{d}y\mathrm{d}z$，其中积分区域 Ω 为球体 $x^2+y^2+z^2 \leqslant 2Rz$.

【错误解法】　采用"先二后一"方法计算：

$$\iiint\limits_{\Omega} z^3 \mathrm{d}x\mathrm{d}y\mathrm{d}z = \int_0^{2R} \mathrm{d}z \iint\limits_{D_z} z^3 \mathrm{d}x\mathrm{d}y.$$

而 D_z：$x^2+y^2 \leqslant R^2$，因此

$$\iiint\limits_{\Omega} z^3 \mathrm{d}x\mathrm{d}y\mathrm{d}z = \int_0^{2R} z^3 \cdot \pi R^2 \mathrm{d}z = \pi R^2 \int_0^{2R} z^3 \mathrm{d}z = 4\pi R^6.$$

【错解评析】　此题解法的错误在于利用"先二后一"方法进行计算时，把 D_z 当成 D_{xy} 进行计算了. 实际上，前者表示纵坐标为 z 的平面 $z=z$ 截闭区域 Ω 所得到的一个平面闭区域，后者表示空间闭区域 Ω 在平面 xOy 上的投影区域. 对本题来说，

$$D_z\text{：} x^2+y^2 \leqslant 2Rz-z^2\text{；} D_{xy}\text{：} x^2+y^2 \leqslant R^2.$$

【正确解法】　采用"先二后一"方法计算：

$$\iiint\limits_{\Omega} z^3 \mathrm{d}x\mathrm{d}y\mathrm{d}z = \int_0^{2R} \mathrm{d}z \iint\limits_{D_z} z^3 \mathrm{d}x\mathrm{d}y = \int_0^{2R} z^3 \mathrm{d}z \iint\limits_{D_z} \mathrm{d}x\mathrm{d}y = \int_0^{2R} z^3 \cdot S(z)\mathrm{d}z.$$

其中 $S(z)$ 表示 D_z 的面积，D_z：$x^2+y^2 \leqslant 2Rz-z^2$. 于是

$$\int_0^{2R} z^3 \cdot S(z)\mathrm{d}z = \int_0^{2R} z^3 \cdot \pi(2Rz-z^2)\mathrm{d}z = \frac{32}{15}\pi R^6.$$

【题目50】　计算 $\iiint\limits_{\Omega}(x^2+y^2)\mathrm{d}x\mathrm{d}y\mathrm{d}z$，其中 Ω 由曲面 $z=\sqrt{A^2-x^2-y^2}$，$z=\sqrt{a^2-x^2-y^2}$ $(A>a>0)$ 及 $z=0$ 所围成.

【错误解法】　应用柱面坐标计算：

$$\begin{aligned}\iiint\limits_{\Omega}(x^2+y^2)\mathrm{d}x\mathrm{d}y\mathrm{d}z &= \iiint\limits_{\Omega} r^2 \cdot r\mathrm{d}r\mathrm{d}\theta\mathrm{d}z \\ &= \int_0^{2\pi}\mathrm{d}\theta\int_a^A r^3\mathrm{d}r\int_{\sqrt{a^2-r^2}}^{\sqrt{A^2-r^2}}\mathrm{d}z \\ &= 2\pi\int_a^A r^3(\sqrt{A^2-r^2}-\sqrt{a^2-r^2})\mathrm{d}r \\ &= \pi\int_a^A r^2(\sqrt{A^2-r^2}-\sqrt{a^2-r^2})\mathrm{d}r^2 \\ &= \frac{\pi}{4}(A^2-a^2).\end{aligned}$$

【错解评析】　以上解法的错误在于利用柱面坐标计算时，没有考虑坐标 z 的条件. 一般来说，如果一个三重积分的被积函数呈 $f(x^2+y^2)$ 的形式，积分区域 Ω 在 xOy 平面的投影域为圆域或其中的一部分，则利用柱面坐标计算较为方便. 但对 z 来说，Ω 必须构成下面的区域：Ω 的上顶曲面为 $z=\psi(x,y)$，下底曲面为 $z=\varphi(x,y)$，并且 $\psi(x,y)$、$\varphi(x,y)$ 仅用一个

解析式子表示，否则应将 Ω 分成若干个满足上述条件的子区域. 上述解法错误的原因在于没有划分 Ω. 从 Ω 在 yOz 面上的投影平面图（见图 I-8）我们不难看出：$a^2 \leqslant x^2+y^2 \leqslant A^2$ 对应的空间区域 Ω_1 的上顶曲面为 $z=\sqrt{A^2-x^2-y^2}$，下顶曲面为 $z=0$；而 $x^2+y^2 \leqslant a^2$ 对应的空间区域 Ω_2 的上顶曲面为 $z=\sqrt{A^2-x^2-y^2}$，下顶曲面为 $z=\sqrt{a^2-x^2-y^2}$，因此整个区域上的积分不能直接应用柱面坐标计算，而应进行划分.

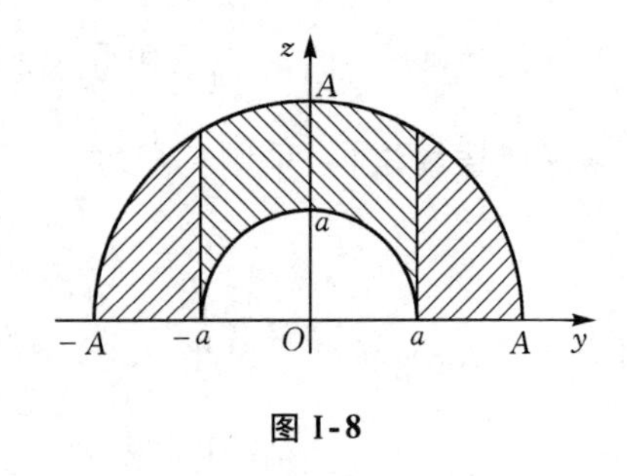

图 I-8

【正确解法】 将积分区域 Ω 划分成 Ω_1 与 Ω_2 之和，对 Ω_1，Ω_2 上的积分应用柱面坐标进行计算.

$$\begin{aligned}\iiint_{\Omega}(x^2+y^2)\mathrm{d}x\mathrm{d}y\mathrm{d}z &= \left(\iiint_{\Omega_1}+\iiint_{\Omega_2}\right)(x^2+y^2)\mathrm{d}x\mathrm{d}y\mathrm{d}z = \left(\iiint_{\Omega_1}+\iiint_{\Omega_2}\right)r^2\cdot r\mathrm{d}r\mathrm{d}\theta\mathrm{d}z \\ &= \int_0^{2\pi}\mathrm{d}\theta\int_0^a r^3\mathrm{d}r\int_{\sqrt{a^2-r^2}}^{\sqrt{A^2-r^2}}\mathrm{d}z + \int_0^{2\pi}\mathrm{d}\theta\int_a^A r^3\mathrm{d}r\int_0^{\sqrt{A^2-r^2}}\mathrm{d}z \\ &= \frac{4}{15}\pi(A^5-a^5).\end{aligned}$$

注 题目 50 若用球面坐标计算更为简单.

类似的错误：计算 $\iiint_{\Omega}(x^2+y^2)\mathrm{d}x\mathrm{d}y\mathrm{d}z$，其中 Ω 由曲面 $z=\sqrt{x^2+y^2}$，$z=1$ 及 $z=2$ 所围成.

【错误解法】 $$\iiint_{\Omega}(x^2+y^2)\mathrm{d}x\mathrm{d}y\mathrm{d}z = \int_0^{2\pi}\mathrm{d}\theta\int_0^2 r^3\mathrm{d}r\int_1^2\mathrm{d}z = 8\pi.$$

【正确解法】

$$\begin{aligned}\iiint_{\Omega}(x^2+y^2)\mathrm{d}x\mathrm{d}y\mathrm{d}z &= \left(\iiint_{\Omega_1}+\iiint_{\Omega_2}\right)(x^2+y^2)\mathrm{d}x\mathrm{d}y\mathrm{d}z \\ &= \int_0^{2\pi}\mathrm{d}\theta\int_0^1 r^3\mathrm{d}r\int_1^2\mathrm{d}z + \int_0^{2\pi}\mathrm{d}\theta\int_1^2 r^3\mathrm{d}r\int_r^2\mathrm{d}z \\ &= \frac{\pi}{2}+\frac{13\pi}{5} = \frac{31\pi}{10}.\end{aligned}$$

八、曲线积分

【题目 51】 计算曲线积分 $\oint_L \sqrt{x^2+y^2}\mathrm{d}s$，其中 L 为圆周 $x^2+y^2=ax$.

【错误解法】 圆周 $x^2+y^2=ax$ 的参数方程为

$$L:\begin{cases}x=\dfrac{a}{2}+\dfrac{a}{2}\cos\theta\\ y=\dfrac{a}{2}\sin\theta\end{cases}\quad\left(-\dfrac{\pi}{2}\leqslant\theta\leqslant\dfrac{\pi}{2}\right).$$

$$\oint_L\sqrt{x^2+y^2}\,ds=\int_{-\frac{\pi}{2}}^{\frac{\pi}{2}}\sqrt{\left(\frac{a}{2}+\frac{a}{2}\cos\theta\right)^2+\left(\frac{a}{2}\sin\theta\right)^2}\sqrt{\left(-\frac{a}{2}\sin\theta\right)^2+\left(\frac{a}{2}\cos\theta\right)^2}\,d\theta$$

$$=\int_{-\frac{\pi}{2}}^{\frac{\pi}{2}}\left(\frac{a}{2}\right)^2\sqrt{2(1+\cos\theta)}\,d\theta=\frac{a^2}{2}\int_{-\frac{\pi}{2}}^{\frac{\pi}{2}}\cos\frac{\theta}{2}d\theta=\sqrt{2}a^2.$$

【错解评析】 上述解法之所以错误，是因为在确定参数方程中参数 θ 的取值范围时出现失误. 事实上，由于圆周以 $\left(\dfrac{a}{2},0\right)$ 为中心，参数方程表示为 $L:\begin{cases}x=\dfrac{a}{2}+\dfrac{a}{2}\cos\theta\\ y=\dfrac{a}{2}\sin\theta\end{cases}$，则参数 θ 的取值范围应为 $0\leqslant\theta\leqslant2\pi$；若将 $(0,0)$ 看成中心，参数方程表示为 $L:\begin{cases}x=a\cos\theta\cos\theta\\ y=a\cos\theta\sin\theta\end{cases}$，则参数 θ 的取值范围才是 $-\dfrac{\pi}{2}\leqslant\theta\leqslant\dfrac{\pi}{2}$.

【正确解法 1】 圆周 $x^2+y^2=ax$ 的参数方程为

$$L:\begin{cases}x=\dfrac{a}{2}+\dfrac{a}{2}\cos\theta\\ y=\dfrac{a}{2}\sin\theta\end{cases}\quad(0\leqslant\theta\leqslant2\pi).$$

$$\oint_L\sqrt{x^2+y^2}\,ds=\int_0^{2\pi}\sqrt{\left(\frac{a}{2}+\frac{a}{2}\cos\theta\right)^2+\left(\frac{a}{2}\sin\theta\right)^2}\sqrt{\left(-\frac{a}{2}\sin\theta\right)^2+\left(\frac{a}{2}\cos\theta\right)^2}\,d\theta$$

$$=\int_0^{2\pi}\left(\frac{a}{2}\right)^2\sqrt{2(1+\cos\theta)}\,d\theta=\frac{a^2}{2}\int_0^{2\pi}\left|\cos\frac{\theta}{2}\right|d\theta$$

$$=\frac{a^2}{2}\left[\int_0^{\pi}\cos\frac{\theta}{2}d\theta-\int_{\pi}^{2\pi}\cos\frac{\theta}{2}d\theta\right]=2a^2.$$

【正确解法 2】 圆周 $x^2+y^2=ax$ 的参数方程为

$$L:\begin{cases}x=a\cos\theta\cos\theta\\ y=a\cos\theta\sin\theta\end{cases}\quad\left(-\dfrac{\pi}{2}\leqslant\theta\leqslant\dfrac{\pi}{2}\right).$$

$$\oint_L\sqrt{x^2+y^2}\,ds=\int_{-\frac{\pi}{2}}^{\frac{\pi}{2}}\sqrt{(a\cos\theta\cos\theta)^2+(a\cos\theta\sin\theta)^2}\sqrt{(-a\sin2\theta)^2+(a\cos2\theta)^2}\,d\theta$$

$$=\int_{-\frac{\pi}{2}}^{\frac{\pi}{2}}a\sqrt{a^2\cos^2\theta}\,d\theta=\int_{-\frac{\pi}{2}}^{\frac{\pi}{2}}a^2\cos\theta\,d\theta$$

$$= a^2\sin\theta \Big|_{-\frac{\pi}{2}}^{\frac{\pi}{2}} = 2a^2.$$

【题目 52】 计算曲线积分 $I = \oint_L \frac{x\mathrm{d}y - y\mathrm{d}x}{4x^2 + y^2}$，其中 L 是以点(1, 0)为中心，R 为半径的圆周($R>1$)，取逆时针方向.

【错误解法】 因为 $P(x, y) = \frac{-y}{4x^2+y^2}$，$Q(x, y) = \frac{x}{4x^2+y^2}$，

$$\frac{\partial P}{\partial y} = \frac{y^2-4x^2}{(4x^2+y^2)^2} = \frac{\partial Q}{\partial x} \quad (4x^2+y^2\neq 0),$$

所以，曲线积分与路径无关，则 $I = \oint_L \frac{x\mathrm{d}y - y\mathrm{d}x}{4x^2 + y^2} = 0.$

【错解评析】 上述解题过程中的错误在于对曲线积分与路径无关的条件的理解上. 由于在有向曲线积分 L 所围成的单连通域 D 内，只有当 $4x^2+y^2\neq 0$ 时，才有 $\frac{\partial P}{\partial y} = \frac{\partial Q}{\partial x}$ 成立，被积函数 $P(x, y)$，$Q(x, y)$ 及其偏导数在原点(0, 0)不连续，即 $P(x, y)$，$Q(x, y)$ 在 D 内有奇点(0, 0)，所以不满足曲线与路径无关的条件. 因此，解题时应该首先挖掉奇点，再利用格林公式计算.

【正确解法】 因为 $P(x, y) = \frac{-y}{4x^2+y^2}$，$Q(x, y) = \frac{x}{4x^2+y^2}$，

$$\frac{\partial P}{\partial y} = \frac{y^2-4x^2}{(4x^2+y^2)^2} = \frac{\partial Q}{\partial x} \quad (4x^2+y^2\neq 0).$$

点(0, 0)为奇点，作一小椭圆 l: $4x^2+y^2=r^2$ (r 充分小)，取逆时针方向(见图 I-9)，l 的参数方程为

$$l:\ \begin{cases} x = \frac{1}{2}r\cos\theta \\ y = r\sin\theta \end{cases} \quad (\theta \text{ 从 } 0 \text{ 变到 } 2\pi).$$

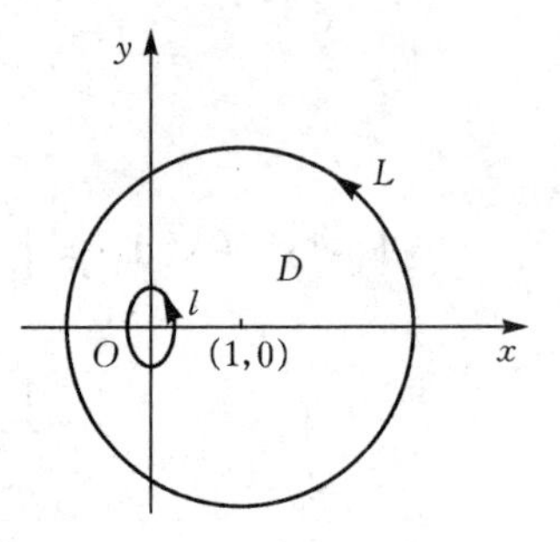

图 I-9

则 $L+(-l)$ 为一条闭曲线正向，设由 $L+(-l)$ 所围成的区域为 D_1，应用格林公式：

$$\begin{aligned} I &= \oint_L \frac{x\mathrm{d}y - y\mathrm{d}x}{4x^2+y^2} = \oint_{L+(-l)} \frac{x\mathrm{d}y - y\mathrm{d}x}{4x^2+y^2} - \oint_{(-l)} \frac{x\mathrm{d}y - y\mathrm{d}x}{4x^2+y^2} \\ &= \iint_{D_1} 0\mathrm{d}x\mathrm{d}y - \oint_{(-l)} \frac{x\mathrm{d}y - y\mathrm{d}x}{4x^2+y^2} = \oint_l \frac{x\mathrm{d}y - y\mathrm{d}x}{4x^2+y^2} \\ &= \frac{1}{r^2}\int_0^{2\pi} \left(\frac{1}{2}r\cos\theta r\cos\theta + \frac{1}{2}r\sin\theta r\sin\theta\right)\mathrm{d}x \\ &= \pi. \end{aligned}$$

【题目 53】 计算 $\int_L \frac{x\mathrm{d}y - y\mathrm{d}x}{x^2 + y^2}$，其中 L 是沿曲线 $x^2 = 2(y+2)$ 从点 $A(-2\sqrt{2}, 2)$ 到点 $B(2\sqrt{2}, 2)$ 的一段.

【错误解法】 令 $P = -\frac{y}{x^2+y^2}$，$Q = \frac{x}{x^2+y^2}$，由于 $\frac{\partial P}{\partial y} = \frac{\partial Q}{\partial x}$ $[(x, y) \neq (0, 0)]$，所以曲线积分与路径无关，于是

$$\int_L \frac{x\mathrm{d}y - y\mathrm{d}x}{x^2 + y^2} = \int_{AB} \frac{x\mathrm{d}y - y\mathrm{d}x}{x^2 + y^2} = \int_{-2\sqrt{2}}^{2\sqrt{2}} \frac{-2\mathrm{d}x}{x^2 + 4} = -2\arctan\sqrt{2}.$$

【错解评析】 以上解法的错误在于判别曲线积分与路径无关时，忽略了单连通区域的条件. 按照判别定理的条件，不仅要求 P，Q 在某一单连通区域 G 内有 $\frac{\partial P}{\partial y} = \frac{\partial Q}{\partial x}$，而且还要求 L 及新选择的积分路径属于 G. 在上述解法中，取 AB 为新的积分路径，由于 $L \in G$，$AB \in G$，则必然要推出 $(0, 0) \in G$，而点 $(0, 0)$ 恰好为 P，Q 的奇点. 因此，AB 的选择是错误的.

【正确解法】 令 $P = -\frac{y}{x^2+y^2}$，$Q = \frac{x}{x^2+y^2}$，由于

$$\frac{\partial P}{\partial y} = \frac{\partial Q}{\partial x} \quad [(x, y) \neq (0, 0)],$$

所以积分在不包含原点的某个单连通区域内与路径无关. 取积分路径 $ACDB$（见图 I-10）计算曲线积分.

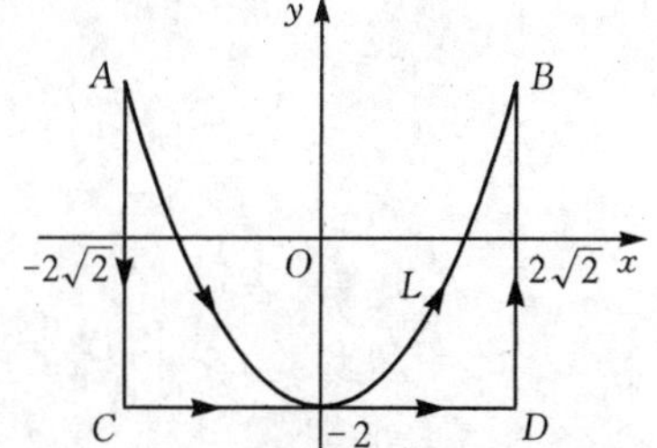

图 I-10

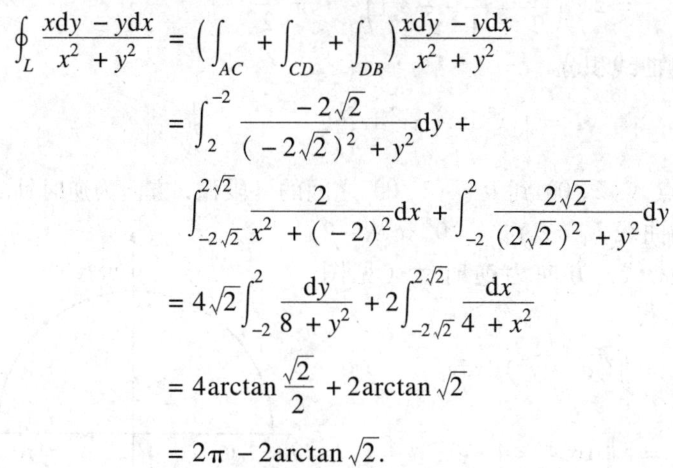

$$\oint_L \frac{x\mathrm{d}y - y\mathrm{d}x}{x^2 + y^2} = \left(\int_{AC} + \int_{CD} + \int_{DB}\right) \frac{x\mathrm{d}y - y\mathrm{d}x}{x^2 + y^2}$$

$$= \int_2^{-2} \frac{-2\sqrt{2}}{(-2\sqrt{2})^2 + y^2}\mathrm{d}y + \int_{-2\sqrt{2}}^{2\sqrt{2}} \frac{2}{x^2 + (-2)^2}\mathrm{d}x + \int_{-2}^{2} \frac{2\sqrt{2}}{(2\sqrt{2})^2 + y^2}\mathrm{d}y$$

$$= 4\sqrt{2}\int_{-2}^{2} \frac{\mathrm{d}y}{8 + y^2} + 2\int_{-2\sqrt{2}}^{2\sqrt{2}} \frac{\mathrm{d}x}{4 + x^2}$$

$$= 4\arctan\frac{\sqrt{2}}{2} + 2\arctan\sqrt{2}$$

$$= 2\pi - 2\arctan\sqrt{2}.$$

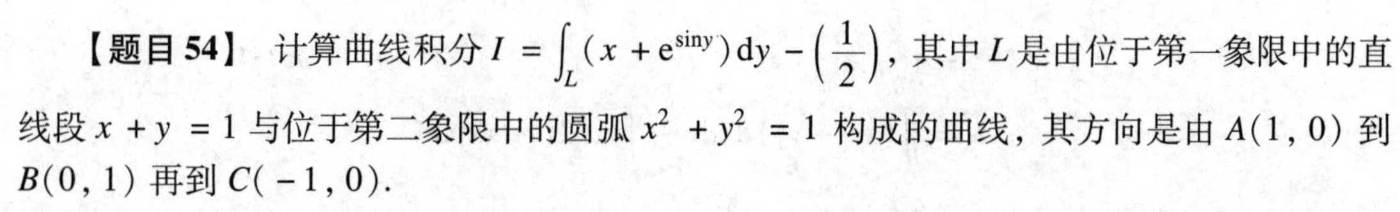

【题目 54】 计算曲线积分 $I = \int_L (x + \mathrm{e}^{\sin y})\mathrm{d}y - \left(\frac{1}{2}\right)$，其中 L 是由位于第一象限中的直线段 $x + y = 1$ 与位于第二象限中的圆弧 $x^2 + y^2 = 1$ 构成的曲线，其方向是由 $A(1, 0)$ 到 $B(0, 1)$ 再到 $C(-1, 0)$.

【错误解法】 令 $P=-(y-\frac{1}{2})$，$Q=x+e^{\sin y}$，记 L 所围区域为 D，则

$$I=\iint_D\left(\frac{\partial Q}{\partial x}-\frac{\partial P}{\partial y}\right)dxdy=\iint_D(1+1)dxdy$$
$$=2\cdot\left(\frac{1}{2}+\frac{1}{4}\cdot\pi\cdot 1\right)$$
$$=1+\frac{\pi}{2}.$$

【错解评析】 上述解法错在直接利用格林公式来计算，使用格林公式时积分曲线 L 必须封闭，此题 L 显然是不封闭的.

【正确解法】 令 $P=-(y-\frac{1}{2})$，$Q=x+e^{\sin y}$，补充 l：$y=0$，$x=-1\to 1$.

记 L 和 l 所围区域为 D，则

$$I=\oint_{L+l}Pdx+Qdy-\int_l Pdx+Qdy$$
$$=\iint_D\left(\frac{\partial Q}{\partial x}-\frac{\partial P}{\partial y}\right)dxdy-\int_{-1}^{1}\frac{1}{2}dx$$
$$=\iint_D(1+1)dxdy-1$$
$$=2\cdot\left(\frac{1}{2}+\frac{1}{4}\cdot\pi\cdot 1\right)-1=\frac{\pi}{2}.$$

【题目 55】 计算第二型曲线积分

$$I=\int_L yx^2dx+xy^2dy,$$

其中 L 为曲线 $x^2+y^2=4$ 在点 $A(2,0)$ 到 $B(-2,0)$ 之间的一段弧，方向为逆时针.

【错误解法】 补特殊的曲线 $L_1=BA$：$y=0$，x 从 -2 变到 2，则 $L+L_1$ 为封闭曲线，方向为逆时针（见图Ⅰ-11），所以应用格林公式，得

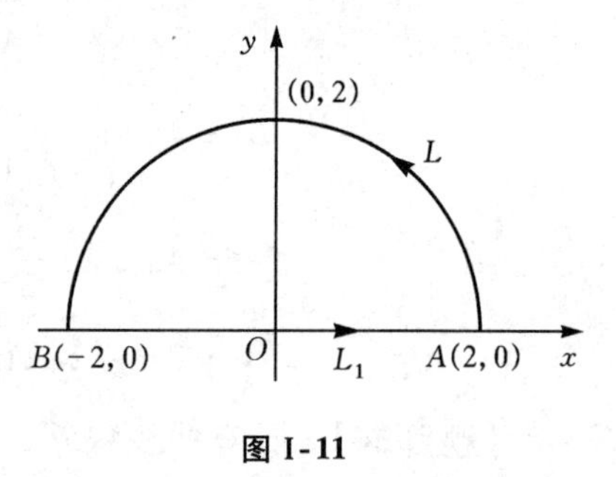

图Ⅰ-11

$$\int_{L+L_1}yx^2dx+xy^2dy=\iint_D(x^2+y^2)dxdy$$
$$=4\iint_D dxdy=4\cdot 4\pi$$
$$=16\pi.$$

所以
$$I=\iint_D(x^2+y^2)dxdy-\int_{L_1}yx^2dx+xy^2dy$$
$$=16\pi-0=16\pi.$$

【错解评析】　以上解法属于对二重积分定义理解上的错误. 把二重积分的被积函数 $f(x, y)=x^2+y^2$ 定义在区域 D: $x^2+y^2\leqslant 4$ 内, 看作定义在区域 D 的边界曲线 $x^2+y^2=4$ 上, 所以对被积函数进行了代入化简, 进而造成计算上的错误.

【正确解法】　补特殊的曲线 $L_1=BA$: $y=0$, x 从 -2 变到 2, 则 $L+L_1$ 为封闭曲线, 方向为逆时针, 所以应用格林公式, 得

$$\int_{L+L_1} yx^2\mathrm{d}x+xy^2\mathrm{d}y=\iint_D (x^2+y^2)\mathrm{d}x\mathrm{d}y=\int_0^{\pi}\mathrm{d}\theta\int_0^2 r^3\mathrm{d}r=4\pi.$$

所以
$$I=\iint_D (x^2+y^2)\mathrm{d}x\mathrm{d}y-\int_{L_1} yx^2\mathrm{d}x+xy^2\mathrm{d}y=4\pi-0=4\pi.$$

九、曲面积分

【题目 56】　计算积分 $\iint\limits_{\Sigma}\dfrac{\mathrm{d}S}{x^2+y^2+z^2}$, 其中 Σ 为界于平面 $z=0$ 及 $z=h$ ($h>0$) 之间的圆柱面 $x^2+y^2=R^2$.

【错误解法】　因为积分曲面 Σ 在 xOy 平面上的投影区域 D_{xy} 的面积为零, 所以

$$\iint\limits_{\Sigma}\frac{\mathrm{d}S}{x^2+y^2+z^2}=0.$$

【错解评析】　以上解法的错误在于不看积分曲面 Σ 的方程 $F(x, y, z)=0$ 的具体形式, 一味地向 xOy 平面投影. 事实上, 计算对面积的曲线积分时, Σ 应向哪一坐标平面投影, 一般取决于 Σ 的方程 $F(x, y, z)=0$ 中究竟哪个变量能用其他另外两个变量的显式形式表示. 如 Σ 的方程为单值函数 $z=z(x, y)$, 则应将 Σ 向 xOy 平面上投影; 若 $x=x(y, z)$, 则应将 Σ 向 yOz 平面上投影; 若 $y=y(z, x)$, 则应将 Σ 向 zOx 平面上投影; 若 Σ 的方程既可化为 $z=z(x, y)$, 又可化为 $y=y(z, x)$ 或 $x=x(y, z)$, 则可适当选择一个坐标面作为投影平面. 在本题中, 由于从 $x^2+y^2=R^2$ 不能确定 z 是 x, y 的函数, 只能确定 $x=\pm\sqrt{R^2-y^2}$ 或 $y=\pm\sqrt{R^2-x^2}$, 所以将 Σ 向 xOy 平面上投影是错误的.

【正确解法】　选择 yOz 面为投影平面, 令

$$\Sigma_1:\ x=\sqrt{R^2-y^2},\ \Sigma_2:\ x=-\sqrt{R^2-y^2},$$

Σ_1, Σ_2 在 yOz 平面上的投影区域 D_{yz} 均为

$$D_{yz}:\ -R\leqslant y\leqslant R,\ 0\leqslant z\leqslant h.$$

在 Σ_1 上, $\mathrm{d}S=\dfrac{R}{\sqrt{R^2-y^2}}\mathrm{d}y\mathrm{d}z$; 在 Σ_2 上, $\mathrm{d}S=-\dfrac{R}{\sqrt{R^2-y^2}}\mathrm{d}y\mathrm{d}z$. 故

$$\iint\limits_{\Sigma}\frac{\mathrm{d}S}{x^2+y^2+z^2}=\Big(\iint\limits_{\Sigma_1}+\iint\limits_{\Sigma_2}\Big)\frac{\mathrm{d}S}{x^2+y^2+z^2}$$

$$= 2R\iint_{D_{yz}} \frac{\mathrm{d}y\mathrm{d}z}{(R^2 + z^2)\sqrt{R^2 - y^2}}$$
$$= 2R\int_{-R}^{R} \frac{\mathrm{d}y}{\sqrt{R^2 - y^2}}\int_0^h \frac{\mathrm{d}z}{R^2 + z^2}$$
$$= 2\pi\arctan\frac{h}{R}.$$

【题目 57】 计算曲面积分

$$\oiint_{\Sigma} xz^2\mathrm{d}y\mathrm{d}z + (x^2y - z^3)\mathrm{d}z\mathrm{d}x + (2xy + y^2z)\mathrm{d}x\mathrm{d}y.$$

其中，Σ 为球面 $x^2+y^2+z^2=R^2$ 的外侧.

【错误解法】 应用高斯公式进行计算：

$$原式 = \iiint_{\Omega}(x^2 + y^2 + z^2)\mathrm{d}x\mathrm{d}y\mathrm{d}z.$$

其中，Ω： $x^2+y^2+z^2\leqslant R^2$. 由于

$$\iiint_{\Omega}(x^2 + y^2 + z^2)\mathrm{d}x\mathrm{d}y\mathrm{d}z = \iiint_{\Omega}R^2\mathrm{d}x\mathrm{d}y\mathrm{d}z = \frac{4}{3}\pi R^5,$$

所以 原式$=\frac{4}{3}\pi R^5$.

【错解评析】 以上解法属于对三重积分定义理解上的错误. 上面在计算三重积分时，把被积函数 $x^2+y^2+z^2$ 用 R^2 代替了. 而按照三重积分的定义，其被积函数 $f(x, y, z)$ 是定义在整个空间闭区域 Ω 上，而不是只定义在 Ω 的表面 Σ 上. 所以 Ω 的边界面 Σ 的方程不是被积函数中变量 x, y, z 之间的关系. 对本题来说，$f(x, y, z)=x^2+y^2+z^2$ 定义在 $x^2+y^2+z^2\leqslant R^2$ 上，并不是只定义在 $x^2+y^2+z^2=R^2$ 上，因此 $f(x, y, z)=x^2+y^2+z^2\neq R^2$.

【正确解法】 应用高斯公式进行计算：

$$原式 = \iiint_{\Omega}(x^2 + y^2 + z^2)\mathrm{d}x\mathrm{d}y\mathrm{d}z.$$

再应用球面坐标计算上面的三重积分：

$$原式 = \iiint_{\Omega}(x^2 + y^2 + z^2)\mathrm{d}x\mathrm{d}y\mathrm{d}z = \iiint_{\Omega}r^2 \cdot r^2\sin\varphi\mathrm{d}r\mathrm{d}\varphi\mathrm{d}\theta$$
$$= \int_0^{2\pi}\mathrm{d}\theta\int_0^{\pi}\sin\varphi\mathrm{d}\varphi\int_0^R r^4\mathrm{d}r = \frac{4}{5}\pi R^5.$$

注 在各类积分的计算中，只有两种曲线积分和两种曲面积分才考虑简化被积函数. 这是由于被积函数定义在曲线 L 或曲面 Σ 上，其坐标满足曲线 L 或曲面 Σ 的方程，因此可以利用曲线 L 或曲面 Σ 的方程进行化简计算.

【题目 58】 计算曲面积分 $I = \iint_{\Sigma}2x^3\mathrm{d}y\mathrm{d}z + 2y^3\mathrm{d}z\mathrm{d}x + 3(z^2 - 1)\mathrm{d}x\mathrm{d}y$，其中 Σ 为曲面

$z=1-x^2-y^2(z\geqslant 0)$ 的上侧.

【错误解法】 补特殊的曲面 Σ_1: $z=0$ $(x^2+y^2\leqslant 1)$，取下侧，则 $\Sigma+\Sigma_1$ 为闭曲面外侧，应用高斯公式得

$$\oiint\limits_{\Sigma+\Sigma_1} 2x^3\mathrm{d}y\mathrm{d}z+2y^3\mathrm{d}z\mathrm{d}x+3(z^2-1)\mathrm{d}x\mathrm{d}y$$

$$=\iiint\limits_{\Omega} 6(x^2+y^2+z)\mathrm{d}v=6\int_0^{2\pi}\mathrm{d}\theta\int_0^1\rho\mathrm{d}\rho\int_0^{1-\rho^2}(\rho^2+z)\mathrm{d}z$$

$$=12\pi\int_0^1\left[\frac{1}{2}\rho(1-\rho^2)^2+\rho^3(1-\rho^2)\right]\mathrm{d}\rho=2\pi.$$

所以

$$I=\iint\limits_{\Sigma} 2x^3\mathrm{d}y\mathrm{d}z+2y^3\mathrm{d}z\mathrm{d}x+3(z^2-1)\mathrm{d}x\mathrm{d}y$$

$$=\left(\oiint\limits_{\Sigma+\Sigma_1}-\iint\limits_{\Sigma_1}\right)2x^3\mathrm{d}y\mathrm{d}z+2y^3\mathrm{d}z\mathrm{d}x+3(z^2-1)\mathrm{d}x\mathrm{d}y$$

$$=2\pi-\iint\limits_{\Sigma_1} 2x^3\mathrm{d}y\mathrm{d}z+2y^3\mathrm{d}z\mathrm{d}x+3(z^2-1)\mathrm{d}x\mathrm{d}y$$

$$=2\pi-\iint\limits_{D_{xy}}(-3)\mathrm{d}x\mathrm{d}y$$

$$=2\pi+3\pi=5\pi.$$

【错解评析】 本解法运用补面应用高斯公式，思路是正确的. 错误出现在最后计算 Σ_1 上的曲面积分，对坐标的曲面积分在计算时要注意曲面侧的问题，由于 Σ_1 取的是下侧，所以在化成二重积分时应取“$-$”号，此题在计算时忽略了符号.

【正确解法】 补面 Σ_1: $z=0(x^2+y^2\leqslant 1)$，取下侧，则 $\Sigma+\Sigma_1$ 为闭曲面外侧，应用高斯公式得

$$\oiint\limits_{\Sigma+\Sigma_1} 2x^3\mathrm{d}y\mathrm{d}z+2y^3\mathrm{d}z\mathrm{d}x+3(z^2-1)\mathrm{d}x\mathrm{d}y$$

$$=\iiint\limits_{\Omega} 6(x^2+y^2+z)\mathrm{d}v=6\int_0^{2\pi}\mathrm{d}\theta\int_0^1\rho\mathrm{d}\rho\int_0^{1-\rho^2}(\rho^2+z)\mathrm{d}z$$

$$=12\pi\int_0^1\left[\frac{1}{2}\rho(1-\rho^2)^2+\rho^3(1-\rho^2)\right]\mathrm{d}\rho=2\pi.$$

所以

$$I=\iint\limits_{\Sigma} 2x^3\mathrm{d}y\mathrm{d}z+2y^3\mathrm{d}z\mathrm{d}x+3(z^2-1)\mathrm{d}x\mathrm{d}y$$

$$=\left(\oiint\limits_{\Sigma+\Sigma_1}-\iint\limits_{\Sigma_1}\right)2x^3\mathrm{d}y\mathrm{d}z+2y^3\mathrm{d}z\mathrm{d}x+3(z^2-1)\mathrm{d}x\mathrm{d}y$$

$$= 2\pi - \iint_{\Sigma_1} 2x^3 \mathrm{d}y\mathrm{d}z + 2y^3 \mathrm{d}z\mathrm{d}x + 3(z^2 - 1)\mathrm{d}x\mathrm{d}y$$

$$= 2\pi - (-1)\iint_{D_{xy}} (-3)\mathrm{d}x\mathrm{d}y$$

$$= 2\pi - 3\pi = -\pi.$$

【题目 59】 计算曲面积分 $\oiint_{\Sigma} \frac{x\mathrm{d}y\mathrm{d}z + y\mathrm{d}z\mathrm{d}x + z\mathrm{d}x\mathrm{d}y}{r^3}$, 其中 Σ 为球面 $x^2 + y^2 + z^2 = a^2$ 的外侧, $r = \sqrt{x^2 + y^2 + z^2}$, a 为大于零的常数.

【错误解法】 令 $P = \frac{x}{r^3}, Q = \frac{y}{r^3}, R = \frac{z}{r^3}$, 则由高斯公式得

$$\text{原式} = \oiiint_{\Omega} \left(\frac{\partial P}{\partial x} + \frac{\partial Q}{\partial y} + \frac{\partial R}{\partial z}\right)\mathrm{d}x\mathrm{d}y\mathrm{d}z$$

$$= \oiiint_{\Omega} \left(\frac{r^2 - 3x^2}{r^3} + \frac{r^2 - 3y^2}{r^3} + \frac{r^2 - 3z^2}{r^3}\right)\mathrm{d}x\mathrm{d}y\mathrm{d}z = 0.$$

其中, Ω: $x^2 + y^2 + z^2 \leqslant a^2$.

【错解分析】 上述解法错在直接利用高斯公式来计算.

因为使用高斯公式时函数 P, Q, R 必须在所围区域 Ω 上具有一阶连续偏导数.

本题中在 Σ 所围区域 Ω 内存在一个点即 (0, 0, 0) 点, 函数 P, Q, R 即

$$P = \frac{x}{(x^2 + y^2 + z^2)^{\frac{3}{2}}},\ Q = \frac{y}{(x^2 + y^2 + z^2)^{\frac{3}{2}}},\ R = \frac{z}{(x^2 + y^2 + z^2)^{\frac{3}{2}}}$$

在该点无定义, 那么在该点的一阶偏导数也不存在, 因此, 不满足高斯公式的使用条件.

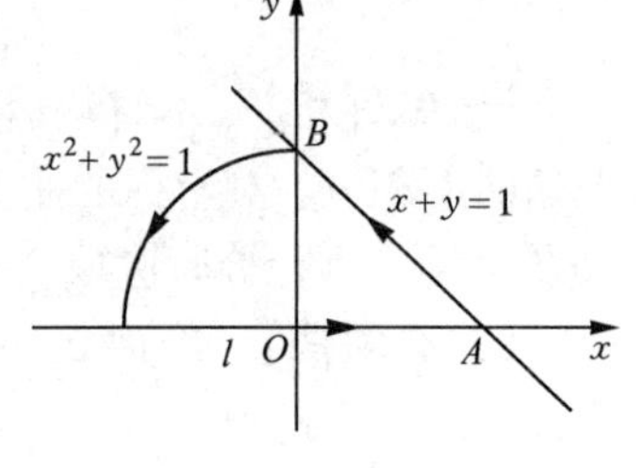

图 I-12

【正确解法】 原式 $= \oiint_{\Sigma} \frac{x\mathrm{d}y\mathrm{d}z + y\mathrm{d}z\mathrm{d}x + z\mathrm{d}x\mathrm{d}y}{a^3}$

$$= \frac{1}{a^3}\oiint_{\Sigma} x\mathrm{d}y\mathrm{d}z + y\mathrm{d}z\mathrm{d}x + z\mathrm{d}x\mathrm{d}y.$$

令 $P = x$, $Q = y$, $R = z$, 则由高斯公式, 得

$$\text{原式} = \frac{1}{a^3}\oiiint_{\Omega} \left(\frac{\partial P}{\partial x} + \frac{\partial Q}{\partial y} + \frac{\partial R}{\partial z}\right)\mathrm{d}x\mathrm{d}y\mathrm{d}z$$

$$= \frac{3}{a^3}\oiiint_{\Omega} \mathrm{d}x\mathrm{d}z\mathrm{d}z = \frac{3}{a^3} \cdot \frac{4}{3}\pi a^3 = 4\pi.$$

其中, Ω: $x^2 + y^2 + z^2 \leqslant a^2$.

十、无穷级数

【题目 60】 若 $\sum_{n=1}^{\infty} a_n^2$，$\sum_{n=1}^{\infty} b_n^2$ 收敛，证明 $\sum_{n=1}^{\infty} a_n b_n$ 收敛.

【错误解法】 因 $a_n b_n \leqslant \frac{1}{2}(a_n^2 + b_n^2)$，而 $\sum_{n=1}^{\infty} a_n^2$，$\sum_{n=1}^{\infty} b_n^2$ 收敛，所以 $\sum_{n=1} \frac{a_n^2 + b_n^2}{2}$ 亦收敛，于是，由比较审敛法知 $\sum_{n=1} a_n b_n$ 收敛.

【错解评析】 此题是利用比较审敛法证明常数项级数的收敛性. 但使用比较审敛法判别级数收敛性，要求级数必须是正项级数，而上面的解法恰好忽略了这个前提条件，因为 $a_n b_n$ 未必非负，因此上述解法是错误的. 例如，级数 $\sum_{n=1}^{\infty}\left(-\frac{1}{n}\right)$ 发散，级数 $\sum_{n=1}^{\infty} \frac{1}{n^2}$ 收敛，但显然有：$-\frac{1}{n} \leqslant \frac{1}{n^2}$.

【正确解法】 因为 $|a_n b_n| \leqslant \frac{1}{2}(a_n^2 + b_n^2)$，而 $\sum_{n=1}^{\infty} a_n^2$，$\sum_{n=1}^{\infty} b_n^2$ 收敛，所以 $\sum_{n=1}^{\infty} \frac{a_n^2 + b_n^2}{2}$ 亦收敛. 于是，由正项级数比较审敛法知，$\sum_{n=1}^{\infty} |a_n b_n|$ 收敛，从而 $\sum_{n=1}^{\infty} a_n b_n$ 收敛.

注 （1）使用比较审敛法、比值审敛法及根值审敛法判别级数的敛散性，要求级数必须是正项级数，否则可能导致错误.

（2）判别某些非正项级数的敛散性，有时也间接用正项级数的审敛法，如判别（变号）级数的绝对收敛性时，用正项级数的收敛判别法. 对于条件收敛的级数，也要证明各项绝对值构成的级数是发散的，所以有时也用到正项级数的发散判别法.

【题目 61】 求幂级数 $\sum_{n=1}^{\infty} n!x^{n^2}$ 的收敛半径.

【错误解法】 因为 $\rho = \lim_{n \to \infty} \left|\frac{a_{n+1}}{a_n}\right| = \lim_{n \to \infty} \frac{(n+1)!}{n!} = \lim_{n \to \infty} (n+1) = +\infty$，所以 $R = 0$.

【错解评析】 以上解法错误的原因在于忽视了对幂级数系数用比值法或根值法来求幂级数收敛半径的前提条件——幂级数必须是不缺项的幂级数 $\sum_{n=0}^{\infty} a_n x^n (a_n \neq 0)$，而对缺项幂级数，如 $\sum_{n=0}^{\infty} b_n x^{2n}$，$\sum_{n=0}^{\infty} c_n x^{2n+1}$，$\sum_{n=0}^{\infty} d_n x^{\varphi(n)}$ 等，不能直接对其系数应用比值法，否则会有使 $\frac{a_{n+1}}{a_n}$ 的分母为零的情况发生，而只能对整个幂级数直接利用比值审敛法来求收敛半径.

【正确解法】 因为$\rho=\lim\limits_{n\to\infty}\left|\dfrac{u_{n+1}(x)}{u_n(x)}\right|=\lim\limits_{n\to\infty}\dfrac{(n+1)!\ x^{(n+1)^2}}{n!\ x^{n^2}}=\lim\limits_{n\to\infty}(n+1)|x|^{2n+1}$，显然，当$|x|<1$时，$\rho=0<1$，原幂级数收敛．当$|x|\geqslant1$时，$\rho=+\infty$，原幂级数发散，所以原级数的收敛半径$R=1$.

【题目62】 试将函数$f(x)=\ln(a+x)\ (a>0)$展开成x的幂级数，并求展开式成立的区间.

【错误解法】 由于

$$f'(x)=\frac{1}{a+x}=\frac{1}{a}\cdot\frac{1}{1+\dfrac{x}{a}}=\frac{1}{a}\left[1-\frac{x}{a}+\frac{x^2}{a^2}-\cdots+(-1)^n\frac{x^n}{a^n}+\cdots\right]\quad(-a<x<a),$$

将上式从0到x逐项积分，得

$$f(x)=\frac{x}{a}-\frac{1}{2}\frac{x^2}{a^2}+\frac{1}{3}\frac{x^3}{a^3}-\cdots+(-1)^n\frac{1}{n+1}\frac{x^{n+1}}{a^{n+1}}+\cdots\quad(-a<x<a).$$

【错解评析】 上述解法中有两个方面的错误：其一，$f'(x)$从0到x积分$\int_0^x f'(x)\mathrm{d}x=f(x)-f(0)$，而非$f(x)$．本题中$f(0)=\ln a$. 其二，由于本题是利用“逐项积分”的方法将函数展开成幂级数，而逐项积分后的幂级数只是收敛半径与原级数相同，但收敛域有可能改变，所以对端点处的敛散性应重新讨论．以上解法的错误在于没有讨论展开式在端点处的敛散性.

【正确解法】 因为

$$f(x)=\frac{1}{a+x}=\frac{1}{a}\cdot\frac{1}{1+\dfrac{x}{a}}=\frac{1}{a}\cdot\sum_{n=0}^{\infty}(-1)^n\left(\frac{x}{a}\right)^n\quad(-a<x<a),$$

将上式从0到x逐项积分，得

$$f(x)-f(0)=\frac{1}{a}\cdot\sum_{n=0}^{\infty}(-1)^n\frac{x^{n+1}}{(n+1)a^n}\quad(-a<x<a).$$

即

$$f(x)=\ln a+\sum_{n=0}^{\infty}(-1)^n\frac{x^{n+1}}{(n+1)a^{n+1}}\quad(-a<x<a).$$

因上式右端的幂级数当$x=a$时收敛，当$x=-a$时发散，而$f(x)=\ln(a+x)$在$x=a$处有定义且连续，所以展开式对$x=a$也成立，于是有

$$\ln(a+x)=\ln a+\sum_{n=0}^{\infty}(-1)^n\frac{x^{n+1}}{(n+1)a^{n+1}}\quad(-a<x\leqslant a).$$

【题目63】 将函数$f(x)=\begin{cases}\pi+x, & -\pi\leqslant x<0\\ \pi-x, & 0\leqslant x\leqslant\pi\end{cases}$展开成傅里叶级数.

【错误解法】 所给函数$f(x)$在$[-\pi,\pi]$上满足收敛定理，函数$f(x)$在每一点均连续

且为偶函数，所以 $b_n=0\ (n=1,2,\cdots)$.

傅里叶系数为

$$a_0=\frac{1}{\pi}\int_{-\pi}^{\pi}f(x)\,dx=\frac{1}{\pi}\left[\int_{-\pi}^{0}(\pi+x)\,dx+\int_{0}^{\pi}(\pi-x)\,dx\right]=\pi;$$

$$a_n=\frac{1}{\pi}\int_{-\pi}^{\pi}f(x)\cos nx\,dx=\frac{1}{\pi}\left[\int_{-\pi}^{0}(\pi+x)\cos nx\,dx+\int_{0}^{\pi}(\pi-x)\cos nx\,dx\right]$$

$$=\frac{1}{\pi}\left[\pi\int_{-\pi}^{\pi}\cos nx\,dx+\int_{-\pi}^{0}x\cos nx\,dx-\int_{0}^{\pi}x\cos nx\,dx\right]=\frac{2}{n^2\pi}(1-\cos n\pi).$$

$$(n=1,2,\cdots)$$

所以
$$f(x)=\frac{\pi}{2}+\frac{2}{\pi}\sum_{n=1}^{\infty}\frac{1-\cos n\pi}{n^2}\cos nx\quad(-\infty<x<+\infty).$$

【错解评析】 本题为求傅里叶级数展开式问题，由于所给函数 $f(x)$ 只在 $[-\pi,\pi]$ 上有定义，而且不是周期函数，所以不能直接展开成傅里叶级数，应对函数 $f(x)$ 先做周期延拓，然后才能展开. 另外，展开成傅里叶级数后应限制在区间 $[-\pi,\pi]$ 上，而不是 $(-\infty,+\infty)$ 内.

【正确解法】 所给函数在 $[-\pi,\pi]$ 上满足收敛定理，将函数 $f(x)$ 进行周期延拓，函数在每一点均连续. $f(x)$ 为偶函数，所以 $b_n=0\ (n=1,2,\cdots)$.

傅里叶系数为

$$a_0=\frac{1}{\pi}\int_{-\pi}^{\pi}f(x)\,dx=\frac{1}{\pi}\left[\int_{-\pi}^{0}(\pi+x)\,dx+\int_{0}^{\pi}(\pi-x)\,dx\right]=\pi;$$

$$a_n=\frac{1}{\pi}\int_{-\pi}^{\pi}f(x)\cos nx\,dx=\frac{1}{\pi}\left[\int_{-\pi}^{0}(\pi+x)\cos nx\,dx+\int_{0}^{\pi}(\pi-x)\cos nx\,dx\right]$$

$$=\frac{1}{\pi}\left[\pi\int_{-\pi}^{\pi}\cos nx\,dx+\int_{-\pi}^{0}x\cos nx\,dx-\int_{0}^{\pi}x\cos nx\,dx\right]=\frac{2}{n^2\pi}(1-\cos n\pi).$$

$$(n=1,2,\cdots)$$

所以

$$f(x)=\frac{\pi}{2}+\frac{2}{\pi}\sum_{n=1}^{\infty}\frac{1-\cos n\pi}{n^2}\cos nx\quad(-\pi\leqslant x\leqslant\pi).$$

注 (1) 设 $f(x)$ 在 $[-l,l]$ 上连续，如果求 $f(x)$ 的傅里叶级数，那么首先要对 $f(x)$ 进行周期延拓，然后展开成傅里叶级数，再依据收敛定理，把 $(-\infty,+\infty)$ 内的傅里叶级数展开式限定在 $[-l,l]$ 上即可.

(2) 设 $f(x)$ 在 $[0,l]$ 上连续，如果把 $f(x)$ 展开成正弦（余弦）傅里叶级数，首先要对 $f(x)$ 进行奇延拓（偶延拓），然后展开成傅里叶级数，再依据收敛定理，把 $(-\infty,+\infty)$ 内的傅里叶级数展开式限定在 $[0,l]$ 上即可.

第Ⅱ部分　解题方法流程图及其应用

一、数列极限的计算方法

1. 解题方法流程图

求数列极限 $\lim\limits_{n\to\infty} a_n$，应首先判别 a_n 的形式 $a_n=f(n)$，根据 a_n 的具体特点选择适当的方法计算. 一般来说，当 a_n 为分式，且形式比较简单时，经过简单的恒等变形后，可考虑应用极限的四则运算法则来计算；若 a_n 的形式比较复杂，又不能直接利用极限法则计算，可考虑适当地“缩小”和“放大”a_n，然后考虑使用“夹逼准则”来计算；若 a_n 是以递推公式 $a_{n+1}=g(a_n)$ 的形式给出，可考虑利用单调有界准则求极限；若 $\lim\limits_{n\to\infty} a_n=\lim\limits_{n\to\infty} f(n)$ 为未定式，则可考虑先通过变换（如 $x=\dfrac{1}{n}$ 或 $x=n$），寻找对应的函数极限，将求数列极限 $\lim\limits_{n\to\infty} a_n=\lim\limits_{n\to\infty} f(n)$ 的问题，转化为求函数极限 $\lim\limits_{x\to 0^+} f(x)$（或 $\lim\limits_{x\to+\infty} f(x)$）的问题，然后利用洛比达法则求其极限，最后利用数列极限和函数极限的关系求出原极限；若 a_n 为形如 $\sum\limits_{i=1}^{n} f\left(A+\dfrac{B-A}{n}i\right)\dfrac{1}{n}$ 的 n 项和的形式，则可利用定积分来求极限；还可利用数列和级数之间的关系，以及级数收敛的定义、级数收敛的必要条件，亦可求出一些复杂数列及 n 项和形式的数列的极限. 综上，数列极限解题方法流程图如框图 1 所示.

2. 应用举例

【例 1】 求极限 $\lim\limits_{n\to\infty}\left[\sqrt{1+2+\cdots+n}-\sqrt{1+2+\cdots+(n-1)}\right]$.

分析 由于 $\sqrt{1+2+\cdots+n}$ 和 $\sqrt{1+2+\cdots+(n-1)}$ 的极限不存在，所以不能应用极限运算法则计算. 但本题含有根号，所以首先想到有理化，再进行恒等变形（求和），最后利用求极限法则计算，即采用框图 1 中线路 1 的方法计算.

解 $\lim\limits_{n\to\infty}\left[\sqrt{1+2+\cdots+n}-\sqrt{1+2+\cdots+(n-1)}\right]=\lim\limits_{n\to\infty}\dfrac{n}{\sqrt{\dfrac{1}{2}(1+n)n}+\sqrt{\dfrac{1}{2}n(n-1)}}$

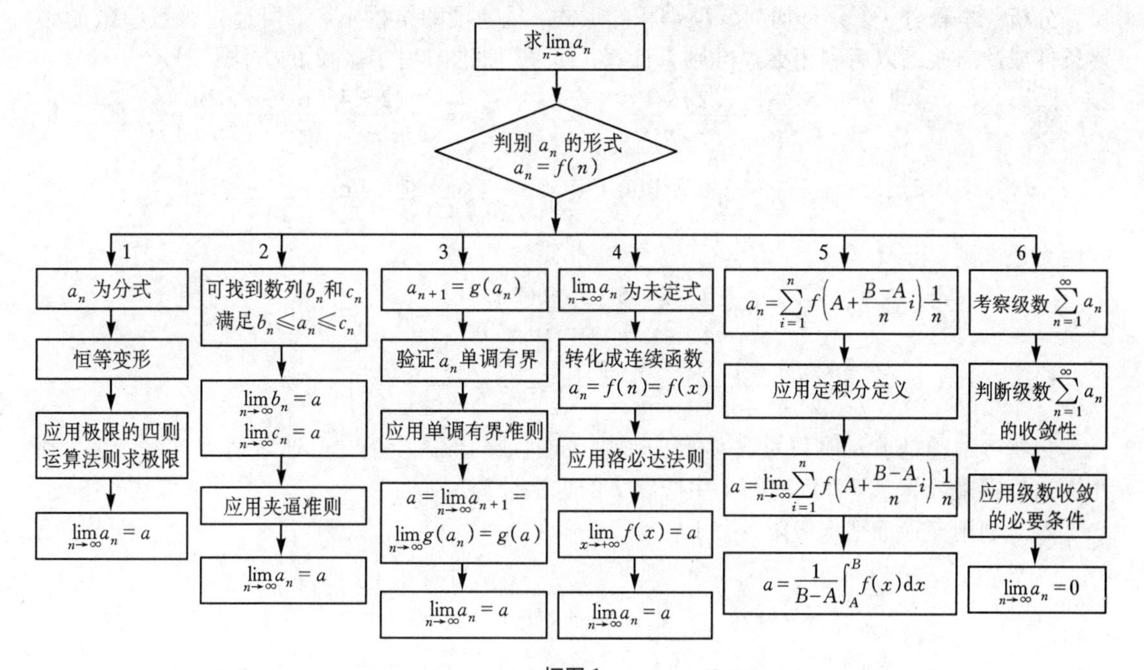

框图 1

$$=\lim_{n\to\infty}\frac{1}{\sqrt{\frac{1}{2}\left(\frac{1}{n}+1\right)}+\sqrt{\frac{1}{2}\left(1-\frac{1}{n}\right)}}=\frac{1}{\sqrt{\frac{1}{2}}+\sqrt{\frac{1}{2}}}=\frac{\sqrt{2}}{2}.$$

【例 2】 求极限 $\lim_{n\to\infty}(1+x)(1+x^2)(1+x^4)\cdots(1+x^{2^n})\quad(|x|<1).$

分析 本题中的函数是 $n+1$ 个因子乘积的形式（相对 n 来说 x 是定数），而 $n\to\infty$，故不能直接应用极限法则，应首先进行恒等变形，然后利用已知的极限 $\lim_{n\to\infty}q^n=0\ (|q|<1)$ 计算，即本题可采用框图 1 中线路 1 的方法计算.

解 原式 $=\lim_{n\to\infty}\dfrac{(1-x)(1+x)(1+x^2)(1+x^4)\cdots(1+x^{2^n})}{1-x}$

$$=\lim_{n\to\infty}\frac{(1-x^{2^n})(1+x^{2^n})}{1-x}=\lim_{n\to\infty}\frac{1-x^{2^{n+1}}}{1-x}=\frac{1}{1-x}.$$

注 利用极限的运算法则求极限，关键是三个问题：一是要正确运用极限的运算法则，即要注意使用法则的条件；二是要记住一些常用的极限结论，如 $\lim_{n\to\infty}q^n=0\ (|q|<1)$，$\lim_{n\to\infty}\sqrt[n]{a}=1\ (a>0)$，$\lim_{n\to\infty}\sqrt[n]{n}=1$，$\lim_{n\to\infty}\dfrac{n^k}{a^n}=0\ (a>1$，$k$ 为正的常数)，$\lim_{n\to\infty}\dfrac{a^n}{n!}=0\ (a>1)$ 等；三是要掌握一些具体的解题技巧，如通分、约分、求和、有理化、恒等变形等等.

【例 3】 求极限 $\lim_{n\to\infty}\dfrac{1\cdot3\cdot5\cdot\cdots\cdot(2n-1)}{2\cdot4\cdot6\cdot\cdots\cdot(2n)}.$

分析 本题分子、分母均为 n 项乘积的形式，从通项的结构上看，可通过级数收敛的必要条件或适当放缩以后利用夹逼准则来计算，即采用框图1中线路2的方法计算.

解 令 $x_n=\dfrac{1\cdot3\cdot5\cdot\cdots\cdot(2n-1)}{2\cdot4\cdot6\cdot\cdots\cdot2n}$，并引入 $y_n=\dfrac{2\cdot4\cdot6\cdot\cdots\cdot2n}{3\cdot5\cdot7\cdot\cdots\cdot(2n+1)}$，则易见 $0<x_n<y_n$，且 $0<x_n^2<x_ny_n=\dfrac{1}{2n+1}$，所以 $0<x_n<\dfrac{1}{\sqrt{2n+1}}$. 但 $\lim\limits_{n\to\infty}\dfrac{1}{\sqrt{2n+1}}=0$. 故由夹逼准则，得

$$\lim_{n\to\infty}\frac{1\cdot3\cdot5\cdot\cdots\cdot(2n-1)}{2\cdot4\cdot6\cdot\cdots\cdot2n}=0.$$

【例4】 求极限 $\lim\limits_{n\to\infty}\left(\dfrac{1}{n^2+n+1}+\dfrac{2}{n^2+n+2}+\cdots+\dfrac{n}{n^2+n+n}\right)$.

分析 本题是求 n 项和的数列极限问题，从通项的形式上看，可通过适当放缩以后，利用夹逼准则来计算，即采用框图1中线路2的方法计算.

解 利用夹逼准则求极限. 由于

$$\frac{1+2+\cdots+n}{n^2+n+n}<\sum_{i=1}^{n}\frac{i}{n^2+n+i}<\frac{1+2+\cdots+n}{n^2+n+1},$$

而 $\lim\limits_{n\to\infty}\dfrac{1+2+\cdots+n}{n^2+n+n}=\lim\limits_{n\to\infty}\dfrac{\frac{1}{2}n(n+1)}{n^2+n+n}=\dfrac{1}{2}$，$\lim\limits_{n\to\infty}\dfrac{1+2+\cdots+n}{n^2+n+1}=\lim\limits_{n\to\infty}\dfrac{\frac{1}{2}n(n+1)}{n^2+n+1}=\dfrac{1}{2}$，故由夹逼准则可知

$$\lim_{n\to\infty}\sum_{i=1}^{n}\frac{i}{n^2+n+i}=\frac{1}{2}.$$

注 利用夹逼准则求极限，关键问题是对于给定的数列 $\{x_n\}$，如何根据题目的特点，去寻找同时满足夹逼准则中两个条件的数列 $\{y_n\}$ 及 $\{z_n\}$. 其基本思路是将所求数列 $\{x_n\}$ 的极限问题转化为易求极限 $\lim\limits_{n\to\infty}y_n$ 和 $\lim\limits_{n\to\infty}z_n$ 的问题. 在对数列的通项进行缩放时应注意：“缩小”应该尽可能地大，而“放大”应该尽可能地小. 在这种情况下，若仍然“夹”不住，则说明夹逼准则不适用于这个题目，要改用其他方法.

【例5】 设 $x_1=10$，$x_{n+1}=\sqrt{6+x_n}$ $(n=1,2,\cdots)$，试证数列 $\{x_n\}$ 极限存在，并求此极限.

分析 由于数列是以递推公式的形式给出，故可考虑利用单调有界准则来证明，即采用框图1中线路3的方法计算.

解 由 $x_1=10$，$x_2=\sqrt{6+x_1}$ 知，$x_1>x_2$.

设 $x_{n-1}>x_n$，则有 $x_n=\sqrt{6+x_{n-1}}>\sqrt{6+x_n}=x_{n+1}$，所以 $\{x_n\}$ 为单调减少数列；由 $x_{n+1}=\sqrt{6+x_n}$，显见 $x_n>0$ $(n=1,2,\cdots)$，即 $\{x_n\}$ 有下界. 根据极限存在准则，知 $\lim\limits_{n\to\infty}x_n$ 存在. 令 $\lim\limits_{n\to\infty}x_n=a$，由 $x_{n+1}=\sqrt{6+x_n}$ 取极限，得 $a=\sqrt{6+a}$，从而 $a^2-a-6=0$，因此 $a=3$ 或

$a=-2$（舍去，因为 $x_n>0$）. 故 $\lim\limits_{n\to\infty}x_n=3$.

【例6】 设 $x_1=a>0$，$y_1=b>0$（$a<b$），且 $x_{n+1}=\sqrt{x_ny_n}$，$y_{n+1}=\dfrac{x_n+y_n}{2}$. 试证明：$\lim\limits_{n\to\infty}x_n=\lim\limits_{n\to\infty}y_n$.

分析　本题分析同例5，由于数列是以递推公式的形式给出，故可考虑利用单调有界准则来证明，即采用框图1中线路3的方法计算.

解　显然 $x_n>0$，$y_n>0$（$n=1,2,\cdots$），由$\dfrac{x+y}{2}\geqslant\sqrt{xy}$，知

$$x_{n+1}=\sqrt{x_ny_n}\leqslant\frac{x_n+y_n}{2}=y_{n+1},$$

于是

$$x_{n+1}=\sqrt{x_ny_n}\geqslant\sqrt{x_n\cdot x_n}=x_n,\ y_{n+1}=\frac{x_n+y_n}{2}\leqslant\frac{y_n+y_n}{2}=y_n.$$

可见$\{x_n\}$，$\{y_n\}$均单调，且

$$a=x_1\leqslant\cdots\leqslant x_n\leqslant x_{n+1}\leqslant y_{n+1}\leqslant y_n\leqslant\cdots\leqslant y_1=b,$$

即$\{x_n\}$与$\{y_n\}$均有界.

由单调有界准则知：$\lim\limits_{n\to\infty}x_n$，$\lim\limits_{n\to\infty}y_n$ 均存在. 故可设 $\lim\limits_{n\to\infty}x_n=\alpha$，$\lim\limits_{n\to\infty}y_n=\beta$. 由 $y_{n+1}=\dfrac{x_n+y_n}{2}$取极限，得$\beta=\dfrac{\alpha+\beta}{2}$，即$\alpha=\beta$，故 $\lim\limits_{n\to\infty}x_n=\lim\limits_{n\to\infty}y_n$.

【例7】 设$0<x_1<3$，$x_{n+1}=\sqrt{x_n(3-x_n)}$（$n=1,2,\cdots$），证明数列$\{x_n\}$的极限存在，并求此极限.

分析　本题所涉及的数列是以递推公式的形式给出，故可考虑利用单调有界准则来证明，即采用框图1中线路3的方法计算.

解　由$0<x_1<3$知，x_1，$3-x_1$ 均为正数. 故 $0<x_2=\sqrt{x_1(3-x_1)}\leqslant\dfrac{1}{2}(x_1+3-x_1)=\dfrac{3}{2}$. 设 $0<x_k\leqslant\dfrac{3}{2}$（$k>1$），则 $0<x_{k+1}=\sqrt{x_k(3-x_k)}\leqslant\dfrac{1}{2}(x_k+3-x_k)=\dfrac{3}{2}$. 由数学归纳法知，对任意正数 $n>1$，均有 $0<x_n\leqslant\dfrac{3}{2}$. 因而数列$\{x_n\}$有界. 又当 $n>1$ 时，

$$x_{n+1}-x_n=\sqrt{x_n(3-x_n)}-x_n=\sqrt{x_n}(\sqrt{3-x_n}-\sqrt{x_n})=\frac{\sqrt{x_n}(3-2x_n)}{\sqrt{3-x_n}+\sqrt{x_n}}\geqslant0,$$

因而有 $x_{n+1}\geqslant x_n$（$n>1$），即数列$\{x_n\}$单调增加. 由单调有界数列必有极限知 $\lim\limits_{n\to\infty}x_n$ 存在.

设 $\lim\limits_{n\to\infty}x_n=a$，由 $x_{n+1}=\sqrt{x_n(3-x_n)}$ 取极限，得 $a=\sqrt{a(3-a)}$，解之得 $a=\dfrac{3}{2}$，$a=0$（舍去）. 故 $\lim\limits_{n\to\infty}x_n=\dfrac{3}{2}$.

注 若数列是具有 $a_n=f(a_{n-1})$ 递推形式的数列，通常利用单调有界准则来求数列极限.

【例8】 求极限 $\lim\limits_{n\to\infty}\left(n\tan\dfrac{1}{n}\right)^{n^2}$（$n$ 为自然数）.

分析 本题属于"1^∞"型的数列极限．计算本题时，先将变量 n 扩充为连续变量 x，如令 $x=\dfrac{1}{n}$，然后用洛必达法则计算，即采用框图 1 中线路 4 的方法计算．最后依函数极限与数列极限的关系求出原极限.

解 因为
$$\lim_{x\to0^+}\left(\frac{\tan x}{x}\right)^{\frac{1}{x^2}}=\lim_{x\to0^+}\left[\left(1+\frac{\tan x-x}{x}\right)^{\frac{x}{\tan x-x}}\right]^{\frac{\tan x-x}{x^3}},$$
而
$$\lim_{x\to0^+}\frac{\tan x-x}{x^3}\left(\frac{0}{0}\text{型}\right)=\lim_{x\to0^+}\frac{\sec^2x-1}{3x^2}=\lim_{x\to0^+}\frac{\tan^2x}{3x^2}=\frac{1}{3},$$
故 $\lim\limits_{x\to0^+}\left(\dfrac{\tan x}{x}\right)^{\frac{1}{x^2}}=\mathrm{e}^{\frac{1}{3}}$．取 $x=\dfrac{1}{n}$，则依函数极限与数列极限的关系知 $\lim\limits_{n\to\infty}\left(n\tan\dfrac{1}{n}\right)^{n^2}=\mathrm{e}^{\frac{1}{3}}$.

【例9】 设数列 $\{x_n\}$ 满足 $0<x_1<\pi$，$x_{n+1}=\sin x_n$（$n=1,2,\cdots$）.

（1）证明 $\lim\limits_{n\to\infty}x_n$ 存在，并求极限.

（2）计算：$\lim\limits_{n\to\infty}\left(\dfrac{x_{n+1}}{x_n}\right)^{\frac{1}{x_n^2}}$.

分析 （1）证明由递推式确定的数列极限存在用单调有界准则. 即采用框图 1 中线路 3 的计算方法.

（2）"1^∞"型未定式极限，可转化为函数极限来求．即采用框图 1 中线路 4 的计算方法.

解 （1）$0<x_1<\pi$，$x_{n+1}=\sin x_n$ 可知，$0<x_{n+1}=\sin x_n<x_n<\pi$，即 $\{x_n\}$ 是单调递减且有界的．根据单调有界准则，$\{x_n\}$ 极限存在，设为 $\lim\limits_{n\to\infty}x_n=a$，对 $x_{n+1}=\sin x_n$ 两边同时取极限，得 $a=\sin a$，$\Rightarrow a=0$，从而 $\lim\limits_{n\to\infty}x_n=0$.

（2）因为 $\lim\limits_{n\to\infty}\left(\dfrac{x_{n+1}}{x_n}\right)^{\frac{1}{x_n^2}}=\lim\limits_{n\to\infty}\left(\dfrac{\sin x_n}{x_n}\right)^{\frac{1}{x_n^2}}$，所以考虑 $\lim\limits_{x\to0}\left(\dfrac{\sin x}{x}\right)^{\frac{1}{x^2}}$，
$$\begin{aligned}\lim_{x\to0}\left(\frac{\sin x}{x}\right)^{\frac{1}{x^2}}&=\lim_{x\to0}\left(1+\frac{\sin x}{x}-1\right)^{\frac{x}{\sin x-x}\cdot\frac{\sin x-x}{x}\cdot\frac{1}{x^2}}\\&=\mathrm{e}^{\lim\limits_{x\to0}\left(\frac{\sin x}{x}-1\right)\cdot\frac{1}{x^2}}=\mathrm{e}^{\lim\limits_{x\to0}\left(\frac{\sin x-x}{x^3}\right)}\\&=\mathrm{e}^{\lim\limits_{x\to0}\left(\frac{\cos x-1}{3x^2}\right)}=\mathrm{e}^{\lim\limits_{x\to0}\frac{-\frac{1}{2}x^2}{3x^2}}=\mathrm{e}^{-\frac{1}{6}}.\end{aligned}$$
故 $\lim\limits_{n\to\infty}\left(\dfrac{x_{n+1}}{x_n}\right)^{\frac{1}{x_n^2}}=\mathrm{e}^{-\frac{1}{6}}$.

【例10】　求极限 $\lim\limits_{n\to\infty} n\left[\mathrm{e}^2-\left(1+\dfrac{1}{n}\right)^{2n}\right]$.

分析　本题属于"$0\cdot\infty$"型的数列极限，计算本题时，先将变量 n 扩充为连续变量 x，令 $t=\dfrac{1}{n}$，然后用洛必达法则计算，即采用框图1中线路4的方法计算.

解
$$\lim_{t\to0^+}\frac{\mathrm{e}^2-(1+t)^{\frac{2}{t}}}{t}=\lim_{t\to0^+}\frac{\mathrm{e}^2-\mathrm{e}^{\frac{2}{t}\ln(1+t)}}{t}=\lim_{t\to0^+}-\frac{\mathrm{e}^{\frac{2}{t}\ln(1+t)}-\mathrm{e}^2}{t}$$
$$=\lim_{t\to0^+}-\mathrm{e}^2\cdot\frac{\mathrm{e}^{\frac{2}{t}\ln(1+t)-2}-1}{t}=\lim_{t\to0^+}-\mathrm{e}^2\cdot\frac{2\ln(1+t)-2t}{t^2}$$
$$=\lim_{t\to0^+}-\mathrm{e}^2\cdot\frac{\frac{2}{1+t}-2}{2t}=\lim_{t\to0^+}\mathrm{e}^2\cdot\frac{2t}{2t(1+t)}=\mathrm{e}^2.$$

【例11】　求极限 $\lim\limits_{n\to\infty} n^2\left(1-n\sin\dfrac{1}{n}\right)$（$n$ 为自然数）.

分析　本题属于"$0\cdot\infty$"型的数列极限，令 $x=\dfrac{1}{n}$，先将变量扩充为连续变量 x，然后利用洛必达法则计算，即采用框图1中线路4的方法计算. 最后根据函数极限与数列极限的关系求出原极限.

解　因为 $\lim\limits_{x\to0^+}\dfrac{1}{x^2}\left(1-\dfrac{1}{x}\sin x\right)=\lim\limits_{x\to0^+}\dfrac{x-\sin x}{x^3}$　（"$\dfrac{0}{0}$"型）
$$=\lim_{x\to0^+}\frac{1-\cos x}{3x^2}=\lim_{x\to0^+}\frac{\sin x}{6x}=\frac{1}{6},$$
取 $x=\dfrac{1}{n}$，则根据函数极限与数列极限的关系知 $\lim\limits_{n\to\infty} n^2\left(1-n\sin\dfrac{1}{n}\right)=\dfrac{1}{6}$.

注　利用洛必达法则求数列极限时，应首先通过变换，如 $x=\dfrac{1}{n}$（或 $x=n$），将 $n\to\infty$ 的数列极限问题转化为 $x\to0^+$（或 $x\to+\infty$）的函数极限问题，然后考虑利用洛必达法则求其极限，最后利用数列极限和函数极限的关系求出原极限.

【例12】　求极限 $\lim\limits_{n\to\infty}\dfrac{1}{n}\left[\sqrt{1+\cos\dfrac{\pi}{n}}+\sqrt{1+\cos\dfrac{2\pi}{n}}+\cdots+\sqrt{1+\cos\dfrac{n\pi}{n}}\right]$.

分析　本题为求 n 项和的数列极限问题，从和式的形式上看，符合利用定积分定义计算的条件. 故本题可利用定积分定义来计算，即采用框图1中线路5的方法计算.

解　利用定积分定义，有
$$原式=\lim_{n\to\infty}\frac{1}{n}\sum_{i=1}^{n}\sqrt{1+\cos\frac{i\pi}{n}}=\int_0^1\sqrt{1+\cos\pi x}\,\mathrm{d}x=\int_0^1\sqrt{2\cos^2\frac{\pi x}{2}}\,\mathrm{d}x$$
$$=\sqrt{2}\int_0^1\cos\frac{\pi x}{2}\mathrm{d}x=\frac{2\sqrt{2}}{\pi}\sin\frac{\pi x}{2}\bigg|_0^1=\frac{2\sqrt{2}}{\pi}.$$

【例 13】 求极限 $\lim\limits_{n\to\infty}\dfrac{\sqrt[n]{n!}}{n}$.

分析 本题表面上并不是 n 项和的形式，但注意到 $\dfrac{\sqrt[n]{n!}}{n}=e^{\ln\frac{\sqrt[n]{n!}}{n}}$，而

$$\ln\frac{\sqrt[n]{n!}}{n}=\frac{1}{n}\ln\frac{n!}{n^n}=\frac{1}{n}\ln\left(\frac{1}{n}\cdot\frac{2}{n}\cdot\cdots\cdot\frac{n}{n}\right)$$

$$=\frac{1}{n}\left[\ln\frac{1}{n}+\ln\frac{2}{n}+\cdots+\ln\frac{n}{n}\right]=\frac{1}{n}\sum_{i=1}^{n}\ln\frac{i}{n}$$

符合利用定积分定义计算的条件. 故本题也可利用定积分定义的方法来计算，即采用框图 1 中线路 5 的方法计算.

解 因
$$\ln\frac{\sqrt[n]{n!}}{n}=\frac{1}{n}\ln\frac{n!}{n^n}=\frac{1}{n}\ln\left(\frac{1}{n}\cdot\frac{2}{n}\cdot\cdots\cdot\frac{n}{n}\right)$$

$$=\frac{1}{n}\left(\ln\frac{1}{n}+\ln\frac{2}{n}+\cdots+\ln\frac{n}{n}\right)=\frac{1}{n}\sum_{i=1}^{n}\ln\frac{i}{n},$$

而
$$\lim_{n\to\infty}\frac{1}{n}\sum_{i=1}^{n}\ln\frac{i}{n}=\int_0^1\ln x\mathrm{d}x=\left[x(\ln x-1)\right]\Big|_0^1=-1,$$

所以
$$\lim_{n\to\infty}\frac{\sqrt[n]{n!}}{n}=\lim_{n\to\infty}e^{\ln\frac{\sqrt[n]{n!}}{n}}=e^{\lim\limits_{n\to\infty}\ln\frac{\sqrt[n]{n!}}{n}}=e^{-1}.$$

【例 14】 求极限 $\lim\limits_{n\to\infty}\dfrac{\sqrt[n]{(n+1)(n+2)\cdots(n+n)}}{n}$.

分析 本题属于 n 项和的数列极限问题．注意到

$$\lim_{n\to\infty}\frac{\sqrt[n]{(n+1)(n+2)\cdots(n+n)}}{n}=\frac{\sqrt[n]{(n+1)(n+2)\cdots(n+n)}}{\sqrt[n]{n^n}}$$

$$=\sqrt[n]{\left(1+\frac{1}{n}\right)\left(1+\frac{2}{n}\right)\cdots\left(1+\frac{n}{n}\right)}$$

$$=\sqrt[n]{\prod_{i=1}^{n}\left(1+\frac{i}{n}\right)}=e^{\sum\limits_{i=1}^{n}\ln(1+\frac{i}{n})}$$

符合利用定积分定义计算的条件，故本题可利用定积分定义的方法来计算，即利用框图 1 中线路 5 的方法计算．

解
$$\text{原式}=\lim_{n\to+\infty}\sqrt[n]{\frac{(n+1)(n+2)\cdots(n+n)}{n\cdot n\cdot\cdots\cdot n}}$$

$$=\lim_{n\to+\infty}\sqrt[n]{\left(1+\frac{1}{n}\right)\left(1+\frac{2}{n}\right)\cdots\left(1+\frac{n}{n}\right)}$$

$$= \lim_{n\to\infty}\sqrt[n]{\prod_{i=1}^{n}\left(1+\frac{i}{n}\right)} = e^{\lim\limits_{n\to\infty}\frac{1}{n}\sum\limits_{i=1}^{n}\ln\left(1+\frac{i}{n}\right)}$$

$$= e^{\int_0^1 \ln(1+x)\,dx}$$

其中，$\int_0^1 \ln(1+x)\,dx = x\ln(1+x)\Big|_0^1 - \int_0^1 \frac{x}{1+x}dx = 2\ln 2 - 1$，故

$$\lim_{n\to\infty}\frac{\sqrt[n]{(n+1)(n+2)\cdots(n+n)}}{n} = 2\ln 2 - 1.$$

【例 15】 求极限 $\lim\limits_{n\to\infty}\left(\frac{\sin\frac{\pi}{n}}{n+1}+\frac{\sin 2\frac{\pi}{n}}{n+\frac{1}{2}}+\cdots+\frac{\sin\pi}{n+\frac{1}{n}}\right)$.

分析 本题属于求 n 项和的数列极限问题，显然，给定的 n 项和不满足直接可用积分定义求极限的形式. 但注意到

$$\lim_{n\to\infty}\frac{1}{n}\left[\sin\frac{\pi}{n}+\sin\frac{2\pi}{n}+\cdots+\sin\frac{n\pi}{n}\right] = \int_0^1 \sin\pi x\,dx.$$

如果记 $a_n = \frac{\sin\frac{\pi}{n}}{n+1}+\frac{\sin\frac{2\pi}{n}}{n+\frac{1}{2}}+\cdots+\frac{\sin\pi}{n+\frac{1}{n}}$，$b_n = \frac{1}{n}\left[\sin\frac{\pi}{n}+\sin\frac{2\pi}{n}+\cdots+\sin\frac{n\pi}{n}\right]$，

通过比较 a_n 和 b_n，则不难得到

$$\frac{1}{1+\frac{1}{n}}b_n \leqslant a_n = \frac{1}{n}\left(\frac{\sin\frac{\pi}{n}}{1+\frac{1}{n}}+\frac{\sin\frac{2\pi}{n}}{1+\frac{1}{2n}}+\cdots+\frac{\sin\frac{n}{n}\pi}{1+\frac{1}{n^2}}\right) \leqslant b_n.$$

所以应用夹逼定理，即采用框图 1 中线路 2 和 5 的方法，便可得所求的极限.

解 由于

$$\frac{\sin\frac{i\pi}{n}}{n+1} < \frac{\sin\frac{i\pi}{n}}{n+\frac{1}{i}} < \frac{\sin\frac{i\pi}{n}}{n} \quad (i=1, 2, \cdots, n).$$

所以

$$\frac{n}{n+1}\cdot\frac{1}{n}\sum_{i=1}^{n}\sin\frac{i\pi}{n} < \sum_{i=1}^{n}\frac{\sin\frac{i\pi}{n}}{n+\frac{1}{i}} < \frac{1}{n}\sum_{i=1}^{n}\sin\frac{i\pi}{n},$$

而

$$\lim_{n\to\infty}\frac{n}{n+1}\cdot\frac{1}{n}\sum_{i=1}^{n}\sin\frac{i\pi}{n} = 1\cdot\int_0^1\sin\pi x\,dx = \frac{2}{\pi},$$

$$\lim_{n\to\infty}\frac{1}{n}\sum_{i=1}^{n}\sin\frac{i\pi}{n} = \int_0^1\sin\pi x\,dx = \frac{2}{\pi}.$$

因此由夹逼定理知

$$\lim_{n\to\infty}\left(\frac{\sin\frac{\pi}{n}}{n+1}+\frac{\sin\frac{2\pi}{n}}{n+\frac{1}{2}}+\cdots+\frac{\sin\pi}{n+\frac{1}{n}}\right)=\frac{2}{\pi}.$$

注 利用定积分计算某些具有特殊和式形式的数列极限，是常用的重要方法之一. 其具体方法是：设函数 $f(x)$ 在区间 $[0,1]$ 上连续，把区间 $[0,1]$ n 等分，则有

$$\lim_{n\to\infty}\frac{1}{n}\sum_{i=1}^{n}f\left(\frac{i}{n}\right)=\lim_{n\to\infty}\sum_{i=1}^{n}f\left(\frac{i}{n}\right)\cdot\frac{1}{n}=\int_0^1 f(x)\mathrm{d}x.$$

同理，有

$$\lim_{n\to\infty}\frac{b-a}{n}\sum_{i=1}^{n}f\left(a+\frac{b-a}{n}i\right)=\lim_{n\to\infty}\sum_{i=1}^{n}f\left(a+\frac{b-a}{n}i\right)\cdot\frac{b-a}{n}=\int_a^b f(x)\mathrm{d}x.$$

【例 16】 求极限 $\lim\limits_{n\to\infty}\frac{2^n}{n!}$.

分析 若记 $u_n=\frac{2^n}{n!}$，则所求极限 $\lim\limits_{n\to\infty}\frac{2^n}{n!}$可视为级数 $\sum\limits_{n=1}^{\infty}u_n$ 的一般项的极限. 如果能判别级数的收敛性，那么由级数收敛的必要条件得出所求极限，即可采用框图 1 中线路 6 的方法计算. 另外，也可考虑用数列极限的夹逼定理来计算，即采用框图 1 中线路 3 的方法计算.

解法 1 考虑级数 $\sum\limits_{n=1}^{\infty}\frac{2^n}{n!}$，记 $u_n=\frac{2^n}{n!}$，则因

$$\lim_{n\to\infty}\frac{u_{n+1}}{u_n}=\lim_{n\to\infty}\frac{\frac{2^{n+1}}{(n+1)!}}{\frac{2^n}{n!}}=\lim_{n\to\infty}\frac{2}{n+1}=0<1,$$

由正项级数的比值审敛法知，级数 $\sum\limits_{n=1}^{\infty}\frac{2^n}{n!}$ 收敛，故 $\lim\limits_{n\to\infty}\frac{2^n}{n!}=0$.

解法 2 由于

$$0\leqslant\frac{2^n}{n!}=\frac{2}{1}\cdot\frac{2}{2}\cdot\frac{2}{3}\cdot\cdots\cdot\frac{2}{n-1}\cdot\frac{2}{n}=\frac{2^2}{2!}\cdot\frac{2}{3}\cdot\cdots\cdot\frac{2}{n-1}\cdot\frac{2}{n}\leqslant\frac{2^2}{2!}\cdot\frac{2}{n},$$

而 $\lim\limits_{n\to\infty}\frac{2}{n}=0$，所以根据数列极限的夹逼定理知：$\lim\limits_{n\to\infty}\frac{2^n}{n!}=0$.

注 用类似于例 16 的方法，可计算证明 $\lim\limits_{n\to\infty}\frac{a^n}{n!}=0\ (a>1)$.

【例 17】 设 $x_n=\ln n-1-\frac{1}{2}-\frac{1}{3}-\cdots-\frac{1}{n}$，证明 $\lim\limits_{n\to\infty}x_n$ 存在.

分析 根据本题中 x_n 的特点，并注意到

$$x_n=x_1+(x_2-x_1)+\cdots+(x_n-x_{n-1})=x_1+\sum_{k=2}^{n}(x_k-x_{k-1}).$$

因此，数列$\{x_n\}$与级数 $\sum\limits_{n=1}^{\infty}(x_{n+1}-x_n)=\sum\limits_{n=1}^{\infty}\left[\ln\left(1+\frac{1}{n}\right)-\frac{1}{n+1}\right]$ 的敛散性是一致的. 故可

以利用级数 $\sum_{n=1}^{\infty}\left[\ln\left(1+\frac{1}{n}\right)-\frac{1}{n+1}\right]$ 的敛散性来研究数列 $\{x_n\}$ 的敛散性，即可采用框图 1 中线路 6 的方法计算.

解　本题只需证明级数 $\sum_{n=1}^{\infty}(x_{n+1}-x_n)=\sum_{n=1}^{\infty}\left[\ln\left(1+\frac{1}{n}\right)-\frac{1}{n+1}\right]$ 收敛即可.

由于 $\frac{1}{n+1}<\ln\left(1+\frac{1}{n}\right)<\frac{1}{n}$，所以该级数是正项级数，且 $0<\ln\left(1+\frac{1}{n}\right)-\frac{1}{n+1}<\frac{1}{n}-\frac{1}{n+1}<\frac{1}{n^2}$，而 $\sum_{n=1}^{\infty}\frac{1}{n^2}$ 收敛，由比较判别法知，级数 $\sum_{n=1}^{\infty}\left[\ln\left(1+\frac{1}{n}\right)-\frac{1}{n+1}\right]$ 收敛，从而数列 $x_n=\ln n-1-\frac{1}{2}-\frac{1}{3}-\cdots-\frac{1}{n}$ 收敛，即 $\lim_{n\to\infty}x_n$ 存在.

【例 18】　求极限 $\lim_{n\to\infty}(1+2^2x+3^2x^2+\cdots+n^2x^{n-1})\quad(|x|<1)$.

分析　若令 $S_n(x)=\sum_{k=1}^{n}k^2x^{k-1}$，则本题所求的极限即为 $\lim_{n\to\infty}S_n(x)$，亦即可将所求极限视为级数 $\sum_{n=1}^{\infty}n^2x^{n-1}$ 的和函数 $S(x)$. 利用级数求和函数的方法求出 $S(x)$，即可得到本题所求的极限值.

解　令 $S(x)=\sum_{n=1}^{\infty}n^2x^{n-1}$，利用幂级数的逐项微分公式，有

$$\begin{aligned}S(x)&=\sum_{n=1}^{\infty}(n+1)nx^{n-1}-\sum_{n=1}^{\infty}nx^{n-1}=\sum_{n=1}^{\infty}(x^{n+1})''-\sum_{n=1}^{\infty}(x^n)'\\&=\left(\sum_{n=1}^{\infty}x^{n+1}\right)''-\left(\sum_{n=1}^{\infty}x^n\right)'=\left(\frac{x^2}{1-x}\right)''-\left(\frac{x}{1-x}\right)'\\&=\frac{2}{(1-x)^3}-\frac{1}{(1-x)^2}=\frac{1+x}{(1-x)^3}.\end{aligned}$$

故
$$\lim_{n\to\infty}(1+2^2x+3^2x^2+\cdots+n^2x^{n-1})=S(x)=\frac{1+x}{(1-x)^3}\quad(|x|<1).$$

注　利用无穷级数求数列极限，主要是利用数列和级数之间的关系，一般有：

（1）利用级数收敛的必要条件求极限. 即若级数 $\sum_{n=1}^{\infty}u_n$ 收敛，则 $\lim_{n\to\infty}u_n=0$.

（2）利用数列和级数敛散性的关系求极限.

（3）利用级数收敛的定义求极限. 由于级数之和定义为级数的部分和的极限，即

$$S=\sum_{n=1}^{\infty}u_n=\lim_{n\to\infty}S_n=\lim_{n\to\infty}(u_1+u_2+\cdots+u_n).$$

将上式反过来看，求某些数列 n 项和（当 $n\to\infty$）的极限，实际上可看成级数求和，而级数求和有许多方法. 例如利用求和公式、级数展开式、逐项微分（积分）等. 这样有些极限问题可以转化为级数求和的问题来处理.

二、函数极限的计算方法

1. 解题方法流程图

求函数极限 $\lim f(x)$，应首先判别函数 $f(x)$ 的形式，根据 $f(x)$ 的具体特点选择适当的方法计算，以达到简捷准确的目的. 一般来说，当 $f(x)=g(x)h(x)$，且 $g(x)$，$h(x)$ 的形式比较简单，经过简单的恒等变形后，可考虑应用极限的四则运算法则来计算；若 $\lim f(x)$ 为未定式，则当 $f(x)$ 为"$\frac{0}{0}$"型的未定式，且其中含有三角函数时，可考虑使用重要极限 $\lim\limits_{x\to 0}\frac{\sin x}{x}=1$，当 $f(x)$ 为"1^{∞}"型的未定式时，可考虑使用重要极限 $\lim\limits_{x\to\infty}\left(1+\frac{1}{x}\right)^{x}=\mathrm{e}$；若 $\lim f(x)$ 为一般的"$\frac{0}{0}$"或"$\frac{\infty}{\infty}$"型的未定式，则可利用洛必达法则来计算；若 $f(x)$ 呈 $\frac{g(x_0+\Delta x)-g(x_0)}{\Delta x}$ 的形式，则可考虑应用导数定义来计算；若 $f(x)$ 呈两个无穷小的商的形式，则可考虑利用等价无穷小代换（或带有皮亚诺型余项的麦克劳林公式）来简化分子分母，即可用等价无穷小代换原理计算极限；若 $f(x)$ 为复合函数 $g[h(x)]$ 的形式，则可考虑应用函数的连续性来计算. 求函数极限的解题方法流程图如框图 2 所示.

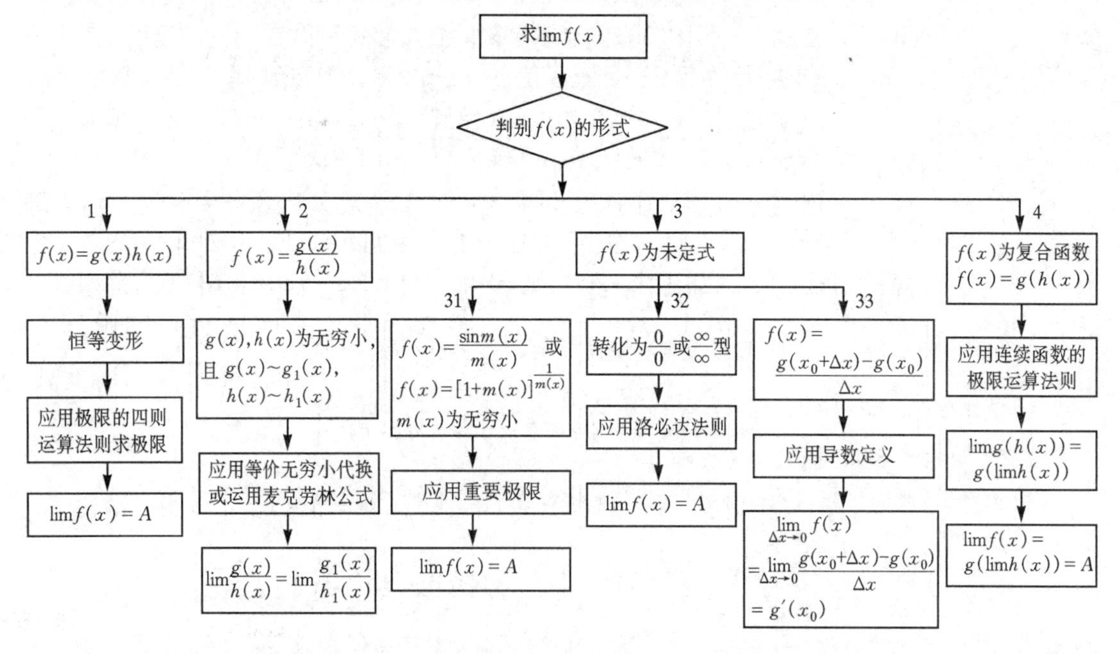

框图 2

2. 应用举例

【例 1】 求极限 $\lim\limits_{x\to 1}\dfrac{\sqrt{3-x}-\sqrt{1+x}}{x^2+x-2}$.

分析 本题当 $x\to 1$ 时，分母的极限为零，故不能直接应用极限法则；由于函数中含有根号，故可以先考虑把分子有理化，再约分计算，即采用框图 2 中线路 1 的方法计算.

解

$$\lim_{x\to 1}\frac{\sqrt{3-x}-\sqrt{1+x}}{x^2+x-2}=\lim_{x\to 1}\frac{-2(x-1)}{(\sqrt{3-x}+\sqrt{1+x})(x^2+x-2)}$$

$$=-\frac{1}{\sqrt{2}}\lim_{x\to 1}\frac{x-1}{(x-1)(x+2)}=-\frac{\sqrt{2}}{6}.$$

【例 2】 求极限 $\lim\limits_{x\to -\infty}\dfrac{\sqrt{4x^2+x-1}+x+1}{\sqrt{x^2+\sin x}}$.

分析 本题为“$\dfrac{\infty}{\infty}$”型的未定式，可通过恒等变形转化为可以使用四则运算法则计算的形式；基本的方法是分子、分母同除以最大的“项”；注意到 x 趋于负无穷，为了避免出错，可令 $t=-x$. 故本题可采用框图 2 中线路 1 的方法计算.

解

$$\lim_{x\to -\infty}\frac{\sqrt{4x^2+x-1}+x+1}{\sqrt{x^2+\sin x}}=\lim_{t\to +\infty}\frac{\sqrt{4t^2-t-1}-t+1}{\sqrt{t^2-\sin t}}$$

$$=\lim_{t\to +\infty}\frac{\sqrt{4-\dfrac{1}{t}-\dfrac{1}{t^2}}-1+\dfrac{1}{t}}{\sqrt{1-\dfrac{\sin t}{t^2}}}=1.$$

注 利用极限的运算法则求极限，在解题前首先要对函数进行恒等变形，然后要正确运用极限的运算法则.

【例 3】 求极限 $\lim\limits_{x\to 0}\dfrac{3\sin x+x^2\cos\dfrac{1}{x}}{(1+\cos x)\ln(1+x)}$.

分析 本题为“$\dfrac{0}{0}$”型的未定式，且当 $x\to 0$ 时，分母中 $1+\cos x\to 2$，$\ln(1+x)\sim x$，故可利用等价无穷小代换的方法：首先化简分母，然后利用重要极限计算本题. 即可采用框图 2 中线路 2 及线路 3→ 31 的方法计算.

解 当 $x\to 0$ 时，$1+\cos x\to 2$，$\ln(1+x)\sim x$，于是

$$\lim_{x\to 0}\frac{3\sin x+x^2\cos\dfrac{1}{x}}{(1+\cos x)\ln(1+x)}=\frac{1}{2}\lim_{x\to 0}\frac{3\sin x+x^2\cos\dfrac{1}{x}}{\ln(1+x)}=\frac{1}{2}\lim_{x\to 0}\frac{3\sin x+x^2\cos\dfrac{1}{x}}{x}$$

$$=\frac{1}{2}\lim_{x\to 0}\left(\frac{3\sin x}{x}+x\cos\frac{1}{x}\right)=\frac{3}{2}.$$

【例 4】 求极限 $\lim\limits_{x\to 0}\dfrac{\ln(\sin^2 x+e^x)-x}{\ln(e^{2x}-x^2)-2x}$.

分析 本题为“$\dfrac{0}{0}$”型的未定式，根据分子、分母的特点，可首先将其做恒等变形，再用等价无穷小代换的方法［当 $x\to 0$ 时，$\ln(1+x)\sim x$］化简分子、分母，然后利用重要极限计算，即可采用框图 2 中线路 2 及线路 3→ 31 的方法计算. 另外，由于本题为“$\dfrac{0}{0}$”型的未定式，所以也可应用洛必达法则，即采用框图 2 中线路 3→ 32 的方法计算.

解法 1

$$\begin{aligned}\lim_{x\to 0}\frac{\ln(\sin^2 x+e^x)-x}{\ln(e^{2x}-x^2)-2x}&=\lim_{x\to 0}\frac{\ln(\sin^2 x+e^x)-\ln e^x}{\ln(e^{2x}-x^2)-\ln e^{2x}}\\&=\lim_{x\to 0}\frac{\ln\left(\dfrac{\sin^2 x}{e^x}+1\right)}{\ln\left(1-\dfrac{x^2}{e^{2x}}\right)}=\lim_{x\to 0}\frac{\dfrac{\sin^2 x}{e^x}}{-\dfrac{x^2}{e^{2x}}}\\&=\lim_{x\to 0}\frac{\sin^2 x}{x^2}\cdot(-e^x)=-1.\end{aligned}$$

解法 2

$$\begin{aligned}\lim_{x\to 0}\frac{\ln(\sin^2 x+e^x)-x}{\ln(e^{2x}-x^2)-2x}&=\lim_{x\to 0}\frac{\dfrac{1}{\sin^2 x+e^x}(2\sin x\cos x+e^x)-1}{\dfrac{1}{e^{2x}-x^2}(2e^{2x}-2x)-2}\\&=\lim_{x\to 0}\frac{(2\sin x\cos x+e^x)-\sin^2 x-e^x}{(2e^{2x}-2x)-2e^{2x}+2x^2}\\&=\lim_{x\to 0}\frac{2\sin x\cos x-\sin^2 x}{-2x+2x^2}\\&=\lim_{x\to 0}\frac{\sin x(2\cos x-\sin x)}{2x(x-1)}=-1.\end{aligned}$$

【例 5】 求极限 $\lim\limits_{x\to 0}\left[\dfrac{1}{\ln(1+2x)}-\dfrac{1}{\sin 2x}\right]$.

分析 本题属于“$\infty-\infty$”型的未定式，一般方法是先将其通分，转化为“$\dfrac{0}{0}$”型的未定式，再利用等价无穷小代换简化分母，最后利用洛必达法则来计算，即采用框图 2 中线路 2 和路线 3→ 32 的方法计算.

解

$$\begin{aligned}\lim_{x\to 0}\left[\frac{1}{\ln(1+2x)}-\frac{1}{\sin 2x}\right]&=\lim_{x\to 0}\frac{\sin 2x-\ln(1+2x)}{\ln(1+2x)\cdot\sin 2x}\quad\left(\text{“}\frac{0}{0}\text{”型}\right)\\&=\lim_{x\to 0}\frac{\sin 2x-\ln(1+2x)}{2x\cdot 2x}\quad\left(\text{“}\frac{0}{0}\text{”型}\right)\\&=\lim_{x\to 0}\frac{1}{4}\cdot\frac{2\cos 2x-\dfrac{2}{1+2x}}{2x}\end{aligned}$$

$$=\frac{1}{4}\lim_{x\to 0}\left[-2\sin 2x+\frac{2}{(1+2x)^2}\right]=\frac{1}{2}.$$

【例 6】 求极限 $\lim\limits_{x\to 0}\frac{1}{x^3}\left[\left(\frac{2+\cos x}{3}\right)^x-1\right]$.

分析 本题为“$0\cdot\infty$”型的未定式，由于函数式中含有幂指函数 $\left(\frac{2+\cos x}{3}\right)^x-1$，故应首先将其恒等变形化为指数形式，这样可将极限化为“$\frac{0}{0}$”基本型，再利用等价无穷小代换及洛必达法则来计算. 即可采用框图 2 中线路 2 及线路 3→ 32 的方法计算.

解 $\lim\limits_{x\to 0}\frac{1}{x^3}\left[\left(\frac{2+\cos x}{3}\right)^x-1\right]=\lim\limits_{x\to 0}\frac{e^{x\ln\frac{2+\cos x}{3}}-1}{x^3}=\lim\limits_{x\to 0}\frac{x\ln\frac{2+\cos x}{3}}{x^3}$（因当 $u\to 0$ 时，$e^u-1\sim u$）

$$=\lim_{x\to 0}\frac{\ln(2+\cos x)-\ln 3}{x^2}=\lim_{x\to 0}\frac{\frac{1}{2+\cos x}\cdot(-\sin x)}{2x}$$

$$=-\frac{1}{2}\lim_{x\to 0}\frac{1}{2+\cos x}\cdot\frac{\sin x}{x}=-\frac{1}{6}$$

注 （1）利用等价无穷小代换原理求极限，需熟记几个常用的等价无穷小代换. 如：当 $x\to 0$ 时，$\sin x\sim x$；$\tan x\sim x$；$e^x-1\sim x$；$\ln(1+x)\sim x$；$1-\cos x\sim\frac{1}{2}x^2$；$\arcsin x\sim x$ 等.

（2）利用等价无穷小代换原理求极限，在具体代换时要注意，分子、分母中的因子可用等价无穷小代替. 但分子或分母中的某些项最好不要用等价无穷小代替，以免出错.

【例 7】 求极限 $\lim\limits_{x\to 0}\frac{\cos x-e^{-\frac{x^2}{2}}}{x^2[x+\ln(1-x)]}$.

分析 由于本题为“$\frac{0}{0}$”型的未定式，首先想到用洛必达法则，但分子、分母较为复杂，求导会越来越复杂，此方法不可取；又因为分子、分母较为复杂，不易找出其等价的无穷小，故可将分子、分母用带有皮亚诺型余项的同阶麦克劳林公式表示，然后计算. 即采用框图 2 中线路 2 的方法计算.

解 $$\lim_{x\to 0}\frac{\cos x-e^{-\frac{x^2}{2}}}{x^2[x+\ln(1-x)]}=\lim_{x\to 0}\frac{\left[1-\frac{x^2}{2!}+\frac{x^4}{4!}+o(x^4)\right]-\left[1-\frac{x^2}{2}+\frac{x^4}{8}+o(x^4)\right]}{x^2\left[x+\left(-x-\frac{1}{2}x^2+o(x^2)\right)\right]}$$

$$=\lim_{x\to 0}\frac{-\frac{x^4}{12}+o(x^4)}{x^2\left[-\frac{1}{2}x^2+o(x^2)\right]}$$

$$=\lim_{x\to 0}\frac{-\frac{1}{12}+\frac{o(x^4)}{x^4}}{-\frac{1}{2}+\frac{o(x^2)}{x^2}}=\frac{-\frac{1}{12}}{-\frac{1}{2}}=\frac{1}{6}.$$

【例 8】 求极限 $\lim\limits_{x\to 0}\frac{\sqrt{1+x}+\sqrt{1-x}-2}{x^2}$.

分析 此题为“$\frac{0}{0}$”型的未定式，首先想到应用洛必达法则，即采用框图 2 中线路 3→ 32 的方法计算. 另外，由于分母为 x^2，我们可将分子中的 $\sqrt{1+x}$，$\sqrt{1-x}$分别用带有皮亚诺型余项的二阶麦克劳林公式表示，然后计算则非常简单. 即采用框图 2 中线路 2 的方法计算.

解法 1

$$\lim_{x\to 0}\frac{\sqrt{1+x}+\sqrt{1-x}-2}{x^2}=\lim_{x\to 0}\frac{\frac{1}{2}\frac{1}{\sqrt{1+x}}-\frac{1}{2}\frac{1}{\sqrt{1-x}}}{2x}$$

$$=\lim_{x\to 0}\frac{\sqrt{1-x}-\sqrt{1+x}}{4x\sqrt{1-x^2}}=\lim_{x\to 0}\frac{\sqrt{1-x}-\sqrt{1+x}}{4x}$$

$$=\lim_{x\to 0}\frac{\frac{1}{2}\frac{-1}{\sqrt{1-x}}-\frac{1}{2}\frac{1}{\sqrt{1+x}}}{4}=-\frac{1}{4}.$$

解法 2

$$\lim_{x\to 0}\frac{\sqrt{1+x}+\sqrt{1-x}-2}{x^2}=\lim_{x\to 0}\frac{1+\frac{1}{2}x-\frac{1}{8}x^2+o(x^2)+1-\frac{1}{2}x-\frac{1}{8}x^2+o(x^2)-2}{x^2}$$

$$=\lim_{x\to 0}\left[-\frac{1}{4}+\frac{o(x^2)}{x^2}\right]=-\frac{1}{4}.$$

【例 9】 当 $x\to 0$ 时，$\ln(1+x)-(ax+bx^2)$ 与 x^2 是等价无穷小，试确定 a，b 的值.

分析 因为 $\ln(1+x)-(ax+bx^2)$ 与 x^2 是等价无穷小，所以，

$$\lim_{x\to 0}\frac{\ln(1+x)-(ax+bx^2)}{x^2}=1,$$

而 $\lim\limits_{x\to 0}\frac{\ln(1+x)-(ax+bx^2)}{x^2}$ 为“$\frac{0}{0}$”型，可应用洛必达法则，即采用框图 2 中线路 3→ 32 的方法计算.

解 因为 $\ln(1+x)-(ax+bx^2)$ 与 x^2 是等价无穷小，所以，

$$\lim_{x\to 0}\frac{\ln(1+x)-(ax+bx^2)}{x^2}=1.$$

而 $\lim\limits_{x\to 0}\frac{\ln(1+x)-(ax+bx^2)}{x^2}$ 为“$\frac{0}{0}$型”，应用洛必达法则，有

$$\lim_{x\to 0}\frac{\ln(1+x)-(ax+bx^2)}{x^2}=\lim_{x\to 0}\frac{\frac{1}{1+x}-a-2bx}{2x}=1.$$

所以 $\lim\limits_{x\to 0}\left(\dfrac{1}{1+x}-a-2bx\right)=0$，得 $a=1$.

再次应用洛必达法则，有

$$\lim_{x\to 0}\frac{\dfrac{1}{1+x}-a-2bx}{2x}=\lim_{x\to 0}\frac{\dfrac{-1}{(1+x)^2}-2b}{2}=\frac{-1-2b}{2}=1.$$

所以，$b=-\dfrac{3}{2}$.

【例 10】 确定常数 a，b，使当 $x\to 0$ 时，$f(x)=\mathrm{e}^x-\dfrac{1+ax}{1+bx}$ 为 x 的三阶无穷小量.

分析 由于 $f(x)=\mathrm{e}^x-\dfrac{1+ax}{1+bx}$ 为 x 的三阶无穷小量，即 $\lim\limits_{x\to 0}\dfrac{f(x)}{x^3}$ 存在且不为零，显然 $\lim\limits_{x\to 0}\dfrac{f(x)}{x^3}$ 为"$\dfrac{0}{0}$"型的未定式，故首先想到应用洛必达法计算，即采用框图 2 中线路 3→32 的方法确定 a，b 的值. 另外，可将函数 $f(x)$ 展开成带有皮亚诺型余项的三阶麦克劳林公式，即采用框图 2 中线路 2 的方法确定 a，b 的值.

解法 1 由于当 $x\to 0$ 时，$f(x)=\mathrm{e}^x-\dfrac{1+ax}{1+bx}$ 为 x 的三阶无穷小量，所以有

$$\lim_{x\to 0}\frac{\mathrm{e}^x-\dfrac{1+ax}{1+bx}}{x^3}=C\neq 0.$$

因为 $\lim\limits_{x\to 0}\dfrac{\mathrm{e}^x-\dfrac{1+ax}{1+bx}}{x^3}$ 是"$\dfrac{0}{0}$"型未定式，应用洛必达法则，得

$$\lim_{x\to 0}\frac{\mathrm{e}^x-\dfrac{1+ax}{1+bx}}{x^3}=\lim_{x\to 0}\frac{\mathrm{e}^x-\dfrac{a(1+bx)-b(1+ax)}{(1+bx)^2}}{3x^2}$$

$$=\lim_{x\to 0}\frac{\mathrm{e}^x-(a-b)(1+bx)^{-2}}{3x^2}=C.$$

所以得

$$\lim_{x\to 0}\left[\mathrm{e}^x-(a-b)(1+bx)^{-2}\right]=0.$$

$$1-a+b=0,\ \text{即}\ a=1+b. \tag{1}$$

又因为

$$\lim_{x\to 0}\frac{\mathrm{e}^x-(a-b)(1+bx)^{-2}}{3x^2}=\lim_{x\to 0}\frac{\mathrm{e}^x+2(a-b)b(1+bx)^{-3}}{6x}=C,$$

所以得

$$1+2b(a-b)=0. \tag{2}$$

由式(1)和式(2)得　$a=\dfrac{1}{2}$，$b=-\dfrac{1}{2}$.

解法 2 当 $x\to 0$ 时，有

$$\begin{aligned}f(x)&=e^x-(1+ax)(1+bx)^{-1}\\&=1+x+\frac{x^2}{2!}+\frac{x^3}{3!}+o(x^3)-(1+ax)(1-bx+b^2x^2+o(x^2))\\&=(1-a+b)x+\left(\frac{1}{2}+ab-b^2\right)x^2+\left(\frac{1}{6}-ab^2\right)x^3+o(x^3).\end{aligned}$$

因为 $f(x)=e^x-\dfrac{1+ax}{1+bx}$ 为 x 的三阶无穷小量，所以 x 及 x^2 的系数必须为 0，因此有 $\begin{cases}1-a+b=0\\ \dfrac{1}{2}+ab-b^2=0\end{cases}$，解之可得 $a=\dfrac{1}{2}$，$b=-\dfrac{1}{2}$；这时，$\lim\limits_{x\to 0}\dfrac{f(x)}{x^3}=-\dfrac{1}{12}$. 故若取 $a=\dfrac{1}{2}$，$b=-\dfrac{1}{2}$，则当 $x\to 0$ 时，$f(x)$ 为 x 的三阶无穷小量.

注 利用带有皮亚诺型余项的麦克劳林公式计算极限是十分有效的，在求极限中，它与等价无穷小代换同样有用. 应用该方法必须熟记几个常用函数的这种麦克劳林公式，如 e^x，$\sin x$，$\ln(1+x)$，$(1+x)^a$ 等，并根据题中已知条件，确定适当的阶数.

【例 11】 求极限 $\lim\limits_{x\to 0}\dfrac{\sqrt{1+x\sin x}-\cos x}{x^2}$.

分析 本题为“$\dfrac{0}{0}$”型的未定式，且含有三角函数，故根据函数式中有根号的特点，可考虑先有理化分子，然后利用适当的方法计算. 即可采用框图 2 中线路 3→31 的方法计算.

解

$$\begin{aligned}\lim_{x\to 0}\frac{\sqrt{1+x\sin x}-\cos x}{x^2}&=\lim_{x\to 0}\frac{1+x\sin x-\cos^2 x}{x^2(\sqrt{1+x\sin x}+\cos x)}\\&=\lim_{x\to 0}\frac{\sin^2 x+x\sin x}{2x^2}\\&=\frac{1}{2}\lim_{x\to 0}\left(\frac{\sin x}{x}\right)^2+\frac{1}{2}\lim_{x\to 0}\frac{\sin x}{x}.\end{aligned}$$

由重要极限 $\lim\limits_{x\to 0}\dfrac{\sin x}{x}=1$ 得

$$\lim_{x\to 0}\frac{\sqrt{1+x\sin x}-\cos x}{x^2}=\frac{1}{2}\lim_{x\to 0}\left(\frac{\sin x}{x}\right)^2+\frac{1}{2}\lim_{x\to 0}\frac{\sin x}{x}=\frac{1}{2}+\frac{1}{2}=1.$$

【例 12】 求极限 $\lim\limits_{x\to 0}(\cot x)^{\frac{1}{\ln x}}$.

分析 本题为“∞^0”型的未定式，故考虑将 $(\cot x)^{\frac{1}{\ln x}}$ 进行换底，即

$$(\cot x)^{\frac{1}{\ln x}}=e^{\ln(\cot x)\frac{1}{\ln x}}=e^{\frac{1}{\ln x}\ln(\cot x)},$$

则转化为“$\dfrac{\infty}{\infty}$”型不定式极限，故考虑利用洛必达法则，即利用框图 3 中线路 3→ 32 的方法计算.

解

$$\lim_{x\to 0^+}(\cot x)^{\frac{1}{\ln x}}=e^{\lim\limits_{x\to 0^+}\frac{1}{\ln x}\cdot\ln(\cot x)}=e^{\lim\limits_{x\to 0^+}\left[\frac{\frac{1}{\cot x}\cdot(-\csc^2 x)}{\frac{1}{x}}\right]}$$

$$=e^{-\lim\limits_{x\to 0^+}\frac{x}{\cos x\cdot\sin x}}=e^{-1}.$$

注　例 11 和例 12 中，使用了重要极限的推广形式，即

(1) 若 $\lim\limits_{\substack{x\to x_0\\(x\to\infty)}}\varphi(x)=0\ [\varphi(x)\neq 0]$，则 $\lim\limits_{\substack{x\to x_0\\(x\to\infty)}}\dfrac{\sin[\varphi(x)]}{\varphi(x)}=1$；

(2) 若 $\lim\limits_{\substack{x\to x_0\\(x\to\infty)}}\varphi(x)=0\ [\varphi(x)\neq 0]$，则 $\lim\limits_{\substack{x\to x_0\\(x\to\infty)}}[1+\varphi(x)]^{\frac{1}{\varphi(x)}}=e$；

(3) 若 $\lim\limits_{\substack{x\to x_0\\(x\to\infty)}}\varphi(x)=\infty\ [\varphi(x)\neq 0]$，则 $\lim\limits_{\substack{x\to x_0\\(x\to\infty)}}\left[1+\dfrac{1}{\varphi(x)}\right]^{\varphi(x)}=e$；

(4) 若 $\lim\limits_{\substack{x\to x_0\\(x\to\infty)}}\varphi(x)=\infty\ [\varphi(x)\neq 0]$，$\lim\limits_{\substack{x\to x_0\\(x\to\infty)}}\psi(x)=A$（$A$ 为有限值），则

$$\lim_{\substack{x\to x_0\\(x\to\infty)}}\left\{\left[1+\frac{1}{\varphi(x)}\right]^{\varphi(x)}\right\}^{\psi(x)}=e^A.$$

以上这些重要极限的推广形式经常在求极限时被灵活地应用.

【例 13】　求极限 $\lim\limits_{x\to\infty}\left(\dfrac{3+x}{6+x}\right)^{\frac{x-1}{2}}$.

分析　本题为“1^∞”型的未定式，故考虑利用重要极限 $\lim\limits_{x\to\infty}\left(1+\dfrac{1}{x}\right)^x=e$ 计算，即采用框图 2 中线路 3→ 31 的方法计算，另外，由于本题为“1^∞”型的未定式，所以也可应用洛必达法则计算，即采用框图 2 中线路 3→ 32 的方法计算.

解法 1　$\lim\limits_{x\to\infty}\left(\dfrac{3+x}{6+x}\right)^{\frac{x-1}{2}}=\lim\limits_{x\to\infty}\left(1+\dfrac{-3}{6+x}\right)^{\frac{x-1}{2}}=\lim\limits_{x\to\infty}\left[\left(1-\dfrac{3}{6+x}\right)^{-\frac{6+x}{3}}\right]^{-\frac{3(x-1)}{2(6+x)}}=e^{-\frac{3}{2}}.$

解法 2　令 $y=\left(\dfrac{3+x}{6+x}\right)^{\frac{x-1}{2}}$，则 $\ln y=\dfrac{x-1}{2}\ln\left(\dfrac{3+x}{6+x}\right)=\dfrac{1}{2}\dfrac{\ln\left(\dfrac{3+x}{6+x}\right)}{(x-1)^{-1}}$.

由于上式极限为“$\dfrac{0}{0}$”型的未定式，所以应用洛必达法则，得

$$\lim_{x\to\infty}\ln y=\lim_{x\to\infty}\frac{1}{2}\frac{\ln\left(\frac{3+x}{6+x}\right)}{(x-1)^{-1}}=\frac{1}{2}\lim_{x\to\infty}\frac{\frac{6+x}{3+x}\cdot\frac{3}{(6+x)^2}}{-(x-1)^{-2}}$$

$$= -\frac{3}{2}\lim_{x\to\infty}\frac{(x-1)^2}{(3+x)(6+x)} = -\frac{3}{2}.$$

所以
$$\lim_{x\to\infty}\left(\frac{3+x}{6+x}\right)^{\frac{x-1}{2}} = \lim_{x\to\infty}\mathrm{e}^{\ln y} = \mathrm{e}^{-\frac{3}{2}}.$$

【例 14】 求极限 $\lim\limits_{x\to+\infty}(x^{\frac{1}{x}}-1)^{\frac{1}{\ln x}}$.

分析 本题为"0^0"的未定式极限，故考虑将 $(x^{\frac{1}{x}}-1)^{\frac{1}{\ln x}}$ 进行换底，即 $(x^{\frac{1}{x}}-1)^{\frac{1}{\ln x}} = \mathrm{e}^{\frac{1}{\ln x}\cdot\ln(x^{\frac{1}{x}}-1)}$，且要注意 $x^{\frac{1}{x}} = \mathrm{e}^{\frac{1}{x}\ln x}\to\mathrm{e}^0 = 1\ (x\to+\infty)$，则转化为"$\frac{\infty}{\infty}$"型未定式极限，故考虑利用洛必达法则，即利用框图 3 中线路 3→ 32 的方法计算.

解 $\lim\limits_{x\to+\infty}(x^{\frac{1}{x}}-1)^{\frac{1}{\ln x}} = \lim\limits_{x\to+\infty}\mathrm{e}^{\frac{1}{\ln x}\cdot\ln(x^{\frac{1}{x}}-1)}$，而其中，

$$\lim_{x\to+\infty}\frac{\ln(x^{\frac{1}{x}}-1)}{\ln x} = \lim_{x\to+\infty}\frac{\ln(\mathrm{e}^{\frac{1}{x}\ln x}-1)}{\ln x} = \lim_{x\to+\infty}\frac{x}{\mathrm{e}^{\frac{1}{x}\ln x}-1}\cdot\mathrm{e}^{\frac{1}{x}\ln x}\cdot\frac{1-\ln x}{x^2}$$

$$= \lim_{x\to+\infty}\frac{1}{\frac{1}{x}\ln x}\cdot\frac{1-\ln x}{x} = -1.$$

所以，$\lim\limits_{x\to+\infty}(x^{\frac{1}{x}}-1)^{\frac{1}{\ln x}} = \mathrm{e}^{-1}$.

【例 15】 求极限 $\lim\limits_{x\to0^+}(\cos\sqrt{x})^{\frac{\pi}{x}}$.

分析 本题为"1^∞"型的未定式，首先考虑应用洛必达法则，即采用框图 2 中线路 3→ 32 的方法计算；另外，由于 $\cos\sqrt{x} = 1+(\cos\sqrt{x}-1)$，当 $x\to0^+$ 时，$\cos\sqrt{x}-1\to0$，所以可利用重要极限 $\lim\limits_{z\to0}(1+z)^{\frac{1}{z}} = \mathrm{e}$ 计算，即采用框图 2 中线路 3→ 31 的方法计算.

解法 1
$$\lim_{x\to0^+}(\cos\sqrt{x})^{\frac{\pi}{x}} = \lim_{x\to0^+}\mathrm{e}^{\ln(\cos\sqrt{x})\frac{\pi}{x}} = \mathrm{e}^{\pi\lim\limits_{x\to0^+}\frac{\ln(\cos\sqrt{x})}{x}} = \mathrm{e}^{\pi\lim\limits_{x\to0^+}\frac{1}{\cos\sqrt{x}}\frac{1}{2}\frac{-\sin\sqrt{x}}{\sqrt{x}}}$$

$$= \mathrm{e}^{-\frac{\pi}{2}\lim\limits_{x\to0^+}\frac{1}{\cos\sqrt{x}}\cdot\lim\limits_{x\to0^+}\frac{\sin\sqrt{x}}{\sqrt{x}}} = \mathrm{e}^{-\frac{\pi}{2}}.$$

解法 2 由于 $\lim\limits_{x\to0^+}\frac{\cos\sqrt{x}-1}{x} = \lim\limits_{x\to0^+}\frac{-\frac{1}{2}(\sqrt{x})^2}{x} = -\frac{1}{2}$，所以

$$\lim_{x\to0^+}(\cos\sqrt{x})^{\frac{\pi}{x}} = \lim_{x\to0^+}\left[(1+\cos\sqrt{x}-1)^{\frac{1}{\cos\sqrt{x}-1}}\right]^{\frac{1}{\cos\sqrt{x}-1}\cdot\pi} = \mathrm{e}^{-\frac{\pi}{2}}.$$

【例 16】 求极限 $\lim\limits_{x\to\infty}\left(\frac{a_1^{\frac{1}{x}}+a_2^{\frac{1}{x}}+\cdots+a_n^{\frac{1}{x}}}{n}\right)^{nx}$ （其中 $a_1, a_2, \cdots, a_n>0$）.

分析　由于本题属于“1^{∞}”型的未定式，与上题分析相类似，通过取对数的方法先把极限转化为“$0\cdot\infty$”型，再进一步化为“$\frac{0}{0}$”型或“$\frac{\infty}{\infty}$”型的未定式，最后利用洛比达法则来计算，即采用框图2中线路3→32的方法计算.

解　令 $y=\left[\frac{a_1^{\frac{1}{x}}+a_2^{\frac{1}{x}}+\cdots+a_n^{\frac{1}{x}}}{n}\right]^{nx}$，则 $\ln y=nx\left[\ln\left(a_1^{\frac{1}{x}}+a_2^{\frac{1}{x}}+\cdots+a_n^{\frac{1}{x}}\right)-\ln n\right]$，

$$\begin{aligned}\lim_{x\to\infty}\ln y&=\lim_{x\to\infty}nx\left[\ln\left(a_1^{\frac{1}{x}}+a_2^{\frac{1}{x}}+\cdots+a_n^{\frac{1}{x}}\right)-\ln n\right]\\&=n\lim_{x\to\infty}\frac{\ln\left(a_1^{\frac{1}{x}}+a_2^{\frac{1}{x}}+\cdots+a_n^{\frac{1}{x}}\right)-\ln n}{\frac{1}{x}}\\&=n\lim_{x\to\infty}\frac{\frac{1}{a_1^{\frac{1}{x}}+a_2^{\frac{1}{x}}+\cdots+a_n^{\frac{1}{x}}}\left(a_1^{\frac{1}{x}}\ln a_1+a_2^{\frac{1}{x}}\ln a_2+\cdots+a_n^{\frac{1}{x}}\ln a_n\right)\cdot\frac{-1}{x^2}}{-\frac{1}{x^2}}\\&=n\frac{\ln a_1+\ln a_2+\cdots+\ln a_n}{n}=\ln(a_1a_2\cdots a_n).\end{aligned}$$

故
$$\lim_{x\to\infty}=\left(\frac{a_1^{\frac{1}{x}}+a_2^{\frac{1}{x}}+\cdots+a_n^{\frac{1}{x}}}{n}\right)^{nx}=e^{\ln(a_1a_2\cdots a_n)}=a_1a_2\cdots a_n.$$

【例17】　求极限 $\lim\limits_{x\to0}\left(\frac{1}{x^2}-\frac{1}{x\tan x}\right)$.

分析　由于本题属于“$\infty-\infty$”型的未定式，一般方法是先将其通分，再转化为“$\frac{0}{0}$”型的未定式，并利用等价无穷小代换简化分母，最后利用洛必达法则来计算，即采用框图2中线路2和线路3→32的方法计算.

解
$$\begin{aligned}\lim_{x\to0}\left(\frac{1}{x^2}-\frac{1}{x\tan x}\right)&=\lim_{x\to0}\frac{\tan x-x}{x^2\tan x}=\lim_{x\to0}\frac{\tan x-x}{x^3}\quad(“\tfrac{0}{0}”型)\\&=\lim_{x\to0}\frac{\sec^2x-1}{3x^2}\quad(“\tfrac{0}{0}”型)\\&=\lim_{x\to0}\frac{2\sec x\cdot\sec x\tan x}{6x}=\frac{1}{3}.\end{aligned}$$

【例18】　求极限 $\lim\limits_{x\to0}\frac{a^x-a^{\sin x}}{x\sin^2x}$.

分析　由于本题属于“$\frac{0}{0}$”型的未定式，但若直接利用洛必达法则来计算很复杂，而先

提出分子中的非零因子 $a^{\sin x}$，再将其及时化简掉，并将分子用等价无穷小代换的方法加以处理，可大大简化计算的过程. 最后将化简后的极限利用洛必达法则来计算，即采用框图 2 中线路 2 和线路 3→ 32 的方法计算.

解 $$\lim_{x\to 0}\frac{a^x-a^{\sin x}}{x\sin^2 x}=\lim_{x\to 0}\left[\frac{a^{x-\sin x}-1}{x^3}\cdot a^{\sin x}\right]=\lim_{x\to 0}\frac{(x-\sin x)\ln a}{x^3}\cdot\lim_{x\to 0}a^{\sin x}$$

$$=\ln a\cdot\lim_{x\to 0}\frac{1-\cos x}{3x^2}=\ln a\cdot\lim_{x\to 0}\frac{\sin x}{6x}=\frac{1}{6}\ln a.$$

【例 19】 求极限 $\lim\limits_{x\to 0}\dfrac{\sqrt{1+\tan x}-\sqrt{1+\sin x}}{x\ln(1+x)-x^2}$.

分析 由于本题属于“$\dfrac{0}{0}$”型的未定式，但若直接利用洛比达法则来计算很复杂，而先将分子有理化，再及时化简掉非零因子$\dfrac{\sin x}{x}$，$\dfrac{1}{\cos x}$与$\dfrac{1}{\sqrt{1+\tan x}+\sqrt{1+\sin x}}$，则可大大简化计算的过程. 最后将化简后的极限利用洛必达法则来计算，即采用框图 2 中线路 3→ 32 的方法计算.

解 $$\lim_{x\to 0}\frac{\sqrt{1+\tan x}-\sqrt{1+\sin x}}{x\ln(1+x)-x^2}=\lim_{x\to 0}\left\{\frac{\tan x-\sin x}{x[\ln(1+x)-x]}\cdot\frac{1}{\sqrt{1+\tan x}+\sqrt{1+\sin x}}\right\}$$

$$=\frac{1}{2}\lim_{x\to 0}\frac{1-\cos x}{\ln(1+x)-x}\quad\left(\text{“}\frac{0}{0}\text{”型}\right)$$

$$=\frac{1}{2}\lim_{x\to 0}\frac{\sin x}{-\dfrac{x}{1+x}}=-\frac{1}{2}.$$

【例 20】 求极限 $\lim\limits_{x\to+\infty}\left[x-x^2\ln\left(1+\dfrac{1}{x}\right)\right]$.

分析 本题属于“$\infty-\infty$”型的未定式，一般方法是先将其通分，转化为“$\dfrac{0}{0}$”型的未定式，但由于分母为 1，故应首先考虑利用倒变换 $x=\dfrac{1}{t}$，将“$\infty-\infty$”型未定式转化为“$\dfrac{0}{0}$”型的未定式，这是求解本题的关键所在. 再利用洛必达法则来计算，即框图 2 中线路 3→ 32 的方法计算.

解 令 $x=\dfrac{1}{t}$，则有

$$\lim_{x\to+\infty}\left[x-x^2\ln\left(1+\frac{1}{x}\right)\right]=\lim_{t\to 0^+}\left[\frac{1}{t}-\frac{\ln(1+t)}{t^2}\right]=\lim_{t\to 0^+}\frac{t-\ln(1+t)}{t^2}\quad\left(\text{“}\frac{0}{0}\text{”型}\right)$$

$$=\lim_{t\to 0^+}\frac{1-\dfrac{1}{1+t}}{2t}=\lim_{t\to 0^+}\frac{t}{2t(1+t)}=\frac{1}{2}.$$

【例 21】 设函数 $f(x)$ 具有二阶连续导数，在 $x=0$ 的某去心邻域内 $f(x)\neq 0$，且 $\lim\limits_{x\to 0}\dfrac{f(x)}{x}=0$，$f''(0)=4$，求 $\lim\limits_{x\to 0}\left[1+\dfrac{f(x)}{x}\right]^{\frac{1}{x}}$.

分析 本题属“1^{∞}”型. 故可将原极限转化为重要极限 $\lim\limits_{x\to 0}(1+x)^{\frac{1}{x}}=\mathrm{e}$ 的形式来计算. 由于 $\lim\limits_{x\to 0}\left[1+\dfrac{f(x)}{x}\right]^{\frac{1}{x}}=\lim\limits_{x\to 0}\left\{\left[1+\dfrac{f(x)}{x}\right]^{\frac{x}{f(x)}}\right\}^{\frac{f(x)}{x^2}}$，因此应首先确定极限 $\lim\limits_{x\to 0}\dfrac{f(x)}{x^2}$的值，而由条件易知，这是一个“$\dfrac{0}{0}$”型的未定式，可通过洛必达法则来计算，即框图 2 中线路 3→ 32 的方法计算.

解 由 $\lim\limits_{x\to 0}\dfrac{f(x)}{x}=0$ 知，$\lim\limits_{x\to 0}f(x)=0$，所以

$$f(0)=0,\ f'(0)=\lim_{x\to 0}\frac{f(x)-f(0)}{x-0}=\lim_{x\to 0}\frac{f(x)}{x}=0.$$

于是

$$\lim_{x\to 0}\frac{f(x)}{x^2}=\lim_{x\to 0}\frac{f'(x)}{2x}=\lim_{x\to 0}\frac{f''(x)}{2}=\frac{f''(0)}{2}=2.$$

从而

$$\lim_{x\to 0}\left[1+\frac{f(x)}{x}\right]^{\frac{1}{x}}=\lim_{x\to 0}\left\{\left[1+\frac{f(x)}{x}\right]^{\frac{x}{f(x)}}\right\}^{\frac{f(x)}{x^2}}=\mathrm{e}^2.$$

【例 22】 设 $f(x)=\displaystyle\int_0^{\sin x}\sin(t^2)\,\mathrm{d}t$，$g(x)=x^3+x^4$，则当 $x\to 0$ 时，比较无穷小 $f(x)$ 与 $g(x)$ 的阶.

分析 按无穷小比较的概念，就是考察极限 $\lim\limits_{x\to 0}\dfrac{f(x)}{g(x)}$ 的情况. 首先通过洛必达法则，即采用框图 2 中线路 3 → 32 的方法计算出极限值，然后根据极限结果来确定 $f(x)$ 与 $g(x)$ 的阶.

解 由于当 $x\to 0$ 时，$\sin(\sin^2 x)\sim\sin^2 x\sim x^2$，于是有

$$\lim_{x\to 0}\frac{f(x)}{g(x)}=\lim_{x\to 0}\frac{\int_0^{\sin x}\sin(t^2)\,\mathrm{d}t}{x^3+x^4}\quad\left(\text{“}\frac{0}{0}\text{”型}\right)$$

$$=\lim_{x\to 0}\frac{\sin(\sin^2 x)\cdot\cos x}{3x^2+4x^3}\lim_{x\to 0}\frac{x^2}{3x^2+4x^3}=\frac{1}{3}\neq 0.$$

所以，当 $x\to 0$ 时，$f(x)$ 与 $g(x)$ 是同阶但非等价的无穷小.

注 洛必达法则是求极限方法中最常用、最有效的方法，利用它可以较简便求求出未定式的极限，而要做到熟练地使用洛必达法则，应需注意以下问题：

(1) 直接应用洛必达法则的未定式为“$\dfrac{0}{0}$”与“$\dfrac{\infty}{\infty}$”型，如果是“$0\cdot\infty$”“$\infty-\infty$”“0^0”“1^{∞}”“∞^0”等形式的未定式，则需要首先把它们转化为“$\dfrac{0}{0}$”或“$\dfrac{\infty}{\infty}$”型，再应用洛必达法则进行计算.

（2）虽然洛必达法则是求未定式极限的有效方法，但也不是万能的，有时单纯应用洛必达法则可能导致繁杂的计算. 因此，在应用此方法求极限的过程，应学会多种求极限方法的综合运用（如等价无穷小代换、两个重要极限、变量替换、及时化简函数中的非零因子等），以达到计算快速简捷.

【例 23】 当 $x\to 0^+$ 时，试比较无穷小量 α,β 和 γ 三者之间的阶，其中

$$\alpha=\int_0^x \cos t^2\mathrm{d}t,\ \beta=\int_0^{x^2}\tan\sqrt{t}\,\mathrm{d}t,\ \gamma=\int_0^{\sqrt{x}}\sin t^3\mathrm{d}t.$$

分析 按无穷小比较的概念，就是考察极限 $\lim\limits_{x\to 0}\dfrac{f(x)}{g(x)}$ 的情况，首先通过洛必达法则，即采用框图 2 中路线 3→ 32 的方法计算出极限值，然后根据极限结果求 $f(x)$ 与 $g(x)$ 的阶.

解 因为

$$\lim_{x\to 0^+}\frac{\gamma}{\alpha}=\lim_{x\to 0^+}\frac{\int_0^{\sqrt{x}}\sin t^3\mathrm{d}t}{\int_0^x\cos t^2\mathrm{d}t}=\lim_{x\to 0^+}\frac{\sin x^{\frac{3}{2}}\cdot\frac{1}{2\sqrt{x}}}{\cos x^2}$$

$$=\lim_{x\to 0^+}\frac{x^{\frac{3}{2}}}{2\sqrt{x}}=\lim_{x\to 0^+}\frac{x}{2}=0$$

所以 $\gamma=o(\alpha)$. 又

$$\lim_{x\to 0^+}\frac{\beta}{\gamma}=\lim_{x\to 0^+}\frac{\int_0^{x^2}\tan\sqrt{t}\,\mathrm{d}t}{\int_0^{\sqrt{x}}\sin t^3\mathrm{d}t}=\lim_{x\to 0^+}\frac{\tan x\cdot 2x}{\sin x^{\frac{3}{2}}\cdot\frac{1}{2\sqrt{x}}}=\lim_{x\to 0^+}\frac{2x^2}{\frac{1}{2}x}=0,$$

所以 $\beta=o(\gamma)$. 故按无穷小的阶从低到高的顺序为 α,γ,β.

【例 24】 已知 $f'(x_0)=-1$，求极限 $\lim\limits_{x\to 0}\dfrac{x}{f(x_0-2x)-f(x_0-x)}$.

分析 由于

$$\frac{x}{f(x_0-2x)-f(x_0-x)}=\frac{1}{\frac{f(x_0-2x)-f(x_0-x)}{x}}$$

$$=\frac{1}{\frac{f(x_0-2x)-f(x_0)}{x}-\frac{f(x_0-x)-f(x_0)}{x}},$$

根据函数 $f(x)$ 在点 x_0 处的导数定义，故可考虑利用导数定义来计算分母的极限，即采用框图 2 中线路 3→ 33 的方法计算.

解 因为 $\lim\limits_{x\to 0}\dfrac{f(x_0-2x)-f(x_0-x)}{x}$

$$=\lim_{x\to 0}\frac{[f(x_0-2x)-f(x_0)]-[f(x_0-x)-f(x_0)]}{x}$$

$$= -2\lim_{x\to 0}\frac{f(x_0-2x)-f(x_0)}{-2x}+\lim_{x\to 0}\frac{f(x_0-x)-f(x_0)}{-x}$$

$$= -2f'(x_0)+f'(x_0) = -f'(x_0)=1,$$

故
$$\lim_{x\to 0}\frac{x}{f(x_0-2x)-f(x_0-x)}=\lim_{x\to 0}\frac{1}{\frac{f(x_0-2x)-f(x_0-x)}{x}}=\frac{1}{1}=1.$$

【例 25】 已知函数 $f(x)$ 在 $(0,+\infty)$ 内可导，$f(x)>0$，$\lim\limits_{x\to+\infty}f(x)=1$，且满足 $\lim\limits_{h\to 0}\left[\frac{f(x+hx)}{f(x)}\right]^{\frac{1}{h}}=\mathrm{e}^{\frac{1}{x}}$，求 $f(x)$.

分析 本题条件中给出了一个等式，由于未知函数 $f(x)$ 包含在极限式子当中，故应首先计算出极限，再根据等式列出含有未知函数 $f(x)$ 的方程，并求解此方程即可. 而极限属于"1^{∞}"型，将 $y=\left[\frac{f(x+hx)}{f(x)}\right]^{\frac{1}{h}}$ 两边取对数，变成 $\ln y=\ln\frac{\ln f(x+hx)-\ln f(x)}{h}$，而极限 $\lim\limits_{h\to 0}\ln y=\lim\limits_{h\to 0}\ln\frac{\ln f(x+hx)-\ln f(x)}{h}$，显然应当考虑利用导数定义来计算，即采用框图 2 中线路 3→33 的方法计算. 这样就把已知条件 $\lim\limits_{h\to 0}\left[\frac{f(x+hx)}{f(x)}\right]^{\frac{1}{h}}=\mathrm{e}^{\frac{1}{x}}$ 便转化为微分方程的问题. 求解此微分方程便可求出未知函数 $f(x)$.

解 设 $y=\left[\frac{f(x+hx)}{f(x)}\right]^{\frac{1}{h}}$，则 $\ln y=\frac{1}{h}\ln\frac{f(x+hx)}{f(x)}$，因为

$$\lim_{h\to 0}\ln y=\lim_{h\to 0}\frac{1}{h}\ln\frac{f(x+hx)}{f(x)}=\lim_{h\to 0}\frac{x[\ln f(x+hx)-\ln f(x)]}{hx}=x[\ln f(x)]',$$

故 $\lim\limits_{h\to 0}\left[\frac{f(x+hx)}{f(x)}\right]^{\frac{1}{h}}=\mathrm{e}^{x[\ln f(x)]'}$. 由已知条件得 $\mathrm{e}^{x[\ln f(x)]'}=\mathrm{e}^{\frac{1}{x}}$，因此 $x[\ln f(x)]'=\frac{1}{x}$，即 $[\ln f(x)]'=\frac{1}{x^2}$，解之得 $f(x)=C\mathrm{e}^{-\frac{1}{x}}$. 再由 $\lim\limits_{x\to+\infty}f(x)=1$ 得 $C=1$，故 $f(x)=\mathrm{e}^{-\frac{1}{x}}$.

注 由本题可以看出，由于函数在一点的导数是利用极限来定义的，所以，导数定义也可作为求某些特殊函数极限的一种方法.

【例 26】 求极限 $\lim\limits_{x\to 0}\frac{\ln(1+x)}{x}$.

分析 由于 $\frac{\ln(1+x)}{x}=\ln(1+x)^{\frac{1}{x}}$，而 $\lim\limits_{x\to 0}(1+x)^{\frac{1}{x}}=\mathrm{e}$，且函数 $\ln u$ 在 $u_0=\mathrm{e}$ 点连续，故本题可用函数的连续性计算，即采用框图 2 中线路 4 的方法计算.

解 由对数函数的连续性，得

$$\lim_{x\to 0}\frac{\ln(1+x)}{x}=\lim_{x\to 0}\ln(1+x)^{\frac{1}{x}}=\ln\left[\lim_{x\to 0}(1+x)^{\frac{1}{x}}\right]=\ln\mathrm{e}=1.$$

注 利用函数的连续性求极限，主要是指复合函数的连续性，即：若函数 $f(u)$ 在点 $u=u_0$ 处连续，而 $\lim\limits_{x\to x_0} g(x)=u_0$，则有 $\lim\limits_{x\to x_0} f(g(x))=f(\lim\limits_{x\to x_0} g(x))=f(u_0)$.

【例 27】 设函数 $f(x)=\begin{cases}\dfrac{1-e^{\tan x}}{\arcsin\dfrac{x}{2}}, & x>0\\ ae^{2x}, & x\leqslant 0\end{cases}$ 在 $x=0$ 处连续，求 a 的值.

分析 本题应从函数在 $x=0$ 点连续的定义 $\lim\limits_{x\to 0} f(x)=f(0)$ 出发来求 a 的值. 又因为 $x=0$ 为函数 $f(x)$ 的分段点，故计算 $\lim\limits_{x\to 0} f(x)$ 时，还应从左右极限入手. 本题需要利用到框图 2 中线路 2 和线路 4 的方法.

解 因
$$\lim_{x\to 0^+} f(x)=\lim_{x\to 0^+}\frac{1-e^{\tan x}}{\arcsin\dfrac{x}{2}}=\lim_{x\to 0^+}\frac{-\tan x}{\dfrac{x}{2}}=-2,$$
$$\lim_{x\to 0^-} f(x)=\lim_{x\to 0^-} ae^{2x}=a,\quad f(0)=a.$$
由题设 $\lim\limits_{x\to 0^+} f(x)=\lim\limits_{x\to 0^-} f(x)=f(0)$，得 $-2=a$，即 $a=-2$.

注 求分段函数在分段点处的极限时，如果在分段点的左右两侧函数值由不同式子定义，则应分别求出单侧极限 $\lim\limits_{x\to x_0^-} f(x)$ 与 $\lim\limits_{x\to x_0^+} f(x)$，如果两者相等，则其共同值即为所求极限 $\lim\limits_{x\to x_0} f(x)$；否则便无极限. 有时在分段点两侧尽管函数由一个式子定义，但趋势情况不同，仍需要先考虑单侧极限的情况.

【例 28】 求 $\lim\limits_{x\to 0}\left(\dfrac{2+e^{\frac{1}{x}}}{1+e^{\frac{4}{x}}}+\dfrac{\sin x}{|x|}\right)$.

分析 由于函数表达式中含有绝对值符号，所以本题实际上是分段函数在分段点的极限问题，应从左右极限入手进行讨论.

解 因为
$$\lim_{x\to 0^+}\left(\frac{2+e^{\frac{1}{x}}}{1+e^{\frac{4}{x}}}+\frac{\sin x}{|x|}\right)=\lim_{x\to 0^+}\left(\frac{2e^{-\frac{4}{x}}+e^{-\frac{3}{x}}}{e^{-\frac{4}{x}}+1}+\frac{\sin x}{x}\right)=0+1=1,$$
所以
$$\lim_{x\to 0^-}\left(\frac{2+e^{\frac{1}{x}}}{1+e^{\frac{4}{x}}}+\frac{\sin x}{|x|}\right)=\lim_{x\to 0^-}\left(\frac{2+e^{\frac{1}{x}}}{1+e^{\frac{4}{x}}}-\frac{\sin x}{x}\right)=2-1=1,$$
故
$$\lim_{x\to 0}\left(\frac{2+e^{\frac{1}{x}}}{1+e^{\frac{4}{x}}}+\frac{\sin x}{|x|}\right)=1.$$

注 对于函数中含有 $e^{\frac{1}{x}}$，$a^{\frac{1}{x}}$，$\arctan\dfrac{1}{x}(x\to 0)$ 及 $a^{\frac{1}{x-x_0}}(x\to x_0)$ 的极限问题，均应从分析左右极限入手.

【例 29】　设函数 $f(x)=\dfrac{\ln|x|}{|x^2-1|}\sin x$，求 $f(x)$ 的间断点，并判断其类型．

分析　无定义的点一定是间断点，对分段函数而言，可能的间断点还有分段点．

解　显然 $x=0$ 和 $x=\pm1$ 为 $f(x)$ 的间断点，其余点处都连续．

$$\lim_{x\to0}f(x)=\lim_{x\to0}\frac{\ln|x|}{|x^2-1|}\sin x=\lim_{x\to0}\ln|x|\cdot x=\lim_{x\to0}\frac{\ln|x|}{\frac{1}{x}}=\lim_{x\to0}\frac{\frac{1}{x}}{-\frac{1}{x^2}}=0,$$

则 $x=0$ 为可去间断点；

$$\lim_{x\to1}f(x)=\lim_{x\to1}\frac{\ln|x|}{|x^2-1|}\sin x=\lim_{x\to1}\frac{\ln x}{|x^2-1|}\sin x$$

$$=\lim_{x\to1}\frac{x-1}{2|x-1|}\sin x=\begin{cases}\frac{1}{2}\sin1, & x\to1^+\\ -\frac{1}{2}\sin1, & x\to1^-\end{cases},$$

则 $x=1$ 为跳跃间断点；

$$\lim_{x\to-1}f(x)=\lim_{x\to-1}\frac{\ln|x|}{|x^2-1|}\sin x=\lim_{x\to-1}\frac{\ln(-x)}{|x^2-1|}\sin x$$

$$=\lim_{x\to-1}\frac{-x-1}{2|x-1|}\sin x=\begin{cases}\frac{1}{2}\sin1, & x\to-1^+\\ -\frac{1}{2}\sin1, & x\to-1^-\end{cases},$$

则 $x=-1$ 为跳跃间断点．

三、方程实根的证明方法

1．解题方法流程图

确定方程实根的问题包含在一元函数连续的性质，微分中值定理，函数单调性判别和极值的求法等内容中，有些问题是直接证明或求解方程的根，有些是证明含有一个参数 ξ 的等式. 不论哪种形式的问题，都可以转化为方程 $f(x)=0$ 的形式，即确定方程 $f(x)=0$ 在某个范围内的实根或函数 $f(x)$ 的零点的问题. 求解方程的实根主要有三种方法，即应用零点定理（根的存在定理）的方法，应用罗尔定理（以及它们的推广形式）的方法和应用求函数极值（单调性或凸凹性）的方法. 解题方法流程图如框图 3 所示.

2. 应用举例

【例 1】　证明方程 $x=a\sin x+b$ $(a>0,\ b>0)$ 至少有一个正根，并且它们不超过 $a+b$.

分析　如果令 $f(x)=x-a\sin x-b$，那么证明方程 $x=a\sin x+b$ 有根就等价于函数 $f(x)$

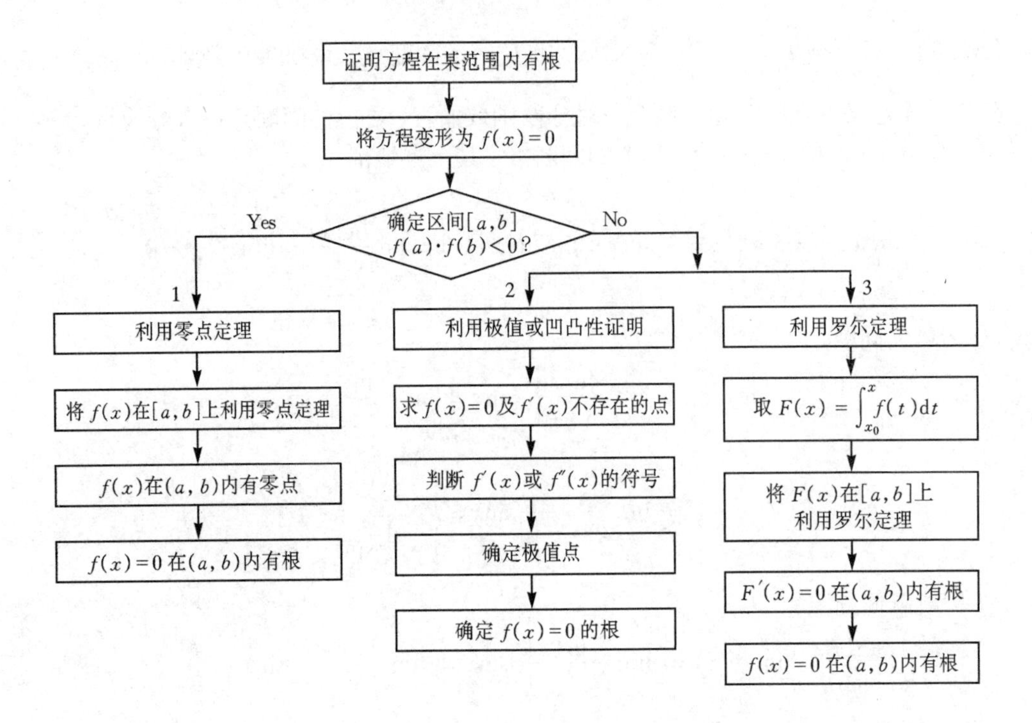

框图 3

有零点，而证明$f(x)$有零点关键是寻找满足零点定理的闭区间$[a, b]$. 由于证明的根在0与$a+b$之间，所以，取闭区间为$[0, a+b]$，然后按照框图3中线路1的方法证明即可.

证明 令$f(x)=x-a\sin x-b$，显然$f(x)$在$[0, a+b]$上连续.

因$f(0)=-b<0$，$f(a+b)=a[1-\sin(a+b)]\geqslant 0$，若$f(a+b)>0$，则由零点定理知，在$(0, a+b)$内至少有一点$\xi$，使$f(\xi)=0$，即$\xi$为所给方程的一个根.

若$f(a+b)=0$，则$a+b$就是所给方程的一个根.

因此，方程$x=a\sin x+b$ $(a>0, b>0)$至少有一个正根，且不超过$a+b$.

【例2】 设$f(x)$在$[a, b]$连续，$f(b)=\max\limits_{x\in[a, b]} f(x)$，$f(a)=\min\limits_{x\in[a, b]} f(x)$，证明$\exists\xi\in[a, b]$，使得

$$\int_a^b f(x)\mathrm{d}x=f(a)(\xi-a)+f(b)(b-\xi).$$

分析 由于$\int_a^b f(x)\mathrm{d}x=f(a)(\xi-a)+f(b)(b-\xi)$等价于

$$\int_a^b f(x)\mathrm{d}x-f(a)(\xi-a)-f(b)(b-\xi)=0,$$

若令$F(x)=\int_a^b f(x)\mathrm{d}x-f(a)(x-a)-f(b)(b-x)$，那么，证明$\exists\xi\in[a, b]$，使得

$\int_a^b f(x)\mathrm{d}x = f(a)(\xi - a) + f(b)(b - \xi)$，就等价于证明 $\exists \xi \in [a, b]$，使得函数 $F(\xi)=0$，即 $F(x)$ 在区间 $[a, b]$ 上存在零点 ξ. 按照框图 3 中线路 1 的方法，只需验证 $F(a)F(b)<0$ 即可.

证明　令

$$F(x) = \int_a^b f(x)\mathrm{d}x - f(a)(x-a) - f(b)(b-x),$$

显然，$F(x)$ 在区间 $[a, b]$ 上连续. 由于

$$\begin{aligned} F(a) &= \int_a^b f(x)\mathrm{d}x - f(b)(b-a) \\ &\leqslant \max_{x\in[a,b]} f(x)(b-a) - f(b)(b-a) \\ &= f(b)(b-a) - f(b)(b-a) = 0, \\ F(b) &= \int_a^b f(x)\mathrm{d}x - f(a)(b-a) \\ &\geqslant \min_{x\in[a,b]} f(x)(b-a) - f(a)(b-a) \\ &= f(a)(b-a) - f(a)(b-a) = 0, \end{aligned}$$

所以，由零点定理知，$\exists \xi \in [a, b]$，使得 $F(\xi)=0$，即结论成立.

【例 3】　证明方程 $4ax^3+3bx^2+2cx-a-b-c=0$ 至少有一个正根，其中 a，b 和 c 是任意常数.

分析　如果令 $f(x)=4ax^3+3bx^2+2cx-a-b-c$，由于在 $x>0$ 范围内，不能找到区间 $[a, b]$，使得 $f(a)\cdot f(b)<0$，所以，不能应用零点定理. 因此构造函数

$$F(x) = \int_0^x f(t)\mathrm{d}t = ax^4 + bx^3 + cx^2 - (a+b+c)x.$$

由于要证明方程至少存在一个正根，所以，要在 $x>0$ 的范围内找到一个闭区间 $[a, b]$，使得 $F(a)=F(b)$. 通过观察 $F(x)=ax^4+bx^3+cx^2-(a+b+c)x$ 的系数，不难发现 $F(0)=F(1)$，所以选取 $[a, b]=[0, 1]$，因此，对 $F(x)$ 应用罗尔定理，即用框图 3 中线路 3 的方法即可证明.

证明　令 $f(x)=4ax^3+3bx^2+2cx-a-b-c$，构造函数

$$F(x) = \int_0^x f(t)\mathrm{d}t = ax^4 + bx^3 + cx^2 - (a+b+c)x,$$

取区间 $[a, b]=[0, 1]$. 显然 $F(x)$ 在 $[0, 1]$ 连续，在 $(0, 1)$ 内可导且 $F(0)=F(1)$. 应用罗尔定理知，存在 $\xi \in (0, 1)$，使得 $F'(\xi)=0$，即 $f(\xi)=0$，因此，方程 $4ax^3+3bx^2+2cx-a-b-c=0$ 至少有一个正根.

【例 4】　若 a_0，a_1，…，a_n 为满足 $a_0+\frac{a_1}{2}+\cdots+\frac{a_{n-1}}{n}+\frac{a_n}{n+1}=0$ 的实数，则方程 $a_0+a_1x+a_2x^2+\cdots+a_nx^n=0$ 在 $(0, 1)$ 内至少有一个实根.

分析　令 $f(x)=a_0+a_1x+a_2x^2+\cdots+a_nx^n$，由于 $f(0)=0$，$f(1)=a_1+a_2+\cdots+a_n$ 的符号

不能判别，所以不能应用零点定理. 如果令 $F(x)=\int_0^x f(x)\mathrm{d}x=a_0x+a_1x^2+\cdots+\frac{a_n}{n+1}x^{n+1}$，则 $F'(x)=f(x)$. 所以，证明 $\exists\xi\in(0,1)$，使 $f(\xi)=0$ 就等价于证明 $\exists\xi\in(0,1)$，使得 $F'(\xi)=0$. 因此，对 $F(x)$ 应用罗尔定理，即框图 3 中线路 3 的方法即可证明.

证明 令 $f(x)=a_0+a_1x+a_2x^2+\cdots+a_nx^n$，则

$$F(x)=\int_0^x f(x)\mathrm{d}x=a_0x+a_1x^2+\cdots+\frac{a_n}{n+1}x^{n+1}.$$

由于 $F(x)$ 在 $[0,1]$ 上连续，在 $(0,1)$ 内可导，且 $F(0)=0$，$F(1)=a_0+\frac{a_1}{2}+\cdots+\frac{a_{n-1}}{n}+\frac{a_n}{n+1}=0$. 由罗尔定理知，存在 $\xi\in(0,1)$，使 $F'(\xi)=0$. 即 $f(\xi)=a_0+a_1\xi+a_2\xi^2+\cdots+a_n\xi^n=0$. 说明方程 $f(x)=0$ 在 $(0,1)$ 内至少有一个实根.

【例 5】 设 $f(x)$ 在 $[a,b]$ 上连续，在 (a,b) 内可导，证明 $\exists\xi\in(a,b)$，使

$$f'(\xi)=\frac{f(\xi)-f(a)}{b-\xi}.$$

分析 因为 $f'(\xi)=\frac{f(\xi)-f(a)}{b-\xi}$ 等价于 $f'(\xi)-\frac{f(\xi)-f(a)}{b-\xi}=0$，即 $f'(\xi)(b-\xi)-f(\xi)+f(a)=0$. 若令 $g(x)=f'(x)(b-x)-f(x)+f(a)$，则证明 $f'(\xi)=\frac{f(\xi)-f(a)}{b-\xi}$ 就等价于证明 $g(\xi)=0$. 由于 $g(a)=f'(a)(b-a)$，$g(b)=f(a)-f(b)$，不能判别 $g(a)\cdot g(b)<0$，所以不能应用零点定理. 但如果构造函数 $F(x)=f(x)(b-x)+xf(a)$，由于 $F'(x)=g(x)$，所以，要证明 $\exists\xi\in(a,b)$，使得 $g(\xi)=0$ 就转化为证明 $\exists\xi\in(a,b)$，使得 $F'(\xi)=0$. 因此，对 $F(x)$ 应用罗尔定理，即用框图 3 中线路 3 的方法即可证明.

证明 令 $F(x)=f(x)(b-x)+xf(a)$. 由于 $F(x)$ 在 $[a,b]$ 上连续，在 (a,b) 内可导，且 $F(a)=bf(a)=F(b)$，由罗尔定理知，存在 $\xi\in(a,b)$，使 $F'(\xi)=0$. 即 $f'(\xi)(b-\xi)-f(\xi)+f(a)=0$，等价于 $f'(\xi)=\frac{f(\xi)-f(a)}{b-\xi}$.

【例 6】 证明方程 $x^5+x-1=0$ 只有一个正根.

分析 令 $f(x)=x^5+x-1$，则 $x^5+x-1=0$ 只有一个正根，等价于 $f(x)$ 只有一个零点，而证明 $f(x)$ 只有一个零点的关键是：首先确定区间 $[a,b]$，然后对 $f(x)$ 应用零点定理，即用框图 3 中线路 1 的方法. 如果证明了 $f(x)=0$ 在区间 $[a,b]$ 内有根，最后利用函数的单调性就可以证明有唯一根.

证明 (1) 证明根的存在性.

令 $f(x)=x^5+x-1$，确定区间 $[a,b]=[0,1]$. 显然 $f(x)$ 在 $[0,1]$ 上连续，且 $f(0)=-1<0$，$f(1)=1>0$. 于是由零点定理知，函数 $f(x)$ 在 $(0,1)$ 内至少有一个零点，即方程 $f(x)=0$ 在 $(0,1)$ 内至少有一个实根.

（2）利用单调性证明根的唯一性.

由于$f'(x)=5x^4+1>0\ (-\infty<x<+\infty)$，故$f(x)$在$(-\infty,+\infty)$内（严格）单调增加. 综上(1)、(2)便知方程$x^5+x-1=0$只有一个正根.

注　亦可用罗尔定理证明根的唯一性. 现证明如下：假设方程$f(x)=0$有两个根ξ_1，ξ_2，不妨令$\xi_1<\xi_2$，则在$[\xi_1,\xi_2]$上函数$f(x)$满足罗尔定理的条件，故至少存在$\xi\in(\xi_1,\xi_2)$，使$f'(\xi)=0$，这与$f'(x)=5x^4+1>0$矛盾. 可见方程$f(x)=0$只有一个正根.

【例7】　证明：方程$x^\alpha=\ln x\ (\alpha<0)$在$(0,+\infty)$内有且仅有一个实根.

分析　由于$x^\alpha=\ln x$等价于$\ln x-x^\alpha=0$，令$f(x)=\ln x-x^\alpha$，则首先需要在$(0,+\infty)$范围内找到至少一个实根，可利用零点定理，即用框图3中路线1的方法；其次需要验证实根有且仅有一个，可以利用单调性进行验证，即利用框图3中线路2的方法.

解　令$f(x)=\ln x-x^\alpha\ (\alpha<0)$，则$f(x)$在$(0,+\infty)$内连续，且$f(1)=-1<0$，$\lim\limits_{x\to+\infty}f(x)=+\infty$，故对任意的$M>0$，存在$X>1$，当$x>X$时，有$f(x)>M>0$. 任取$x_0>X$，则$f(1)\cdot f(x_0)<0$根据零点定理，至少存在$\xi\in(1,x_0)$使得$f(\xi)=0$，即方程$x^\alpha=\ln x$在$(0,+\infty)$内至少有一实根. 又$\ln x$在$\lim\limits_{n\to\infty}a_n$内单调增加，因$\alpha<0$，$-x^\alpha$也单调增加，从而$f(x)$在$(0,+\infty)$内单调增加，因此方程$f(x)=0$在$(0,+\infty)$内只有一个实根，即方程$x^\alpha=\ln x$在$(0,+\infty)$内有且仅有一个实根.

【例8】　讨论$\ln x=ax(a>0)$有几个实根.

分析　如果令$F(x)=\ln x-ax$，则$F(x)$的定义域为$(0,+\infty)$，且$(0,+\infty)$的内具有连续的各阶导数，由于很难确定区间$[a,b]$，使得$F(x)$满足零点定理的条件. 但由于$\lim\limits_{x\to0^+}F(x)=-\infty$，$\lim\limits_{x\to+\infty}F(x)=-\infty$，$F''(x)=-\dfrac{1}{x^2}<0$，因此，可采用求$F(x)$极值的方法来求$F(x)$的零点，即利用框图3中线路2的方法.

解　(1) 求驻点：记$F(x)=\ln x-ax$，则$F'(x)=\dfrac{1}{x}-a$，令$F'(x)=0$，得驻点$x_0=\dfrac{1}{a}$.

（2）确定极值点：因为$F''(x)=-\dfrac{1}{x^2}<0$，所以，$F\left(\dfrac{1}{a}\right)=-\ln a-1$是函数的极大值.

（3）判别单调性：当$x\in\left(0,\dfrac{1}{a}\right)$时，$F'(x)>0$，即$F(x)$单调增加；$x\in\left(\dfrac{1}{a},+\infty\right)$时，$F'(x)<0$，即$F(x)$单调减少，则$F\left(\dfrac{1}{a}\right)=-\ln a-1$是$F(x)$的最大值.

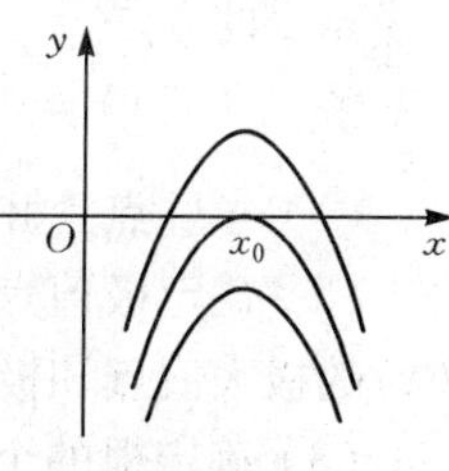

图Ⅱ-1

又因$\lim\limits_{x\to0^+}F(x)=-\infty$，$\lim\limits_{x\to+\infty}F(x)=-\infty$，所以，当$F\left(\dfrac{1}{a}\right)=-\ln a-1>0$，即$0<a<\dfrac{1}{\mathrm{e}}$，则方程有两个实数根；$F\left(\dfrac{1}{a}\right)=-\ln a-1=0$，即$a=\dfrac{1}{\mathrm{e}}$，则方程有唯一实数根；当$F\left(\dfrac{1}{a}\right)=-\ln a-1<0$，即

$a>\frac{1}{e}$，则方程没有实数根（见图Ⅱ-1）.

【例 9】 就实数 k 的不同取值讨论 $x-\frac{\pi}{2}\sin x=k$ 在 $\left(0,\frac{\pi}{2}\right)$ 内根的个数.

分析 与例 6 分析相类似. 如果令 $f(x)=x-\frac{\pi}{2}\sin x-k$，由于 $f(0)=f\left(\frac{\pi}{2}\right)=-k$，$f''(x)=\frac{\pi}{2}\sin x>0$，所以，用求极值方法来确定方程的根，即利用框图 3 中线路 2 的方法.

解 令 $f(x)=x-\frac{\pi}{2}\sin x-k$，则 $f(x)$ 的定义域限制在 $\left[0,\frac{\pi}{2}\right]$ 内.

（1）求驻点：$f'(x)=1-\frac{\pi}{2}\cos x$，令 $f'(x)=0$，得驻点 $x_0=\arccos\frac{2}{\pi}$.

（2）求极值点：因为 $f''(x)=\frac{\pi}{2}\sin x>0$，所以函数 $f(x)$ 在 $\left(0,\frac{\pi}{2}\right)$ 内是凹的. 因此 $x_0=\arccos\frac{2}{\pi}$ 是函数 $f(x)$ 的极小值点，也为最小值，且最小值为 $f(x_0)=x_0-\frac{\pi}{2}\sin x_0-k$.

（3）确定方程的根：由于函数 $f(x)$ 在 $\left(0,\frac{\pi}{2}\right)$ 是凹的，最小值为 $f(x_0)=x_0-\frac{\pi}{2}\sin x_0-k$ 且 $f(0)=f\left(\frac{\pi}{2}\right)=-k$，所以

① 当 $f(x_0)=x_0-\frac{\pi}{2}\sin x_0-k=0$，即 $k=x_0-\frac{\pi}{2}\sin x_0$ 时，方程有唯一实根；

② 当 $f(x_0)=x_0-\frac{\pi}{2}\sin x_0-k<0$ 且 $f(0)=f\left(\frac{\pi}{2}\right)=-k>0$，即 $x_0-\frac{\pi}{2}\sin x_0<k<0$ 时，方程有两个实根；

③ 当 $f(x_0)=x_0-\frac{\pi}{2}\sin x_0-k>0$ 或 $f(0)=f\left(\frac{\pi}{2}\right)=-k\leqslant 0$，即 $k<x_0-\frac{\pi}{2}\sin x_0$ 或 $k\geqslant 0$ 时，方程无实根.

【例 10】 就 k 的不同取值情况，确定方程 $x^3-3x+k=0$ 的根的个数.

分析 与例 7 分析相类似，如果令 $f(x)=x^3-3x+k$，其定义域为 $(-\infty,+\infty)$，则 $\lim\limits_{x\to-\infty}f(x)=-\infty$，$\lim\limits_{x\to+\infty}f(x)=+\infty$，所以，用求极值方法来确定方程的根，即利用框图 3 中线路 2 的方法.

解 令 $f(x)=x^3-3x+k$，$\lim\limits_{x\to-\infty}f(x)=-\infty$，$\lim\limits_{x\to+\infty}f(x)=+\infty$.

（1）求驻点：由 $f'(x)=3x^2-3=0$，得驻点为 $x_1=-1$，$x_2=1$.

（2）确定极值点：因为 $f''(x)=6x$，由 $f''(-1)=-6$，$f''(1)=6$ 得 $x_1=-1$，$x_2=1$ 分别为 $f(x)$ 的极大值点和极小值点，极大值和极小值分别为 $f(-1)=2+k$，$f(1)=k-2$.

（3）确定根的个数：

① 当 $k<-2$ 时，方程只有一个根；

② 当 $k=-2$ 时，方程有两个根，其中一个为 $x=-1$，另一个位于 $(1,+\infty)$ 内；

③ 当 $-2<k<-2$ 时，方程有三个根，分别位于 $(-\infty,-1)$，$(-1,1)$，$(1,+\infty)$ 内；

④ 当 $k=2$ 时，方程有两个根，一个位于 $(-\infty,-1)$ 内，另一个为 $x=1$；

⑤ 当 $k>2$ 时，方程只有一个根.

四、求一元函数极值的方法

1. 解题方法流程图

求一元函数的极值可按下面的四步进行：

（1）求定义域 D.

（2）在 D 内求函数的导数.

（3）求驻点、不可导点.

（4）判别：对驻点，可用函数取得极值的第一、第二充分条件来判别；对不可导点，只能用第一充分条件（或单调性）来确定其是否为极值点.

集上面求极值的方法和解题步骤于一体，得到求一元函数极值的解题方法流程图，如框图 4 所示.

2. 应用举例

【例 1】 求函数 $f(x)=2x^3-6x^2-18x+7$ 的极值.

解　（1）函数的定义域为 $(-\infty,\infty)$；

（2）$f'(x)=6x^2-12x-18=6(x^2-2x-3)=6(x-3)(x+1)$；

（3）令 $f'(x)=0$，得驻点 $x_1=3$，$x_2=-1$（显然该函数无不可导点）；

（4）利用第一充分条件.

由 $f'(x)=6(x-3)(x+1)$ 来确定 $f'(x)$ 的符号. 当 x 在 3 的左侧邻近时，即 $-1<x<3$，$f'(x)<0$；当在 3 的右侧邻近时，即 $x>3$，$f'(x)>0$. 因而，函数 $f(x)$ 在 $x=3$ 处取得极小值，极小值为 $f(3)=-47$.

同理在 $x=-1$ 处取得极大值，极大值为 $f(-1)=17$.

本题的第四步也可用第二充分条件来判别.

（4′）利用第二充分条件：

$$f''(x)=12x-12=12(x-1),$$

$$f''(3)=24>0,\ f''(-1)=-24<0,$$

所以，$f(x)$ 在 $x=3$ 处取得极小值，极小值为 $f(3)=-47$；在 $x=-1$ 处取得极大值，极大值为 $f(-1)=17$.

【例 2】 已知函数 $y(x)$ 由方程 $x^3+y^3-3x+3y-2=0$ 确定，求 $y(x)$ 的极值.

解　（1）函数的定义域为 $(-\infty,+\infty)$.

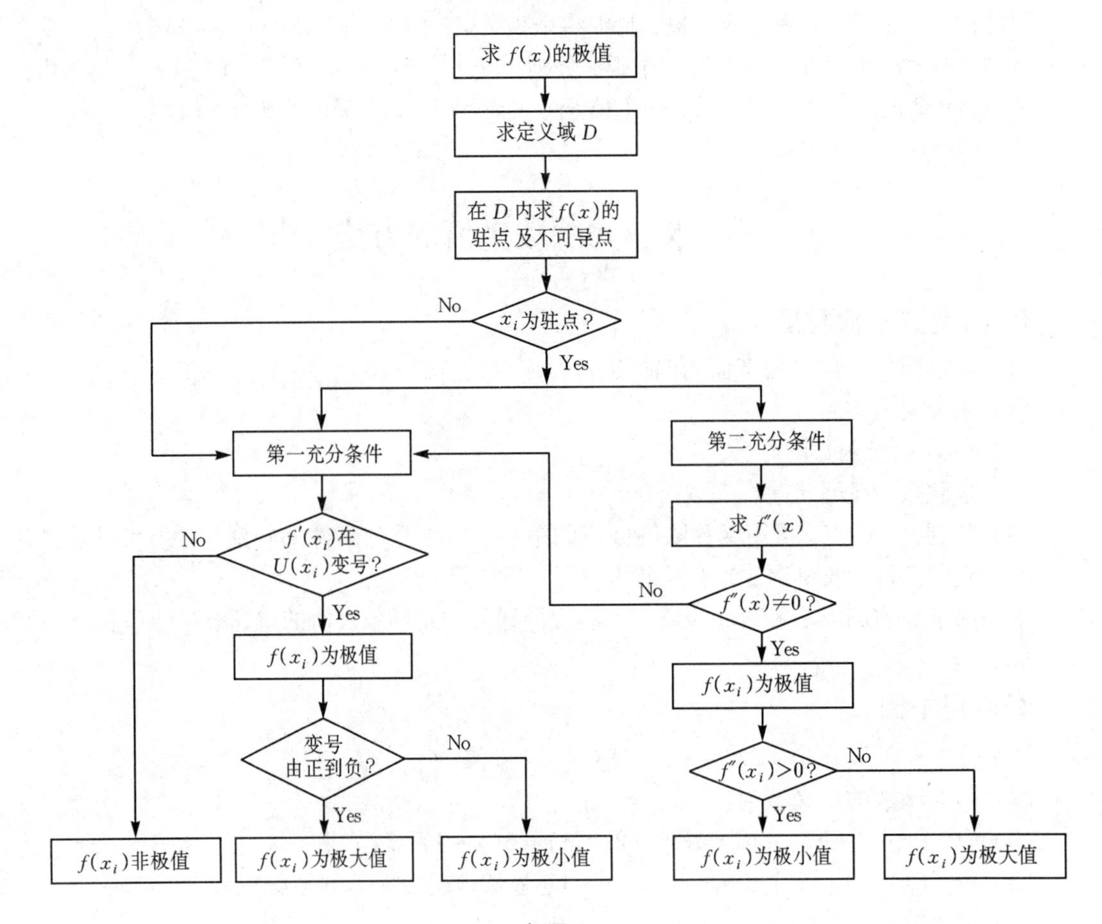

框图 4

(2)方程 $x^3+y^3-3x+3y-2=0$ 两边对 x 求导，得 $3x^2+3y^2\cdot y'-3+3y'=0$.

(3) 令 $y'=0$，得 $x_1=1$，$x_2=-1$，当 $x_1=1$ 时，$y=1$；当 $x_2=-1$ 时，$y=0$（无法判断左右两边导数符号）. 所以，方程 $3x^2+3y^2\cdot y'-3+3y'=0$ 两边同时再对 x 求导，得

$$6x+6y(y')^2+3y^2\cdot y''+3y''=0.$$

(4) 利用第二充分条件，于是：

$y''(1)=-1<0$，故 $x=1$ 时为极大值点，y 取极大值 1；

$y''(-1)=2>0$，故 $x=-1$ 时，y 取极小值 0.

【例 3】 求函数 $y=x-\ln(1+x)$的极值.

解 函数的定义域 D 为$(-1,+\infty)$，

$$y'=1-\frac{1}{1+x}=\frac{x}{1+x}.$$

令 $y'=0$，得驻点 $x=0$，且在 D 内只有一个驻点，而无不可导点.

$$y''=\frac{1}{(1+x)^2},\ y''\Big|_{x=0}=1>0.$$

从而，由函数取得极值的第二充分条件知，函数在 $x=0$ 处取得极小值，极小值为0.

【例4】 求函数 $y=2-(x-1)^{\frac{2}{3}}$ 的极值.

解 （1）函数的定义域 D 为 $(-\infty,+\infty)$.

（2）当 $x\neq1$ 时，$y'=-\frac{2}{3}(x-1)^{-\frac{1}{3}}$；当 $x=1$ 时，y' 不存在.

（3）函数在 D 内无驻点，只有一个不可导点 $x=1$.

（4）由于在 $(-\infty,1)$ 内，$y'>0$，函数单调增加；而在 $(1,+\infty)$ 内，$y'<0$，函数单调减少. 又函数在 $x=1$ 处连续，于是由第一充分条件可知，函数在 $x=1$ 处取得极大值，极大值为 $y\Big|_{x=1}=2$.

【例5】 求函数 $f(x)=x+\tan x$ 的极值.

解 $f(x)$ 的定义域 $D=\left\{x\,|\,x\in(-\infty,+\infty);\ x\neq k\pi+\frac{\pi}{2},\ k=0,\ \pm1,\ \pm2,\ \cdots\right\}$.
在 D 内，$f'(x)=1+\sec^2x>0$. 从而 $f'(x)$ 在任何邻域内均不变号，故 $f(x)$ 无极值.

【例6】 设 $f(x)=\begin{cases}x^{2x}, & x>0\\ x+1, & x\leqslant0\end{cases}$，求 $f(x)$ 的极值.

解 （1）函数的定义域 D 为 $(-\infty,+\infty)$.

（2）求函数的驻点和不可导的点：

当 $x\neq0$ 时，$f'(x)=\begin{cases}2x^{2x}(1+\ln x), & x>0\\ 1, & x<0\end{cases}$；

当 $x=0$ 时，由于

$$f'_-(0)=\lim_{x\to0^-}\frac{f(x)-f(0)}{x}=\lim_{x\to0^-}\frac{x+1-1}{x}=1,$$

$$f'_+(0)=\lim_{x\to0^+}\frac{f(x)-f(0)}{x}=\lim_{x\to0^+}\frac{x^{2x}-1}{x}=\lim_{x\to0^+}\frac{2x^{2x}(\ln x+1)}{1}=-\infty,$$

所以，$f(x)$ 在0点导数不存在.

令 $f'(x)=0$，即 $2x^{2x}(1+\ln x)=0$，得驻点 $x=\frac{1}{\mathrm{e}}$.

（3）判别驻点 $x=\frac{1}{\mathrm{e}}$ 和不可导点 $x=0$ 是否为极值点：

当 $x<0$ 时，$f'(x)>0$；当 $0<x<\frac{1}{\mathrm{e}}$ 时，$f'(x)<0$；当 $x>\frac{1}{\mathrm{e}}$ 时，$f'(x)>0$. 故 $x=0$ 时，$f(x)$ 取得极大值 $f(0)=1$；$x=\frac{1}{\mathrm{e}}$ 时，$f(x)$ 取得极小值 $f\left(\frac{1}{\mathrm{e}}\right)=\left(\frac{1}{\mathrm{e}}\right)^{\frac{2}{\mathrm{e}}}$.

注 求分段函数的极值问题，关键是在分段点求导时，要用导数的定义求，若在分段点的导数为 0 或不存在，则分段点可能是极值点；若在分段点的导数存在，但不等于 0，则分段点不是极值点.

五、利用微分法证明函数不等式的方法

1. 解题方法流程图

利用微分法证明函数不等式问题主要有三种方法：一是利用函数的单调性或求极值的方法；二是利用中值定理(如 Lagrange 中值定理，Cauchy 中值定理)方法；三是利用 Taylor 公式的方法. 在分析和证明函数不等式的问题时，应结合题目的具体特点，选取适当的证明方法. 解题方法流程图如框图 5 所示.

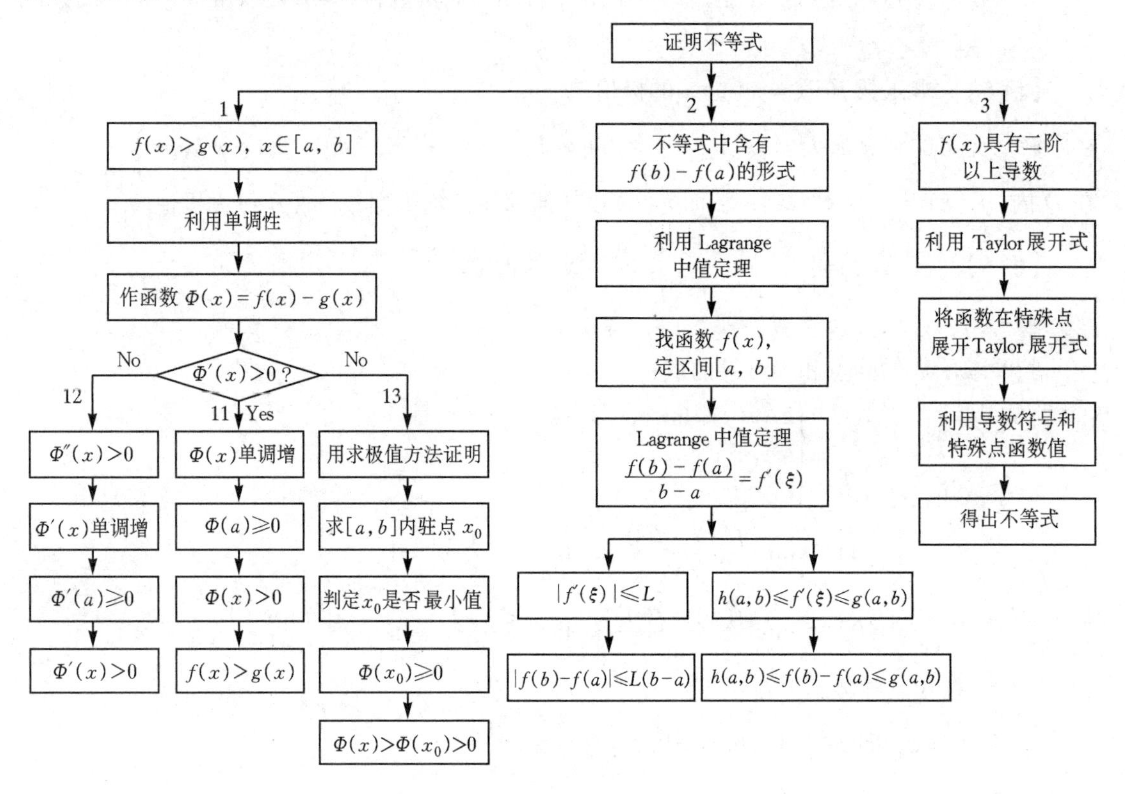

框图 5

2. 应用举例

【例 1】 **证明** 当 $x>0$ 时，有 $x-\frac{x^2}{2}<\ln(1+x)<x$.

分析 做辅助函数 $f(x)=x-\ln(1+x)$ 和 $g(x)=\ln(1+x)-x+\frac{x^2}{2}$，如果能够验证 $f(x)$

和 $g(x)$ 在区间 $(0,+\infty)$ 内单调增加，且 $f(0)\geqslant 0$ 和 $g(0)\geqslant 0$，则本题得证. 即按照框图 5 中线路 1→ 11 的方法证明即可.

证明　令 $f(x)=x-\ln(1+x)\ (x\geqslant 0)$，则 $f'(x)=1-\dfrac{1}{1+x}>0$. 故 $f(x)$ 在 $[0,+\infty)$ 上单调增加. 又 $f(0)=0$，故当 $x>0$ 时，有 $f(x)>f(0)=0$，即 $x-\ln(1+x)>0$. 故 $\ln(1+x)<x$.

再令 $g(x)=\ln(1+x)-\left(x-\dfrac{x^2}{2}\right)\ (x\geqslant 0)$，则 $g'(x)=\dfrac{x^2}{1+x}>0$，于是 $g(x)$ 在 $[0,+\infty)$ 上单调增加，又 $g(0)=0$，故当 $x>0$ 时，有 $g(x)>g(0)=0$，从而推得 $\ln(1+x)>\left(x-\dfrac{x^2}{2}\right)$.

因此，当 $x>0$ 时，有 $x-\dfrac{x^2}{2}<\ln(1+x)<x$.

【例 2】　设 $f(x)$ 在 $[0,\infty)$ 上连续，单调增加，证明：对任意的 $0<a<b$，有

$$\int_a^b xf(x)\,\mathrm{d}x\geqslant\frac{1}{2}\left[b\int_0^b f(x)\,\mathrm{d}x-a\int_0^a f(x)\,\mathrm{d}x\right].$$

分析　$\int_a^b xf(x)\,\mathrm{d}x\geqslant\frac{1}{2}\left[b\int_0^b f(x)\,\mathrm{d}x-a\int_0^a f(x)\,\mathrm{d}x\right]$ 等价于

$$\int_a^b xf(x)\,\mathrm{d}x-\frac{1}{2}\left[b\int_0^b f(x)\,\mathrm{d}x-a\int_0^a f(x)\,\mathrm{d}x\right]\geqslant 0. \tag{1}$$

注意到 $\int_a^b xf(x)\,\mathrm{d}x-\frac{1}{2}\left[b\int_0^b f(x)\,\mathrm{d}x-a\int_0^a f(x)\,\mathrm{d}x\right]$ 是一个常数，所以，要应用框图 5 中的方法证明这个不等式，必须和一个函数联系起来. 注意到 b（或 a）的任意性，如果令 $x=b$（或 $x=a$），则式(1) 变成

$$\int_a^x xf(x)\,\mathrm{d}x-\frac{1}{2}\left[x\int_0^x f(x)\,\mathrm{d}x-a\int_0^a f(x)\,\mathrm{d}x\right]\geqslant 0,$$

或

$$\int_x^b xf(x)\,\mathrm{d}x-\frac{1}{2}\left[b\int_0^b f(x)\,\mathrm{d}x-x\int_0^x f(x)\,\mathrm{d}x\right]\geqslant 0.$$

因此，令　$F(x)=\int_a^x xf(x)\,\mathrm{d}x-\frac{1}{2}\left[x\int_0^x f(x)\,\mathrm{d}x-a\int_0^a f(x)\,\mathrm{d}x\right]\quad(x\geqslant a)$，

或　$F(x)=\int_x^b xf(x)\,\mathrm{d}x-\frac{1}{2}\left[b\int_0^b f(x)\,\mathrm{d}x-x\int_0^x f(x)\,\mathrm{d}x\right]$，

那么按照框图 5 中线路 1→ 11 的方法证明即可.

证明　令 $F(x)=\int_a^x xf(x)\,\mathrm{d}x-\frac{1}{2}\left[x\int_0^x f(x)\,\mathrm{d}x-a\int_0^a f(x)\,\mathrm{d}x\right]\ (x\geqslant a)$，则

$$F'(x)=xf(x)-\frac{1}{2}\left[\int_0^x f(x)\,\mathrm{d}x+xf(x)\right]=\frac{1}{2}\left[xf(x)-\int_0^x f(x)\,\mathrm{d}x\right].$$

由积分中值定理知：存在 ξ 满足 $0<\xi<x$，使得 $\int_0^x f(x)\,\mathrm{d}x = xf(\xi)$.

因为 $f(x)$ 在 $[0,\infty)$ 内单调增加，所以 $f(x)>f(\xi)$，即

$$F'(x)=\frac{1}{2}x[f(x)-f(\xi)]>0 \quad (x>a).$$

所以，$F(x)$ 在 $[a,+\infty)$ 内为单调增加的. 又因为 $F(a)=0$，所以当 $x>a$ 时，$F(x)>F(a)=0$. 因此，$F(b)>0$，即不等式成立.

【例 3】 证明：当 $x>0$ 时，$\mathrm{e}^x-1>(1+x)\ln(1+x)$.

分析 做辅助函数 $f(x)=\mathrm{e}^x-1-(1+x)\ln(1+x)$，看是否能够验证 $f(x)$ 在区间 $(0,+\infty)$ 内单调增加. 由于 $f'(x)=\mathrm{e}^x-1-\ln(1+x)$，$f'(x)$ 的符号在区间 $(0,+\infty)$ 内无法确定，但在区间 $(0,+\infty)$ 内二阶导数 $f''(x)>0$，所以，可按照框图 5 中线路 1→ 12 的方法证明.

证明 令 $f(x)=\mathrm{e}^x-1-(1+x)\ln(1+x)\ (x\geqslant 0)$，则

$$f'(x)=\mathrm{e}^x-1-\ln(1+x),\quad f''(x)=\mathrm{e}^x-\frac{1}{1+x}>0 \quad (x>0).$$

所以，$f'(x)$ 在 $[0,+\infty)$ 内单调增加，故当 $x>0$ 时，$f'(x)>f'(0)=0$. 从而，$f(x)$ 在 $[0,+\infty)$ 内单调增加，故当 $x>0$ 时，$f(x)>f(0)=0$. 亦即

$$\mathrm{e}^x-1>(1+x)\ln(1+x).$$

【例 4】 证明：当 $x>0$ 时，$\frac{x}{x+1}<\ln(1+x)<x$.

分析 由于 $\frac{x}{x+1}<\ln(1+x)<x$ 等价于 $\frac{1}{x+1}<\frac{\ln(1+x)}{x}<1$，而 $\frac{\ln(1+x)}{x}=\frac{\ln(1+x)-\ln(1+0)}{x-0}$. 观察到所证明的不等式中含有函数值之差 $\ln(1+x)-\ln(1+0)$，所以，应用拉格朗日中值定理，即采用框图 5 中的线路 2 来证明.

证明 令函数 $f(t)=\ln(1+t)$，取 $[a,b]=[0,x]$，则对于任何固定的 x，显然 $f(t)$ 在区间 $[0,x]$ 上满足拉格朗日中值定理的条件，故存在 $\xi\in(0,x)$，使

$$\frac{\ln(1+x)-\ln(1+0)}{x-0}=\frac{1}{1+\xi},$$

即

$$\ln(1+x)=\frac{x}{1+\xi}.$$

而 $\frac{1}{1+x}<\frac{1}{1+\xi}<1$，从而 $\frac{x}{1+x}<\frac{x}{1+\xi}<x$，因此

$$\frac{x}{1+x}<\ln(1+x)<x.$$

【例5】 设 $e^{-2}<a<b<e^{-1}$，证明：$a\ln b-b\ln a<3e^4(ab^2-a^2b)$.

分析 要证 $a\ln b-b\ln a<3e^4(ab^2-a^2b)$，即要证 $\dfrac{\dfrac{\ln b}{b}-\dfrac{\ln a}{a}}{b-a}<3e^4$. 如果取函数 $F(x)=\dfrac{\ln x}{x}$ $(e^{-2}\leqslant x\leqslant e^{-1})$，不等式中含有函数值之差 $f(b)-f(a)$，因此应用拉格朗日中值定理，即采用框图5中线路2的方法证明.

证明 要证 $a\ln b-b\ln a<3e^4(ab^2-a^2b)$，即要证 $\dfrac{\dfrac{\ln b}{b}-\dfrac{\ln a}{a}}{b-a}<3e^4$. 取函数 $F(x)=\dfrac{\ln x}{x}$ $(e^{-2}\leqslant x\leqslant e^{-1})$，则 $F(x)$ 在 $[e^{-2},e^{-1}]$ 上连续，在 (e^{-2},e^{-1}) 内可导. 应用拉格朗日中值定理，得

$$\frac{F(b)-F(a)}{b-a}=\frac{\dfrac{\ln b}{b}-\dfrac{\ln a}{a}}{b-a}=\left(\frac{\ln x}{x}\right)'\bigg|_{\xi}=\frac{1-\ln\xi}{\xi^2},\ \xi\in(a,b)\subset(e^{-2},e^{-1}).$$

设 $g(t)=\dfrac{1-\ln t}{t^2}$ $(e^{-2}<t<e^{-1})$，则有 $g'(t)=\dfrac{2\ln t-3}{t^3}<0$ $(e^{-2}<t<e^{-1})$，故当 $e^{-2}<t<e^{-1}$ 时，$g(t)$ 单调递减，又因为 $\xi>e^{-2}$，所以 $g(\xi)<g(e^{-2})=\dfrac{1-\ln e^{-2}}{e^{-4}}=3e^4$，故 $\dfrac{\dfrac{\ln b}{b}-\dfrac{\ln a}{a}}{b-a}<3e^4$，即 $a\ln b-b\ln a<3e^4(ab^2-a^2b)$.

【例6】 设 $0<a<b$，证明 $\dfrac{\ln b-\ln a}{b-a}>\dfrac{2a}{a^2+b^2}$.

分析 由于 $\dfrac{\ln b-\ln a}{b-a}>\dfrac{2a}{a^2+b^2}$，所以可以取函数 $f(x)=\ln x$，区间为 $[a,b]$，不等式中含有函数值之差 $f(b)-f(a)$，因此应用拉格朗日中值定理，即采用框图5中线路2的方法来证明.

证明 令函数 $f(x)=\ln x$，对函数 $f(x)=\ln x$ 在 $[a,b]$ 上应用拉格朗日中值定理，得 $\dfrac{\ln b-\ln a}{b-a}=f'(\xi)=\dfrac{1}{\xi}$，其中 $\xi\in(a,b)$.

因为
$$\frac{1}{\xi}>\frac{1}{b}>\frac{2a}{a^2+b^2},$$
所以
$$\frac{\ln b-\ln a}{b-a}>\frac{2a}{a^2+b^2}.$$

【例7】 设 $e<a<b<e^2$，证明：$\ln^2 b-\ln^2 a>\dfrac{4}{e^2}(b-a)$.

分析 由于 $\ln^2 b-\ln^2 a>\dfrac{4}{e^2}(b-a)$ 等价于 $\dfrac{\ln^2 b-\ln^2 a}{b-a}>\dfrac{4}{e^2}$，所以，如果取函数 $f(x)=$

$\ln^2 x$，区间为$[a,b]$，则不等式中含有函数值之差$f(b)-f(a)$，因此应用拉格朗日中值定理，即采用框图5中线路2的方法来证明. 另外，类似于例2中的分析，令$x=b$，把证明$\ln^2 b-\ln^2 a-\frac{4}{e^2}(b-a)>0$转化为证明$\ln^2 x-\ln^2 a-\frac{4}{e^2}(x-a)>0$的问题，于是如果令$F(x)=\ln^2 x-\ln^2 a-\frac{4}{e^2}(x-a)$，可以采用框图5中线路1→11的方法证明.

【证法1】 取函数$f(x)=\ln^2 x$，对函数$f(x)=\ln^2 x$在$[a,b]$上应用拉格朗日中值定理，得

$$\frac{\ln^2 b-\ln^2 a}{b-a}=\frac{2\ln\xi}{\xi}\quad(a<\xi<b).$$

所以$\frac{\ln^2 b-\ln^2 a}{b-a}>\frac{4}{e^2}$等价于$\frac{2\ln\xi}{\xi}>\frac{4}{e^2}$，即$\frac{\ln\xi}{\xi}>\frac{2}{e^2}$.

为了证明$\frac{\ln\xi}{\xi}>\frac{2}{e^2}$，设$\varphi(t)=\frac{\ln t}{t}$，注意到$\frac{\ln\xi}{\xi}>\frac{2}{e^2}$等价于$\varphi(\xi)>\varphi(e^2)=\frac{2}{e^2}$，所以只要证明$\varphi(t)$单调即可. 由于$\varphi'(t)=\frac{1-\ln t}{t^2}$，当$t>e$时，$\varphi'(t)<0$，所以$\varphi(t)$单调减少，从而对$\xi<e^2$，$\varphi(\xi)>\varphi(e^2)$，即$\frac{\ln\xi}{\xi}>\frac{\ln e^2}{e^2}=\frac{2}{e^2}$，故$\ln^2 b-\ln^2 a>\frac{4}{e^2}(b-a)$.

【证法2】 设函数为$F(x)=\ln^2 x-\ln^2 a-\frac{4}{e^2}(x-a)$，$e<a\leqslant x<e^2$. 因为$F'(x)=\frac{2\ln x}{x}-\frac{4}{e^2}$，所以，当$e<a\leqslant x<e^2$时，有

$$F'(x)=\frac{2\ln x}{x}-\frac{4}{e^2},\quad F''(x)=\frac{2(1-\ln x)}{x^2}.$$

当$x>e$时，$F''(x)<0$，所以$F'(x)$在区间(e,e^2)内单调递减. 故当$e<x<e^2$时，$F'(x)>F'(e^2)=0$，所以，$F(x)$在区间(e,e^2)内单调增加. 从而，当$e<a<b<e^2$时，$F(b)>F(a)=\ln^2 a-\ln^2 a-\frac{4}{e^2}(a-a)=0$. 故$\ln^2 b-\ln^2 a>\frac{4}{e^2}(b-a)$.

【例8】 证明：当$0<x<2$时，$4x\ln x-x^2-2x+4>0$.

分析 若令$f(x)=4x\ln x-x^2-2x+4$，则$f'(x)=4\ln x-2x+2$. 由于不能确定$\lim\limits_{x\to 0^+}f(x)$，$\lim\limits_{x\to 2^-}f(x)$的符号和$f'(x)$是否在$(0,2)$内恒正，因此，采用求极值方法，即按框图5中线路1→13的方法证明即可.

证明 令$f(x)=4x\ln x-x^2-2x+4$，则

$$f'(x)=4\ln x-2x+2.$$

为此，令$f'(x)=0$，得驻点$x=1$，这是唯一驻点，而$f''(x)=\frac{2(2-x)}{x}$，$f''(1)=2>0$. 故$x=1$

是$f(x)$的极小值点. 又当$0<x<2$时, $f''(x)>0$, 故曲线$y=f(x)$在$(0,2)$内处处凹, 故$x=1$既是$f(x)$的极小值点, 也是最小值点. 从而在$0<x<2$中, 有$f(x)\geqslant f(1)=1>0$, 即$4x\ln x-x^2-2x+4>0$.

【例9】 当a为正常数, 且当$0<x<+\infty$时, 证明: $(x^2-2x+1)e^{-x}<1$.

分析 若令$f(x)=e^x-(x^2-2ax+1)$, 则$f'(x)=e^x-2x+2a$, 由于不能确定$\lim\limits_{x\to 0^+}f(x)$, $\lim\limits_{x\to +\infty}f(x)$和$f'(x)$的符号, 与例5的证明方法相类似, 可采用求极值方法, 即采用框图5中线路$1\to 13$的方法证明即可.

证明 令$f(x)=e^x-(x^2-2ax+1)$, 则

$$f'(x)=e^x-2x+2a, f''(x)=e^x-2, f'''(x)=e^x>0.$$

令$f''(x)=0$, 得$x=\ln 2$, $f'(x)$在$x=\ln 2$取最小值, 即

$$f'(x)\geqslant f'(\ln 2)=2-2\ln 2+2a>0,$$

从而$f(x)$在$[0,\infty)$单调增加. 即当$0<x<+\infty$时, $f(x)>f(0)=0$, 就是$e^x-(x^2-2ax+1)>0$, 亦即$(x^2-2ax+1)e^{-x}<1$.

【例10】 证明当$x\in(0,1)$时, $1-x+x^2e^x\leqslant e^x$.

分析 令$f(x)=1-x+x^2e^x-e^x$, 则$f'(x)=-1+(x^2+2x)e^x-e^x$, 由于在区间$(0,1)$很难确定$f'(x)$的符号, 所以不能用单调性来证明. 但由于$f''(x)=e^x(x^2+4x+1)>0$, 且$f(0)=f(1)=0$, 所以应用函数的凸凹性即可证明.

证明 令$f(x)=1-x+x^2e^x-e^x$, 因为

$$f'(x)=-1+(x^2+2x)e^x-e^x,\quad f''(x)=e^x(x^2+4x+1)>0,$$

所以$f(x)$在区间$(0,1)$为上凹. 又因为$f(0)=f(1)=0$, 所以$f(x)<0$, 即

$$1-x+x^2e^x\leqslant e^x.$$

【例11】 设$f''(x)<0$, $f(0)=0$, 证明: 对$\forall x_1>0$, $x_2>0$, 有

$$f(x_1+x_2)<f(x_1)+f(x_2).$$

分析 $f(x_1+x_2)<f(x_1)+f(x_2)$等价于

$$f(x_1)+f(x_2)-f(x_1+x_2)=[f(x_1)-f(0)]+[f(x_2)-[f(x_1+x_2)]>0.$$

应用拉格朗日中值定理, 得

$$f(x_1)-f(0)=f'(\xi_1)x_1, (0<\xi_1<x_1),$$

$$f(x_2)-f(x_1+x_2)=-f'(\xi_2)x_1, (x_2<\xi_2<x_1+x_2).$$

则

$$f(x_1)+f(x_2)-f(x_1+x_2)=[f'(\xi_1)-f'(\xi_2)]x_1.$$

不妨假设$x_1<x_2$, 对$f'(x)$再应用拉格朗日中值定理, 即用框图5中线路2的方法证明便可得到结论.

证明 假设$x_1<x_2$, 因为

$$f(x_1)+f(x_2)-f(x_1+x_2)=[f(x_1)-f(0)]+[f(x_2)-f(x_1+x_2)],$$

所以应用拉格朗日中值定理, 得

$$f(x_1)+f(x_2)-f(x_1+x_2)=[f(x_1)-f(0)]+[f(x_2)-f(x_1+x_2)]$$
$$=[f'(\xi_1)-f'(\xi_2)]x_1.$$

其中，$0<\xi_1<x_1$，$x_2<\xi_2<x_1+x_2$. 对$f'(x)$在$[\xi_1,\xi_2]$上再应用拉格朗日中值定理，得

$$f(x_1)+f(x_2)-f(x_1+x_2)=[f'(\xi_1)-f'(\xi_2)]x_1$$
$$=x_1(\xi_1-\xi_2)f''(\xi)\quad(\xi_1<\xi<\xi_2).$$

由于$f''(x)<0$，所以$f''(\xi)<0$，故$f(x_1)+f(x_2)-f(x_1+x_2)>0$，即结论成立.

【例12】 若函数$\varphi(x)$具有二阶导数，且满足$\varphi(2)>\varphi(1)$，$\varphi(2)>\int_2^3\varphi(x)\mathrm{d}x$，则至少存在一点$\xi\in(1,3)$，使得$\varphi''(\xi)<0$.

分析 已知条件中出现函数$\varphi(x)$在1，2点的函数值的关系，且$\varphi(2)>\int_2^3\varphi(x)\mathrm{d}x$，根据积分中值定理$\varphi(2)>\int_2^3\varphi(x)\mathrm{d}x=\varphi(\eta)$，分别在两个区间上利用拉格朗日中值定理，即采用框图5中线路2的方法来证明.

证明 由$\varphi(2)>\int_2^3\varphi(x)\mathrm{d}x=\varphi(\eta)\ (2<\eta\leqslant 3)$，对函数$\varphi(x)$分别在$[1,2]$和$[2,\eta]$上利用拉格朗日中值定理，可得，$\exists\xi_1\in(1,2)$，$\xi_2\in(2,\eta)$有

$$\varphi'(\xi_1)=\frac{\varphi(2)-\varphi(1)}{2-1}>0,\quad \varphi'(\xi_2)=\frac{\varphi(\eta)-\varphi(2)}{\eta-2}<0.$$

再对函数$\varphi'(x)$在区间$[\xi_1,\xi_2]$上利用拉格朗日中值定理，可得$\exists\xi\in(\xi_1,\xi_2)$，有$\varphi''(\xi)=\dfrac{\varphi'(\xi_2)-\varphi'(\xi_1)}{\xi_2-\xi_1}<0$，则至少存在一点$\xi\in(1,3)$，使得$\varphi''(\xi)<0$.

【例13】 设$f(x)$在$[a,b]$上连续，在(a,b)内一阶和二阶导数存在且$f''(x)>0$，证明：对$\forall x_1,x_2\in(a,b)$，有

$$f\left(\frac{x_1+x_2}{2}\right)<\frac{f(x_1)+f(x_2)}{2}.$$

分析1 令$x_0=\dfrac{x_1+x_2}{2}$，不妨假设$x_1<x_2$. 由于$f\left(\dfrac{x_1+x_2}{2}\right)<\dfrac{f(x_1)+f(x_2)}{2}$等价于$f(x_1)+f(x_2)-2f(x_0)>0$，即$f(x_1)-f(x_0)+f(x_2)-f(x_0)>0$，所以要证明$f\left(\dfrac{x_1+x_2}{2}\right)<\dfrac{f(x_1)+f(x_2)}{2}$，只需证明$f(x_1)-f(x_0)+f(x_2)-f(x_0)>0$.

注意到上面的不等式是函数值之差，而题中所给的条件是$f(x)$的导数存在，要从函数的差值向函数的导数过渡，自然想到应用拉格朗日中值定理作为工具，即

$$f(x_1)-f(x_0)=f'(\xi_1)(x_1-x_0)\quad(x_1<\xi_1<x_0),$$
$$f(x_2)-f(x_0)=f'(\xi_2)(x_2-x_0)\quad(x_0<\xi_2<x_2).$$

于是
$$f(x_1)+f(x_2)-2f(x_0)=[f'(\xi_2)-f'(\xi_1)]\frac{x_2-x_1}{2}.$$

由于$\frac{x_2-x_1}{2}>0$，所以，先证$f'(\xi_2)-f'(\xi_1)>0$. 再应用拉格朗日中值定理，即用框图5中线路2的方法即可证明本题的结论.

证明1 令$x_0=\frac{x_1+x_2}{2}$，不妨假设$x_1<x_2$，则

$$f(x_1)+f(x_2)-2f\left(\frac{x_1+x_2}{2}\right)=f(x_1)+f(x_2)-2f(x_0).$$

对函数$f(x)$在区间$[x_1,x_0]$和$[x_0,x_2]$上分别应用拉格朗日中值定理，得

$$f(x_1)-f(x_0)=f'(\xi_1)(x_1-x_0)\quad(x_1<\xi_1<x_0),$$
$$f(x_2)-f(x_0)=f'(\xi_2)(x_2-x_0)\quad(x_0<\xi_2<x_2).$$

于是
$$f(x_1)+f(x_2)-2f(x_0)=[f'(\xi_2)-f'(\xi_1)]\frac{x_2-x_1}{2}.$$

对函数$f'(x)$在区间$[\xi_1,\xi_2]$应用拉格朗日中值定理，得

$$f'(\xi_2)-f'(\xi_1)=f''(\xi)(\xi_2-\xi_1)\quad(\xi_1<\xi<\xi_2).$$

由于$f''(\xi)>0$，从而$f(x_1)+f(x_2)-2f(x_0)>0$，即

$$f\left(\frac{x_1+x_2}{2}\right)<\frac{f(x_1)+f(x_2)}{2}.$$

分析2 由于给出了函数的二阶导数$f''(x)>0$，可以考虑把$f(x)$在(a,b)内的一个特殊点x_0处展开成一阶泰勒公式，$f(x)=f(x_0)+f'(x_0)(x-x_0)+\frac{f''(\xi)}{2}(x-x_0)^2$，因为$f''(\xi)>0$，得

$$f(x)\geqslant f(x_0)+f'(x_0)(x-x_0). \tag{1}$$

通过式(1)来实现

$$f\left(\frac{x_1+x_2}{2}\right)<\frac{f(x_1)+f(x_2)}{2} \tag{2}$$

的证明，关键是式(1)中的特殊点x_0如何选取，把那些特殊点代入已知的展开式中. 比较式(1)和式(2)，不难发现，只有取$x_0=\frac{x_1+x_2}{2}$，式(1)的左端才能出现$f\left(\frac{x_1+x_2}{2}\right)$，即

$$f(x)\geqslant f\left(\frac{x_1+x_2}{2}\right)+f'\left(\frac{x_1+x_2}{2}\right)\left(x-\frac{x_1+x_2}{2}\right). \tag{3}$$

再取$x=x_1$和$x=x_2$代入式(3)，得

$$f(x_1)\geqslant f\left(\frac{x_1+x_2}{2}\right)-f'\left(\frac{x_1+x_2}{2}\right)\left(\frac{x_2-x_1}{2}\right),$$

$$f(x_2)\geqslant f\left(\frac{x_1+x_2}{2}\right)+f'\left(\frac{x_1+x_2}{2}\right)\left(\frac{x_2-x_1}{2}\right).$$

对上边两式相加，就得到所证明的不等式.

证明 2 把$f(x)$在$x_0=\frac{x_1+x_2}{2}$点处展开成一阶泰勒公式：

$$f(x)=f\left(\frac{x_1+x_2}{2}\right)+f'\left(\frac{x_1+x_2}{2}\right)\left(x-\frac{x_1+x_2}{2}\right)+\frac{f''(\xi)}{2}\left(x-\frac{x_1+x_2}{2}\right)^2.$$

因为$f''(x)>0$，所以$f''(\xi)>0$，故上式变成

$$f(x)\geqslant f\left(\frac{x_1+x_2}{2}\right)+f'\left(\frac{x_1+x_2}{2}\right)\left(x-\frac{x_1+x_2}{2}\right).$$

取$x=x_1$和$x=x_2$，代入上式，得

$$f(x_1)\geqslant f\left(\frac{x_1+x_2}{2}\right)-f'\left(\frac{x_1+x_2}{2}\right)\left(\frac{x_2-x_1}{2}\right),$$

$$f(x_2)\geqslant f\left(\frac{x_1+x_2}{2}\right)+f'\left(\frac{x_1+x_2}{2}\right)\left(\frac{x_2-x_1}{2}\right).$$

将上面的两式相加，便得所要证明的不等式.

【例 14】 设$f(x)$在$[-1,1]$具有连续的三阶导数，且$f(-1)=0$，$f(1)=1$，$f'(0)=0$，证明：$\exists\xi\in(-1,1)$，使得$|f'''(\xi)|\geqslant 3$.

分析 与例 13 证明方法 2 分析相类似，由于题设条件，已知$f(x)$具有三阶连续导数，自然联想到用二阶泰勒公式，又$f'(0)=0$，所以，在特殊点$x=0$处把$f(x)$展开成麦克劳林公式. 然后把特殊点$x=-1$和$x=1$分别代入展开式，并利用条件$f(-1)=0$，$f(1)=1$，便可证明结论，即应用框图 5 中线路 3 的方法证明即可.

证明 由$f(x)$在$[-1,1]$具有连续的三阶导数，将$f(x)$在$x=0$展开成麦克劳林公式，得

$$f(x)=f(0)+f'(0)x+\frac{f''(0)}{2!}x^2+\frac{f'''(\eta)}{3!}x^3,$$

其中η介于0与x之间，$x\in[-1,1]$.

分别令$x=-1$和$x=1$，并结合已知条件，得

$$0=f(-1)=f(0)+\frac{1}{2!}f''(0)-\frac{1}{6}f'''(\eta_1)\quad(-1<\eta_1<0),$$

$$1=f(1)=f(0)+\frac{1}{2!}f''(0)+\frac{1}{6}f'''(\eta_2)\quad(0<\eta_2<1).$$

两式相减，可得 $f'''(\eta_1)+f'''(\eta_2)=6$. 因此，得

$$|f'''(\eta_1)|+|f'''(\eta_2)|\geqslant 6.$$

取 $$|f'''(\xi)|=\max\{|f'''(\eta_1)|,|f'''(\eta_2)|\},$$

则 $$2|f'''(\xi)|\geqslant|f'''(\eta_1)|+|f'''(\eta_2)|\geqslant 6.$$

因此有 $$|f'''(\xi)|\geqslant 3.$$

注 用类似方法可以证明：设$f(x)$在$[0,1]$上具有三阶导数，$f(0)=0$，$f(1)=1$，$f'\left(\frac{1}{2}\right)=0$，则

$\exists\xi\in(0,1)$，使得$|f'''(\xi)|\geqslant 24$. [在特殊点$x=\frac{1}{2}$处把$f(x)$展开成二阶泰勒公式，将特殊点$x=0$, $x=1$代入展开式中即可。]

【例 15】 设$f(x)$在$[a,b]$上连续，在(a,b)内存在连续的二阶导数，且$f''(x)\leqslant 0$，证明：$\int_a^b f(x)\,\mathrm{d}x\leqslant(b-a)f\left(\frac{a+b}{2}\right)$.

分析　与例 13 和例 14 的分析相同，将$f(x)$在特殊点$x_0=\frac{a+b}{2}$展开成一阶泰勒公式：

$$f(x)=f\left(\frac{a+b}{2}\right)+f'\left(\frac{a+b}{2}\right)\left(x-\frac{a+b}{2}\right)+\frac{1}{2!}f''(\xi)\left(x-\frac{a+b}{2}\right)^2.$$

由于$f''(x)\leqslant 0$，得到

$$f(x)\leqslant f\left(\frac{a+b}{2}\right)+f'\left(\frac{a+b}{2}\right)\left(x-\frac{a+b}{2}\right).$$

对上式两边从a到b做积分便可证明.

证明　将$f(x)$在点$x_0=\frac{a+b}{2}$处展开成一阶泰勒公式，有

$$f(x)=f\left(\frac{a+b}{2}\right)+f'\left(\frac{a+b}{2}\right)\left(x-\frac{a+b}{2}\right)+\frac{1}{2!}f''(\xi)\left(x-\frac{a+b}{2}\right)^2.$$

其中ξ在$\frac{a+b}{2}$与x之间. 因为$f''(x)\leqslant 0$，所以

$$f(x)\leqslant f\left(\frac{a+b}{2}\right)+f'\left(\frac{a+b}{2}\right)\left(x-\frac{a+b}{2}\right).$$

两边从a到b做积分，得

$$\begin{aligned}\int_a^b f(x)\,\mathrm{d}x&\leqslant(b-a)f\left(\frac{a+b}{2}\right)+f'\left(\frac{a+b}{2}\right)\frac{1}{2}\left(x-\frac{a+b}{2}\right)^2\Bigg|_a^b\\&=(b-a)f\left(\frac{a+b}{2}\right).\end{aligned}$$

故结论成立.

注　将例 15 中$f''(x)\leqslant 0$的条件换成$f''(x)\geqslant 0$，同理可以证明：

$$(b-a)f\left(\frac{a+b}{2}\right)\leqslant\int_a^b f(x)\,\mathrm{d}x.$$

【例 16】 设$f(x)$在$[a,b]$上连续，在(a,b)内存在连续的二阶导数，且$f''(x)\leqslant 0$，证明：

$$\frac{b-a}{2}[f(a)+f(b)]\leqslant\int_a^b f(x)\,\mathrm{d}x\leqslant(b-a)f\left(\frac{a+b}{2}\right).$$

分析　由于$f''(x)\leqslant 0$，所以$f(x)$在$[a,b]$上是凸的，如果设过$(a,f(a))$与$(b,f(b))$两点的直线和$f(x)$在点$\left(\frac{a+b}{2},f\left(\frac{a+b}{2}\right)\right)$的切线方程分别为$f_1(x)$和$f_2(x)$，则有

$f_1(x)\leqslant f(x)\leqslant f_2(x)$，所以 $\int_a^b f_1(x)\mathrm{d}x\leqslant\int_a^b f(x)\mathrm{d}x\leqslant\int_a^b f_2(x)\mathrm{d}x$，计算不等式两边的积分，便可证明结论. 另外，可采取例 2 中的证明方法，即令 $x=b$，分别构造 $F(x)=\int_a^x f(x)\mathrm{d}x-\frac{x-a}{2}[f(a)+f(x)]$ 和 $G(x)=(x-a)f\left(\frac{a+b}{2}\right)-\int_a^x f(x)\mathrm{d}x$，然后证明 $F'(x)>0$，$G'(x)>0$ 且 $F(a)=G(a)=0$ 即可证明结论.

证明 1 过 $(a,f(a))$ 与 $(b,f(b))$ 两点的直线和 $f(x)$ 在点 $\left(\frac{a+b}{2},f\left(\frac{a+b}{2}\right)\right)$ 的切线方程分别为

$$y=\frac{f(b)-f(a)}{b-a}(x-a)+f(b)$$

与

$$y=f'\left(\frac{a+b}{2}\right)\left(x-\frac{a+b}{2}\right)+f\left(\frac{a+b}{2}\right).$$

因为 $f(x)$ 在 $[a,b]$ 上连续且 $f''(x)\leqslant0$，所以 $f(x)$ 在 $[a,b]$ 上是凸的，因此，$\forall x\in[a,b]$，有

$$\frac{f(b)-f(a)}{b-a}(x-a)+f(b)\leqslant f(x)\leqslant f'\left(\frac{a+b}{2}\right)\left(x-\frac{a+b}{2}\right)+f\left(\frac{a+b}{2}\right).$$

对上面不等式从 a 到 b 积分，得

$$\frac{f(b)-f(a)}{b-a}\frac{1}{2}(x-a)^2\Big|_a^b+f(b)(b-a)\leqslant\int_a^b f(x)\mathrm{d}x$$

$$\leqslant\frac{1}{2}f'\left(\frac{a+b}{2}\right)\left(x-\frac{a+b}{2}\right)^2\Big|_a^b+f\left(\frac{a+b}{2}\right)(b-a).$$

故

$$\frac{1}{2}(b-a)[f(b)+f(a)]\leqslant\int_a^b f(x)\mathrm{d}x\leqslant f\left(\frac{a+b}{2}\right)(b-a).$$

证明 2 令 $F(x)=\int_a^x f(x)\mathrm{d}x-\frac{x-a}{2}[f(a)+f(x)]$，则

$$F'(x)=f(x)-\frac{1}{2}[f(a)+f(x)]-\frac{x-a}{2}f'(x)$$

$$=\frac{1}{2}[f(x)-f(a)]-\frac{x-a}{2}f'(x)\quad(a<\xi_1<x).$$

应用拉格朗日中值定理，得

$$F'(x)=\frac{x-a}{2}[f'(\xi_1)-f'(x)]=\frac{x-a}{2}(\xi_1-x)f''(\xi_2)\quad(\xi_1<\xi_2<x).$$

由于 $f''(x)\leqslant0$，$\frac{x-a}{2}(\xi_1-x)<0$，所以 $F'(x)>0$，即 $F(x)$ 在 $[a,b]$ 上单调增加. 又因为 $F(a)=0$，所以当 $x>a$ 时，$F(x)>0$，即 $\frac{1}{2}(b-a)(f(b)+f(a))\leqslant\int_a^b f(x)\mathrm{d}x$.

同理可证 $G(x)>0$，即 $\int_a^b f(x)\,\mathrm{d}x \leqslant (b-a)f\left(\frac{a+b}{2}\right)$.

注　把上题中 $f''(x)\leqslant 0$ 的条件换成 $f''(x)\geqslant 0$，可证明如下的不等式：

$$(b-a)f\left(\frac{a+b}{2}\right)\leqslant \int_a^b f(x)\,\mathrm{d}x \leqslant \frac{b-a}{2}[f(a)+f(b)].$$

六、不定积分的计算方法

1. 解题方法流程图

计算不定积分主要可归结为六种方法：①基本积分公式；②第一类换元法（凑微分法）；③第二类换元法（变量置换法和三角代换法）；④分部积分法；⑤有理函数的分解法；⑥三角函数有理式的万能公式法.

在计算不定积分时，首先要对被积函数进行恒等变形，实现被积函数的化简. 如果能把被积函数转化为基本积分公式形式的代数和，那么可采用基本积分公式的计算方法. 其次，要对被积函数进行观察，抓住被积函数的特点，选择合适的计算方法. 如果被积表达式能表示成 $f(x)\,\mathrm{d}x = g[\varphi(x)]\varphi'(x)\,\mathrm{d}x = g[\varphi(x)]\,\mathrm{d}\varphi(x)$ 的形式，则可采用第一类换元法，即凑微分方法计算；如果被积函数中含有根式的情况（如 $\sqrt[n]{\frac{ax+b}{cx+b}}$，$\sqrt{a^2\pm x^2}$ 和 $\sqrt{x^2-a^2}$ 等），则可采用第二类换元法，即去根式方法计算；如果被积表达式能表示成 $f(x)\,\mathrm{d}x = uv'\,\mathrm{d}x = u\,\mathrm{d}v$（如幂函数或指数函数乘以三角函数；幂函数乘以指数函数；幂函数乘以反三角函数；幂函数乘以对数函数等），则可采用分部积分方法计算；如果被积函数是三角函数有理式 $f(x)=R(\sin x,\cos x)$，则可采用万能公式或利用三角函数公式对被积函数进行恒等变换，再根据 $\mathrm{d}(\sin x)=\cos x\,\mathrm{d}x$，$\mathrm{d}(\cos x)=-\sin x\,\mathrm{d}x$ 方法计算；如果被积函数是有理函数，则首先把有理函数变成真分式，然后利用裂项求和方法求积分. 最后，在具体计算不定积分的过程中，不是一种方法就可以解决，要熟练掌握几种积分法并融会贯通，综合应用. 解题方法流程图如框图 6 所示.

2. 应用举例

【例 1】　求不定积分 $I=\int \frac{1}{1+\mathrm{e}^x}\mathrm{d}x$.

分析　由于被积函数 $f(x)=\frac{1}{1+\mathrm{e}^x}$ 不能直接利用基本公式和凑微分法求解，所以应该首先对被积函数进行代数恒等变形：$\frac{1}{1+\mathrm{e}^x}=\frac{\mathrm{e}^x}{\mathrm{e}^x(1+\mathrm{e}^x)}$ 或 $\frac{1}{1+\mathrm{e}^x}=\frac{1}{\mathrm{e}^x(\mathrm{e}^{-x}+1)}=\frac{\mathrm{e}^{-x}}{\mathrm{e}^{-x}+1}$，再想到凑微分：$\mathrm{e}^x\mathrm{d}x=\mathrm{d}\mathrm{e}^x$ 或 $\mathrm{e}^{-x}\mathrm{d}x=-\mathrm{d}(\mathrm{e}^{-x}+1)$，然后进行计算. 另外，由于 $f(x)=\frac{1}{1+\mathrm{e}^x}$ 中含

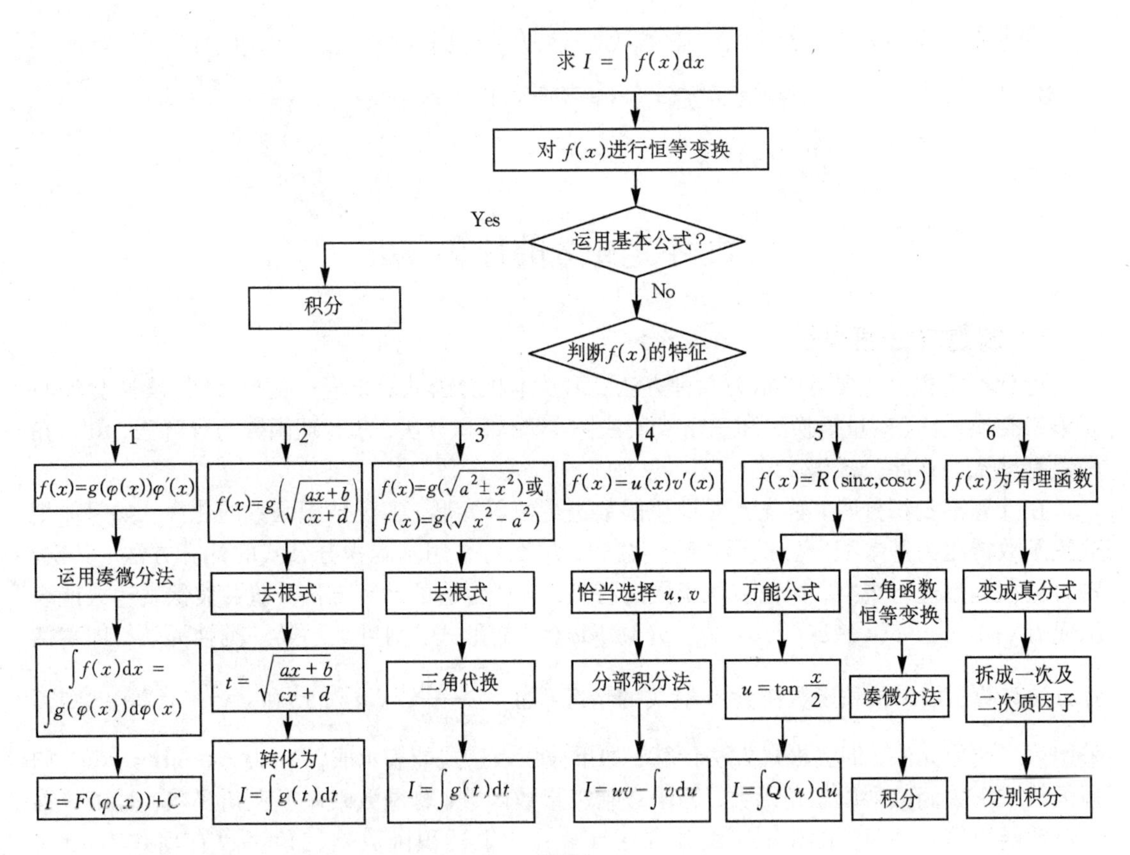

框图6

有 $1+\mathrm{e}^x$，不能直接计算，可以考虑换元 $t=\mathrm{e}^x$ 或 $t=1+\mathrm{e}^x$，然后进行计算.

解法1 因为
$$\frac{1}{1+\mathrm{e}^x}=\frac{\mathrm{e}^x}{\mathrm{e}^x(1+\mathrm{e}^x)},$$
所以
$$I=\int\frac{1}{1+\mathrm{e}^x}\mathrm{d}x=\int\frac{\mathrm{e}^x}{\mathrm{e}^x(1+\mathrm{e}^x)}\mathrm{d}x=\int\frac{1}{\mathrm{e}^x(1+\mathrm{e}^x)}\mathrm{d}\mathrm{e}^x.$$
而
$$\int\frac{1}{u(1+u)}\mathrm{d}u=\int\left(\frac{1}{u}-\frac{1}{u+1}\right)\mathrm{d}u=\int\frac{1}{u}\mathrm{d}u-\int\frac{\mathrm{d}(u+1)}{u+1},$$
$$=\ln u-\ln(u+1)+C,$$
故
$$I=\int\left(\frac{1}{\mathrm{e}^x}-\frac{1}{\mathrm{e}^x+1}\right)\mathrm{d}\mathrm{e}^x=\int\frac{1}{\mathrm{e}^x}\mathrm{d}\mathrm{e}^x-\int\frac{\mathrm{d}(\mathrm{e}^x+1)}{\mathrm{e}^x+1}$$
$$=\ln\mathrm{e}^x-\ln(\mathrm{e}^x+1)+C=\ln\frac{\mathrm{e}^x}{\mathrm{e}^x+1}+C.$$

解法2 因为
$$\frac{1}{1+\mathrm{e}^x}=\frac{1}{\mathrm{e}^x(\mathrm{e}^{-x}+1)}=\frac{\mathrm{e}^{-x}}{\mathrm{e}^{-x}+1},$$

所以

$$I=\int\frac{1}{1+e^x}dx=\int\frac{e^{-x}}{e^{-x}+1}dx=-\int\frac{d(e^{-x}+1)}{e^{-x}+1}=-\ln(e^{-x}+1)+C.$$

解法 3　令 $t=e^x$，则 $x=\ln t$，$dt=e^x dx$，于是

$$\begin{aligned}I&=\int\frac{1}{1+e^x}dx=\int\frac{1}{t(1+t)}dt=\int\frac{1}{(1+t)}dt-\int\frac{1}{t}dt\\&=\ln(1+t)-\ln t+C=\ln\frac{1+t}{t}+C=\ln\frac{1+e^x}{e^x}+C.\end{aligned}$$

【例 2】　求不定积分 $I=\int\frac{\arcsin\sqrt{x}}{\sqrt{x}}dx.$

分析　由于被积函数中含有根式$\sqrt{x}$，所以首先要令 $t=\sqrt{x}$，把根式去掉，然后选择合适的方法计算. 另外，观察被积表达式的特点，由于

$$\frac{\arcsin\sqrt{x}}{\sqrt{x}}dx=\arcsin\sqrt{x}\left(\frac{dx}{\sqrt{x}}\right)=2\arcsin\sqrt{x}\,d(\sqrt{x}),$$

所以可应用分部积分法计算.

解法 1　令 $t=\sqrt{x}$，则 $x=t^2$，$dx=2tdt$，则

$$I=\int\frac{\arcsin\sqrt{x}}{\sqrt{x}}dx=2\int\arcsin t\,dt.$$

由于不等积分 $\int\arcsin t\,dt$ 属于 $\int x^n\arcsin t\,dt$ 的形式，所以选择分部积分法计算，即

$$\begin{aligned}2\int\arcsin t\,dt&=2\left[t\arcsin t-\int\frac{t}{\sqrt{1-t^2}}dt\right]\\&=2t\arcsin t+\int\frac{d(1-t^2)}{\sqrt{1-t^2}}\\&=2t\arcsin t+2\sqrt{1-t^2}+C,\end{aligned}$$

故

$$I=2\sqrt{x}\arcsin\sqrt{x}+2\sqrt{1-x}+C.$$

解法 2　因为

$$\frac{\arcsin\sqrt{x}}{\sqrt{x}}dx=\arcsin\sqrt{x}\left(\frac{dx}{\sqrt{x}}\right)=2\arcsin\sqrt{x}\,d(\sqrt{x}),$$

所以应用分部积分法，得

$$\begin{aligned}I&=\int\frac{\arcsin\sqrt{x}}{\sqrt{x}}dx=2\sqrt{x}\arcsin\sqrt{x}-2\int\sqrt{x}\,d(\arcsin\sqrt{x})\\&=2\sqrt{x}\arcsin\sqrt{x}-2\int\sqrt{x}\,\frac{1}{\sqrt{1-x}}\cdot\frac{1}{2\sqrt{x}}dx\end{aligned}$$

$$= 2\sqrt{x}\arcsin\sqrt{x} - \int \frac{1}{\sqrt{1-x}}\mathrm{d}x$$

$$= 2\sqrt{x}\arcsin\sqrt{x} + 2\sqrt{1-x} + C.$$

【例 3】 求不定积分 $I = \int \frac{\mathrm{d}x}{\sqrt{x}+\sqrt[3]{x}}$.

分析 由于被积函数中含有根式$\sqrt{x}$和$\sqrt[3]{x}$，所以首先要令 $x = t^6$ 把根式去掉，然后选择合适的方法计算.

解 令 $x = t^6$，$\mathrm{d}x = 6t^5\mathrm{d}t$，则

$$\int \frac{\mathrm{d}x}{\sqrt{x}+\sqrt[3]{x}} = \int \frac{\mathrm{d}t^5\mathrm{d}t}{t^3+t^2} = 6\int \frac{t^3}{t+1}\mathrm{d}t$$

$$= 6\int\left(t^2 - t + 1 - \frac{1}{t+1}\right)\mathrm{d}t$$

$$= 2t^3 - 3t^2 + 6t - 6\ln|t+1| + C.$$

故

$$I = 2\sqrt{x} - 3\sqrt[3]{x} + 6\sqrt[6]{x} - 6\ln\left|\sqrt[6]{x}+1\right| + C.$$

【例 4】 求不定积分 $I = \int \frac{\arcsin\sqrt{x}}{\sqrt{1-x}}\mathrm{d}x \quad (0 < x < 1)$.

分析 由于被积函数 $f(x) = \frac{\arcsin\sqrt{x}}{\sqrt{1-x}} = \arcsin\sqrt{x} \cdot \frac{1}{\sqrt{1-x}}$，如果令 $u = \arcsin\sqrt{x}$，$v' = \frac{1}{\sqrt{1-x}}$，则 $\mathrm{d}v = \frac{1}{\sqrt{1-x}}\mathrm{d}x = -2\mathrm{d}(\sqrt{1-x})$，所以，可选择分部积分法计算. 另外，由于被积函数含有根式$\sqrt{x}$，所以首先令 $t = \sqrt{x}$ 去掉根式，然后选择适当的计算方法.

解法 1 由于$\frac{1}{\sqrt{1-x}}\mathrm{d}x = -2\mathrm{d}(\sqrt{1-x})$，而$(\arcsin\sqrt{x})' = \frac{1}{\sqrt{1-x}} \cdot \frac{1}{2\sqrt{x}}$，由分部积分法得

$$I = \int \frac{\arcsin\sqrt{x}}{\sqrt{1-x}}\mathrm{d}x = -2\int \arcsin\sqrt{x}\,\mathrm{d}(\sqrt{1-x})$$

$$= -2\sqrt{1-x}\arcsin\sqrt{x} + 2\int \sqrt{1-x}\,\frac{1}{\sqrt{1-x}} \cdot \frac{1}{2\sqrt{x}}\mathrm{d}x$$

$$= -2\sqrt{1-x}\arcsin\sqrt{x} + 2\sqrt{x} + C.$$

解法 2 令$\sqrt{x} = t$，则 $x = t^2$，$\mathrm{d}x = 2t\mathrm{d}t$，于是

$$I = \int \frac{\arcsin\sqrt{x}}{\sqrt{1-x}}\mathrm{d}x = \int \frac{\arcsin t}{\sqrt{1-t^2}} \cdot 2t\mathrm{d}t.$$

由于$\frac{1}{\sqrt{1-t^2}} \cdot 2t\mathrm{d}t = -2\mathrm{d}(\sqrt{1-t^2})$，而$(\arcsin t)' = \frac{1}{\sqrt{1-t^2}}$，所以利用分部积分法计算，得

$$\begin{aligned}I &= \int \frac{\arcsin t}{\sqrt{1-t^2}} \cdot 2t\mathrm{d}t = -2\int \arcsin t\mathrm{d}(\sqrt{1-t^2}) \\ &= -2\sqrt{1-t^2}\arcsin t + 2\int \sqrt{1-t^2}\frac{1}{\sqrt{1-t^2}}\mathrm{d}t \\ &= -2\sqrt{1-t^2}\arcsin t + 2t + C.\end{aligned}$$

因此
$$I = -2\sqrt{1-x}\arcsin\sqrt{x} + 2\sqrt{x} + C.$$

注　如果在换元法中采用 $t=\sqrt{1-x}$，则

$$I = \int \frac{\arcsin\sqrt{x}}{\sqrt{1-x}}\mathrm{d}x = -2\int \frac{t\arcsin\sqrt{1-t^2}}{t}\mathrm{d}t = -2\int \arcsin\sqrt{1-t^2}\,\mathrm{d}t.$$

但不定积分 $\int \arcsin\sqrt{1-t^2}\,\mathrm{d}t$ 的计算较为复杂. 所以当被积函数中含有两个根式时，应该考虑去掉函数中所含的根式，使计算简化.

【例 5】　求不定积分 $I = \int \frac{1}{\sqrt{x(4-x)}}\mathrm{d}x$.

分析　设 $f(x)=\frac{1}{\sqrt{x(4-x)}}$，则 $f(x)=\frac{1}{\sqrt{x}\sqrt{4-x}}$，由于 $f(x)$ 中含有 $\sqrt{x}$ 和 $\sqrt{4-x}$，所以令 $t=\sqrt{x}$ 或 $\sqrt{4-x}$ 去掉根式，然后选择适当的计算方法. 另外，也可对 $f(x)$ 进行恒等变形：

$$f(x) = \frac{1}{\sqrt{x(4-x)}} = \frac{1}{\sqrt{4-(x-2)^2}} = \frac{1}{2}\frac{1}{\sqrt{1-\left(\frac{x}{2}-1\right)^2}},$$

然后运用基本积分公式就可以计算.

解法 1　令 $t=\sqrt{x}$，则 $x=t^2$，$\mathrm{d}x=2t\mathrm{d}t$，于是

$$\begin{aligned}I &= \int \frac{1}{\sqrt{x(4-x)}}\mathrm{d}x = \int \frac{2t}{t\sqrt{4-t^2}}\mathrm{d}t = \int \frac{1}{\sqrt{1-\left(\frac{t}{2}\right)^2}}\mathrm{d}t \\ &= 2\int \frac{\mathrm{d}\left(\frac{t}{2}\right)}{\sqrt{1-\left(\frac{t}{2}\right)^2}} = 2\arcsin\frac{t}{2} + C = 2\arcsin\frac{\sqrt{x}}{2} + C.\end{aligned}$$

解法 2　因为 $\frac{1}{\sqrt{x(4-x)}} = \frac{1}{\sqrt{4-(x-2)^2}} = \frac{1}{2}\frac{1}{\sqrt{1-\left(\frac{x}{2}-1\right)^2}}$,

所以

$$I = \int \frac{1}{\sqrt{x(4-x)}}\mathrm{d}x = \int \frac{1}{2}\frac{\mathrm{d}x}{\sqrt{1-\left(\frac{x}{2}-1\right)^2}}$$

$$=\int\frac{\mathrm{d}\left(\frac{x}{2}-1\right)}{\sqrt{1-\left(\frac{x}{2}-1\right)^{2}}}=\arcsin\frac{x-2}{2}+C.$$

注 在本题的计算中同样可以选择 $t=\sqrt{4-x}$，其计算的复杂程度与选择 $t=\sqrt{x}$ 相同.

【例 6】 求 $I=\int\frac{\mathrm{d}x}{(2x^{2}+1)\sqrt{x^{2}+1}}$.

分析 由于被积函数含有 $\sqrt{x^{2}+a^{2}}=\sqrt{x^{2}+1}$ 的因式，所以首先取三角代换 $x=\tan t$ 去掉根式，然后选择适当的计算方法.

解 令 $x=\tan t$，则 $\mathrm{d}x=\frac{1}{\cos^{2}t}\mathrm{d}t$，于是

$$\begin{aligned}I&=\int\frac{\mathrm{d}x}{(2x^{2}+1)\sqrt{x^{2}+1}}=\int\frac{\mathrm{d}t}{\cos t(1+2\tan^{2}t)}\\&=\int\frac{\cos t}{2\sin^{2}t+\cos^{2}t}\mathrm{d}t=\int\frac{\mathrm{d}(\sin t)}{1+\sin^{2}t}\\&=\arctan(\sin t)+C=\arctan\frac{x}{\sqrt{x^{2}+1}}+C.\end{aligned}$$

【例 7】 求不定积分 $I=\int\frac{\mathrm{d}x}{x\sqrt{4-x^{2}}}\quad(0<x<2)$.

分析 由于被积函数 $\frac{1}{x\sqrt{4-x^{2}}}$ 中含有根式 $\sqrt{a^{2}-x^{2}}=\sqrt{4-x^{2}}$，所以首先想到用三角代换令 $x=2\sin t$ 或 $t=\sqrt{4-x^{2}}$ 去根式，然后计算积分. 另外，也可首先把被积函数进行恒等变形，得 $\frac{1}{x\sqrt{4-x^{2}}}=\frac{1}{x(2-x)\sqrt{\frac{2+x}{2-x}}}$，由于被积函数含有因式 $\sqrt{\frac{2+x}{2-x}}$，所以可令 $t=\sqrt{\frac{2+x}{2-x}}$ 去掉根式，然后计算积分.

解法 1 令 $x=2\sin t$，则 $\mathrm{d}x=2\cos t\mathrm{d}t$. 于是

$$\int\frac{\mathrm{d}x}{x\sqrt{4-x^{2}}}=\int\frac{2\cos t}{2\sin t\cdot2\cos t}\mathrm{d}t=\frac{1}{2}\int\frac{\mathrm{d}t}{\sin t}.$$

而

$$\begin{aligned}\int\frac{\mathrm{d}t}{\sin t}&==\frac{1}{2}\int\csc t\mathrm{d}t=\ln|\csc t-\cot t|+C\\&=\ln\left|\frac{2}{x}-\frac{\sqrt{4-x^{2}}}{x}\right|+C=\ln\left|\frac{2-\sqrt{4-x^{2}}}{x}\right|+C.\end{aligned}$$

故
$$I=\frac{1}{2}\ln\left|\frac{2-\sqrt{4-x^2}}{x}\right|+C.$$

解法2　令 $\sqrt{4-x^2}=t$，则 $x=\sqrt{4-t^2}$，$\mathrm{d}x=-\frac{t\mathrm{d}t}{\sqrt{4-t^2}}$，于是

$$\begin{aligned}I&=\int\frac{\mathrm{d}x}{x\sqrt{4-x^2}}=\int\frac{-\frac{t}{\sqrt{4-t^2}}}{t\sqrt{4-t^2}}\mathrm{d}t=\int\frac{\mathrm{d}t}{t^2-4}\\&=\int\frac{\mathrm{d}t}{(t-2)(t+2)}=\frac{1}{4}\int\frac{\mathrm{d}t}{(t-2)}-\frac{1}{4}\int\frac{\mathrm{d}t}{(t+2)}\\&=\frac{1}{4}\ln\left|\frac{t-2}{t+2}\right|+C=\frac{1}{4}\ln\left|\frac{\sqrt{4-x^2}-2}{\sqrt{4-x^2}+2}\right|+C.\end{aligned}$$

解法3　由于 $\frac{1}{x\sqrt{4-x^2}}=\frac{1}{x(2-x)\sqrt{\frac{2+x}{2-x}}}$，所以令 $t=\sqrt{\frac{2+x}{2-x}}$，则有 $x=\frac{2(t^2-1)}{t^2+1}$，$\mathrm{d}x=\frac{8t}{(t^2+1)^2}\mathrm{d}t$. 于是

$$\begin{aligned}\int\frac{\mathrm{d}x}{x\sqrt{4-x^2}}&=\int\frac{\mathrm{d}x}{x(2-x)\sqrt{\frac{2+x}{2-x}}}=\int\frac{1}{\frac{2(t^2-1)}{t^2+1}\frac{4t}{t^2+1}}\frac{8t}{(t^2+1)^2}\mathrm{d}t\\&=\int\frac{1}{t^2-1}\mathrm{d}t=\frac{1}{2}\int\frac{1}{t-1}\mathrm{d}t-\frac{1}{2}\int\frac{1}{t+1}\mathrm{d}t\\&=\frac{1}{2}\ln\left|\frac{t-1}{t+1}\right|+C=\frac{1}{2}\ln\left|\frac{\sqrt{2+x}-\sqrt{2-x}}{\sqrt{2+x}+\sqrt{2-x}}\right|+C.\end{aligned}$$

注　在上述方法中，解法1是通常使用的计算方法；解法2和解法3计算简单，但不容易想到，而且并不是对所有被积函数含有因式 $\sqrt{a^2-x^2}$ 的情况都适用. 例如 $\int\frac{\mathrm{d}x}{\sqrt{1-x^2}}$ 等. 因此，在计算不定积分的过程中，要根据被积函数的特点，恰当选用最简单的计算方法是非常重要的.

【例8】　求不定积分 $I=\int\mathrm{e}^{2x}(\tan x+1)^2\,\mathrm{d}x$.

分析　由于被积函数 $\mathrm{e}^{2x}(\tan x+1)^2$ 不能直接利用基本公式和凑微分法求解，所以应该首先对被积函数进行恒等变形，即

$$\begin{aligned}\mathrm{e}^{2x}(\tan x+1)^2&=\mathrm{e}^{2x}(\tan^2x+1+2\tan x)\\&=\mathrm{e}^{2x}(\sec^2x+2\tan x),\end{aligned}$$

进而使用分部积分法进行计算.

解法 1

$$I=\int e^{2x}(\tan x+1)^2\mathrm{d}x=\int e^{2x}(\sec^2x+2\tan x)\mathrm{d}x$$
$$=\int e^{2x}\sec^2x\mathrm{d}x+2\int e^{2x}\tan x\mathrm{d}x$$
$$=\int e^{2x}d\tan x+2\int e^{2x}\tan x\mathrm{d}x$$
$$=e^{2x}\tan x-2\int e^{2x}\tan x\mathrm{d}x+2\int e^{2x}\tan x\mathrm{d}x$$
$$=e^{2x}\tan x+C.$$

解法 2

$$I=\int e^{2x}(\tan x+1)^2\mathrm{d}x$$
$$=\int e^{2x}(\tan^2x+2\tan x+1)\mathrm{d}x$$
$$=\int e^{2x}(\sec^2x+2\tan x)\mathrm{d}x$$
$$=\int(e^{x}\sec^2x+2e^{2x}\tan x)\mathrm{d}x$$
$$=\int(e^{2x}\tan x)'\mathrm{d}x=e^{2x}\tan x+C.$$

【例 9】 求不定积分 $I=\int\frac{xe^{\arctan x}}{(1+x^2)^{\frac{3}{2}}}\mathrm{d}x.$

分析 ① 由于被积函数 $\frac{xe^{\arctan x}}{(1+x^2)^{\frac{3}{2}}}=\frac{xe^{\arctan x}}{(\sqrt{1+x^2})^3}$，含有根式 $\sqrt{a^2+x^2}=\sqrt{1+x^2}$，所以首先想到用三角代换 $x=\tan x$ 去掉根式，然后计算. ② 观察被积函数 $\frac{xe^{\arctan x}}{(1+x^2)^{\frac{3}{2}}}=\frac{xe^{\arctan x}}{(1+x^2)(1+x^2)^{\frac{1}{2}}}$ 中含有 $\arctan x$ 和 $\frac{1}{1+x^2}$ 两个因子，且 $\mathrm{d}(\arctan x)=\frac{\mathrm{d}x}{1+x^2}$，所以可先做凑微分，再运用分部积分法. ③ 由于被积函数 $\frac{xe^{\arctan x}}{(1+x^2)^{\frac{3}{2}}}$ 含有因子 $e^{\arctan x}$，所有要想积分，必须把 $e^{\arctan x}$ 和 e^x 联系起来，所以可考虑换元 $u=\arctan x$，然后进行计算.

解法 1 令 $x=\tan t$，$\mathrm{d}x=\sec^2t\mathrm{d}t$，于是

$$I=\int\frac{xe^{\arctan x}}{(1+x^2)^{\frac{3}{2}}}\mathrm{d}x=\int\frac{\tan te^{t}}{(\sec^2t)^{\frac{3}{2}}}\cdot\sec^2t\mathrm{d}t=\int\frac{\tan te^{t}}{\sec t}\mathrm{d}t=\int e^{t}\sin t\mathrm{d}t,$$

而 $\int e^t\sin t\mathrm{d}t$ 属于分部积分法类型，所以应用分部积分法计算：

$$I=\int e^t\sin t\mathrm{d}t=-\int e^t\mathrm{d}(\cos t)=-e^t\cos t+\int e^t\cos t\mathrm{d}t$$
$$=-e^t\cos t+e^t\sin t-I,$$

所以
$$I=\int e^t\sin t\mathrm{d}t=\frac{1}{2}(-e^t\cos t+e^t\sin t)+C.$$
利用辅助三角形将 $\sin t$, $\cos t$ 代入，得
$$\begin{aligned}I&=\int\frac{xe^{\arctan x}}{(1+x^2)^{\frac{3}{2}}}\mathrm{d}x=\int e^t\sin t\mathrm{d}t=\frac{1}{2}(-e^t\cos t+e^t\sin t)+C\\&=\frac{1}{2}e^{\arctan x}\left(\frac{x}{\sqrt{1+x^2}}-\frac{1}{\sqrt{1+x^2}}\right)+C\\&=\frac{1}{2}\frac{x-1}{\sqrt{1+x^2}}e^{\arctan x}+C.\end{aligned}$$

解法 2
$$\begin{aligned}I&=\int\frac{xe^{\arctan x}}{(1+x^2)^{\frac{3}{2}}}\mathrm{d}x=\int\frac{x}{\sqrt{1+x^2}}e^{\arctan x}\mathrm{d}(\arctan x)=\int\frac{x}{\sqrt{1+x^2}}\mathrm{d}(e^{\arctan x})\\&=\frac{x}{\sqrt{1+x^2}}e^{\arctan x}-\int e^{\arctan x}\mathrm{d}\left(\frac{x}{\sqrt{1+x^2}}\right)\\&=\frac{x}{\sqrt{1+x^2}}e^{\arctan x}-\int e^{\arctan x}\frac{1}{(1+x^2)^{\frac{3}{2}}}\mathrm{d}x\\&=\frac{x}{\sqrt{1+x^2}}e^{\arctan x}-\int\frac{1}{\sqrt{1+x^2}}\mathrm{d}(e^{\arctan x})\\&=\frac{x}{\sqrt{1+x^2}}e^{\arctan x}-\frac{1}{\sqrt{1+x^2}}e^{\arctan x}-I.\end{aligned}$$
所以
$$I=\int\frac{xe^{\arctan x}}{(1+x^2)^{\frac{3}{2}}}\mathrm{d}x=\frac{1}{2}\frac{x-1}{\sqrt{1+x^2}}e^{\arctan x}+C.$$

解法 3　令 $t=\arctan x$，则 $x=\tan t$，$\mathrm{d}x=\sec^2t\mathrm{d}t$. 于是
$$I=\int\frac{xe^{\arctan x}}{(1+x^2)^{\frac{3}{2}}}\mathrm{d}x=\int\frac{\tan te^t}{(\sec^2t)^{\frac{3}{2}}}\sec t^2\mathrm{d}t=\int\frac{\tan te^t}{\sec t}\mathrm{d}t=\int e^t\sin t\mathrm{d}t.$$
由解法 1，知
$$\begin{aligned}I&=\int e^t\sin t\mathrm{d}t=\frac{1}{2}(-e^t\cos t+e^t\sin t)+C\\&=\frac{1}{2}e^{\arctan x}\left(\frac{x}{\sqrt{1+x^2}}-\frac{1}{\sqrt{1+x^2}}\right)+C\\&=\frac{1}{2}\frac{x-1}{\sqrt{1+x^2}}e^{\arctan x}+C.\end{aligned}$$

注　对于上述解法 1—3，用解法 1 和 3，经过第一步变换后，把原不定积分转化为一个常见的分部积分类型，所以计算比较简单明了，而用解法 2 计算，由于连续二次应用分部积分法计算，但不容易看出有循环的形式.

【例 10】 求 $I=\int\frac{\arctan e^{x}}{e^{2x}}dx$.

分析 对被积函数恒等变形：$\frac{\arctan e^{x}}{e^{2x}}=\frac{\arctan e^{x}(e^{x})}{(e^{x})^{3}}$，注意到 $e^{x}dx=d(e^{x})$，所以想到换元，令 $u=e^{x}$ 或分部积分方法计算. 另外，由于被积函数含有因子 $\arctan e^{x}$，与例 7 中的计算相类似，所以可考虑换元 $t=\arctan e^{x}$，然后进行计算.

解法 1 设 $t=e^{x}$，则 $x=\ln t$，$dx=\frac{1}{t}dt$. 于是

$$I=\int\frac{\arctan e^{x}}{e^{2x}}dx=\int\frac{\arctan t}{t^{3}}dt=\int t^{-3}\arctan t dt.$$

而不定积分 $\int t^{-3}\arctan t dt$ 属于分部积分法的类型，用分部积分法计算.

令 $u=\arctan t$，$v'=\frac{1}{t^{3}}$，则 $u'=\frac{1}{1+t^{2}}$，$v=-\frac{1}{2t^{2}}$，所以

$$\begin{aligned}\int\frac{\arctan e^{x}}{e^{2x}}du&=-\frac{1}{2t^{2}}\arctan t+\frac{1}{2}\int\frac{dt}{t^{2}(1+t^{2})}\\&=-\frac{1}{2t^{2}}\arctan t+\frac{1}{2}\int\left(\frac{1}{t^{2}}-\frac{1}{1+t^{2}}\right)dt\\&=-\frac{1}{2t^{2}}\arctan t+\frac{1}{2}\left(-\frac{1}{t}-\arctan t\right)+C\\&=-\frac{1}{2}(e^{-2x}\arctan e^{x}+e^{-x}+\arctan e^{x})+C.\end{aligned}$$

解法 2 令 $u=\arctan e^{x}$，$v'=e^{2x}$，则 $u'=\frac{e^{x}}{1+e^{2x}}$，$v=-\frac{1}{2}e^{2x}$，于是

$$\begin{aligned}\int\frac{\arctan e^{x}}{e^{2x}}dx&=-\frac{1}{2}e^{-2x}\arctan e^{x}+\frac{1}{2}\int\frac{e^{-2x}\cdot e^{x}}{1+e^{2x}}dx\\&=-\frac{1}{2}e^{-2x}\arctan e^{x}+\frac{1}{2}\int\frac{e^{-x}}{1+e^{2x}}dx.\end{aligned}$$

而 $\int\frac{e^{-x}}{1+e^{2x}}dx=\int\frac{de^{x}}{e^{2x}(1+e^{2x})}$，所以，令 $t=e^{x}$，则

$$\begin{aligned}\int\frac{e^{-x}}{1+e^{2x}}dx&=\int\frac{dt}{t^{2}(1+t^{2})}=\int\frac{1}{t^{2}}dt-\int\frac{dt}{1+t^{2}}\\&=-\frac{1}{t}-\arctan t+C'=-e^{-x}-\arctan e^{x}+C'.\end{aligned}$$

因此 $$I=\int\frac{\arctan e^{x}}{e^{2x}}dx=-\frac{1}{2}(e^{-2x}\arctan e^{x}+e^{-x}+\arctan e^{x})+C.$$

【例 11】　求不定积分 $I=\int\frac{x+3}{x^2-5x+6}\mathrm{d}x$.

分析　由于被积函数 $f(x)=\frac{x+3}{x^2-5x+6}$ 是有理函数的形式，所以把 $f(x)$ 分解成 $\frac{x+3}{x^2-5x+6}=\frac{x+3}{(x-2)(x-3)}=\frac{A}{x-2}+\frac{B}{x-3}$ 的形式，求出 A, B 的值便可计算.

解　因为

$$\frac{x+3}{x^2-5x+6}=\frac{A}{x-2}+\frac{B}{x-3},$$

所以

$$x+3=A(x-3)+B(x-2).$$

取 $x=2$ 和 $x=3$ 代入上式，得 $A=-5$, $B=6$. 于是

$$\begin{aligned}I&=\int\frac{x+3}{x^2-5x+6}\mathrm{d}x=-5\int\frac{\mathrm{d}x}{x-2}+6\int\frac{\mathrm{d}x}{x-3}\\&=-5\ln|x-2|+6\ln|x-3|+C\\&=\ln\frac{|x-3|^6}{|x-2|^5}+C.\end{aligned}$$

【例 12】　求不定积分 $I=\int\frac{x^5+x^4-8}{x^3-x}\mathrm{d}x$.

分析　由于被积函数为有理函数，且为假分式，所以首先要把假分式化成一个多项式与一个真分式的和的形式，而对真分式采用拆项积分.

解

$$\frac{x^5+x^4-8}{x^3-x}=x^2+x+1+\frac{x^2+x-8}{x^3-x}.$$

设

$$\frac{x^2+x-8}{x^3-x}=\frac{A}{x}+\frac{B}{x+1}+\frac{C}{x-1},$$

即

$$x^2+x-8=A(x^2-1)+Bx(x-1)+Cx(x+1).$$

得 $A=8$, $B=-4$, $C=-3$，于是

$$\begin{aligned}I&=\int\frac{x^5+x^4-8}{x^3-x}\mathrm{d}x=\int\left(x^2+x+1+\frac{8}{x}-\frac{4}{x+1}-\frac{3}{x-1}\right)\mathrm{d}x\\&=\frac{x^3}{3}+\frac{x^2}{2}+x+8\ln|x|-4\ln|x+1|-3\ln|x-1|+C.\end{aligned}$$

【例 13】　求 $I=\int\frac{x^3-2x+1}{x^2(x^2+1)}\mathrm{d}x$.

分析　由于被积函数是有理函数，所以把 $f(x)=\frac{x^3-2x+1}{x^2(x^2+1)}$ 分解成

$$\frac{x^3-2x+1}{x^2(x^2+1)}=\frac{A}{x}+\frac{B}{x^2}+\frac{Cx+D}{x^2+1},$$

求出 A, B, C, D 的值便于计算；或者通过观察可将 $f(x)$ 直接进行凑项.

解法 1 先转化为部分分式. 设

$$\frac{x^3-2x+1}{x^2(x^2+1)}=\frac{A}{x}+\frac{B}{x^2}+\frac{Cx+D}{x^2+1},$$

则

$$\frac{x^3-2x+1}{x^2(x^2+1)}=\frac{Ax(x^2+1)+B(x^2+1)+x^2(Cx+D)}{x^2(x^2+1)}.$$

比较同次幂的系数得 $A+C=1$, $B+D=0$, 所以 $A=-2$, $B=1$, $C=3$, $D=-1$. 即

$$\frac{x^3-2x+1}{x^2(x^2+1)}=-\frac{2}{x}+\frac{1}{x^2}+\frac{3x-1}{x^2+1}.$$

故

$$I=\int\left(-\frac{2}{x}+\frac{1}{x^2}+\frac{3x-1}{x^2+1}\right)\mathrm{d}x=-2|x|-\frac{1}{x}+\frac{3}{2}\ln|1+x^2|-\arctan x+C.$$

解法 2 直接计算.

$$\begin{aligned}\frac{x^3-2x+1}{x^2(x^2+1)}&=\frac{x^3+x-3x+1}{x^2(x^2+1)}\\&=\frac{1}{x}-\frac{3}{x(x^2+1)}+\frac{1}{x^2(x^2+1)}\\&=\frac{1}{x}-3\left(\frac{1}{x}-\frac{x}{x^2+1}\right)+\left(\frac{1}{x^2}-\frac{1}{x^2+1}\right)\\&=-\frac{2}{x}+\frac{1}{x^2}+\frac{3x-1}{x^2+1}.\end{aligned}$$

所以

$$I=\int\left(-\frac{2}{x}+\frac{1}{x^2}+\frac{3x-1}{x^2+1}\right)\mathrm{d}x=-2|x|-\frac{1}{x}+\frac{3}{2}\ln|1+x^2|-\arctan x+C.$$

【例 14】 求 $I=\int\frac{x+5}{x^2-6x+13}\mathrm{d}x$.

分析 由于被积函数为有理函数且为真分式，分母是二次质因式，即不能分解成一次因式的乘积，所以不能用例 11 至例 13 的计算方法. 注意到分子是一次式 $x+5$，而分母的导数也是一次式，因此将分子变成分母的导数 $(x^2-6x+13)'=2x-6$ 形式，所以把分子拆成$x-3$和8两部分，而 $x-3$ 可以凑微分成 $\frac{1}{2}\mathrm{d}(x^2-6x+13)$，进而可以计算.

解

$$\begin{aligned}I&=\int\frac{x+5}{x^2-6x+13}\mathrm{d}x=\int\frac{x-3}{x^2-6x+13}\mathrm{d}x+\int\frac{8\mathrm{d}x}{x^2-6x+13}\\&=\frac{1}{2}\int\frac{\mathrm{d}(x^2-6x+13)}{x^2-6x+13}+8\int\frac{\mathrm{d}x}{(x-3)^2+4}\\&=\frac{1}{2}\int\frac{\mathrm{d}(x^2-6x+13)}{x^2-6x+13}+4\int\frac{\mathrm{d}\left(\frac{x-3}{2}\right)}{\left(\frac{x-3}{2}\right)^2+1}\end{aligned}$$

$$=\frac{1}{2}\ln(x^2-6x+13)+4\arctan\frac{x-3}{2}+C.$$

注　例11至例14给出了求有理函数不定积分常用的方法. 在有理函数中，如果分母的幂比分子高，用倒代换 $x=\frac{1}{t}$ 方法进行计算可能更简单. 例如：计算 $I_1=\int\frac{\mathrm{d}x}{x^2(x^2+1)}$ 和 $I_2=\int\frac{\mathrm{d}x}{x^4(x^2+1)}$，利用倒代换 $x=\frac{1}{t}$ 方法进行计算，得

$$I_1=\int\frac{\mathrm{d}x}{x^2(x^2+1)}=-\int\frac{t^2}{1+t^2}\mathrm{d}t,\ I_2=\int\frac{\mathrm{d}x}{x^4(x^2+1)}=-\int\frac{t^4\mathrm{d}t}{t^2+1}.$$

而变换后的两个不定积分是很容易计算的.

【例15】　求不定积分 $\int\frac{\sin x}{\sin x+\cos x}\mathrm{d}x$.

分析　① 由于被积函数为三角函数有理式，所以首先想到用万能公式计算；② 对被积函数进行恒等变形为：$\frac{\sin x}{\sin x+\cos x}=\frac{\tan x}{1+\tan x}$，就可以用换元 $u=\tan x$ 进行计算；③ 把被积函数进行恒等变形为：

$$\frac{\sin x}{\sin x+\cos x}=\frac{1}{2}\frac{(\sin x+\cos x)+(\sin x-\cos x)}{\sin x+\cos x}=\frac{1}{2}\left(1+\frac{\sin x-\cos x}{\sin x+\cos x}\right).$$

再利用 $(\cos x-\sin x)\mathrm{d}x=\mathrm{d}(\sin x+\cos x)$ 的关系进行计算.

解法1　设 $u=\tan\frac{x}{2}$，则 $\sin x=\frac{2u}{1+u^2}$，$\cos x=\frac{1-u^2}{1+u^2}$，$\mathrm{d}x=\frac{2\mathrm{d}u}{1+u^2}$. 于是

$$\begin{aligned}\int\frac{\sin x}{\sin x+\cos x}\mathrm{d}x&=\int\frac{4u\mathrm{d}u}{(1+u^2)(1+2u-u^2)}\\&=\int\frac{1+u}{1+u^2}\mathrm{d}u-\int\frac{1-u}{1+2u-u^2}\mathrm{d}u\\&=\int\frac{1}{1+u^2}\mathrm{d}u+\frac{1}{2}\int\frac{\mathrm{d}(u^2+1)}{1+u^2}-\frac{1}{2}\int\frac{\mathrm{d}(1+2u-u^2)}{1+2u-u^2}\\&=\arctan u+\frac{1}{2}\ln(1+u^2)-\frac{1}{2}\ln|1+2u-u^2|+C\\&=\frac{x}{2}-\frac{1}{2}\ln|\sin x+\cos x|+C.\end{aligned}$$

解法2　由于被积函数可化为 $\tan x$ 的函数，可设 $u=\tan x$，则 $\mathrm{d}x=\frac{\mathrm{d}u}{1+u^2}$，于是

$$\begin{aligned}\int\frac{\sin x}{\sin x+\cos x}\mathrm{d}x&=\int\frac{\tan x}{1+\tan x}\mathrm{d}x=\int\frac{u\mathrm{d}u}{(1+u^2)(1+u)}\\&=\frac{1}{2}\int\frac{1+u}{1+u^2}\mathrm{d}u-\frac{1}{2}\int\frac{1}{1+u}\mathrm{d}u\\&=\frac{1}{2}\arctan u+\frac{1}{4}\ln(1+u^2)-\frac{1}{2}\ln|1+u|+C\end{aligned}$$

$$= \frac{x}{2} - \frac{1}{2}\ln|\sin x + \cos x| + C.$$

解法 3 由于 $\frac{\sin x}{\sin x + \cos x} = \frac{1}{2}\frac{(\sin x + \cos x) + (\sin x - \cos x)}{\sin x + \cos x}$，所以

$$\begin{aligned}\int \frac{\sin x}{\sin x + \cos x}dx &= \frac{1}{2}\int\left(1 - \frac{\cos x - \sin x}{\sin x + \cos x}\right)dx \\ &= \frac{1}{2}\int dx - \frac{1}{2}\int \frac{d(\sin x + \cos x)}{\sin x + \cos x} \\ &= \frac{1}{2}x - \frac{1}{2}\ln|\sin x + \cos x| + C.\end{aligned}$$

注 (1) 通过上面三种解法可看出，用万能代换计算三角函数有理式的积分一定能解出（解法 1），但计算复杂，所以不是最优的. 其余的两种解法，很明显解法 3 最简单快捷，因为它首先对被积函数进行了恒等变形，进而转化成几个基本积分公式的代数和.

(2) 在计算三角函数有理式的不定积分时，关键是利用三角公式进行恒等变形，并利用三角函数与导数之间的关系进行换元或凑微分.

【例 16】 求不定积分 $\int \frac{1 + \sin x}{1 + \cos x}dx$.

分析 把被积函数变形为 $\frac{1 + \sin x}{1 + \cos x} = \frac{1}{1 + \cos x} + \frac{\sin x}{1 + \cos x}$，而 $\sin x dx = -d(\cos x)$，所以想到凑微分法. 另外，可以考虑把被积函数变形为

$$\frac{1 + \sin x}{1 + \cos x} = \frac{(1 + \sin x)(1 - \cos x)}{\sin^2 x} = \frac{1}{\sin^2 x} + \frac{1}{\sin x} - \frac{\cos x}{\sin^2 x} - \frac{\cos x}{\sin x}.$$

而等式右边四个积分，通过基本积分公式或利用 $\sin x dx = -d(\cos x)$ 可以计算.

解法 1 由于 $\frac{1 + \sin x}{1 + \cos x} = \frac{1}{1 + \cos x} + \frac{\sin x}{1 + \cos x}$. 所以有

$$\begin{aligned}\int \frac{1 + \sin x}{1 + \cos x}dx &= \int \frac{1}{1 + \cos x}dx + \int \frac{\sin x}{1 + \cos x}dx \\ &= \int \frac{d\left(\frac{x}{2}\right)}{\cos^2 \frac{x}{2}}dx - \int \frac{d(1 + \cos x)}{1 + \cos x} \\ &= \tan\frac{x}{2} - \ln|1 + \cos x| + C.\end{aligned}$$

解法 2 由于

$$\frac{1 + \sin x}{1 + \cos x} = \frac{(1 + \sin x)(1 - \cos x)}{\sin^2 x} = \frac{1}{\sin^2 x} + \frac{1}{\sin x} - \frac{\cos x}{\sin^2 x} - \frac{\cos x}{\sin x},$$

所以

$$\begin{aligned}\int\frac{1+\sin x}{1+\cos x}\mathrm{d}x&=\int\frac{(1+\sin x)(1-\cos x)}{\sin^2 x}\mathrm{d}x\\&=\int\frac{\mathrm{d}x}{\sin^2 x}+\int\frac{\mathrm{d}x}{\sin x}-\int\frac{\cos x\mathrm{d}x}{\sin^2 x}-\int\frac{\cos x\mathrm{d}x}{\sin x}\\&=-\cot x+\ln|\csc x-\cot x|+\frac{1}{\sin x}-\ln|\sin x|+C.\end{aligned}$$

七、定积分的元素法及其应用

1．解题方法流程图

定积分常见的应用分为几何应用与物理应用两个方面，无论是几何应用还是物理应用通常采用元素法．元素法的实质是局部上“以直代曲”“以不变代变”“以均匀变化代不均匀变化”的方法，其“代替”的原则必须是无穷小量之间的代替．将局部 $[x, x+\mathrm{d}x]\in[a, b]$ 上所对应的这些元素无限积累，通过取极限，把所求的量表示成定积分 $\int_a^b f(x)\mathrm{d}x$．

在求解定积分应用问题时，主要有四个要素：① 选取适当的坐标系；② 确定积分变量和变化范围；③ 在 $[x, x+\mathrm{d}x]$ 上求出元素解析式(积分式)．④ 把所求的量表示成定积分 $\int_a^b f(x)\mathrm{d}x$．在四个要素中，第三个要素是最重要的．解题方法流程图如框图 7 所示．

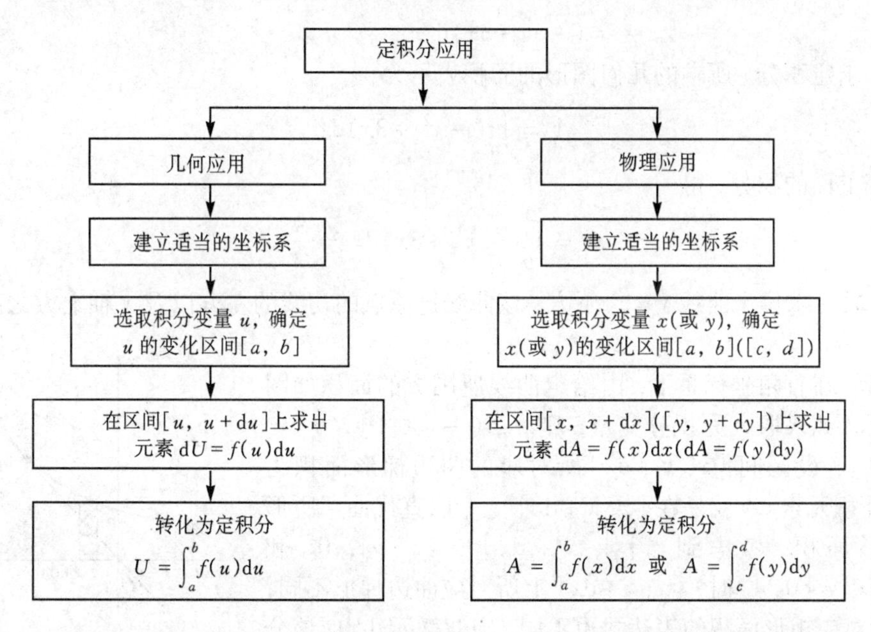

框图 7

2. 应用举例

1）几何应用

定积分的几何应用包括求平面图形的面积、特殊立体的体积和平面曲线的弧长. 解决这些问题的关键是确定面积元素、体积元素和弧长元素.

【例 1】 求由 $x-y=0$, $y=x^2-2x$ 所围成图形的面积.

分析 在直角坐标系下，由给定曲线所围成的几何图形如图Ⅱ-2 所示. 如果取 x 为积分变量，则 $x\in[0,3]$. $\forall x\in[0,3]$，设区间 $[x,x+\mathrm{d}x]$ 所对应的曲边梯形面积为 ΔA，则面积元素 $\mathrm{d}A$ 就是在 $[x,x+\mathrm{d}x]$ 上"以直代曲"所形成的矩形面积.

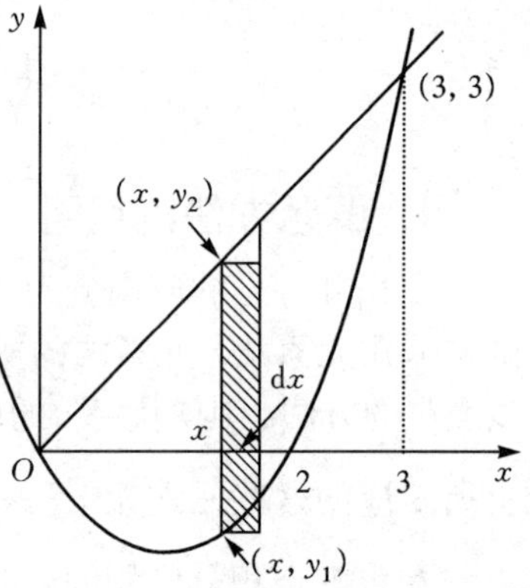

图Ⅱ-2

解 (1) 确定积分变量和积分区间：由于曲线 $x-y=0$ 和 $y=x^2-2x$ 的交点为 $(0,0)$ 和 $(3,3)$，取 x 为积分变量，则 $x\in[0,3]$.

(2) 求元素：任取 $x\in[0,3]$, $[x,x+\mathrm{d}x]\subset[0,3]$. 如果将图形上方直线的纵坐标记为 $y_2=x$，将图形下方抛物线的纵坐标记为 $y_1=x^2-2x$，那么，$\mathrm{d}A$ 就是区间 $[x,x+\mathrm{d}x]$ 所对应的矩形的面积(如图Ⅱ-2 所示). 因此

$$\begin{aligned}\mathrm{d}A&=(y_2-y_1)\,\mathrm{d}x=[x-(x^2-2x)]\,\mathrm{d}x\\&=(-x^2+3x)\,\mathrm{d}x.\end{aligned}$$

(3) 求定积分：所求的几何图形的面积表示为

$$A=\int_0^3(-x^2+3x)\,\mathrm{d}x.$$

计算上面的积分，得

$$A=\int_0^3(-x^2+3x)\,\mathrm{d}x=\frac{9}{2}.$$

【例 2】 求位于曲线 $y=\mathrm{e}^x$ 下方，该曲线过原点的切线的左方以及 x 轴上方之间的图形的面积.

分析 在直角坐标系下，由给定曲线所围成的面积如图Ⅱ-3 所示. 如果取 x 为积分变量，则 $x\in(-\infty,1]$. $\forall x\in(-\infty,1]$，设区间 $[x,x+\mathrm{d}x]$ 所对应的曲边梯形面积为 ΔA，则面积元素 $\mathrm{d}A$ 就是在 $[x,x+\mathrm{d}x]$ 上"以直代曲"所形成的矩形面积. 考虑到当 $[x,x+\mathrm{d}x]\in(-\infty,0]$ 和 $[x,x+\mathrm{d}x]\in[0,1]$ 时，$[x,x+\mathrm{d}x]$ 上所对应曲边梯形不同，所以，相对应矩形面积的表达式也不同，因此微元 $\mathrm{d}A$ 应该分别去求.

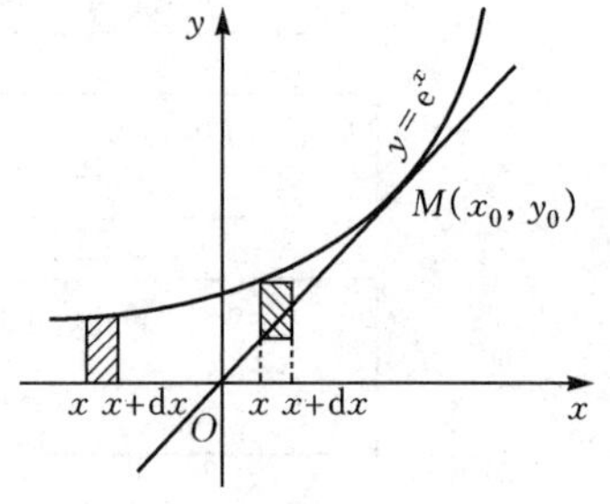

图Ⅱ-3

解 (1) 确定积分变量和积分区间：设切点 M 的坐标为 $M(x_0, y_0)$，则过原点且与 $y=e^x$ 相切的切线方程为 $y=e^{x_0}x$.

由 $\begin{cases} y_0 = e^{x_0}x_0 \\ y_0 = e^{x_0} \end{cases}$，得 M 的坐标为$M(1, e)$. 故得到切线方程为$y=ex$. 所以选取 x 为积分变量，则 $x\in(-\infty, 1]$.

(2) 求元素：任取 $x\in(-\infty, 1]$，$[x, x+dx]\subset(-\infty, 1]$，则

当 $[x, x+dx]\subset(-\infty, 0]$ 时，那么面积元素 dA_1 就是区间 $[x, x+dx]$ 所当对应的矩形的面积，即

$$dA_1 = (e^x - 0)dx = e^x dx.$$

当 $[x, x+dx]\subset[0, 1]$ 时，那么面积元素 dA_2 就是区间 $[x, x+dx]$ 所当对应的矩形的面积，即 $dA_2 = (e^x - ex)dx$.

(3) 求定积分：所求的几何图形的面积可表示为

$$A = A_1 + A_2 = \int_{-\infty}^{0} e^x dx + \int_0^1 (e^x - ex)dx.$$

计算上面的积分，得

$$\begin{aligned} A &= A_1 + A_2 = \int_{-\infty}^{0} e^x dx + \int_0^1 (e^x - ex)dx \\ &= \lim_{a\to -\infty}\int_a^0 e^x dx + \left(e^x - \frac{e}{2}x^2\right)\Bigg|_0^1 = \frac{e}{2}. \end{aligned}$$

【例3】 求圆 $r=1$ 和双扭线 $r^2=2\cos 2\theta$ 所围成区域的公共部分的面积.

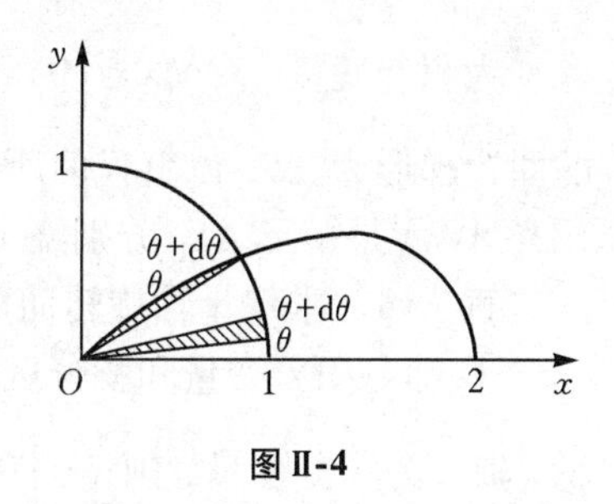

图Ⅱ-4

分析 在极坐标系下，由给定曲线所围成的面积如图Ⅱ-4所示. 因为两条曲线关于 x 轴和 y 轴都对称，所以只需考虑第一象限中的情况. 取 θ 为积分变量，则 $\theta\in\left[0, \frac{\pi}{4}\right]$. $\forall\theta\in\left[0, \frac{\pi}{4}\right]$，设区间 $[\theta, \theta+d\theta]$ 所对应的曲边扇形的面积为 ΔA，则面积元素 dA 就是用区间 $[\theta, \theta+d\theta]$ 所对应的扇形面积代替曲边扇形的面积 ΔA. 考虑到当$[\theta, \theta+d\theta]\subset\left[0, \frac{\pi}{6}\right]$和$[\theta, \theta+d\theta]\subset\left[\frac{\pi}{6}, \frac{\pi}{4}\right]$所对应的曲边扇形不同，所以相对应扇形面积的表达式也不同，因此，面积元素应该分别去求.

解 (1) 确定积分变量和积分区间：求 $r=1$ 和 $r^2=2\cos 2\theta$ 的交点，得$\left(1, \frac{\pi}{6}\right)$. 取 θ 为积分变量，则 $\theta\in\left[0, \frac{\pi}{4}\right]$.

（2）求元素：任取 $\theta\in\left[0,\ \frac{\pi}{4}\right]$，$[\theta,\ \theta+\mathrm{d}\theta]\in\left[0,\ \frac{\pi}{4}\right]$，则

当 $[\theta,\ \theta+\mathrm{d}\theta]\subset\left[0,\ \frac{\pi}{6}\right]$ 时，面积元素 $\mathrm{d}A_1$ 就是区间 $[\theta,\ \theta+\mathrm{d}\theta]$ 所对应的扇形面积，即 $\mathrm{d}A_1=\frac{1}{2}r^2\mathrm{d}\theta=\frac{1}{2}1^2\mathrm{d}\theta$；

当 $[\theta,\ \theta+\mathrm{d}\theta]\subset\left[\frac{\pi}{6},\ \frac{\pi}{4}\right]$ 时，面积元素 $\mathrm{d}A_2$ 就是区间 $[\theta,\ \theta+\mathrm{d}\theta]$ 所对应的扇形面积，即 $\mathrm{d}A_2=\frac{1}{2}r^2\mathrm{d}\theta=\frac{1}{2}2\cos2\theta\mathrm{d}\theta$.

所以

$$\mathrm{d}A=\mathrm{d}A_1+\mathrm{d}A_2.$$

（3）求定积分：所求的几何面积表示为

$$A=4\cdot\frac{1}{2}\left(\int_0^{\frac{\pi}{6}}1^2\mathrm{d}\theta+\int_{\frac{\pi}{6}}^{\frac{\pi}{4}}2\cos2\theta\mathrm{d}\theta\right).$$

计算积分，得

$$A=4\cdot\frac{1}{2}\left(\int_0^{\frac{\pi}{6}}1^2\mathrm{d}\theta+\int_{\frac{\pi}{6}}^{\frac{\pi}{4}}2\cos2\theta\mathrm{d}\theta\right)=2-\sqrt{3}+\frac{\pi}{3}.$$

【例 4】 设由曲线 $y=\sin x\left(0\leqslant x\leqslant\frac{\pi}{2}\right)$，$y=1$ 及 $x=0$ 围成平面图形 A，试分别求平面图形 A 绕 x 轴、y 轴旋转而成的旋转体的体积.

分析 此题为求解旋转体体积的问题，绕 x 轴旋转时，取 x 为积分变量；绕 y 轴旋转时，取 y 为积分变量. 对 $\forall x\in\left[0,\ \frac{\pi}{2}\right]$ 或对 $\forall y\in[0,\ 1]$，设区间 $[x,\ x+\mathrm{d}x]$ 或 $[y,\ y+\mathrm{d}y]$ 所对应的曲边梯形为 ΔS，以直代曲所形成的矩形为 ΔS_1，则绕 x 轴、y 轴旋转而成的旋转体的体积元素 $\mathrm{d}V$ 就是矩形 ΔS_1 分别绕 x 轴、y 轴旋转而成的旋转体的体积.

解 （1）求绕 x 轴旋转而成的旋转体的体积.

① 确定积分变量和积分区间：绕 x 轴旋转，如图Ⅱ-5 所示，取 x 为积分变量，则 $x\in\left[0,\ \frac{\pi}{2}\right]$.

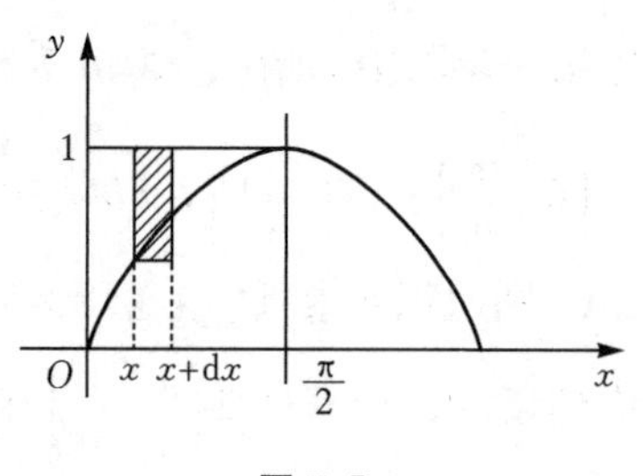

图Ⅱ-5

② 求元素：对 $\forall x\in\left[0,\ \frac{\pi}{2}\right]$，$[x,\ x+\mathrm{d}x]\subset\left[0,\ \frac{\pi}{2}\right]$，旋转体的体积元素 $\mathrm{d}V_x$ 就是 $[x,\ x+\mathrm{d}x]$ 对应的矩形绕 x 轴旋转所得的旋转体的体积，即 $\mathrm{d}V_x=\pi(1^2-\sin^2x)\mathrm{d}x$.

③ 求定积分：绕 x 轴旋转而成的旋转体的体积表示为

$$V_x=\pi\int_0^{\frac{\pi}{2}}(1-\sin^2x)\mathrm{d}x.$$

计算积分，得

$$V_x = \pi\int_0^{\frac{\pi}{2}} (1 - \sin^2 x)\mathrm{d}x = \pi\int_0^{\frac{\pi}{2}} \cos^2 x\mathrm{d}x = \frac{\pi^2}{4}.$$

（2）求绕 y 轴旋转而成的旋转体的体积.

① 确定积分变量和积分区间：绕 y 轴旋转，如图Ⅱ-6 所示，取 y 为积分变量，则 $y\in[0, 1]$.

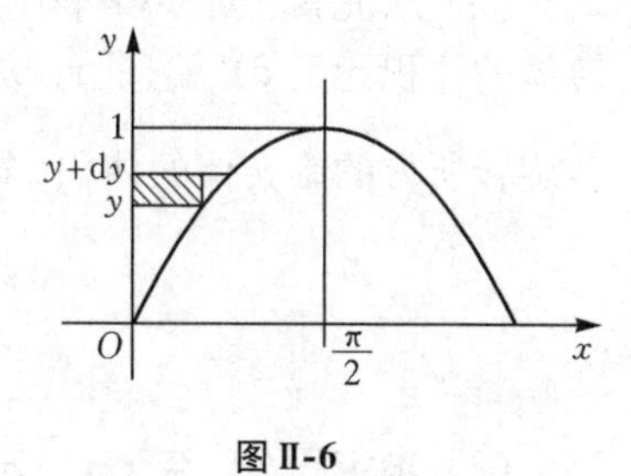

图Ⅱ-6

② 求微元：对 $\forall y\in[0, 1]$，$[y, y+\mathrm{d}y]\subset[0, 1]$，旋转体的体积元素 $\mathrm{d}V_y$ 就是$[y, y+\mathrm{d}y]$对应的矩形绕 y 轴旋转所得的旋转体的体积，即 $\mathrm{d}V_y=\pi x^2\mathrm{d}y=\pi(\arcsin y)^2\mathrm{d}y$.

③ 求定积分：绕 y 轴旋转而成的旋转体的体积表示为

$$V_y = \pi\int_0^1 (\arcsin y)^2\mathrm{d}y.$$

计算积分，得

$$\begin{aligned}V_y &= \pi\int_0^1 (\arcsin y)^2\mathrm{d}y\\ &= \pi\left[y(\arcsin y)^2\Big|_0^1 - \int_0^1 y\cdot 2\arcsin y\cdot\frac{1}{\sqrt{1-y^2}}\mathrm{d}y\right]\\ &= \pi\left[(\arcsin 1)^2 + 2\int_0^1 \arcsin y\mathrm{d}(\sqrt{1-y^2})\right]\\ &= \frac{\pi^3}{4} + \pi\left[2\sqrt{1-y^2}\arcsin y - 2y\right]_0^1\\ &= \frac{\pi^3}{4} - 2\pi.\end{aligned}$$

通过例4，同样可求出绕平行于 x 轴和平行于 y 轴的直线旋转而成的旋转体的体积，见例5.

【例5】 设由曲线 $y=\sin x\ \left(0\leqslant x\leqslant\frac{\pi}{2}\right)$、$y=1$ 及 $x=0$ 围成平面图形 A，试求平面图形 A 绕直线 $x=\frac{\pi}{2}$旋转而成的旋转体的体积.

分析 同例4，此题为求解旋转体体积的问题，因为直线 $x=\frac{\pi}{2}$平行于 y 轴，所以绕直线 $x=\frac{\pi}{2}$旋转时，取 y 为积分变量. 对 $\forall y\in[0, 1]$，设区间 $[y, y+\mathrm{d}y]$所对应的曲边梯形为 ΔS，以直代曲所形成的矩形为 ΔS_1，则绕直线 $x=\frac{\pi}{2}$旋转而成的旋转体的体积微元 $\mathrm{d}V$ 就是矩形 ΔS_1 绕直线 $x=\frac{\pi}{2}$旋转而成的旋转体的体积.

解 (1) 确定积分变量和积分区间：绕直线 $x=\frac{\pi}{2}$ 旋转，如图Ⅱ-7 所示，取 y 为积分变量，则 $y\in[0,1]$.

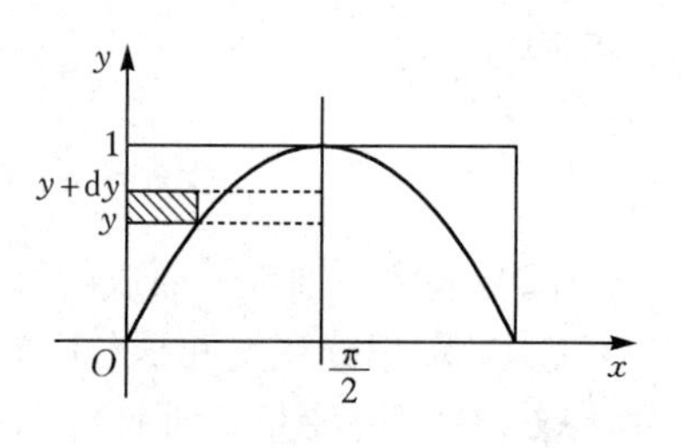

图Ⅱ-7

(2) 求元素：对 $\forall y\in[0,1]$，$[y,y+\mathrm{d}y]\subset[0,1]$，旋转体的体积元素 $\mathrm{d}V$ 就是 $[y,y+\mathrm{d}y]$ 对应的矩形绕直线 $x=\frac{\pi}{2}$ 旋转所得的旋转体的体积，即

$$\begin{aligned}\mathrm{d}V&=\left[\pi\left(\frac{\pi}{2}\right)^2-\pi\left(\frac{\pi}{2}-\arcsin y\right)^2\right]\mathrm{d}y\\&=[\pi^2\arcsin y-\pi(\arcsin y)^2]\mathrm{d}y.\end{aligned}$$

(3) 求定积分：绕 $x=\frac{\pi}{2}$ 轴旋转而成的旋转体的体积表示为

$$V=\int_0^1[\pi^2\arcsin y-\pi(\arcsin y)^2]\mathrm{d}y.$$

计算积分，得

$$\begin{aligned}V&=\int_0^1\mathrm{d}V=\int_0^1[\pi^2\arcsin y-\pi(\arcsin y)^2]\mathrm{d}y\\&=\pi^2\left[y\arcsin y+\sqrt{1-y^2}\right]_0^1-\pi^2\left[y(\arcsin y)^2+2\sqrt{1-y^2}\arcsin y-2y\right]_0^1\\&=\pi^2\left(\frac{\pi}{2}-1\right)-\pi\left(\frac{\pi^2}{4}-2\right)=\frac{\pi^3}{4}-\pi^2+2\pi.\end{aligned}$$

【例 6】 计算底面是半径为 2 的圆，而垂直于底面上一条固定直径的所有截面都是等边三角形的立体的体积.

分析 此题为平行截面面积为已知的立体的体积. 若选择积分变量为 x，$\forall x\in[-2,2]$，如果能求出平面 $x=x$ 所截立体的截面面积 $A(x)$，那么，$[x,x+\mathrm{d}x]\subset[-2,2]$ 所对应的体积元素为 $\mathrm{d}V=A(x)\mathrm{d}x$.

解 (1) 确定积分变量和积分区间：建立如图Ⅱ-8 所示的坐标系，则底圆方程为 $x^2+y^2=4$. 取 x 为积分变量，所以 $x\in[-2,2]$.

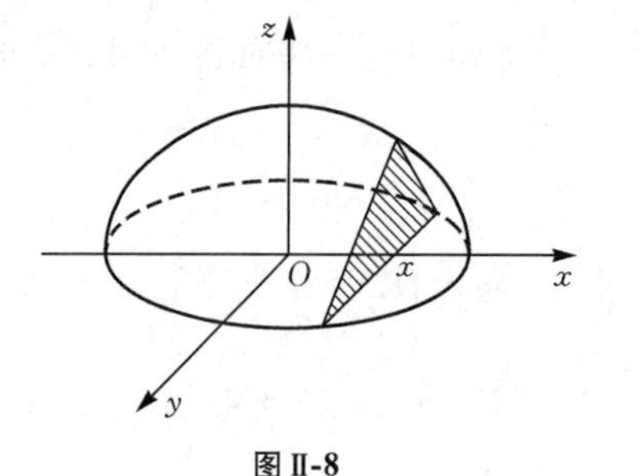

图Ⅱ-8

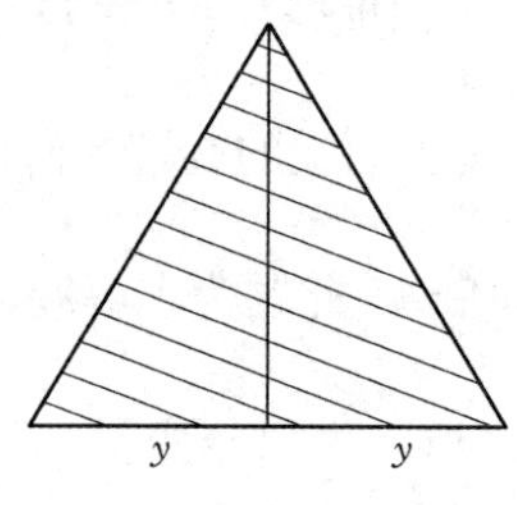

图Ⅱ-9

(2) 求元素：因为过点 x 的截面为等边三角形(如图Ⅱ-9 所示)，其边长为 $2\sqrt{4-x^2}$，高为 $2\sqrt{4-x^2}\cdot\frac{\sqrt{3}}{2}$，所以截面积为

$$A(x)=\frac{1}{2}\cdot 2\sqrt{4-x^2}\cdot 2\sqrt{4-x^2}\cdot\frac{\sqrt{3}}{2}=\sqrt{3}(4-x^2).$$

因此，对 $\forall x\in[-2,2]$，$[x,x+\mathrm{d}x]\subset[-2,2]$ 所对应的体积元素 $\mathrm{d}V$ 为

$$\mathrm{d}V=A(x)\mathrm{d}x=\sqrt{3}(4-x^2)\mathrm{d}x.$$

（3）求定积分：所求立体的体积可表示为

$$V=\int_{-2}^{2}A(x)\mathrm{d}x=\int_{-2}^{2}\sqrt{3}(4-x^2)\mathrm{d}x.$$

计算积分，得

$$V=\int_{-2}^{2}\sqrt{3}(4-x^2)\mathrm{d}x=\frac{32}{3}\sqrt{3}.$$

【例 7】 计算半立方抛物线 $y^2=\frac{2}{3}(x-1)^3$，被抛物线 $y^2=\frac{x}{3}$截得的一段弧的长度.

分析 所给定的曲线弧如图Ⅱ-10 所示. 取积分变量为 x，则$x\in[1,2]$. 对 $\forall x\in[1,2]$，把区间 $[x,x+\mathrm{d}x]$ 上所对应的曲线段长 Δs 用切线段长 $\mathrm{d}s$ 代替，则得到曲线弧长元素 $\mathrm{d}s$ 的解析式.

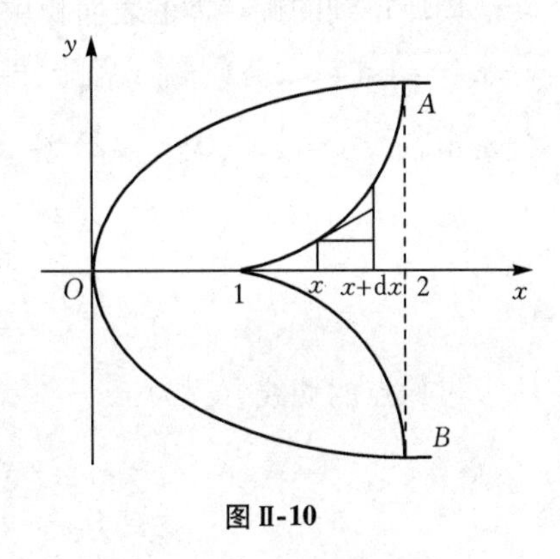

图Ⅱ-10

解 （1）确定积分变量和积分区间：计算两曲线的交点的横坐标

$$\begin{cases} y^2=\dfrac{x}{3} \\ y^2=\dfrac{2}{3}(x-1)^3 \end{cases}，\quad 解得\ x=2.$$

取 x 为积分变量，则 $x\in[1,2]$.

（2）求元素：$\forall x\in[1,2]$，$[x,x+\mathrm{d}x]\subset[1,2]$，区间 $[x,x+\mathrm{d}x]$所对应的曲线段长 Δs 用切线段长 $\mathrm{d}s$ 来代替，得弧长元素

$$\mathrm{d}s=\sqrt{(\mathrm{d}x)^2+(\mathrm{d}y)^2}=\sqrt{1+(y')^2}\mathrm{d}x.$$

由于

$$y'=\frac{(x-1)^2}{y}=\frac{\sqrt{3}(x-1)^2}{\sqrt{2}(x-1)^{\frac{3}{2}}}=\frac{\sqrt{3}}{2}(x-1)^{\frac{1}{2}},$$

从而

$$\mathrm{d}s=\sqrt{1+y'^2}\mathrm{d}x=\sqrt{\frac{3}{2}x-\frac{1}{2}}\mathrm{d}x.$$

（3）求定积分：所求的曲线弧长可表示成定积分

$$s=2\int_{1}^{2}\sqrt{1+y'^2}\mathrm{d}x=2\int_{1}^{2}\sqrt{\frac{3}{2}x-\frac{1}{2}}\mathrm{d}x.$$

计算积分，得

$$s=2\int_1^2\sqrt{\frac{3}{2}x-\frac{1}{2}}\mathrm{d}x=\frac{8}{9}\left[\left(\frac{5}{2}\right)^{\frac{3}{2}}-1\right].$$

注 若曲线用极坐标或参数方程的形式表出，均可转化为直角坐标来做，但积分时要注意积分上下限的确定.

以上例1至例7给出了定积分在求几何图形面积，旋转体体积，截面面积为已知的立体的体积和曲线弧长方面的应用. 下面的例8至例10给出了定积分的综合应用.

【例8】 设曲线 $y=\sqrt{x-1}$，过原点作其切线，求由此曲线、切线及 x 轴围成的平面图形绕 x 轴旋转一周所得到的旋转体的表面积.

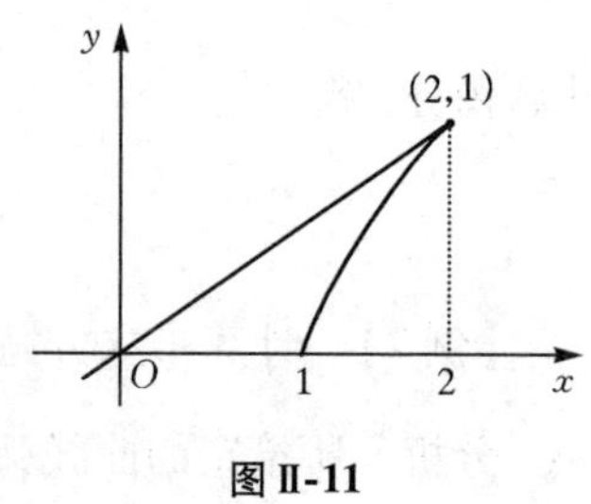

图Ⅱ-11

分析 本题求旋转体的表面积，应先求出过原点的切线，由此曲线、切线及 x 轴围成的平面图形（如图Ⅱ-11所示）绕 x 轴旋转一周所得到的旋转体的表面积由两部分组成，一部分是由曲线 $y=\sqrt{x-1}$ $(1\leqslant x\leqslant 2)$ 绕 x 轴旋转一周所得到的面积 S_1，另一部分是由直线 $y=\frac{1}{2}x$ $(0\leqslant x\leqslant 2)$ 绕 x 轴旋转一周所得到的面积 S_2，两部分相加即为所求.

解 设切点为$(x_0,\sqrt{x_0-1})$，则斜率为

$$k=y'\Big|_{x=x_0}=\frac{1}{2}\frac{1}{\sqrt{x-1}}\Bigg|_{x=x_0}=\frac{1}{2\sqrt{x_0-1}}.$$

所以过原点的切线方程为

$$y-0=\frac{1}{2\sqrt{x_0-1}}(x-0).$$

即

$$y=\frac{1}{2\sqrt{x_0-1}}x.$$

因为点$(x_0,\sqrt{x_0-1})$在切线上，代入得 $x_0=2$，$y_0=\sqrt{x_0-1}=1$，即切点为$(2,1)$.

切线方程为 $y=\frac{1}{2}x$.

由曲线 $y=\sqrt{x-1}$ $(1\leqslant x\leqslant 2)$绕 x 轴旋转一周所得到的面积

$$S_1=\int_1^2 2\pi y\sqrt{1+y'^2}\,\mathrm{d}x=\pi\int_1^2\sqrt{4x-3}\,\mathrm{d}x=\frac{\pi}{6}(5\sqrt{5}-1).$$

由直线 $y=\frac{1}{2}x$ $(0\leqslant x\leqslant 2)$绕 x 轴旋转一周所得到的面积

$$S_2=\int_0^2 2\pi\cdot\frac{1}{2}x\cdot\frac{\sqrt{5}}{2}\mathrm{d}x=\sqrt{5}\pi.$$

因此，所求旋转体的表面积

$$S=S_1+S_2=\frac{\pi}{6}(11\sqrt{5}-1).$$

【例 9】 设直线 $y=ax$ 与抛物线 $y=x^2$ 所围成图形的面积为 S_1，它们与直线 $x=1$ 所围成的图形面积为 S_2，并且$a<1$.

(1) 试确定 a 的值，使 S_1+S_2 达到最小，并求出最小值；

(2) 求该最小值所对应的平面图形绕 Ox 轴旋转一周所得旋转体的体积.

分析 此题为定积分应用最值问题，由于 $a<1$，可能有$0<a<1$ 或 $a\leqslant 0$ 两种情况，对应这两种情况直线的斜率不同，图形也不同，但不管哪种情况，图形的面积都是由两部分组成，所以先求出面积，再求出最值.

解 (1) 当 $0<a<1$ 时，所围成的图形如图Ⅱ-12 所示，其面积

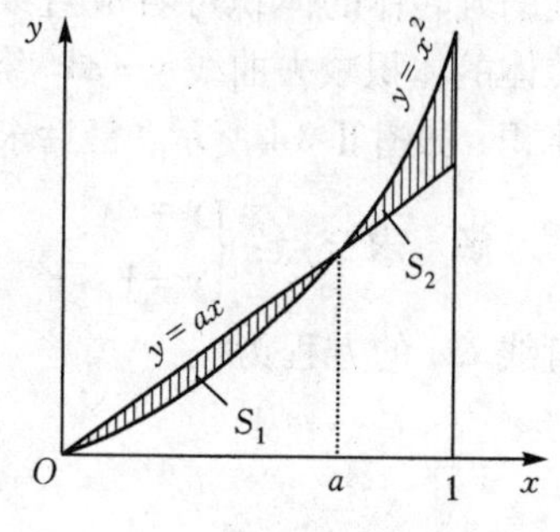

图Ⅱ-12

$$S=S_1+S_2=\int_0^a(ax-x^2)\,\mathrm{d}x+\int_a^1(x^2-ax)\,\mathrm{d}x$$

$$=\left(\frac{ax^2}{2}-\frac{x^3}{3}\right)\Big|_0^a+\left(\frac{x^3}{3}-\frac{ax^2}{2}\right)\Big|_a^1=\frac{a^3}{3}-\frac{a}{2}+\frac{1}{3}.$$

对 a 求导，有 $S'=a^2-\frac{1}{2}$，$S''=2a$.

令 $S'=a^2-\frac{1}{2}=0$，得 $a=\frac{1}{\sqrt{2}}$.

又 $S''\left(\frac{1}{\sqrt{2}}\right)=\sqrt{2}>0$，则 $S\left(\frac{1}{\sqrt{2}}\right)$是极小值，也为最小值.

$$S_{\min}=S\left(\frac{1}{\sqrt{2}}\right)=\frac{1}{6\sqrt{2}}-\frac{1}{2\sqrt{2}}+\frac{1}{3}=\frac{2-\sqrt{2}}{6}.$$

当 $a\leqslant 0$ 时，所围成的图形如图Ⅱ-13 所示，其面积

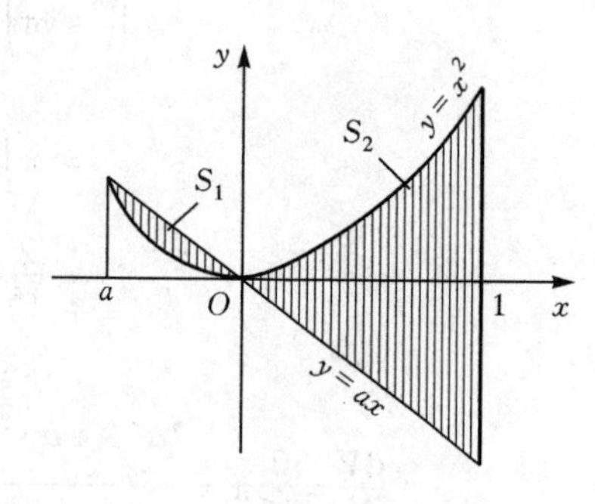

图Ⅱ-13

$$S=S_1+S_2=\int_a^0(ax-x^2)\,\mathrm{d}x+\int_0^1(x^2-ax)\,\mathrm{d}x$$

$$=-\frac{a^3}{6}-\frac{a}{2}+\frac{1}{3}.$$

由 $S'=-\frac{a^2}{2}-\frac{1}{2}=-\frac{1}{2}(a^2+1)<0$ 知 S 单调减少，故

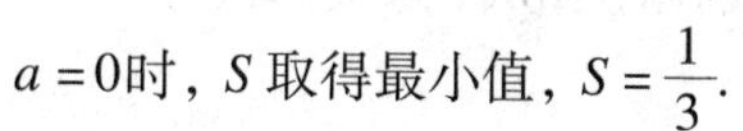
$a=0$时，S 取得最小值，$S=\frac{1}{3}$.

综上，当 $a=\frac{1}{\sqrt{2}}$时，$S\left(\frac{1}{\sqrt{2}}\right)$为所求最小值，其最小值为 $\frac{2-\sqrt{2}}{6}$.

(2)
$$V_x=\pi\int_0^{\frac{1}{\sqrt{2}}}\left(\frac{x^2}{2}-x^4\right)\mathrm{d}x+\pi\int_{\frac{1}{\sqrt{2}}}^1\left(x^4-\frac{x^2}{2}\right)\mathrm{d}x$$

$$=\pi\left(\frac{x^3}{6}-\frac{x^5}{5}\right)\Big|_0^{\frac{1}{\sqrt{2}}}+\pi\left(\frac{x^5}{5}-\frac{x^3}{6}\right)\Big|_{\frac{1}{\sqrt{2}}}^1=\frac{\sqrt{2}+1}{30}\pi.$$

【例 10】 设曲线 $y=ax^2(a>0,x\geqslant 0)$ 与 $y=1-x^2$ 交于点 A，过坐标原点 O 和点 A 的直线与曲线 $y=ax^2$ 围成一平面图形，问 a 为何值时，该图形绕 x 轴旋转一周所得到的旋转体的体积最大，最大体积是多少？

分析 此题为定积分应用的最值问题，首先应求出交点 A 的坐标，确定 x 的范围，然后求出直线 OA 的方程，直线 OA 与曲线 $y=ax^2$ 围成一平面图形绕 x 轴旋转一周所得到的旋转体的体积可看成直线 OA 绕 x 轴旋转一周所得旋转体的体积减去曲线 $y=ax^2$ 绕 x 轴旋转一周所得旋转体的体积，如图 Ⅱ-14 所示，最后求驻点，即可得 a.

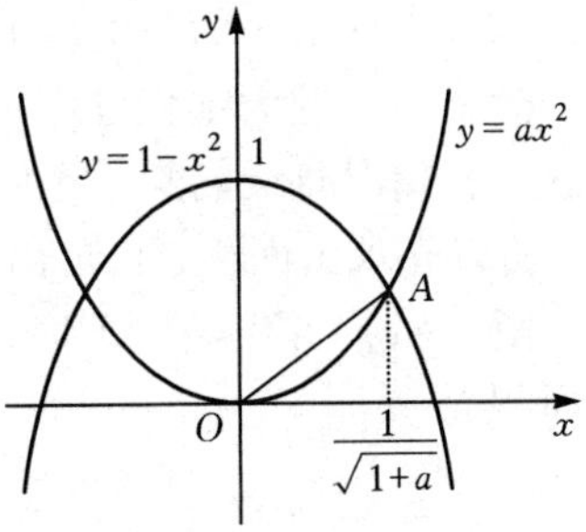

图 Ⅱ-14

解 求交点：$\begin{cases} y=ax^2 \\ y=1-x^2 \end{cases}$，解得 $A\left(\dfrac{1}{\sqrt{1+a}},\dfrac{a}{1+a}\right)$.

直线 OA 的方程为

$$y=\frac{a}{\sqrt{1+a}}x,\quad x\in\left[0,\frac{1}{\sqrt{1+a}}\right].$$

直线 OA 与曲线 $y=ax^2$ 围成一平面图形绕 x 轴旋转一周所得到的旋转体的体积为

$$\begin{aligned} V &= \pi\int_0^{\frac{1}{\sqrt{1+a}}}\left[\left(\frac{a}{\sqrt{1+a}}x\right)^2-(ax^2)^2\right]\mathrm{d}x \\ &= \pi\int_0^{\frac{1}{\sqrt{1+a}}}\left(\frac{a^2}{1+a}x^2-a^2x^4\right)\mathrm{d}x \\ &= \frac{2}{15}\pi\cdot\frac{a^2}{(1+a)^{\frac{5}{2}}}. \end{aligned}$$

$$\frac{\mathrm{d}V}{\mathrm{d}a}=\frac{2}{15}\pi\cdot\frac{2a(1+a)^{\frac{5}{2}}-\frac{5}{2}a^2(1+a)^{\frac{3}{2}}}{(1+a)^5}=\frac{\pi(4a-a^2)}{15(1+a)^{\frac{7}{2}}}.$$

令 $\dfrac{\mathrm{d}V}{\mathrm{d}a}=0$，得 $a=4$ 为唯一驻点. 所以，当 $a=4$ 时旋转体的体积最大，最大体积为

$$V_{\max}=V\Big|_{a=4}=\frac{32\sqrt{5}}{1875}\pi.$$

2）物理应用

定积分的物理应用包括做功、水压力和引力等问题. 本节仅给出做功、水压力和引力问题的例子. 重点强调应用元素法如何确定功元素、水压力元素和引力元素. 特别需要指出的是，在应用定积分解决物理应用方面的问题时，选取合适的坐标系，有利于积分式的简化，从而实现计算简单化.

【例11】 如图Ⅱ-15所示，阴影部分由曲线 $y=\sin x 0\leqslant x\leqslant\pi$，直线 $x=a\ (0<a<1)$，$x=\pi$ 以及 y 轴围成，此图形绕直线 $y=a$ 旋转一周形成旋转体 S，问 a 为何值时 S 有最小体积，S 有最大体积.

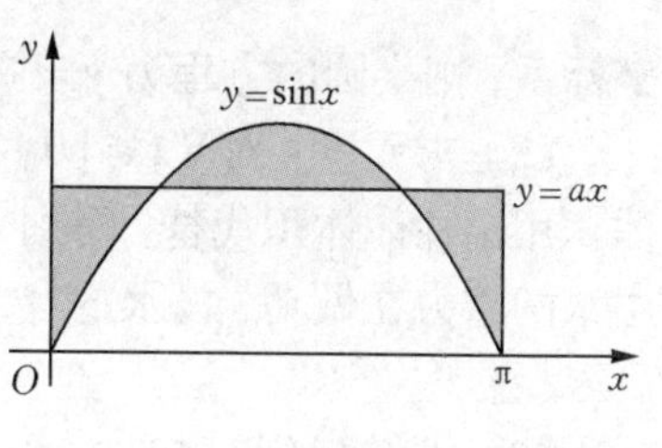

图Ⅱ-15

分析　此题为定积分应用的最值问题，由于 $0<a<1$，所以应先求出体积，再求出最值.

解

$$V=2\int_0^{\arcsin a}\pi(a-\sin x)^2\mathrm{d}x+\int_{\arcsin a}^{\pi-\arcsin a}\pi(\sin x-a)^2\mathrm{d}x$$

$$=\int_0^{\arcsin a}\pi(a-\sin x)^2\mathrm{d}x+\int_0^{\pi-\arcsin a}\pi(\sin x-a)^2\mathrm{d}x.$$

对于第二个积分，令 $x=\pi-t$，有

$$\int_0^{\pi-\arcsin a}\pi(\sin x-a)^2\mathrm{d}x=-\int_{\pi}^{\arcsin a}\pi(\sin t-a)^2\mathrm{d}t$$

$$=\int_{\arcsin a}^{\pi}\pi(a-\sin x)^2\mathrm{d}x.$$

于是

$$V=\int_0^{\pi}\pi(a-\sin x)^2\mathrm{d}x=\pi a^2-4a\pi+\frac{1}{2}\pi^2.$$

则有 $V'(a)=2\pi^2a-4\pi$.

令 $V'(a)=0$，解得 $a=\dfrac{2}{\pi}$ 是唯一驻点，且 $V''(a)=2\pi^2>0$. 故 $V\left(\dfrac{2}{\pi}\right)$ 是极小值，也是最小值.

因为

$$V(0)=\pi\int_0^{\pi}\sin^2x\mathrm{d}x=\frac{1}{2}\pi^2\approx 4.93,$$

$$V(1)=\pi\int_0^{\pi}(1-\sin x)^2\,\mathrm{d}x=\frac{3}{2}\pi^2-4\pi\approx 2.24,$$

所以，当 $a=\dfrac{2}{\pi}$ 时，旋转体体积最小；当 $a=0$ 时，旋转体体积最大.

【例12】 将半径为 R 的半球形水池内注满水，若将满池水全部抽出，需做多少功？

分析　吸水做功是水的重力做功问题，此问题可理解成将水一层一层地吸出. 取坐标原点在水平面，x 轴铅直向下. $\forall x\in[0,R]$，如果设 $[x,x+\mathrm{d}x]$ 所对应的薄层的体积为 ΔV，那么在 $[x,x+\mathrm{d}x]$ 上以直代曲，便得体积元素 $\mathrm{d}V=\pi y^2\mathrm{d}x$，从而得到重力做功的功元素 $\mathrm{d}W=\gamma\pi xy^2\mathrm{d}x$.

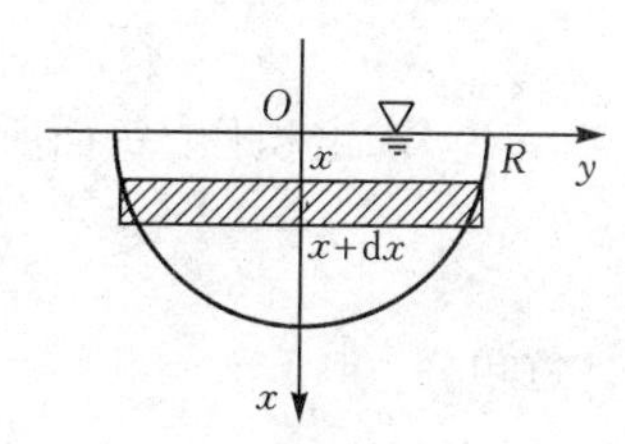

图Ⅱ-16

解　(1) 确定积分变量和积分区间：建立如图Ⅱ-16所示的

坐标系，则半圆的方程为 $y=\sqrt{R^2-x^2}$. 取 x 为积分变量，则 $x\in[0,R]$.

（2）求元素：对 $\forall x\in[0,R]$，$[x,x+\mathrm{d}x]\in[0,R]$，把区间 $[x,x+\mathrm{d}x]$ 所对应的薄层的体积用圆柱体体积代替，得到 $\mathrm{d}V=\pi y^2\mathrm{d}x=\pi(R^2-x^2)\mathrm{d}x$. 由于将这一薄层水吸出是这一薄层水的重力在做功，设水的容重为 $\gamma=1$，则功的元素为

$$\mathrm{d}W=\gamma\pi x(R^2-x^2)\mathrm{d}x.$$

（3）求定积分：将满池水全部抽出所做的功为

$$W=\int_0^R\gamma\pi x(R^2-x^2)\mathrm{d}x.$$

计算积分，得

$$W=\int_0^R\gamma\pi x(R^2-x^2)\mathrm{d}x=\pi\int_0^R x(R^2-x^2)\mathrm{d}x=\frac{\pi}{4}R^4.$$

【例 13】 一底为 8 cm，高为 6 cm 的等腰三角形片，铅直沉入水中，顶在上，底在下，底与水平面平行，顶距水面 3 cm，求每面所受的压力.

分析 由于水压力等于受力面积乘以压强. 如果取如图Ⅱ-17 所示的坐标系，那么 $\forall x\in[3,9]$，窄条 $[x,x+\mathrm{d}x]$ 所受的水压力可理解为水深 x 处的压强乘上受力面积. $[x,x+\mathrm{d}x]$ 对应的受力面积 ΔA 可用相应的矩形面积 $\mathrm{d}A$ 代替，所以水压力元素为 $\mathrm{d}P=p\mathrm{d}A=\rho gx\cdot\frac{4}{3}(x-3)\mathrm{d}x$.

解 （1）确定积分变量和积分区间：建立如图Ⅱ-17 所示的坐标系，则直线 AB 的方程为 $y=\frac{2}{3}(x-3)$，取 x 为积分变量，则 $x\in[3,9]$.

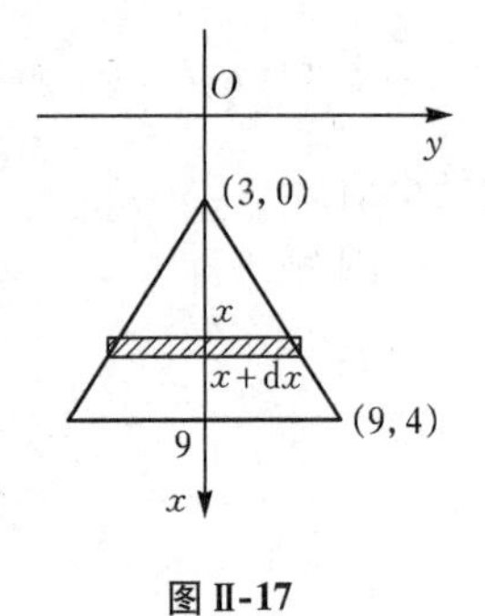

图Ⅱ-17

（2）求元素：$\forall x\in[3,9]$ 且 $[x,x+\mathrm{d}x]\in[3,9]$，窄条 $[x,x+\mathrm{d}x]$ 上所受的压强为 $p=\rho gx$，窄条 $[x,x+\mathrm{d}x]$ 的面积 ΔA 用对应矩形的面积 $\mathrm{d}A$ 近似代替，得到

$$\mathrm{d}A=2\cdot\frac{2}{3}(x-3)\mathrm{d}x=\frac{4}{3}(x-3)\mathrm{d}x.$$

所以水压力元素为

$$\mathrm{d}p=\mathrm{d}A=\rho gx\cdot\frac{4}{3}(x-3)\mathrm{d}x.$$

（3）求定积分：每面所受的压力可表示成定积分：

$$P=\int_3^9\rho gx\cdot\frac{4}{3}(x-3)\mathrm{d}x.$$

计算积分，得

$$P=\int_3^9\rho gx\cdot\frac{4}{3}(x-3)\mathrm{d}x=1.65\ (\mathrm{N}).$$

【例14】　有一半径为 r 的均匀半圆弧，质量为 m，求它对位于圆心处的单位质量质点的引力.

分析　圆弧对质点的引力可采用元素法，将 $[\theta,\ \theta+\mathrm{d}\theta]$ 对应的弧长看成一个质点，由物理学中两点的引力公式，得引力元素 $\mathrm{d}F=k\dfrac{1\cdot\mathrm{d}m}{r^2}=\dfrac{km}{\pi r^2}\mathrm{d}\theta$.

解　(1) 确定积分变量和积分区间：建立如图Ⅱ-18 的坐标系，设线密度为 ρ，取 θ 为积分变量，则 $\theta\in[0,\ \pi]$.

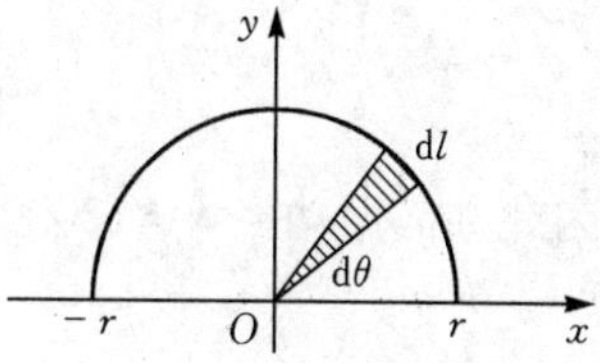

(2) 求元素：对 $\forall\theta\in[0,\ \pi]$，且 $[\theta,\ \theta+\mathrm{d}\theta]\in[0,\ \pi]$，将 $[\theta,\ \theta+\mathrm{d}\theta]$ 对应的弧长看成一个质点，则 $[\theta,\ \theta+\mathrm{d}\theta]$ 对应的弧长质量为 $\mathrm{d}m=\rho r\mathrm{d}\theta=\dfrac{m}{\pi r}r\mathrm{d}\theta=\dfrac{m}{\pi}\mathrm{d}\theta$，所以它对单位质点的引力元素为

图Ⅱ-18

$$\mathrm{d}F=k\frac{1\cdot\mathrm{d}m}{r^2}=\frac{km}{\pi r^2}\mathrm{d}\theta.$$

由对称性知 $F_x=0$，所以有

$$\mathrm{d}F_y=\frac{km}{\pi r^2}\sin\theta\mathrm{d}\theta.$$

(3) 求定积分：把对位于圆心处的单位质量质点的引力表示成定积分，计算得

$$F_y=\int_0^{\pi}\frac{km}{\pi r^2}\sin\theta\mathrm{d}\theta=\frac{2km}{\pi r^2}.$$

故圆弧对质点的引力为 $\dfrac{2km}{\pi r^2}$，方向从圆心指向半圆弧的中点，即 y 轴方向.

【例15】　为清除井底的污泥，用缆绳将抓斗放入井底，抓起污泥后提出井口. 已知井深 30 m，抓斗自重 400 N，缆绳每米重 50 N，抓斗抓起的污泥重 2000 N，提升速度为 3 m/s，在提升过程中污泥以 20 N/s 的速率从抓斗缝隙中漏掉，现将抓起污泥的抓斗提升至井口，问克服重力需要做多少焦耳的功.（说明：① 1 N × 1 m = 1 J；② 抓斗的高度及位于井口上方的缆绳长度忽略不计.）

分析　这是一个综合应用的做功问题. 首先应建立直角坐标系，当抓斗位于 x 时的卷重量包括三部分：抓斗自重、缆绳重量和污泥重量，所以将抓起污泥的抓斗提升至井口需做功应是这三种力分别做功的总和 $W=W_1+W_2+W_3$，分别求出 W_1，W_2，W_3 即可.

解　作 x 轴，如图Ⅱ-19 所示，将抓起污泥的抓斗提升至井口需做功

$$W=W_1+W_2+W_3.$$

其中，W_1 是克服抓斗自重所做的功；W_2 是克服缆绳重力所做的功；W_3 是提出污泥所做的功.

由题意　　$W_1=400\times30=12000\ (\mathrm{J}).$

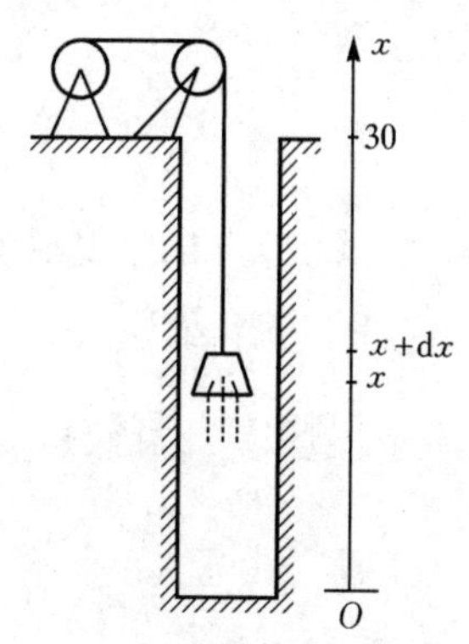

图Ⅱ-19

将抓斗由 x 提升到 $x+\mathrm{d}x$ 处，克服缆绳重力所做的功为 $\mathrm{d}W_2=50(30-x)\mathrm{d}x$. 所以

$$W_2=\int_0^{30}50(30-x)\mathrm{d}x=22500\ (\mathrm{J}).$$

在时间间隔$[t,t+\mathrm{d}t]$内提升污泥所做的功为 $\mathrm{d}W_3=3(2000-20t)\mathrm{d}t$，将污泥从井底提升至井口需时间为$\frac{30}{3}=10(\mathrm{s})$，所以

$$W_3=\int_0^{10}3(2000-20t)\mathrm{d}t=57000\ (\mathrm{J}).$$

因此共需做功　$W=12000+22500+57000=91500\ (\mathrm{J})$.

八、多元复合函数求偏导数的方法

1. 解题方法

对于复合函数求导数和偏导数，关键是确定哪些变量是中间变量，哪些变量是自变量，函数对哪个变量求导数和偏导数等三个要素，然后按复合函数导数和偏导数的“链式法则”进行计算.

复合函数的“链式法则”（仅以两个中间变量的复合函数为例）如下：

（1）设 $u=\varphi(t)$ 和 $v=\psi(t)$ 在 t 点可导，$z=f(u,v)$ 在对应点(u,v) 处可微，则复合函数 $z=f(\varphi(t),\psi(t))$在 t 点处可导，且

$$\frac{\mathrm{d}z}{\mathrm{d}t}=\frac{\partial z}{\partial u}\frac{\mathrm{d}u}{\mathrm{d}t}+\frac{\partial z}{\partial v}\frac{\mathrm{d}v}{\mathrm{d}t}.\tag{1}$$

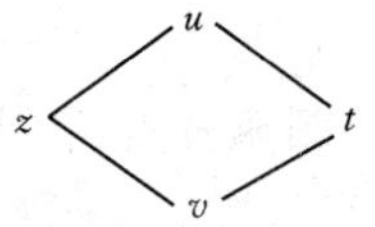

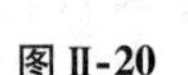

图Ⅱ-20

式(1)求导规则可用示意图Ⅱ-20 表示.

（2）设 $u=\varphi(x,y)$ 和 $v=\psi(x,y)$存在偏导数，$z=f(u,v)$ 在对应点(u,v) 处可微，则复合函数 $z=f(\varphi(x,y),\psi(x,y))$ 在(x,y) 偏导数存在，且

$$\frac{\partial z}{\partial x}=\frac{\partial z}{\partial u}\frac{\partial u}{\partial x}+\frac{\partial z}{\partial v}\frac{\partial v}{\partial x},\qquad \frac{\partial z}{\partial y}=\frac{\partial z}{\partial u}\frac{\partial u}{\partial y}+\frac{\partial z}{\partial v}\frac{\partial v}{\partial y}.\tag{2}$$

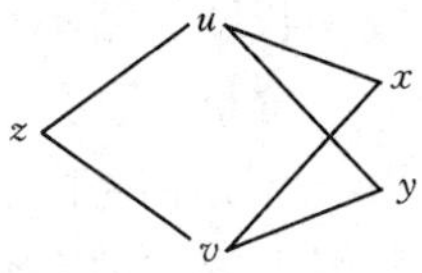

图Ⅱ-21

式(2)求偏导规则可用示意图Ⅱ-21 表示.

2. 应用举例

【例 1】　设函数 $z=x^y(x>0)$，而 $x=\sin t$, $y=\cos t$，求 $\frac{\mathrm{d}z}{\mathrm{d}t}$.

解　由于

$$\frac{\partial z}{\partial x}=\frac{\partial}{\partial x}(x^y)=yx^{y-1},\ \frac{\partial z}{\partial y}=\frac{\partial}{\partial y}(x^y)=x^y\ln x,$$

$$\frac{\mathrm{d}x}{\mathrm{d}t}=\cos t,\ \frac{\mathrm{d}y}{\mathrm{d}t}=-\sin t,$$

根据复合函数求导数法则，得

$$\frac{\mathrm{d}z}{\mathrm{d}t}=\frac{\partial z}{\partial x}\frac{\mathrm{d}x}{\mathrm{d}t}+\frac{\partial z}{\partial y}\frac{\mathrm{d}y}{\mathrm{d}t}=yx^{y-1}\cos t-x^{y}\ln x\sin t.$$

【例 2】 $z=\mathrm{e}^{u}\sin v$，而 $u=xy$，$v=x+y$，求 $\frac{\partial z}{\partial x}$和$\frac{\partial z}{\partial y}$.

解 根据复合函数求偏导法则得

$$\begin{aligned}\frac{\partial z}{\partial x}&=\frac{\partial z}{\partial u}\frac{\partial u}{\partial x}+\frac{\partial z}{\partial v}\frac{\partial v}{\partial x}=\mathrm{e}^{u}\sin v\cdot y+\mathrm{e}^{u}\cos v\cdot 1\\&=\mathrm{e}^{xy}[y\sin(x+y)+\cos(x+y)],\\\frac{\partial z}{\partial y}&=\frac{\partial z}{\partial u}\frac{\partial u}{\partial y}+\frac{\partial z}{\partial v}\frac{\partial v}{\partial y}=\mathrm{e}^{u}\sin v\cdot x+\mathrm{e}^{u}\cos v\cdot 1\\&=\mathrm{e}^{xy}[x\sin(x+y)+\cos(x+y)].\end{aligned}$$

【例 3】 设 $z=xy+xF\left(\frac{y}{x}\right)$，其中 F 为可导函数，证明 $x\frac{\partial z}{\partial x}+y\frac{\partial z}{\partial y}=z+xy$.

证明 引入中间变量 $u=\frac{y}{x}$，则 $z=xy+xF(u)$，于是

$$\begin{aligned}\frac{\partial z}{\partial x}&=\frac{\partial}{\partial x}(xy)+\frac{\partial}{\partial x}(xF(u))=y+F(u)+xF'(u)\frac{\partial}{\partial x}\left(\frac{y}{x}\right)\\&=y+F(u)-\frac{y}{x}F'(u)=y+F\left(\frac{y}{x}\right)-\frac{y}{x}F'\left(\frac{y}{x}\right),\\\frac{\partial z}{\partial y}&=\frac{\partial}{\partial y}(xy)+\frac{\partial}{\partial y}[xF(u)]=x+xF'(u)\frac{\partial}{\partial y}\left(\frac{y}{x}\right)\\&=x+F'(u)=x+F'\left(\frac{y}{x}\right).\end{aligned}$$

所以

$$x\frac{\partial z}{\partial x}+y\frac{\partial z}{\partial y}=z+xy.$$

【例 4】 设 $z=yf\left(\frac{x}{y}\right)+xg\left(\frac{y}{x}\right)$，其中函数 f, g 具有二阶连续导数，求证：

$$x\frac{\partial^2 z}{\partial x^2}+y\frac{\partial^2 z}{\partial x\partial y}=0.$$

证明 令 $u=\frac{x}{y}$，$v=\frac{y}{x}$，则 $z=yf(u)+xg(v)$.

因为

$$\begin{aligned}\frac{\partial z}{\partial x}&=\frac{\partial}{\partial x}[yf(u)]+\frac{\partial}{\partial x}[xg(v)]=yf'(u)\frac{\partial u}{\partial x}+g(v)+xg'(v)\frac{\partial v}{\partial x}\\&=yf'(u)\frac{1}{y}+g(v)+xg'(v)\left(-\frac{y}{x^2}\right)=f'(u)+g(v)-\frac{y}{x}g'(v),\end{aligned}$$

所以

$$\frac{\partial^2 z}{\partial x^2}=\frac{\partial}{\partial x}\left[f'(u)+g(v)-\frac{y}{x}g'(v)\right]$$

$$=\frac{\partial}{\partial x}[f'(u))+\frac{\partial}{\partial x}[(g(v)]-\frac{\partial}{\partial x}\left[\frac{y}{x}g'(v)\right]$$

$$=f''(u)\frac{\partial u}{\partial x}+g'(v)\frac{\partial v}{\partial x}+\frac{y}{x^2}g'(v)-\frac{y}{x}g''(v)\frac{\partial v}{\partial x}$$

$$=\frac{1}{y}f''(u)-\frac{y}{x^2}g'(v)+\frac{y}{x^2}g'(v)+\frac{y^2}{x^3}g''(v)$$

$$=\frac{1}{y}f''(u)+\frac{y^2}{x^3}g''(v),$$

同理
$$\frac{\partial^2 z}{\partial x\partial y}=\frac{\partial}{\partial y}\left[f'(u)+g(v)-\frac{y}{x}g'(v)\right]$$

$$=\frac{\partial}{\partial y}[f'(u)]+\frac{\partial}{\partial y}[g(v)]-\frac{\partial}{\partial y}\left[\frac{y}{x}g'(v)\right]$$

$$=f''(u)\frac{\partial u}{\partial y}+g'(v)\frac{\partial v}{\partial y}-\frac{\partial}{\partial y}\left(\frac{y}{x}\right)g'(v)-\frac{y}{x}g''(v)\frac{\partial v}{\partial y}$$

$$=-\frac{x}{y^2}f''(u)+\frac{1}{x}g'(v)-\frac{1}{x}g'(v)-\frac{y}{x^2}g''(v)$$

$$=-\frac{x}{y^2}f''(u)-\frac{y}{x^2}g''(v),$$

所以
$$x\frac{\partial^2 z}{\partial x^2}+y\frac{\partial^2 z}{\partial x\partial y}=0.$$

注 在求$\frac{\partial^2 z}{\partial x^2}$和$\frac{\partial^2 z}{\partial x\partial y}$的过程中，关键的问题是求$\frac{\partial}{\partial x}[f'(u)]$，$\frac{\partial}{\partial x}[g'(v)]$或$\frac{\partial}{\partial y}[f'(u)]$，$\frac{\partial}{\partial y}[g'(v)]$. 如果令$f'(u)=f_1(u)$和$g'(v)=g_1(v)$即把$f'(u)$和$g'(v)$看作新的复合函数，其中间变量分别是$u=\frac{x}{y}$，$v=\frac{y}{x}$的复合函数，那么求$\frac{\partial z}{\partial x}$对$x$和$y$的偏导数，就是分别重复$z$对$x$和$y$求偏导的过程.

【例5】 设函数$z=f(xy,yg(x))$，其中函数f具有二阶连续偏导数．函数$g(x)$可导且在$x=1$处取得极值$g(1)=1$，求$\left.\frac{\partial^2 z}{\partial x\partial y}\right|_{\substack{x=1\\y=1}}$.

解法1 已知函数$z=f(xy,yg(x))$，则

$$\frac{\partial z}{\partial x}=f_1'(xy,yg(x))\cdot y+f_2'(xy,yg(x))\cdot yg'(x)$$

$$\frac{\partial^2 z}{\partial x\partial y}=f_1'(xy,yg(x))+y[f_{11}''(xy,yg(x))x+f_{12}''(xy,yg(x))\cdot g(x)]+$$
$$g'(x)\cdot f_2'(xy,yg(x))+yg'(x)[f_{12}''(xy,yg(x))\cdot x+f_{22}''(xy,yg(x))g(x)].$$

因为$g(x)$在$x=1$可导，且为极值，所以$g'(1)=0$，则

$$\left.\frac{\partial^2 z}{\partial x\partial y}\right|_{\substack{x=1\\y=1}}=f_1'(1,1)+f_{11}''(1,1)+f_{12}''(1,1).$$

解法 2　已知函数 $z=f(xy, yg(x))$，则 $\frac{\partial z}{\partial x}=f_1'(xy, yg(x))\cdot y+f_2'(xy, yg(x))\cdot yg'(x)$.

因为 $g(x)$ 在 $x=1$ 可导，且为极值，所以 $g'(1)=0$，又 $g(1)=1$，则

$$\left.\frac{\partial z}{\partial x}\right|_{x=1}=f_1'(y, yg(1))\cdot y=f_1'(y, y)\cdot y.$$

所以
$$\left.\frac{\partial^2 z}{\partial x\partial y}\right|_{\substack{x=1\\y=1}}=\frac{\partial}{\partial y}[f_1'(y, y)\cdot y]\Big|_{y=1}=f_1'(1,1)+f_{11}''(1,1)+f_{12}''(1,1).$$

【例 6】　设函数 $z(x, y)=\varphi(x+y)+\varphi(x-y)+\int_{x-y}^{x+y}\psi(t)\mathrm{d}t$，其中函数 φ 具有二阶导数，ψ 具有一阶导数，证明 $\frac{\partial^2 z}{\partial x^2}=\frac{\partial^2 z}{\partial y^2}$.

证明　令 $u=x+y$，$v=x-y$，则

$$z(x, y)=\varphi(u)+\varphi(v)+\int_v^u\psi(t)\mathrm{d}t.$$

(1) 求 $\frac{\partial z}{\partial x}$，$\frac{\partial z}{\partial y}$：

$$\begin{aligned}\frac{\partial z}{\partial x}&=\frac{\partial}{\partial x}\varphi(u)+\frac{\partial}{\partial x}\varphi(v)+\frac{\partial}{\partial x}\left[\int_v^u\psi(t)\mathrm{d}t\right]\\&=\varphi'(u)\frac{\partial u}{\partial x}+\varphi'(v)\frac{\partial v}{\partial x}+\frac{\partial}{\partial x}\int_v^0\psi(t)\mathrm{d}t+\frac{\partial}{\partial x}\int_0^u\psi(t)\mathrm{d}t\\&=\varphi'(u)+\varphi'(v)-\psi(v)\frac{\partial v}{\partial x}+\psi(u)\frac{\partial u}{\partial x}\\&=\varphi'(u)+\varphi'(v)-\psi(v)+\psi(u).\end{aligned}$$

同理
$$\begin{aligned}\frac{\partial z}{\partial y}&=\frac{\partial}{\partial y}\varphi(u)+\frac{\partial}{\partial y}\varphi(v)+\frac{\partial}{\partial y}\left[\int_v^u\psi(t)\mathrm{d}t\right]\\&=\varphi'(u)\frac{\partial u}{\partial y}+\varphi'(v)\frac{\partial v}{\partial y}+\frac{\partial}{\partial y}\int_v^0\psi(t)\mathrm{d}t+\frac{\partial}{\partial y}\int_0^u\psi(t)\mathrm{d}t\\&=\varphi'(u)-\varphi'(v)-\psi(v)\frac{\partial v}{\partial y}+\psi(u)\frac{\partial u}{\partial y}\\&=\varphi'(u)-\varphi'(v)+\psi(v)+\psi(u).\end{aligned}$$

(2) 求 $\frac{\partial^2 z}{\partial x^2}$，$\frac{\partial^2 z}{\partial y^2}$：

$$\begin{aligned}\frac{\partial^2 z}{\partial x^2}&=\frac{\partial}{\partial x}[\varphi'(u)+\varphi'(v)-\psi(v)+\psi(u)]\\&=\varphi''(u)\frac{\partial u}{\partial x}+\varphi''(v)\frac{\partial v}{\partial x}-\psi'(v)\frac{\partial v}{\partial x}+\psi'(u)\frac{\partial u}{\partial x}\\&=\varphi''(u)+\varphi''(v)-\psi'(v)+\psi'(u).\end{aligned}$$

同理
$$\frac{\partial^2 z}{\partial y^2}=\frac{\partial}{\partial y}[\varphi'(u)-\varphi'(v)+\psi(v)+\psi(u)]$$
$$=\varphi''(u)\frac{\partial u}{\partial y}-\varphi''\frac{\partial v}{\partial y}+\psi'(v)\frac{\partial v}{\partial y}+\psi'(u)\frac{\partial u}{\partial y}$$
$$=\varphi''(u)+\varphi''(v)-\psi'(v)+\psi'(u).$$

综上可知
$$\frac{\partial^2 z}{\partial x^2}=\frac{\partial^2 z}{\partial y^2}.$$

【例 7】 设 $z=f\left(x,\ \frac{y}{x}\right)$，其中 f 具有连续二阶偏导数，求 $\frac{\partial^2 z}{\partial x^2}$ 和 $\frac{\partial^2 z}{\partial y^2}$.

解 引入中间变量 $u=\frac{y}{x}$，则 $z=f(x,\ u)$.
$$\frac{\partial z}{\partial x}=\frac{\partial}{\partial x}f(x,\ u)=\frac{\partial f}{\partial x}+\frac{\partial f}{\partial u}\frac{\partial u}{\partial x}=\frac{\partial f}{\partial x}-\frac{y}{x^2}\frac{\partial f}{\partial u}=f_1'-\frac{y}{x^2}f_2'$$
$$\frac{\partial z}{\partial y}=\frac{\partial}{\partial y}f(x,\ u)=\frac{\partial f}{\partial u}\frac{\partial u}{\partial y}=\frac{1}{x}\frac{\partial f}{\partial u}=\frac{1}{x}f_2.$$

其中，$f_1'=f_1'(x,\ u)=\frac{\partial f}{\partial x}$，$f_2'=f_2'(x,\ u)=\frac{\partial f}{\partial u}$.

如果把 $f_1'(x,\ u)$ 和 $f_2'(x,\ u)$ 看作两个新的函数，中间变量仍然是 x 和 $u=\frac{y}{x}$，所以，求 $\frac{\partial^2 z}{\partial x^2}$ 和 $\frac{\partial^2 z}{\partial y^2}$，就是重复 $z=f(x,\ u)$ 对 x 和 y 求偏导的过程（如图Ⅱ-22 所示）.

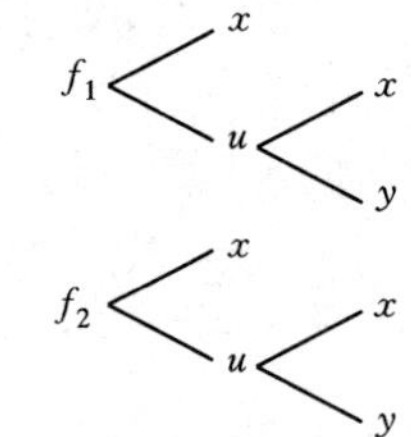

图Ⅱ-22

$$\frac{\partial^2 z}{\partial x^2}=\frac{\partial}{\partial x}\left(f_1'-\frac{y}{x^2}f_2'\right)$$
$$=\frac{\partial}{\partial x}(f_1')-\frac{\partial}{\partial x}\left(\frac{y}{x^2}\right)f_2'-\frac{y}{x^2}\frac{\partial}{\partial x}(f_2')$$
$$=\frac{\partial f_1'}{\partial x}+\frac{\partial f_1'}{\partial u}\frac{\partial u}{\partial x}+\frac{2y}{x^3}f_2'-\frac{y}{x^2}\left(\frac{\partial f_2'}{\partial x}+\frac{\partial f_2'}{\partial u}\frac{\partial u}{\partial x}\right)$$
$$=\frac{\partial f_1'}{\partial x}-\frac{y}{x^2}\frac{\partial f_1'}{\partial u}+\frac{2y}{x^3}f_2'-\frac{y}{x^2}\left(\frac{\partial f_2'}{\partial x}-\frac{y}{x^2}\frac{\partial f_2'}{\partial u}\right)$$
$$=\frac{\partial^2 f}{\partial x^2}-\frac{y}{x^2}\frac{\partial f}{\partial x\partial u}+\frac{2y}{x^3}\frac{\partial f}{\partial u}-\frac{y}{x^2}\left(\frac{\partial f}{\partial u\partial x}-\frac{y}{x^2}\frac{\partial^2 f}{\partial u^2}\right)$$
$$=\frac{\partial^2 f}{\partial x^2}+\frac{2y}{x^3}\frac{\partial f}{\partial u}-\frac{2y}{x^2}\frac{\partial f}{\partial x\partial u}+\frac{y^2}{x^4}\frac{\partial^2 f}{\partial u^2}$$
$$=f_{11}''+\frac{2y}{x^3}f_2'-\frac{2y}{x^2}f_{12}''+\frac{y^2}{x^4}f_{22}''.$$

同理
$$\frac{\partial^2 z}{\partial y^2}=\frac{\partial}{\partial y}\left(\frac{1}{x}f_2'\right)=\frac{1}{x}\frac{\partial}{\partial y}(f_2')=\frac{1}{x}\frac{\partial f_2'}{\partial u}\frac{\partial u}{\partial y}=\frac{1}{x^2}\frac{\partial^2 f}{\partial u^2}=\frac{1}{x^2}f_{22}''.$$

【例 8】　设变换 $\begin{cases} u = x - 2y \\ v = x + ay \end{cases}$ 可把方程 $6\dfrac{\partial^2 z}{\partial x^2} + \dfrac{\partial^2 z}{\partial x \partial y} - \dfrac{\partial^2 z}{\partial y^2} = 0$ 简化为 $\dfrac{\partial^2 z}{\partial u \partial v} = 0$，其中 z 具有二阶连续偏导数，求常数 a.

解　由复合函数求导法

$$\frac{\partial z}{\partial x} = \frac{\partial z}{\partial u} \cdot \frac{\partial u}{\partial x} + \frac{\partial z}{\partial v} \cdot \frac{\partial v}{\partial x} = \frac{\partial z}{\partial u} + \frac{\partial z}{\partial v},$$

$$\frac{\partial z}{\partial y} = \frac{\partial z}{\partial u} \cdot \frac{\partial u}{\partial y} + \frac{\partial z}{\partial v} \cdot \frac{\partial v}{\partial y} = -2\frac{\partial z}{\partial u} + a \cdot \frac{\partial z}{\partial v},$$

所以

$$\begin{aligned}
\frac{\partial^2 z}{\partial x^2} &= \frac{\partial}{\partial x}\left(\frac{\partial z}{\partial u}\right) + \frac{\partial}{\partial x}\left(\frac{\partial z}{\partial v}\right) \\
&= \frac{\partial^2 z}{\partial u^2} \cdot \frac{\partial u}{\partial x} + \frac{\partial^2 z}{\partial u \partial v} \cdot \frac{\partial v}{\partial x} + \frac{\partial^2 z}{\partial v^2} \cdot \frac{\partial v}{\partial x} + \frac{\partial^2 z}{\partial v \partial u} \cdot \frac{\partial u}{\partial x} \\
&= \frac{\partial^2 z}{\partial u^2} + 2\frac{\partial^2 z}{\partial u \partial v} + \frac{\partial^2 z}{\partial v^2},
\end{aligned}$$

$$\begin{aligned}
\frac{\partial^2 z}{\partial x \partial y} &= \frac{\partial}{\partial y}\left(\frac{\partial z}{\partial u}\right) + \frac{\partial}{\partial y}\left(\frac{\partial z}{\partial v}\right) \\
&= \frac{\partial^2 z}{\partial u^2} \cdot \frac{\partial u}{\partial y} + \frac{\partial^2 z}{\partial u \partial v} \cdot \frac{\partial v}{\partial y} + \frac{\partial^2 z}{\partial v^2} \cdot \frac{\partial v}{\partial y} + \frac{\partial^2 z}{\partial v \partial u} \cdot \frac{\partial u}{\partial y} \\
&= -2\frac{\partial^2 z}{\partial u^2} + (a-2)\frac{\partial^2 z}{\partial u \partial v} + a\frac{\partial^2 z}{\partial v^2},
\end{aligned}$$

$$\begin{aligned}
\frac{\partial^2 z}{\partial y^2} &= -2\frac{\partial}{\partial y}\left(\frac{\partial z}{\partial u}\right) + a\frac{\partial}{\partial y}\left(\frac{\partial z}{\partial v}\right) \\
&= -2\left(\frac{\partial^2 z}{\partial u^2} \cdot \frac{\partial u}{\partial y} + \frac{\partial^2 z}{\partial u \partial v} \cdot \frac{\partial v}{\partial y}\right) + a\left(\frac{\partial^2 z}{\partial v^2} \cdot \frac{\partial v}{\partial y} + \frac{\partial^2 z}{\partial v \partial u} \cdot \frac{\partial u}{\partial y}\right) \\
&= 4\frac{\partial^2 z}{\partial u^2} - 4a\frac{\partial^2 z}{\partial u \partial v} + a^2\frac{\partial^2 z}{\partial v^2}.
\end{aligned}$$

代入 $6\dfrac{\partial^2 z}{\partial x^2} + \dfrac{\partial^2 z}{\partial x \partial y} - \dfrac{\partial^2 z}{\partial y^2} = 0$，并整理得

$$6\frac{\partial^2 z}{\partial x^2} + \frac{\partial^2 z}{\partial x \partial y} - \frac{\partial^2 z}{\partial y^2} = (10+5a)\frac{\partial^2 z}{\partial u \partial v} + (6+a-a^2)\frac{\partial^2 z}{\partial v^2} = 0.$$

于是，令 $6 + a - a^2 = 0$，得 $a = 3$ 或 $a = -2$.

$a = -2$ 时，$10 + 5a = 0$，故舍去；

$a = 3$ 时，$10 + 5a \neq 0$.

因此仅当 $a = 3$ 时化简为 $\dfrac{\partial^2 z}{\partial u \partial v} = 0$.

九、求隐函数偏导数的方法

1. 解题方法流程图

求隐函数的偏导数，首先要分清其形式是方程还是方程组所确定的隐函数；其次是按照题中的条件明确方程或方程组中变量的个数，特别是哪一个是自变量，哪一个是函数，然后按照框图 8 所示的计算方法去求偏导数.

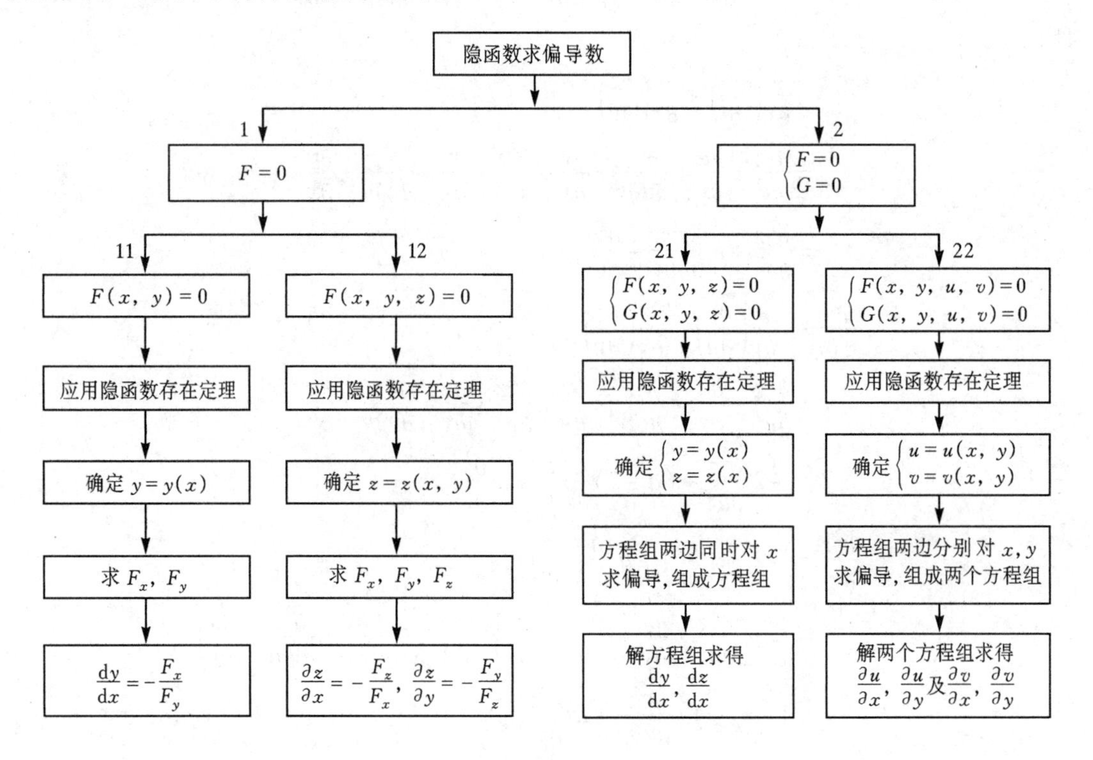

框图 8

2. 应用举例

【例 1】 设 $\phi(cx-az, cy-bz)=0$ 具有连续的偏导数，证明由方程所确定的函数 $z=f(x,y)$ 满足 $a\frac{\partial z}{\partial x}+b\frac{\partial z}{\partial y}=c$.

分析 因为 $\phi(cx-az, cy-bz)=0$ 左边的函数实质上是变量 x, y, z 的函数. 所以，如果令 $F(x,y,z)=\phi(cx-az, cy-bz)$，则由方程 $F(x,y,z)=0$ 确定了 z 是 x, y 的函数，因此可归结为框图 8 中线路 1→ 12 的计算问题.

证明 (1) 令 $F(x,y,z)=\phi(cx-az, cy-bz)$，则

$$F_x = c\phi_1'(cx - az, cy - bz),\ F_y = c\phi_2'(cx - az, cy - bz)$$
$$F_z = -a\phi_1'(cx - az, cy - bz) - b\phi_2'(cx - az, cy - bz);$$

(2) $\frac{\partial z}{\partial x} = -\frac{F_x}{F_z} = \frac{c\phi_1'}{a\phi_1' + b\phi_2'},\ \frac{\partial z}{\partial y} = \frac{c\phi_1'}{a\phi_1' + b\phi_2'}$;

(3) 把$\frac{\partial z}{\partial x}$, $\frac{\partial z}{\partial y}$代到 $a\frac{\partial z}{\partial x} + b\frac{\partial z}{\partial y} = c$ 的左边，整理得 $a\frac{\partial z}{\partial x} + b\frac{\partial z}{\partial y} = c$. 因此结论成立.

【例 2】 设 z 是方程 $x + y - z = e^z$ 所确定的 x 与 y 的函数，求 $\frac{\partial^2 z}{\partial x \partial y}$.

分析　如果令 $F(x, y, z) = x + y - z - e^z$，则由方程 $F(x, y, z) = 0$ 确定了 z 是 x, y 的函数，因此可归结为框图 8 中线路 1→ 12 的计算问题. 但在求二阶混合偏导时，应采用直接求导法.

解　(1) 令 $F(x, y, z) = x + y - z - e^z$，则

$$\frac{\partial z}{\partial x} = -\frac{F_x}{F_z} = \frac{1}{1 + e^z},\ \frac{\partial z}{\partial y} = -\frac{F_y}{F_z} = \frac{1}{1 + e^z}.$$

(2)
$$\frac{\partial^2 z}{\partial x \partial y} = \frac{\partial}{\partial y}\left(\frac{\partial z}{\partial x}\right) = \frac{\partial}{\partial y}\left(\frac{1}{1 + e^z}\right) = \frac{-e^z\frac{\partial z}{\partial y}}{(1 + e^z)^2} = \frac{-e^z}{(1 + e^z)^3}.$$

【例 3】 设 $z = z(x, y)$ 是由方程 $e^{2yz} + x + y^2 + z = \frac{7}{4}$确定的函数，求 $dz\big|_{\left(\frac{1}{2}, \frac{1}{2}\right)}$ 的值.

分析　令 $F(x, y, z) = e^{2yz} + x + y^2 + z - \frac{7}{4}$，则由方程 $F(x, y, z) = 0$ 确定了 z 是 x, y 的函数，因此归结为框图 8 中线路 1→12 的计算问题. 另外，所求为 dz，也可以利用全微分形式的不变性进行求解

解法 1　将 $x = \frac{1}{2}$, $y = \frac{1}{2}$代入方程 $e^{2yz} + x + y^2 + z = \frac{7}{4}$，得 $z = 0$.

设 $F(x, y, z) = e^{2yz} + x + y^2 + z - \frac{7}{4}$，则

$$\frac{\partial z}{\partial x} = -\frac{F_x}{F_z} = -\frac{1}{2ye^{2yz} + 1},$$
$$\frac{\partial z}{\partial x} = -\frac{F_y}{F_z} = -\frac{e^{2yz} \cdot 2z + 2y}{2ye^{2yz} + 1}.$$

所以
$$dz\big|_{\left(\frac{1}{2}, \frac{1}{2}\right)} = \left(\frac{\partial z}{\partial x}dx + \frac{\partial z}{\partial y}dy\right)\Bigg|_{\left(\frac{1}{2}, \frac{1}{2}\right)} = -\frac{1}{2}(dx + dy).$$

解法 2　将 $x = \frac{1}{2}$, $y = \frac{1}{2}$代入方程 $e^{2yz} + x + y^2 + z = \frac{7}{4}$，得 $z = 0$.

将方程 $e^{2yz} + x + y^2 + z = \frac{7}{4}$ 两边直接求全微分：

$$e^{2yz}\cdot 2(z\mathrm{d}y+y\mathrm{d}z)+\mathrm{d}x+2y\mathrm{d}y+\mathrm{d}z=0.$$

将 $x=\frac{1}{2}$，$y=\frac{1}{2}$，$z=0$ 代入上式，得 $\mathrm{d}z\big|_{\left(\frac{1}{2},\frac{1}{2}\right)}=-\frac{1}{2}(\mathrm{d}x+\mathrm{d}y)$.

【例 4】 求曲线$\begin{cases}x^2+y^2+z^2=3x\\2x-3y+5z=4\end{cases}$在点(1, 1, 1) 处的切线方程.

分析 令 $F(x,y,z)=x^2+y^2+z^2-3x$，$G(x,y,z)=2x-3y+5z-4$. 求曲线在一点的切线，需求曲线的切向量；而曲线的切向量为 $\boldsymbol{T}=\left\{1,\frac{\mathrm{d}y}{\mathrm{d}x},\frac{\mathrm{d}z}{\mathrm{d}x}\right\}$，所以，求切向量实质上是求导数$\frac{\mathrm{d}y}{\mathrm{d}x}$，$\frac{\mathrm{d}z}{\mathrm{d}x}$，即转化为由方程组$\begin{cases}F(x,y,z)=0\\G(x,y,z)=0\end{cases}$所确定的隐函数求导数问题，因此，可归结为框图 8 中线路 2→21 的问题，或利用求切向量的公式 $\boldsymbol{T}=\begin{vmatrix}\boldsymbol{i}&\boldsymbol{j}&\boldsymbol{k}\\F_x&F_y&F_z\\G_x&G_y&G_z\end{vmatrix}$计算.

解法 1 (1) 方程组两端同时对 x 求导数，得

$$\begin{cases}2x+2y\frac{\mathrm{d}y}{\mathrm{d}x}+2z\frac{\mathrm{d}z}{\mathrm{d}x}-3=0\\2-3\frac{\mathrm{d}y}{\mathrm{d}x}+5\frac{\mathrm{d}z}{\mathrm{d}x}=0\end{cases}.$$

(2) 以 $\frac{\mathrm{d}y}{\mathrm{d}x}$，$\frac{\mathrm{d}z}{\mathrm{d}x}$ 为变量，解此方程组，得

$$\frac{\mathrm{d}y}{\mathrm{d}x}=\frac{15-10x+4z}{10y+6z},\ \frac{\mathrm{d}z}{\mathrm{d}x}=\frac{-(4y+6x-9)}{10y+6z}.$$

从而

$$\boldsymbol{T}=\left(1,\frac{\mathrm{d}y}{\mathrm{d}x},\frac{\mathrm{d}z}{\mathrm{d}x}\right)=\left(1,\frac{9}{16},\frac{-1}{16}\right)/\!/(16,9,-1).$$

(3) 曲线在点(1, 1, 1)处的切线方程为 $\frac{x-1}{16}=\frac{y-1}{9}=\frac{z-1}{-1}$.

解法 2 设 $F(x,y,z)=x^2+y^2+z^2-3x$，$G(x,y,z)=2x-3y+5z-4$. 曲线的切向量为

$$\boldsymbol{T}=\begin{vmatrix}\boldsymbol{i}&\boldsymbol{j}&\boldsymbol{k}\\F_x&F_y&F_z\\G_x&G_y&G_z\end{vmatrix}_{(1,1,1)}=\begin{vmatrix}\boldsymbol{i}&\boldsymbol{j}&\boldsymbol{k}\\2x-3&2y&2z\\2&-3&5\end{vmatrix}_{(1,1,1)}=16\boldsymbol{i}+9\boldsymbol{j}-\boldsymbol{k}.$$

所以，曲线在点(1, 1, 1) 处的切线方程为 $\frac{x-1}{16}=\frac{y-1}{9}=\frac{z-1}{-1}$.

【例 5】 设 $z=z(x,y)$是由 $x^2-6xy+10y^2-2yz-z^2+18=0$ 确定的函数，求$z=z(x,y)$的极值点和极值.

分析 由于求二元函数的极值，首先要求出函数的一阶和二阶偏导数，然后用二元函数的充分条件判别一阶偏导数等于零的点是否是极值点，所以，本题可归结为隐函数求一阶和二阶偏导数问题，如果用隐函数求导公式求偏导很麻烦，所以，采用直接求导法.

解　(1) 方程 $x^2-6xy+10y^2-2yz-z^2+18=0$ 两边分别求对 x 和 y 的偏导数，得

$$\begin{cases}2x-6y-2y\dfrac{\partial z}{\partial x}-2z\dfrac{\partial z}{\partial x}=0\\ -6x+20y-2z-2y\dfrac{\partial z}{\partial y}-2z\dfrac{\partial z}{\partial y}=0\end{cases}. \tag{1}$$

(2) 求一阶偏导数为零的点：在方程组(1)中，令 $\dfrac{\partial z}{\partial x}=0$ 和 $\dfrac{\partial z}{\partial y}=0$，得

$$\begin{cases}x-3y=0\\ -3x+10y-z=0\end{cases}. \tag{2}$$

即 $x=3y$ 和 $z=y$.

将 $x=3y$ 和 $z=y$ 代入 $x^2-6xy+10y^2-2yz-z^2+18=0$，可得驻点

$$\begin{cases}x=9\\ y=3\\ z=3\end{cases}\quad 或\quad \begin{cases}x=-9\\ y=-3.\\ z=-3\end{cases}$$

(3) 求极值：在方程组(1)中，第一个方程两边分别对 x 和 y 求偏导，第二个方程两边对 y 求偏导，得

$$\begin{cases}2-2y\dfrac{\partial^2 z}{\partial x^2}-2\left(\dfrac{\partial z}{\partial x}\right)^2-2z\dfrac{\partial^2 z}{\partial x^2}=0\\ -6-2\dfrac{\partial z}{\partial x}-2y\dfrac{\partial^2 z}{\partial x\partial y}-2\dfrac{\partial z}{\partial y}\dfrac{\partial z}{\partial x}-2z\dfrac{\partial^2 z}{\partial x\partial y}=0\\ 20-2\dfrac{\partial z}{\partial y}-2\dfrac{\partial z}{\partial y}-2y\dfrac{\partial^2 z}{\partial y^2}-2\left(\dfrac{\partial z}{\partial y}\right)^2-2z\dfrac{\partial^2 z}{\partial y^2}=0\end{cases}. \tag{3}$$

将 $\dfrac{\partial z}{\partial x}=0$ 和 $\dfrac{\partial z}{\partial y}=0$，点 $(9,3,3)$ 代入方程组(3)后，解得

$$A=\left.\frac{\partial^2 z}{\partial x^2}\right|_{(9,3,3)}=\frac{1}{6},\ B=\left.\frac{\partial^2 z}{\partial x\partial y}\right|_{(9,3,3)}=-\frac{1}{2},\ C=\left.\frac{\partial^2 z}{\partial y^2}\right|_{(9,3,3)}=\frac{5}{3}.$$

由于 $AC-B^2=\dfrac{1}{36}>0$，又 $A=\dfrac{1}{6}>0$，从而点 $(9,3)$ 是 $z(x,y)$ 的极小值点，极小值为 $z(9,3)=3$.

类似地，可求得

$$A=\left.\frac{\partial^2 z}{\partial x^2}\right|_{(-9,-3,-3)}=-\frac{1}{6},\ B=\left.\frac{\partial^2 z}{\partial x\partial y}\right|_{(-9,-3,-3)}=\frac{1}{2},\ C=\left.\frac{\partial^2 z}{\partial y^2}\right|_{(-9,-3,-3)}=-\frac{5}{3}.$$

可知 $AC-B^2=\dfrac{1}{36}>0$，又 $A=-\dfrac{1}{6}<0$，从而点 $(-9,-3)$ 是 $z(x,y)$ 的极大值点，极大值为 $z(-9,-3)=-3$.

【例 6】 设 $y=y(x)$，$z=z(x)$ 是由方程组 $z=xf(x+y)$ 和 $F(x, y, z)=0$ 所确定的函数，其中 f 和 F 分别具有一阶连续导数和二阶连续偏导数，求 $\frac{\mathrm{d}z}{\mathrm{d}x}$.

分析 如果令 $G(x, y, z)=z-xf(x+y)=0$，则由方程组 $\begin{cases}F(x, y, z)=0\\G(x, y, z)=0\end{cases}$ 确定了 y 和 z 是 x 的函数，因此可归结为框图 8 中的线路 2→ 21 的步骤求解.

解 (1)方程组

$$\begin{cases}F(x, y, z)=0\\G(x, y, z)=z-xf(x+y)=0\end{cases}$$

两边同时对 x 求导数，得

$$\begin{cases}\dfrac{\partial F}{\partial x}+\dfrac{\partial F}{\partial y}\dfrac{\mathrm{d}y}{\mathrm{d}x}+\dfrac{\partial F}{\partial z}\dfrac{\mathrm{d}z}{\mathrm{d}x}=0\\\dfrac{\mathrm{d}z}{\mathrm{d}x}-f(x+y)-xf'(x+y)\left(1+\dfrac{\mathrm{d}y}{\mathrm{d}x}\right)=0\end{cases}.$$

整理得

$$\begin{cases}\dfrac{\partial F}{\partial y}\dfrac{\mathrm{d}y}{\mathrm{d}x}+\dfrac{\partial F}{\partial z}\dfrac{\mathrm{d}z}{\mathrm{d}x}=-\dfrac{\partial F}{\partial x}\\xf'\dfrac{\mathrm{d}y}{\mathrm{d}x}-\dfrac{\mathrm{d}z}{\mathrm{d}x}=-f-xf'\end{cases}.$$

(2) 以 $\frac{\mathrm{d}y}{\mathrm{d}x}$ 和 $\frac{\mathrm{d}z}{\mathrm{d}x}$ 为变量，解上面的方程组，得

$$\frac{\mathrm{d}z}{\mathrm{d}x}=\frac{xf'\dfrac{\partial F}{\partial x}-(f+xf')\dfrac{\partial F}{\partial y}}{\dfrac{\partial F}{\partial y}+xf'\dfrac{\partial F}{\partial z}}\quad\left(\frac{\partial F}{\partial y}+\lambda f'\frac{\partial F}{\partial z}\neq 0\right).$$

【例 7】 设 $y=f(x, t)$，而 t 是由方程 $F(x, y, t)=0$ 所确定的 x，y 的函数，其中 f 和 F 分别具有一阶连续偏导数，求 $\frac{\mathrm{d}y}{\mathrm{d}x}$.

分析 解题思路 1：设 $t=t(x, y)$，则 $y=f(x, t)$ 是一个复合函数，且 $t=t(x, y)$ 为中间变量. 从 $y=f(x, t)$ 出发，应用复合函数求导数的法则就可得到：

$$\frac{\mathrm{d}y}{\mathrm{d}x}=\frac{\partial f}{\partial x}+\frac{\partial f}{\partial t}\left(\frac{\partial t}{\partial x}+\frac{\partial t}{\partial y}\frac{\mathrm{d}y}{\mathrm{d}x}\right),$$

所以，求 $\frac{\mathrm{d}y}{\mathrm{d}x}$ 就转化为求 $\frac{\partial t}{\partial x}$ 和 $\frac{\partial t}{\partial y}$；而 $t=t(x, y)$ 恰好是由 $F(x, y, t)=0$ 确定的隐函数，那么 $\frac{\partial t}{\partial x}$ 和 $\frac{\partial t}{\partial y}$ 可根据隐函数求偏导方法求得.

解题思路 2：令 $G(x, y)=f(x, t)-y=0$，则由方程 $G(x, y)=0$ 确定了 y 是 x 的函数，

所以 $\frac{\mathrm{d}y}{\mathrm{d}x}=-\frac{G_x}{G_y}=\frac{\frac{\partial f}{\partial x}+\frac{\partial f}{\partial t}\frac{\partial t}{\partial x}}{1-\frac{\partial f}{\partial t}\frac{\partial t}{\partial y}}$，而 $t=t(x,y)$ 恰好可由 $F(x,y,t)=0$ 确定的隐函数，那么 $\frac{\partial t}{\partial x}$ 和 $\frac{\partial t}{\partial y}$ 可根据隐函数求偏导方法求得.

解法1　因为 $t=t(x,y)$ 由方程 $F(x,y,t)=0$ 所确定的函数，所以

$$\frac{\partial t}{\partial x}=-\frac{F_x}{F_t},\quad \frac{\partial t}{\partial y}=-\frac{F_y}{F_t}. \tag{1}$$

由 $y=f(x,t)$，$t=t(x,y)$ 和复合函数的求偏导的法则，得

$$\frac{\mathrm{d}y}{\mathrm{d}x}=\frac{\partial f}{\partial x}+\frac{\partial f}{\partial t}\left(\frac{\partial t}{\partial x}+\frac{\partial t}{\partial y}\frac{\mathrm{d}y}{\mathrm{d}x}\right)=\frac{\partial f}{\partial x}+\frac{\partial f}{\partial t}\frac{\partial t}{\partial x}+\frac{\partial f}{\partial t}\frac{\partial t}{\partial y}\frac{\mathrm{d}y}{\mathrm{d}x}.$$

即

$$\frac{\mathrm{d}y}{\mathrm{d}x}=\frac{\frac{\partial f}{\partial x}+\frac{\partial f}{\partial t}\frac{\partial t}{\partial x}}{1-\frac{\partial f}{\partial t}\frac{\partial t}{\partial y}}. \tag{2}$$

于是，将式(1)代入式(2)，得

$$\frac{\mathrm{d}y}{\mathrm{d}x}=\frac{\frac{\partial f}{\partial x}-\frac{\partial f}{\partial t}\frac{F_x}{F_t}}{1+\frac{\partial f}{\partial t}\frac{F_y}{F_t}}.$$

解法2　令 $G(x,y)=f(x,t)-y=0$，则 $G_x=\frac{\partial f}{\partial x}+\frac{\partial f}{\partial t}\frac{\partial t}{\partial x}$，$G_y=\frac{\partial f}{\partial t}\frac{\partial t}{\partial y}-1$. 应用隐函数求导公式，那么由方程 $G(x,y)=0$ 确定的 y 是 x 函数的导数为

$$\frac{\mathrm{d}y}{\mathrm{d}x}=-\frac{G_x}{G_y}=\frac{\frac{\partial f}{\partial x}+\frac{\partial f}{\partial t}\frac{\partial t}{\partial x}}{1-\frac{\partial f}{\partial t}\frac{\partial t}{\partial y}}. \tag{1}$$

因为 t 是由方程 $F(x,y,t)=0$ 所确定的 x，y 的函数，所以，应用隐函数求偏导公式，得

$$\frac{\partial t}{\partial x}=-\frac{F_x}{F_t},\ \frac{\partial t}{\partial y}=-\frac{F_y}{F_t}. \tag{2}$$

将式(2)代入式(1)，得

$$\frac{\mathrm{d}y}{\mathrm{d}x}=\frac{\frac{\partial f}{\partial x}+\frac{\partial f}{\partial t}\frac{F_x}{F_t}}{1-\frac{\partial f}{\partial t}\frac{F_y}{F_t}}.$$

【例8】　设 $x=\mathrm{e}^u\cos v$，$y=\mathrm{e}^u\sin v$，$z=uv$. 试求 $\frac{\partial z}{\partial x}$，$\frac{\partial z}{\partial y}$.

分析　由于 $z=uv$，u，v 是 x 和 y 的函数，即中间变量，所以，按照复合函数求偏导的链

式法则，得

$$\frac{\partial z}{\partial x}=\frac{\partial z}{\partial u}\frac{\partial u}{\partial x}+\frac{\partial z}{\partial v}\frac{\partial v}{\partial x}=v\frac{\partial u}{\partial x}+u\frac{\partial v}{\partial x},\tag{1}$$

$$\frac{\partial z}{\partial y}=\frac{\partial z}{\partial u}\frac{\partial u}{\partial y}+\frac{\partial z}{\partial v}\frac{\partial v}{\partial y}=v\frac{\partial u}{\partial y}+u\frac{\partial v}{\partial y}.\tag{2}$$

由式(1)和式(2)可知，求 $\frac{\partial z}{\partial x}$，$\frac{\partial z}{\partial y}$就归结为求函数 u，v 对 x，y 的偏导数的问题. 由于函数 u，v 是由方程 $F(x, y, u, v)=x-e^{u}\cos v$ 和 $G(x, y, u, v)=y-e^{u}\sin v$ 确定的 x，y 的函数，因此可根据由方程组

$$\begin{cases}F(x, y, u, v)=0\\G(x, y, u, v)=0\end{cases}$$

求出 u，v 对 x，y 的偏导数，即可归结为框图 8 中的线路 2→ 22 的计算问题.

解 （1）方程组两端同时对 x，y 求偏导，得

$$\begin{cases}e^{u}\cos v\frac{\partial u}{\partial x}-e^{u}\sin v\frac{\partial v}{\partial x}=1\\e^{u}\sin v\frac{\partial u}{\partial x}-e^{u}\cos v\frac{\partial v}{\partial x}=0\end{cases},\tag{3}$$

$$\begin{cases}e^{u}\cos v\frac{\partial u}{\partial y}-e^{u}\sin v\frac{\partial v}{\partial y}=0\\e^{u}\sin v\frac{\partial u}{\partial y}-e^{u}\cos v\frac{\partial v}{\partial y}=1\end{cases}.\tag{4}$$

（2）以 $\frac{\partial u}{\partial x}$，$\frac{\partial v}{\partial x}$，$\frac{\partial v}{\partial y}$，$\frac{\partial u}{\partial y}$ 为变量，分别解方程组(3)和方程组(4)，得

$$\frac{\partial u}{\partial x}=e^{-u}\cos v,\quad \frac{\partial v}{\partial x}=-e^{-u}\sin v,\quad \frac{\partial u}{\partial y}=-e^{-u}\sin v,\quad \frac{\partial v}{\partial y}=e^{-u}\cos v.$$

（3）将 $\frac{\partial u}{\partial x}$，$\frac{\partial v}{\partial x}$，$\frac{\partial u}{\partial y}$，$\frac{\partial v}{\partial y}$ 代入式(1)和式(2)，求得

$$\frac{\partial z}{\partial x}=(v\cos v-u\sin v)e^{-u},\quad \frac{\partial z}{\partial y}=(u\cos v-v\sin v)e^{-u}.$$

十、二重积分的计算方法

1. 解题方法流程图

计算二重积分主要应用直角坐标与极坐标两种方法，在直角坐标系下进行计算的关键是首先判别区域 D 的类型(X-型或 Y-型)，然后把二重积分转化为关于 x 和 y 的二次积分. 而应用极坐标进行计算，关键是判别被积函数 $f(x, y)$ 及区域 D 所具有的特点，如果被积函数 $f(x, y)=g(x^2+y^2)$ 或积分区域是圆域(圆域的一部分)，则把二重积分转化为关于 ρ 和 θ

的二次积分. 关于二重积分的解题方法流程图如框图 9 所示.

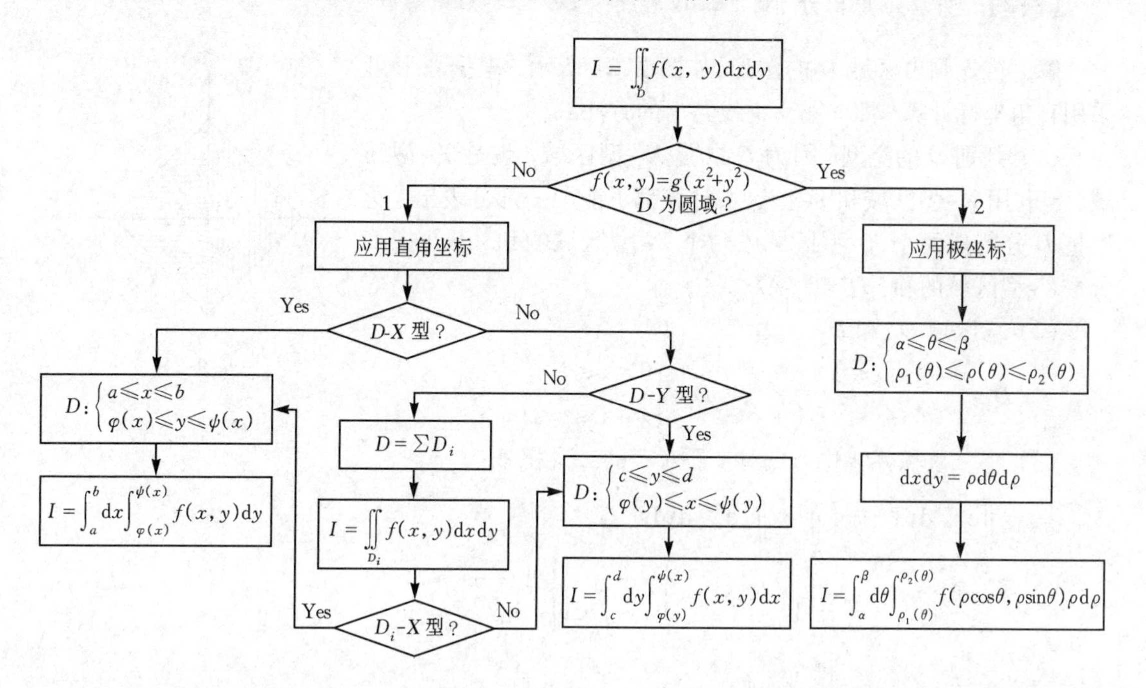

框图 9

2. 应用举例

【例 1】 计算二重积分 $\iint\limits_D \frac{x^2}{y^2}\mathrm{d}x\mathrm{d}y$，其中 D 由直线 $x=2$，$y=x$ 及曲线 $xy=1$ 所围成.

解 首先画出区域 D 的图形，如图Ⅱ-23 所示，根据图形可采用直角坐标计算，即框图 9 中线路 1 的方法.

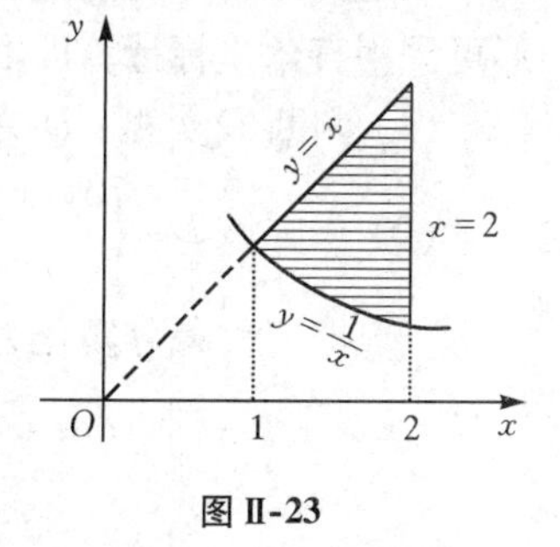

图Ⅱ-23

（1）判别 D 类型：D 为 X-型区域.

（2）求区域 D：$\begin{cases}1\leqslant x\leqslant 2\\ \frac{1}{x}\leqslant y\leqslant x\end{cases}$.

（3）把二重积分转化为先对 y 后对 x 的二次积分：

$$I=\iint\limits_D \frac{x^2}{y^2}\mathrm{d}x\mathrm{d}y=\int_1^2\mathrm{d}x\int_{\frac{1}{x}}^{x}\frac{x^2}{y^2}\mathrm{d}y=\int_1^2(x^3-x)\mathrm{d}x$$

$$=\left[\frac{x^4}{4}-\frac{x^2}{2}\right]_1^2=\frac{9}{4}.$$

【例2】 计算二重积分 $\iint\limits_D e^{x+y}\mathrm{d}x\mathrm{d}y$. 其中 D：$|x|+|y|\leqslant 1$.

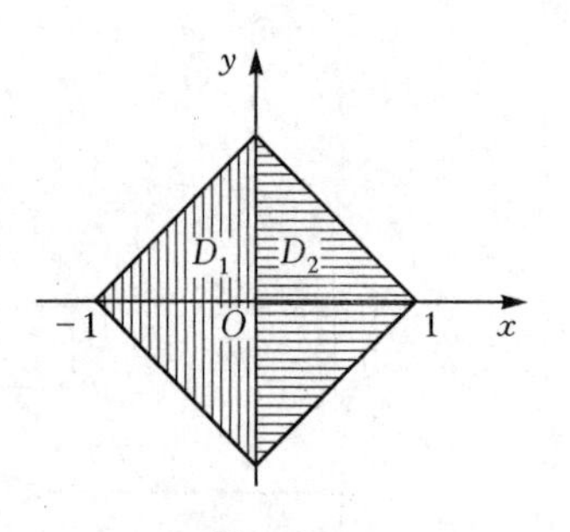

图Ⅱ-24

解 首先画出区域 D 的图形,如图Ⅱ-24 所示. 根据图形可采用直角坐标计算，即框图 9 中线路 1 的方法.

（1）判别 D 的类型. 因为 D 既是 X-型区域，也是 Y-型区域，但利用 X-型区域和 Y-型区域计算都不能用一部分表出，所以把 D 分割成两个 X-型区域或两个 Y-型区域的和. 不妨把 D 分成X-型区域的和，$D=D_1+D_2$.

（2）求区域 D_1 和 D_2.

$$D_1:\begin{cases}-1\leqslant x\leqslant 0\\ -1-x\leqslant y\leqslant 1+x\end{cases},\quad D_2:\begin{cases}0\leqslant x\leqslant 1\\ x-1\leqslant y\leqslant 1-x\end{cases}.$$

（3）将二重积分转化为先对 y 后对 x 的二次积分：

$$\begin{aligned}\iint\limits_D e^{x+y}\mathrm{d}x\mathrm{d}y &= \Big(\iint\limits_{D_1}+\iint\limits_{D_2}\Big)e^{x+y}\mathrm{d}x\mathrm{d}y\\ &=\int_{-1}^{0}\mathrm{d}x\int_{-1-x}^{1+x}e^{x+y}\mathrm{d}y+\int_0^1\mathrm{d}x\int_{x-1}^{1-x}e^{x+y}\mathrm{d}y\\ &=\int_{-1}^{0}e^x\mathrm{d}x\int_{-1-x}^{1+x}e^{y}\mathrm{d}y+\int_0^1 e^x\mathrm{d}x\int_{x-1}^{1-x}e^{y}\mathrm{d}y\\ &=e-e^{-1}.\end{aligned}$$

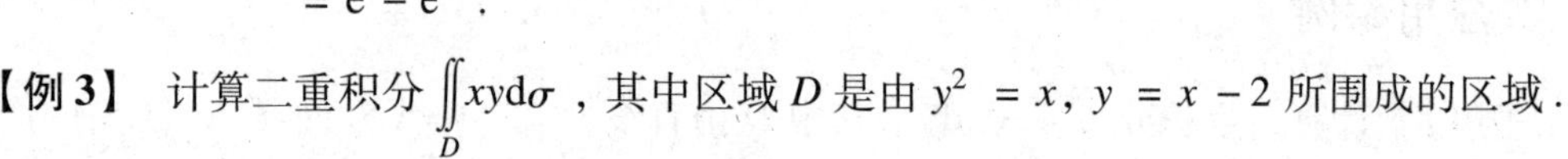
【例3】 计算二重积分 $\iint\limits_D xy\mathrm{d}\sigma$，其中区域 D 是由 $y^2=x$，$y=x-2$ 所围成的区域.

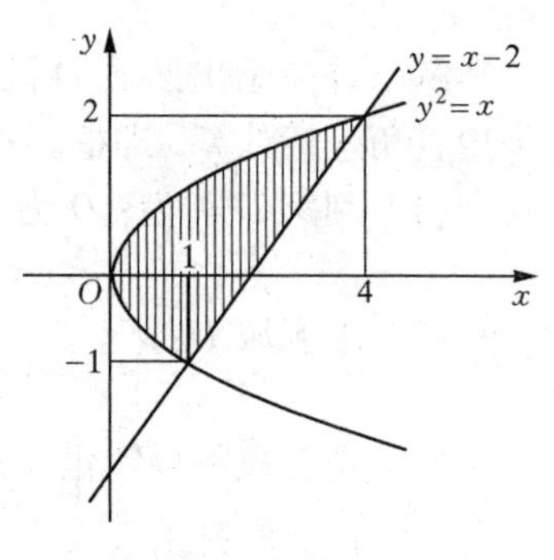

图Ⅱ-25

解法1 首先画出区域 D 的图形，如图Ⅱ-25 所示，根据图形可采用直角坐标计算即框图 9 中线路 1 的方法.

（1）判断 D 类型：D 为 Y-型区域.

（2）求区域 D：$\begin{cases}0\leqslant x\leqslant 1\\ -1\leqslant y\leqslant 2\end{cases}$.

（3）把二重积分转化为先对 x 后对 y 的二次积分：

$$\begin{aligned}I&=\iint\limits_D xy\mathrm{d}\sigma=\int_{-1}^{2}y\mathrm{d}y\int_{y^2}^{y+2}x\mathrm{d}x\\ &=\frac{1}{2}\int_{-1}^{2}y[(y+2)^2-y^4]\mathrm{d}y\\ &=\frac{45}{8}.\end{aligned}$$

解法 2　先求得交点(1，-1)，(4，2)，如图Ⅱ-26 所示．

(1) 判断 D 类型：D 也可看作 X－型区域．

(2) 求区域 D_1 和 D_2：

$$D_1:\begin{cases}0\leqslant x\leqslant 1\\ -\sqrt{x}\leqslant y\leqslant\sqrt{x}\end{cases},\quad D_2:\begin{cases}1\leqslant x\leqslant 4\\ x-2\leqslant y\leqslant\sqrt{x}\end{cases}.$$

(3) 将二重积分转化为先对 y 后对 x 的二次积分：

$$I=\iint\limits_D xyd\sigma=\int_0^1 x\mathrm{d}x\int_{-\sqrt{x}}^{\sqrt{x}}y\mathrm{d}y+\int_1^4 x\mathrm{d}x\int_{x-2}^{\sqrt{x}}y\mathrm{d}y$$

$$=\frac{1}{2}\int_1^4 x[x-(x-2)^2]\mathrm{d}x=\frac{45}{8}.$$

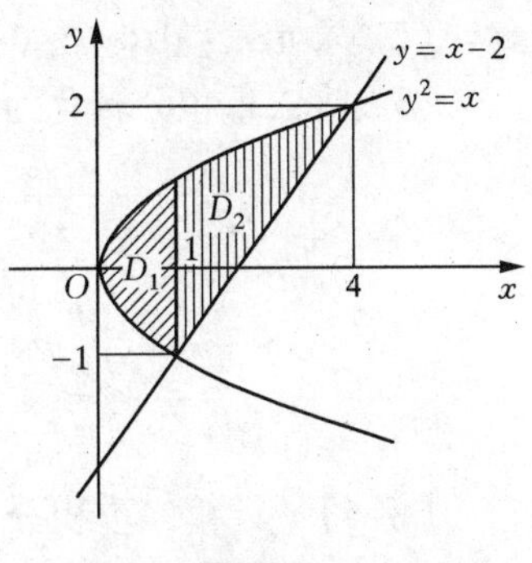

图Ⅱ-26

【例 4】　计算二重积分 $\iint\limits_D \frac{y}{x}\mathrm{d}x\mathrm{d}y$．其中 D 是由 $x^2+y^2=1$，$x^2+y^2=4$，$y=x$ 和 $y=0$ 所围成的闭区域.

解　画出区域 D 的图形，如图Ⅱ-27 所示. 由于积分区域 D 为扇形区域的一部分，因此可用极坐标方法进行计算.

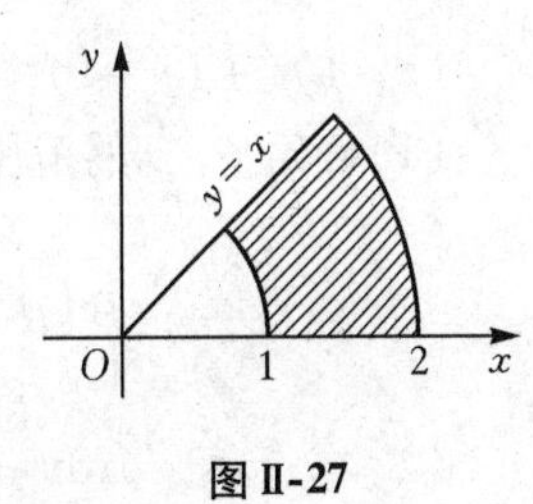

图Ⅱ-27

(1) 确定 θ，ρ 的范围，求区域 D：

$$D:\begin{cases}0\leqslant\theta\leqslant\frac{\pi}{4}\\ 1\leqslant\rho\leqslant 2\end{cases}.$$

(2) 求元素：$\mathrm{d}x\mathrm{d}y=\rho\mathrm{d}\theta\mathrm{d}\rho$.

(3) 将二重积分转化为先对 ρ 后对 θ 的二次积分：

$$\iint\limits_D\frac{y}{x}\mathrm{d}x\mathrm{d}y=\iint\limits_D\rho\tan\theta\mathrm{d}\theta\mathrm{d}\rho=\int_0^{\frac{\pi}{4}}\tan\theta\mathrm{d}\theta\int_1^2\rho\mathrm{d}\rho=-\frac{3}{2}\int_0^{\frac{\pi}{4}}\frac{\mathrm{d}(\cos\theta)}{\cos\theta}$$

$$=-\frac{3}{2}\left[\ln|\cos\theta|\right]_0^{\frac{\pi}{4}}=-\frac{3}{2}\ln\frac{\sqrt{2}}{2}.$$

【例 5】　计算二重积分 $\iint\limits_D\sqrt{R^2-x^2-y^2}\mathrm{d}x\mathrm{d}y$. 其中 D 是由 $x^2+y^2=Rx$ 所围成的闭区域.

解　画出区域 D 的图形，如图Ⅱ-28 所示. 由于被积函数 $f(x,y)=\sqrt{R^2-x^2-y^2}=g(x^2+y^2)$，且区域 D 为圆域，因此可用极坐标方法进行计算.

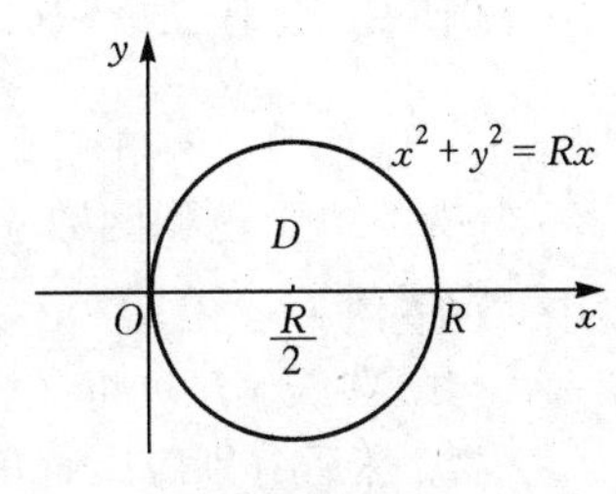

图Ⅱ-28

(1) 确定 θ，ρ 的范围，求区域 D：

$$D:\begin{cases}-\frac{\pi}{2}\leqslant\theta\leqslant\frac{\pi}{2}\\ 0\leqslant\rho\leqslant R\cos\theta\end{cases}.$$

（2）求元素：$\mathrm{d}x\mathrm{d}y=\rho\mathrm{d}\theta\mathrm{d}\rho$.

（3）将二重积分转化为先对 ρ 后对 θ 的二次积分：

$$\iint\limits_D\sqrt{R^2-x^2-y^2}\,\mathrm{d}x\mathrm{d}y=\iint\limits_D\sqrt{R^2-\rho^2}\,\rho\mathrm{d}\theta\mathrm{d}\rho=\int_{-\frac{\pi}{2}}^{\frac{\pi}{2}}\mathrm{d}\theta\int_0^{R\cos\theta}\sqrt{R^2-\rho^2}\,\rho\mathrm{d}\rho$$

$$=\int_{-\frac{\pi}{2}}^{\frac{\pi}{2}}\left[-\frac{1}{3}R^3\left|\sin^3\theta\right|+\frac{1}{3}R^3\right]\mathrm{d}\theta=\frac{1}{3}R^3\pi-\frac{4}{9}R^3.$$

【例 6】 计算二重积分 $\iint\limits_D(x-y)\mathrm{d}\sigma$，其中

$$D=\{(x,y)\mid(x-1)^2+(y-1)^2\leqslant 2,\ y\geqslant x\}.$$

解 画出区域 D 的图形，如图Ⅱ-29 所示，由于积分区域 D 为圆的一部分，因此可用极坐标方法进行计算.

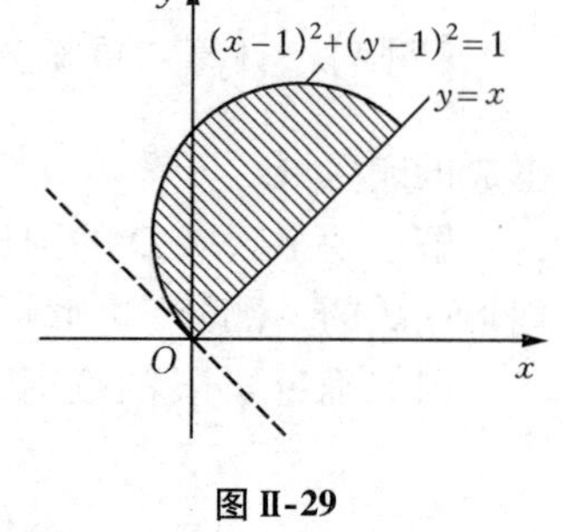

图Ⅱ-29

注意：切线 $\theta=\dfrac{3\pi}{4}$.

$(x-1)^2+(y-1)^2=2$ 的极坐标方程为 $\rho=2(\cos\theta+\sin\theta)$.

(1)确定 θ, ρ 的范围，求区域 D：

$$D:\begin{cases}\dfrac{\pi}{4}\leqslant\theta\leqslant\dfrac{3}{4}\pi\\0\leqslant\rho\leqslant 2(\cos\theta+\sin\theta)\end{cases}.$$

（2）求元素：$\mathrm{d}x\mathrm{d}y=\rho\mathrm{d}\theta\mathrm{d}\rho$.

（3）将二重积分转化为先对 ρ 后对 θ 的二次积分：

$$\iint\limits_D(x-y)\mathrm{d}\sigma=\int_{\frac{\pi}{4}}^{\frac{3}{4}\pi}\mathrm{d}\theta\int_0^{2(\cos\theta+\sin\theta)}\rho(\cos\theta-\sin\theta)\cdot\rho\mathrm{d}\rho$$

$$=\frac{1}{3}\int_{\frac{\pi}{4}}^{\frac{3}{4}\pi}(\cos\theta-\sin\theta)[2(\cos\theta+\sin\theta)]^3\mathrm{d}\theta$$

$$=\frac{8}{3}\cdot\frac{1}{4}[(\cos\theta+\sin\theta)^4]\Big|_{\frac{\pi}{4}}^{\frac{3}{4}\pi}=-\frac{8}{3}.$$

【例 7】 计算二重积分 $\iint\limits_D\sqrt{|y-x^2|}\,\mathrm{d}x\mathrm{d}y$，其中 D 为：$0\leqslant x\leqslant 1$，$0\leqslant y\leqslant 2$.

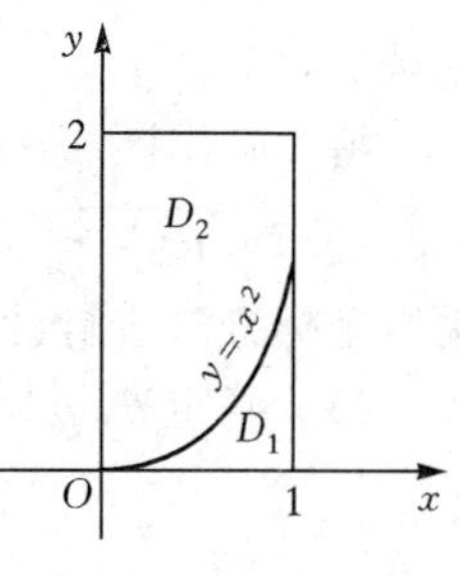

图Ⅱ-30

分析 由于被积函数 $\sqrt{|y-x^2|}$ 中含有绝对值，所以首先在给定的区域 D 内，求出 $\sqrt{|y-x^2|}$ 的解析表达式，即去掉绝对值，令 $y-x^2=0$，曲线 $y=x^2$ 将区域 D 分成两部分 D_1 和 D_2，而 D_1 和 D_2 均为 X-型，然后分别应用直角坐标进行计算.

解 画出区域 D 的图形，如图Ⅱ-30 所示，$D=D_1+D_2$.

设　$D_1: 0 \leqslant y \leqslant x^2, 0 \leqslant x \leqslant 1, D_2: x^2 \leqslant y \leqslant 2, 0 \leqslant x \leqslant 1$，则

$$\iint_D \sqrt{|y-x^2|}\,\mathrm{d}x\mathrm{d}y = \iint_{D_1} \sqrt{|y-x^2|}\,\mathrm{d}x\mathrm{d}y + \iint_{D_2} \sqrt{|y-x^2|}\,\mathrm{d}x\mathrm{d}y.$$

由于 $\sqrt{|y-x^2|} = \begin{cases} \sqrt{x^2-y}, (x, y) \in D_1 \\ \sqrt{y-x^2}, (x, y) \in D_2 \end{cases}$，而且 D_1 和 D_2 均是 X-型区域，所以把二重积分转化为先对 y 后 x 对的二次积分：

$$\begin{aligned} \iint_D \sqrt{|y-x^2|}\,\mathrm{d}x\mathrm{d}y &= \iint_{D_1} \sqrt{y-x^2}\,\mathrm{d}x\mathrm{d}y + \iint_{D_2} \sqrt{x^2-y}\,\mathrm{d}x\mathrm{d}y \\ &= \int_0^1 \mathrm{d}x \int_0^{x^2} (\sqrt{x^2-y})\,\mathrm{d}y + \int_0^1 \mathrm{d}x \int_{x^2}^2 (\sqrt{y-x^2})\,\mathrm{d}y \\ &= \int_0^1 \frac{2}{3}x^3\,\mathrm{d}x + \int_0^1 \left[\frac{2}{3}(2-x^2)^{\frac{3}{2}}\right]\mathrm{d}x \\ &= \frac{5}{6} + \frac{\pi}{8}. \end{aligned}$$

【例 8】　计算二重积分 $\iint_D xy\lfloor 1+x^2+y^2 \rfloor\,\mathrm{d}x\mathrm{d}y$，其中 $D: x^2+y^2 \leqslant \sqrt{2}, x \geqslant 0$ 和 $y \geqslant 0$；$\lfloor 1+x^2+y^2 \rfloor$ 表示不超过 $1+x^2+y^2$ 的最大整数.

分析　由于被积函数为 $\lfloor 1+x^2+y^2 \rfloor$，所以需在给定的区域 D 内，求出 $\lfloor 1+x^2+y^2 \rfloor$ 的解析表达式，即首先去掉取整符号，才能计算积分. 由于被积函数是 x^2+y^2 的函数，且积分区域为圆形区域的一部分，所以应用极坐标方法计算.

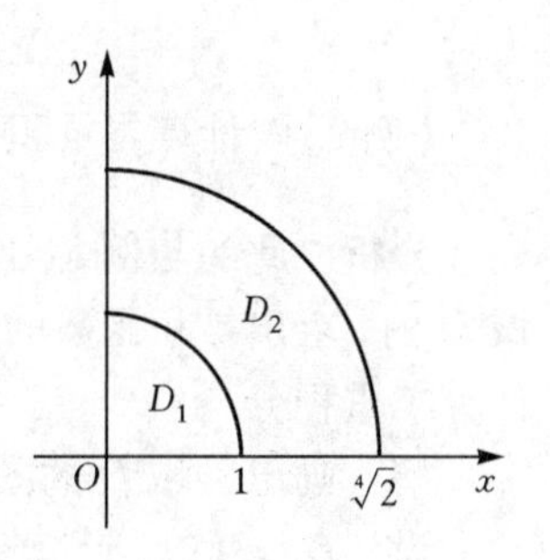

图Ⅱ-31

解法 1　画出区域 D 的图形，如图Ⅱ-31 所示. 先把二重积分化成极坐标，然后去掉取整符号 $\lfloor\ \rfloor$ 进行计算.

（1）确定 θ, ρ 的范围，求出区域 D：

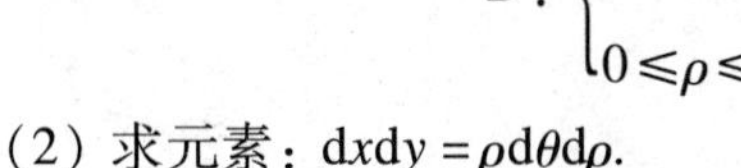

$$D: \begin{cases} 0 \leqslant \theta \leqslant \dfrac{\pi}{2} \\ 0 \leqslant \rho \leqslant \sqrt[4]{2} \end{cases}.$$

（2）求元素：$\mathrm{d}x\mathrm{d}y = \rho\,\mathrm{d}\theta\mathrm{d}\rho$.

（3）转化为先对 ρ 后对 θ 的二次积分：

$$\begin{aligned} \iint_D xy\lfloor 1+x^2+y^2 \rfloor\,\mathrm{d}x\mathrm{d}y &= \int_0^{\frac{\pi}{2}} \mathrm{d}\theta \int_0^{\sqrt[4]{2}} \rho^3 \sin\theta\cos\theta \lfloor 1+\rho^2 \rfloor\,\mathrm{d}\rho \\ &= \int_0^{\frac{\pi}{2}} \sin\theta\cos\theta\,\mathrm{d}\theta \int_0^{\sqrt[4]{2}} \rho^3 \lfloor 1+\rho^2 \rfloor\,\mathrm{d}\rho \\ &= \frac{1}{2}\int_0^{\sqrt[4]{2}} \rho^3 \lfloor 1+\rho^2 \rfloor\,\mathrm{d}\rho. \end{aligned}$$

由于
$$\lfloor 1+\rho^2 \rfloor=\begin{cases}1, & 0\leqslant\rho<1\\ 2, & 1\leqslant\rho\leqslant\sqrt[4]{2}\end{cases},$$

所以
$$\iint_D xy\lfloor 1+x^2+y^2\rfloor \mathrm{d}x\mathrm{d}y=\frac{1}{2}\int_0^{\sqrt[4]{2}}\rho^3\lfloor 1+\rho^2\rfloor \mathrm{d}\rho$$
$$=\frac{1}{2}\int_0^1\rho^3\mathrm{d}\rho+\int_0^{\sqrt[4]{2}}\rho^3\mathrm{d}\rho=\frac{3}{8}.$$

解法2 先去掉取整符号，然后应用极坐标方法计算二重积分.

记 D_1: $x^2+y^2\leqslant 1$, $x\geqslant 0$ 和 $y\geqslant 0$,

D_2: $1\leqslant x^2+y^2\leqslant\sqrt[4]{2}$, $x\geqslant 0$ 和 $y\geqslant 0$.

则有
$$\lfloor 1+x^2+y^2\rfloor=\begin{cases}1, & (x, y)\in D_1\\ 2, & (x, y)\in D_2\end{cases}.$$

于是
$$\iint_D xy\lfloor 1+x^2+y^2\rfloor \mathrm{d}x\mathrm{d}y=\iint_{D_1}xy\mathrm{d}x\mathrm{d}y+\iint_{D_2}2xy\mathrm{d}x\mathrm{d}y$$
$$=\int_0^{\frac{\pi}{2}}\mathrm{d}\theta\int_0^1\rho^3\sin\theta\cos\theta\mathrm{d}\rho+2\int_0^{\frac{\pi}{2}}\mathrm{d}\theta 2\int_1^{\sqrt[4]{2}}\rho^3\sin\theta\cos\theta\mathrm{d}\rho$$
$$=\frac{1}{8}+\frac{1}{4}=\frac{3}{8}.$$

【例9】 计算二重积分 $\iint_D \mathrm{e}^{\max\{x^2, y^2\}}\mathrm{d}x\mathrm{d}y$，其中 $D=\left\{(x, y)\,\middle|\,0\leqslant x\leqslant 1, 0\leqslant y\leqslant 1\right\}$.

分析 此题与例5、例6的解题思路一样，首先在给定的积分区域 D 内，求出被积函数的解析表达式，即去掉最大值符号 max，然后计算二重积分.

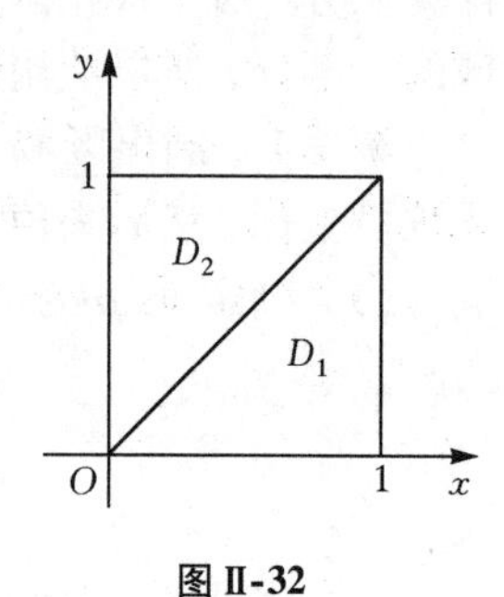

图Ⅱ-32

解 画出区域 D 的图形，如图Ⅱ-32 所示. $D=D_1+D_2$.

设 $D_1=\{(x, y)\mid 0\leqslant x\leqslant 1, 0\leqslant y\leqslant x\}$,

$D_2=\{(x, y)\mid 0\leqslant x\leqslant 1, x\leqslant y\leqslant 1\}$,

则
$$\mathrm{e}^{\max\{x^2, y^2\}}=\begin{cases}\mathrm{e}^{x^2}, & (x, y)\in D_1\\ \mathrm{e}^{y^2}, & (x, y)\in D_2\end{cases}.$$

于是
$$\iint_D \mathrm{e}^{\max\{x^2, y^2\}}\mathrm{d}x\mathrm{d}y=\iint_{D_1}\mathrm{e}^{x^2}\mathrm{d}x\mathrm{d}y+\iint_{D_2}\mathrm{e}^{y^2}\mathrm{d}x\mathrm{d}y$$
$$=\int_0^1\mathrm{d}x\int_0^x\mathrm{e}^{x^2}\mathrm{d}y+\int_0^1\mathrm{d}y\int_0^y\mathrm{e}^{y^2}\mathrm{d}x$$
$$=2\int_0^1 x\mathrm{e}^{x^2}\mathrm{d}x=\mathrm{e}-1.$$

十一、交换二次积分次序的方法

1. 解题方法流程图

改变二次积分的次序，其实质是把二重积分化为二次积分的逆问题. 改变积分次序应首先对给定的二次积分求出其对应的二重积分的积分区域 D，其次要判断 D 的类型，然后根据 D 的类型，将二重积分化为另一次序的二次积分. 解题方法流程图如框图 10 所示.

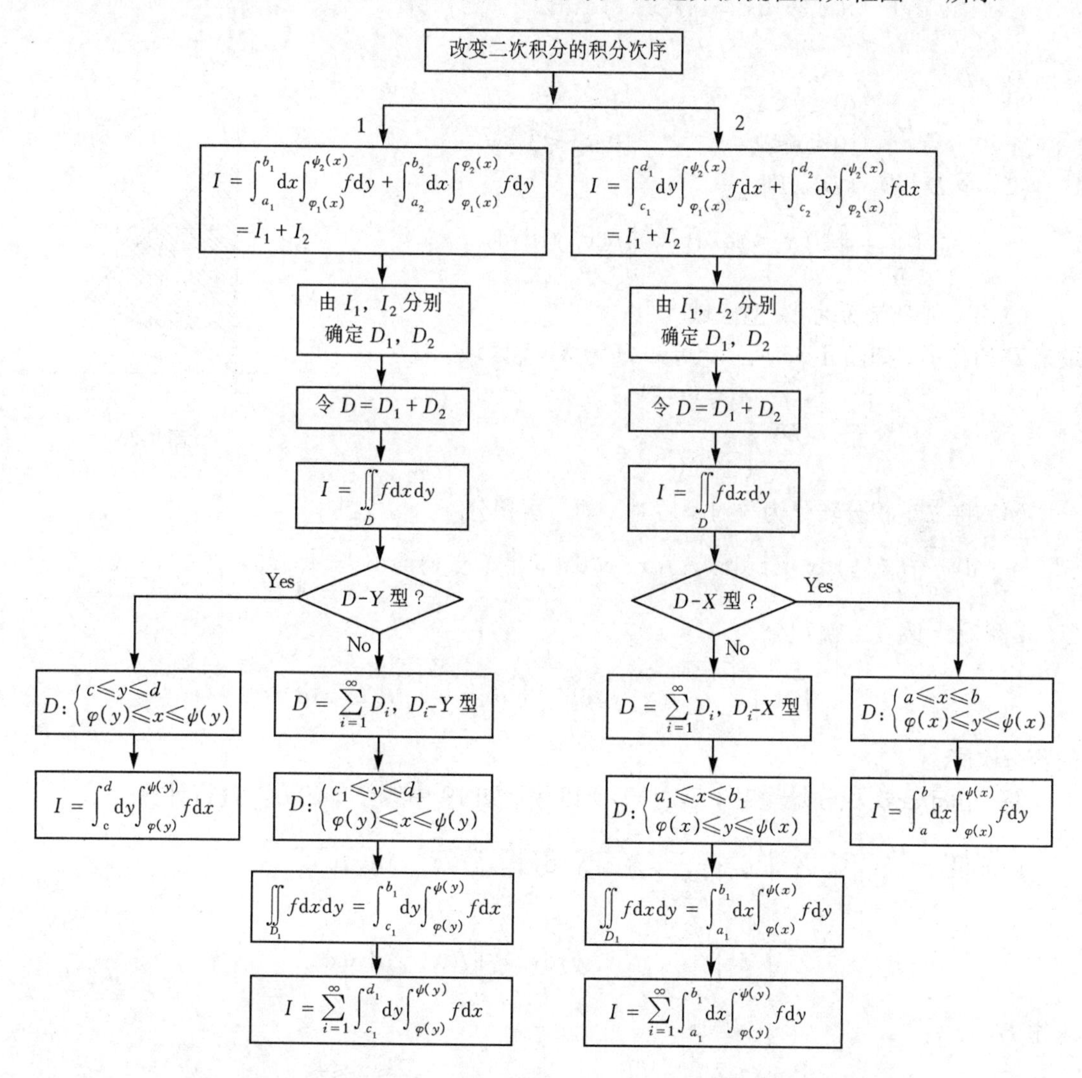

框图 10

2. 应用举例

【例 1】 改变二次积分 $\int_0^1 \mathrm{d}y\int_0^{2y} f(x, y)\,\mathrm{d}x + \int_1^3 \mathrm{d}y\int_0^{3-y} f(x, y)\,\mathrm{d}x$ 的积分次序.

解 由于二次积分是先对 x 后对 y，所以按框图 10 线路 2 的方法计算.

(1) 设 $\int_0^1 \mathrm{d}y\int_0^{2y} f(x, y)\,\mathrm{d}x = \iint\limits_{D_1} f(x, y)\,\mathrm{d}x\mathrm{d}y$,

$$\int_1^3 \mathrm{d}y\int_0^{3-y} f(x, y)\,\mathrm{d}x = \iint\limits_{D_2} f(x, y)\,\mathrm{d}x\mathrm{d}y.$$

求出 D_1, D_2:

$$D_1: \begin{cases} 0 \leqslant y \leqslant 1 \\ 0 \leqslant x \leqslant 2y \end{cases}, \quad D_2: \begin{cases} 1 \leqslant y \leqslant 3 \\ 0 \leqslant x \leqslant 3-y \end{cases}.$$

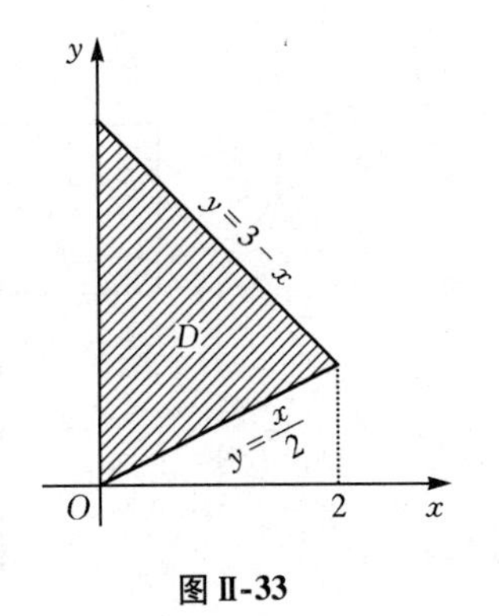

图Ⅱ-33

(2) 令 $D = D_1 + D_2$，则

$$\left(\iint\limits_{D_1} + \iint\limits_{D_2}\right) f(x, y)\,\mathrm{d}x\mathrm{d}y = \iint\limits_{D} f(x, y)\,\mathrm{d}x\mathrm{d}y.$$

(3) 判别 D 是否为 X-型区域.

画出 D 的图形，如图Ⅱ-33 所示，可知 D 为 X-型区域，且

$$D: \begin{cases} 0 \leqslant x \leqslant 2 \\ \dfrac{x}{2} \leqslant y \leqslant 3-x \end{cases}.$$

(4) 将二重积分转化为先对 y 后对 x 的二次积分.

$$\int_0^1 \mathrm{d}y\int_0^{2y} f(x, y)\,\mathrm{d}x + \int_1^3 \mathrm{d}y\int_0^{3-y} f(x, y)\,\mathrm{d}x = \iint\limits_{D} f(x, y)\,\mathrm{d}x\mathrm{d}y = \int_0^2 \mathrm{d}x\int_{\frac{x}{2}}^{3-x} f(x, y)\,\mathrm{d}y.$$

【例 2】 改变二次积分

$$\int_0^2 \mathrm{d}x\int_{\sqrt{2x-x^2}}^{\sqrt{4x-x^2}} f(x, y)\,\mathrm{d}y + \int_2^4 \mathrm{d}x\int_0^{\sqrt{4x-x^2}} f(x, y)\,\mathrm{d}y$$

的积分次序.

解 由于二次积分是先对 y 后对 x，所以按框图 10 中线路 1 的方法进行计算.

(1) 设

$$\int_0^2 \mathrm{d}x\int_{\sqrt{2x-x^2}}^{\sqrt{4x-x^2}} f(x, y)\,\mathrm{d}y = \iint\limits_{D_1} f(x, y)\,\mathrm{d}y\mathrm{d}x,$$

$$\int_2^4 \mathrm{d}x\int_0^{\sqrt{4x-x^2}} f(x, y)\,\mathrm{d}y = \iint\limits_{D_2} f(x, y)\,\mathrm{d}y\mathrm{d}x.$$

求出 D_1, D_2:

$$D_1: \begin{cases} 0 \leqslant x \leqslant 2 \\ \sqrt{2x-x^2} \leqslant y \leqslant \sqrt{4x-x^2} \end{cases}, \quad D_2: \begin{cases} 2 \leqslant x \leqslant 4 \\ 0 \leqslant y \leqslant \sqrt{4x-x^2} \end{cases}.$$

（2）令 $D=D_1+D_2$，则

$$\iint_D f(x,\ y)\,\mathrm{d}x\mathrm{d}y=\left(\iint_{D_1}+\iint_{D_2}\right)f(x,\ y)\,\mathrm{d}x\mathrm{d}y.$$

（3）判别 D 是否为 Y-型区域．画出 D 的图形，如图Ⅱ-34所示，可知 D 是 Y-型区域，但需将 D 分成若干个 Y-型区域的和．令 $D=D_1+D_2+D_3$，其中：

$$D_1:\begin{cases}0\leqslant y\leqslant 1\\ 2-\sqrt{4-y^2}\leqslant x\leqslant 1-\sqrt{1-y^2}\end{cases},$$

$$D_2:\begin{cases}0\leqslant y\leqslant 1\\ 1+\sqrt{1-y^2}\leqslant x\leqslant 2+\sqrt{4-y^2}\end{cases},$$

$$D_3:\begin{cases}1\leqslant y\leqslant 2\\ 2-\sqrt{4-y^2}\leqslant x\leqslant 2+\sqrt{4-y^2}\end{cases}.$$

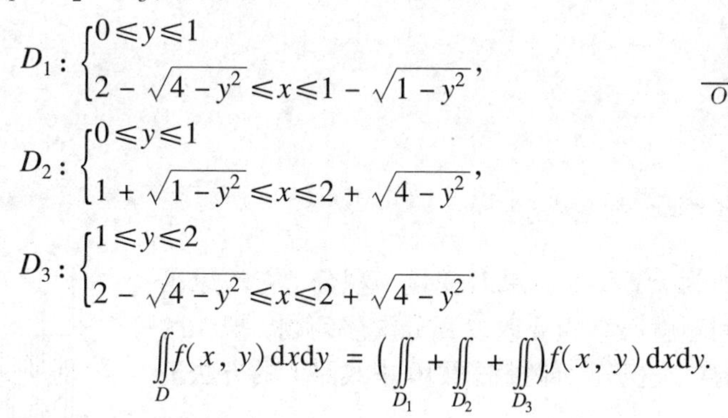

图Ⅱ-34

因此

$$\iint_D f(x,\ y)\,\mathrm{d}x\mathrm{d}y=\left(\iint_{D_1}+\iint_{D_2}+\iint_{D_3}\right)f(x,\ y)\,\mathrm{d}x\mathrm{d}y.$$

（4）将 $\iint_{D_1}f(x,\ y)\,\mathrm{d}x\mathrm{d}y$ 化成先对 x 后对 y 的二次积分：

$$\iint_{D_1}f(x,\ y)\,\mathrm{d}x\mathrm{d}y=\int_0^1\mathrm{d}y\int_{2-\sqrt{4-y^2}}^{1-\sqrt{1-y^2}}f(x,\ y)\,\mathrm{d}x;$$

$$\iint_{D_2}f(x,\ y)\,\mathrm{d}x\mathrm{d}y=\int_0^1\mathrm{d}y\int_{1+\sqrt{1-y^2}}^{2+\sqrt{4-y^3}}f(x,\ y)\,\mathrm{d}x;$$

$$\iint_{D_3}f(x,\ y)\,\mathrm{d}x\mathrm{d}y=\int_1^2\mathrm{d}y\int_{2-\sqrt{4-y^2}}^{2+\sqrt{4-y^2}}f(x,\ y)\,\mathrm{d}x.$$

于是

$$\iint_D f(x,\ y)\,\mathrm{d}x\mathrm{d}y=\int_0^1\mathrm{d}y\int_{2-\sqrt{4-y^2}}^{1-\sqrt{1-y^2}}f(x,\ y)\,\mathrm{d}x+\int_0^1\mathrm{d}y\int_{1+\sqrt{1-y^2}}^{2+\sqrt{4-y^2}}f(x,\ y)\,\mathrm{d}x+$$
$$\int_1^2\mathrm{d}y\int_{2-\sqrt{4-y^2}}^{2+\sqrt{4-y^2}}f(x,\ y)\,\mathrm{d}x.$$

【例3】　计算二次积分 $\int_0^1\mathrm{d}y\int_{\sqrt{y}}^1\mathrm{e}^{\frac{y}{x}}\,\mathrm{d}y$.

分析　由于被积函数为 $\mathrm{e}^{\frac{y}{x}}$，如果对变量 x 积分，它的原函数很难求出，所以计算问题就归结为改变积分次序问题，把原二次积分化为先对 y 后对 x 的二次积分，即框图10中线路2的方法进行计算．

解 由于 D 可以表示成 X-型区域，如图Ⅱ-35 所示.

$$D:\begin{cases}0\leqslant x\leqslant 1\\0\leqslant y\leqslant x^2.\end{cases}$$

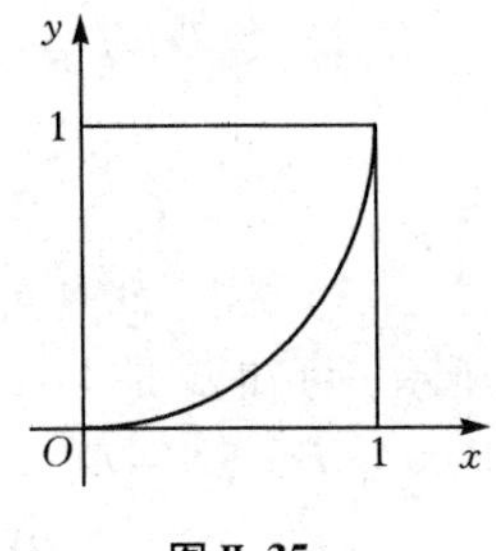

图Ⅱ-35

所以

$$\begin{aligned}\int_0^1 \mathrm{d}y\int_{\sqrt{y}}^1 \mathrm{e}^{\frac{y}{x}}\mathrm{d}y &= \int_0^1 \mathrm{d}x\int_0^{x^2}\mathrm{e}^{\frac{y}{x}}\mathrm{d}y = \int_0^1\left[x\cdot \mathrm{e}^{\frac{y}{x}}\right]\Big|_0^{x^2}\mathrm{d}x\\&=\int_0^1 (x\mathrm{e}^x - x)\,\mathrm{d}x = \left[x\mathrm{e}^x - \mathrm{e}^x - \frac{1}{2}x^2\right]\Big|_0^1\\&=\frac{1}{2}.\end{aligned}$$

【例 4】 计算 $\int_0^1 \mathrm{d}x\int_x^1 x^2\mathrm{e}^{-y^2}\mathrm{d}y.$

分析 由于被积函数为 $x^2\mathrm{e}^{-y^2}$，如果对变量 y 积分，它的原函数很难求出，所以计算问题就归结为要改变积分次序问题，把二次积分化成先对 x 后对 y 的二次积分，即按框图 10 中线路 1 的方法进行计算.

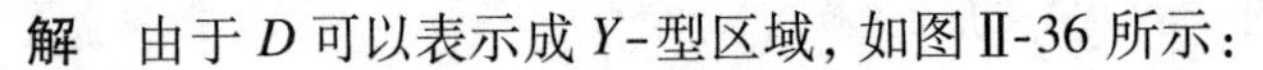

解 由于 D 可以表示成 Y-型区域，如图Ⅱ-36 所示：

$$D:\begin{cases}0\leqslant y\leqslant 1\\0\leqslant x\leqslant y,\end{cases}$$

图Ⅱ-36

所以

$$\begin{aligned}\int_0^1 \mathrm{d}x\int_x^1 x^2\mathrm{e}^{-y^2}\mathrm{d}y &= \int_0^1 \mathrm{d}y\int_0^y x^2\mathrm{e}^{-y^2}\mathrm{d}x = \int_0^1 \mathrm{e}^{-y^2}\left(\frac{x^3}{3}\right)\Big|_0^y \mathrm{d}y\\&=\int_0^1 \mathrm{e}^{-y^2}\frac{y^3}{3}\mathrm{d}y = \frac{1}{6}\int_0^1 \mathrm{e}^{-y^2}y^2\mathrm{d}y^2\\&\xlongequal{y^2=u}\frac{1}{6}\int_0^1 \mathrm{e}^{-u}u\mathrm{d}u = -\frac{1}{6}u\mathrm{e}^{-u}\Big|_0^1 + \frac{1}{6}\int_0^1 \mathrm{e}^{-u}\mathrm{d}u\\&=\frac{1}{6}-\frac{1}{3}\mathrm{e}^{-1}.\end{aligned}$$

【例 5】 计算 $\int_1^2 \mathrm{d}x\int_{\sqrt{x}}^x \sin\frac{\pi x}{2y}\mathrm{d}y + \int_2^4 \mathrm{d}x\int_{\sqrt{x}}^2 \sin\frac{\pi x}{2y}\mathrm{d}y.$

分析 由于被积函数为 $\sin\frac{\pi x}{2y}$，如果对变量 y 积分，它的原函数很难求出，所以此计算问题就归结为要改变积分次序问题，把原二次积分化成先对 x 后对 y 的二次积分，即按框图 10 中线路 1 的方法进行计算.

解 （1）求积分区域 D.

设 $$\int_1^2 dx\int_{\sqrt{x}}^x \sin\frac{\pi x}{2y}dy = \iint_{D_1}\sin\frac{\pi x}{2y}dxdy,$$

$$\int_2^4 dx\int_{\sqrt{x}}^2 \sin\frac{\pi x}{2y}dy = \iint_{D_2}\sin\frac{\pi x}{2y}dxdy.$$

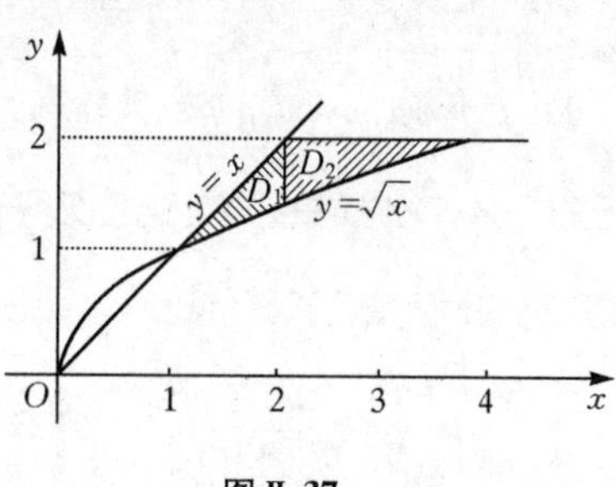

图Ⅱ-37

求出 D_1 和 D_2:

$$D_1: \begin{cases}1\leqslant x\leqslant 2\\ \sqrt{x}\leqslant y\leqslant x\end{cases},\quad D_2: \begin{cases}2\leqslant x\leqslant 4\\ \sqrt{x}\leqslant y\leqslant 2\end{cases}.$$

(2) 令 $D=D_1+D_2$, D（图Ⅱ-37）可以表示成 Y-型区域 D: $\begin{cases}1\leqslant y\leqslant 2\\ y\leqslant x\leqslant y^2\end{cases}$, 因此

$$\int_1^2 dx\int_{\sqrt{x}}^x \sin\frac{\pi x}{2y}dy + \int_2^4 dx\int_{\sqrt{x}}^2 \sin\frac{\pi x}{2y}dy = \iint_D \sin\frac{\pi x}{2y}dxdy$$

$$= \int_1^2 dy\int_y^{y^2}\sin\frac{\pi x}{2y}dx = \int_1^2 \frac{2y}{\pi}\left(-\cos\frac{\pi x}{2y}\right)\Bigg|_y^{y^2}dy$$

$$= -\int_1^2 \frac{2y}{\pi}\cos\frac{\pi y}{2}dy = \int_1^2 \frac{4y}{\pi^2}d\left(\sin\frac{\pi y}{2}\right)$$

$$= -\frac{4}{\pi^2}\left[y\sin\frac{\pi y}{2}\Bigg|_1^2 - \int_1^2 \sin\frac{\pi y}{2}dy\right]$$

$$= -\frac{4}{\pi^2}\left(\sin\frac{\pi}{2} + \frac{2}{\pi}\cos\frac{\pi y}{2}\right)\Bigg|_1^2$$

$$= \frac{4}{\pi^2}\left(1+\frac{2}{\pi}\right).$$

【例 6】 设 $f(x)$ 为连续函数, $F(t) = \int_1^t dy\int_y^t f(x)dx$, 求 $F'(2)$.

分析 如果令 $\int_y^t f(x)dx = g(y,t)$, 则 $F(t) = \int_1^t g(y,t)dy$, 由于被积函数 $g(y,t)$ 含有参变量 t, 所以不能对上限直接求导, 因此, 此问题可归结为交换积分次序问题.

解 积分区域 D 如图Ⅱ-38 所示.

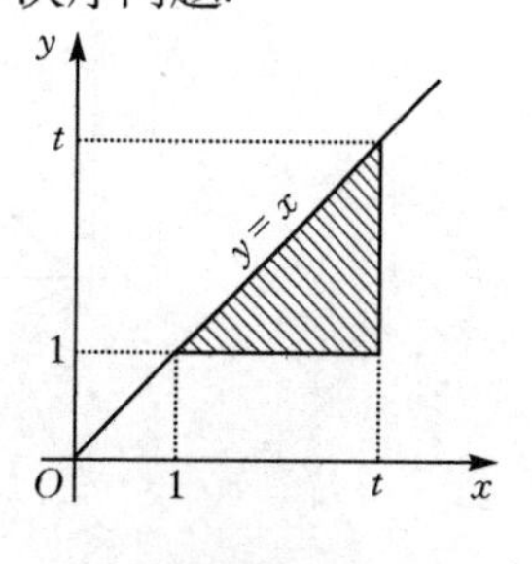

图Ⅱ-38

交换积分次序, 得

$$F(t) = \int_1^t dy\int_y^t f(x)dx = \int_1^t dx\int_1^x f(x)dy = \int_1^t (x-1)f(x)dx.$$

于是

$$F'(t) = \frac{d}{dt}\left[\int_1^t (x-1)f(x)dx\right] = (t-1)f(t).$$

从而有 $F'(2)=f(2)$.

注 在交换积分次序问题中，也包含把极坐标的二次积分换成直角坐标的二次积分问题. 例如：把 $\int_0^{\frac{\pi}{4}} \mathrm{d}\theta \int_0^1 f(\rho\cos\theta, \rho\sin\theta)\rho \mathrm{d}\rho$ 改成先对 y 后对 x 的二次积分，或把 $\int_0^{2a} \mathrm{d}x \int_0^{\sqrt{2ax-x^2}} f(x, y)\mathrm{d}y$ 改成先对 ρ 后对 θ 的二次积分. 其本质是把给定的二次积分首先转化成二重积分 $\iint\limits_D f(x, y)\mathrm{d}x\mathrm{d}y$，然后判别积分区域 D 的类型，最后化成相应的二次积分.

十二、三重积分的计算方法

1. 解题方法流程图

计算三重积分主要应用直角坐标、柱面坐标和球面坐标三种坐标计算. 通常要判别被积函数 $f(x, y, z)$ 和积分区域 Ω 所具有的特点. 如果被积函数 $f(x, y, z) = g(x^2+y^2+z^2)$，积分区域 Ω 的投影是圆域，则利用球面坐标计算；如果被积函数 $f(x, y, z) = g(z)$，则可采用先二后一法计算；如果被积函数 $f(x, y, z) = g(x^2+y^2)$，积分区域 Ω 为柱或 Ω 的投影是圆域，则利用柱面坐标计算；若以上三种特征都不具备，则采用直角坐标计算. 关于三重积分计算的解题方法流程图如框图 11 所示.

从框图 11 可以看出，对于三重积分，有四种解题方法，每种方法都有各自的特点，并不是每一个题都可以用四种方法解出，即使可以，也总有最简单、最易接受的方法——最优方法.

2. 应用举例

【例 1】 计算三重积分 $\iiint\limits_\Omega xy^2z^3\mathrm{d}x\mathrm{d}y\mathrm{d}z$. 其中 Ω 是由曲面 $z=xy$ 与平面 $y=x$，$x=1$ 及 $z=0$ 所围成的闭区域.

分析 由于积分区域和被积函数不具有利用“先二后一”、柱面坐标和球面坐标计算的特点，所以，利用直角坐标计算，即按照框图 11 中线路 1→11 的方法计算.

解 （1）求 Ω（如图Ⅱ-39）在 xOy 平面上的投影域 D_{xy}（如图Ⅱ-40 所示）：

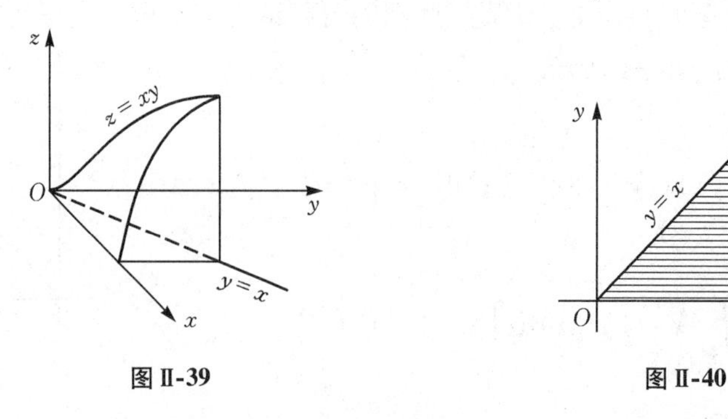

图Ⅱ-39　　　　图Ⅱ-40

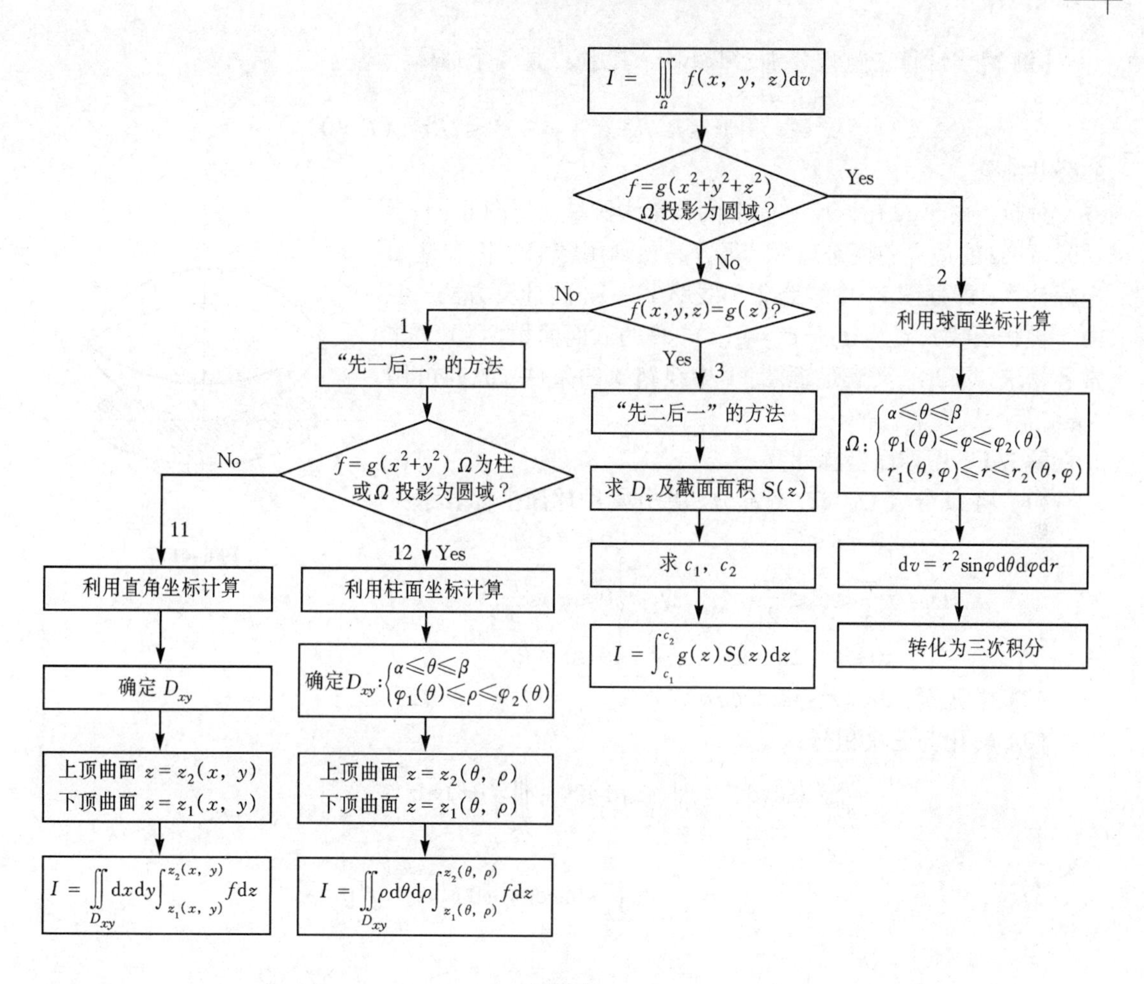

框图 11

$$D_{xy}:\begin{cases}0\leqslant x\leqslant 1\\ 0\leqslant y\leqslant x\end{cases}.$$

（2）确定上顶曲面 Σ_1 及下顶曲面 Σ_2. 因为当 $(x,y)\in D_{xy}$ 时，满足 $x\geqslant 0$，$y\geqslant 0$，$z=xy\geqslant 0$，因此，Σ_1：$z=xy$，Σ_2：$z=0$.

（3）转化为先对 z 后对 x, y 的三次积分计算.

$$\iiint_\Omega xy^2z^3\mathrm{d}x\mathrm{d}y\mathrm{d}z=\iint_{D_{xy}}\mathrm{d}x\mathrm{d}y\int_0^{xy}xy^2z^3\mathrm{d}z=\frac{1}{4}\iint_{D_{xy}}x^5y^6\mathrm{d}x\mathrm{d}y$$

$$=\frac{1}{4}\int_0^1x^5\mathrm{d}x\int_0^xy^6\mathrm{d}y=\frac{1}{364}.$$

【例 2】 计算三重积分 $\iiint\limits_{\Omega} z^2\,\mathrm{d}x\mathrm{d}y\mathrm{d}z$. 其中 Ω 是两个球体

$$x^2+y^2+z^2\leqslant R^2 \text{ 及 } x^2+y^2+z^2\leqslant 2Rz \quad (R>0)$$

的公共部分.

分析 由于 Ω 在 xOy 平面上的投影为圆域（如图Ⅱ-41 所示），且 Ω 的边界曲面是球面，很容易想到用球面坐标和柱面坐标计算，即框图 11 中线路 2 和线路 1→ 12 的计算方法. 但由于被积函数 $f(x,y,z)=z^2=g(z)$，Ω 的截面面积 $S(z)$ 又非常容易求，因此，又满足框图 11 中线路 3 的条件，故亦可用“先二后一”法来求解.

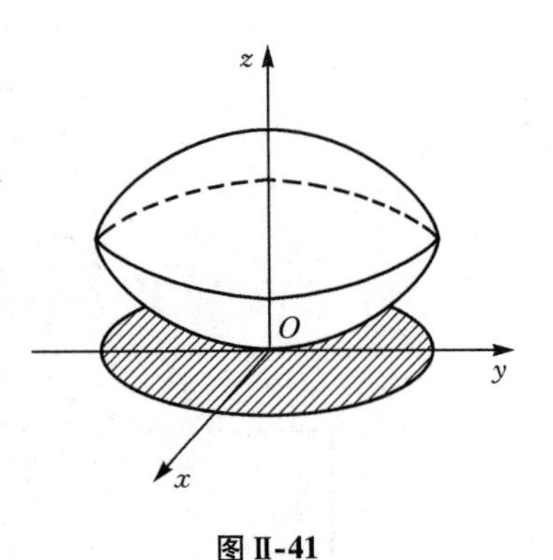

图Ⅱ-41

解法 1 用球面坐标计算.

（1）将 Ω 分成 Ω_1，Ω_2 两部分，并分别用球面坐标表示：

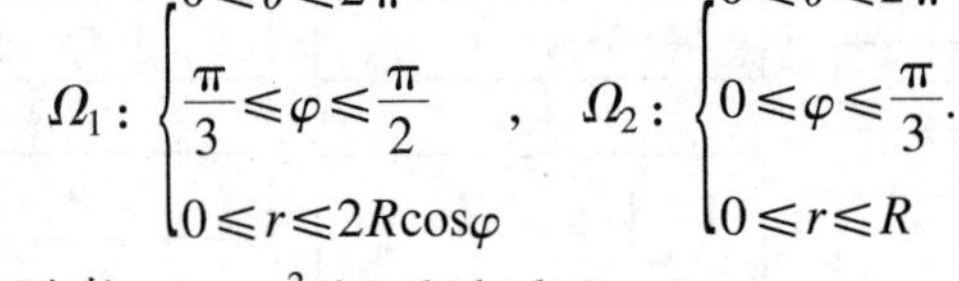

$$\Omega_1:\begin{cases}0\leqslant\theta\leqslant 2\pi\\ \dfrac{\pi}{3}\leqslant\varphi\leqslant\dfrac{\pi}{2}\\ 0\leqslant r\leqslant 2R\cos\varphi\end{cases},\quad \Omega_2:\begin{cases}0\leqslant\theta\leqslant 2\pi\\ 0\leqslant\varphi\leqslant\dfrac{\pi}{3}\\ 0\leqslant r\leqslant R\end{cases}.$$

（2）求元素：$\mathrm{d}v=r^2\sin\varphi\,\mathrm{d}\theta\mathrm{d}\varphi\mathrm{d}r$.

（3）转化为三次积分：

$$\begin{aligned}\iiint\limits_{\Omega} z^2\,\mathrm{d}x\mathrm{d}y\mathrm{d}z &= \iiint\limits_{\Omega_1} z^2\,\mathrm{d}x\mathrm{d}y\mathrm{d}z+\iiint\limits_{\Omega_2} z^2\,\mathrm{d}x\mathrm{d}y\mathrm{d}z\\ &=\int_0^{2\pi}\mathrm{d}\theta\int_{\frac{\pi}{3}}^{\frac{\pi}{2}}\sin\varphi\cos^2\varphi\,\mathrm{d}\varphi\int_0^{2R\cos\varphi}r^4\,\mathrm{d}r+\\ &\quad\int_0^{2\pi}\mathrm{d}\theta\int_0^{\frac{\pi}{3}}\sin\varphi\cos^2\varphi\,\mathrm{d}\varphi\int_0^{R}r^4\,\mathrm{d}r=\frac{59}{480}\pi R^5.\end{aligned}$$

解法 2 用柱面坐标方法计算.

（1）求空间闭区域 Ω 在 xOy 平面的投影区域 D_{xy}：

$$D_{xy}:0\leqslant x^2+y^2\leqslant\frac{3R^2}{4} \quad \text{或} \quad D_{xy}:\begin{cases}0\leqslant\theta\leqslant 2\pi\\ 0\leqslant\rho\leqslant\dfrac{\sqrt{3}}{2}R\end{cases}.$$

（2）求元素：$\mathrm{d}v=\rho\,\mathrm{d}\theta\mathrm{d}\rho\mathrm{d}z$.

（3）把三重积分转化为三次积分：

$$\iiint\limits_{\Omega} z^2\,\mathrm{d}x\mathrm{d}y\mathrm{d}z=\int_0^{2\pi}\mathrm{d}\theta\int_0^{\frac{\sqrt{3}R}{2}}\rho\,\mathrm{d}\rho\int_{R-\sqrt{R^2-\rho^2}}^{\sqrt{R^2-\rho^2}}z^2\,\mathrm{d}z$$

$$= \frac{2\pi}{3}\int_0^{\frac{\sqrt{3}R}{2}} \rho[(R^2-\rho^2)^{\frac{3}{2}} - (R-\sqrt{R^2-\rho^2})^3]\mathrm{d}\rho$$

$$= \frac{2\pi}{3}\int_0^{\frac{\sqrt{3}R}{2}} \rho[(R^2-\rho^2)^{\frac{3}{2}} - R^3 + 3R^2\sqrt{R^2-\rho^2} - 3R(R^2-\rho^2) + (R^2-\rho^2)^{\frac{3}{2}}]\mathrm{d}\rho$$

$$= \frac{2\pi}{3}\int_0^{\frac{\sqrt{3}R}{2}} \rho[2(R^2-\rho^2)^{\frac{3}{2}} - 4R^3 + 3R\rho^2 + 3R^2\sqrt{R^2-\rho^2}]\mathrm{d}\rho$$

$$= \frac{2\pi}{3}\int_0^{\frac{\sqrt{3}R}{2}} \rho[2(R^2-\rho^2)^{\frac{3}{2}} + 3R^2\sqrt{R^2-\rho^2}]\mathrm{d}\rho + \frac{2\pi}{3}\int_0^{\frac{\sqrt{3}R}{2}} \rho(-4R^3+3R\rho^2)\mathrm{d}\rho$$

$$= \frac{\pi}{3}\left[-\frac{4}{5}(R^2-\rho^2)^{\frac{5}{2}} - \frac{3}{2}(R^2-\rho^2)^{\frac{3}{2}}\right]_0^{\frac{\sqrt{3}R}{2}} + \frac{2\pi}{3}\left[-2R^3\rho^2 + R\rho^3\right]_0^{\frac{\sqrt{3}R}{2}}$$

$$= \frac{59}{480}\pi R^5.$$

解法3　用“先二后一”法计算.

（1）确定 c_1，c_2：因为空间闭区域 Ω 位于平面 $z=0$ 与 $z=R$ 之间，因此，$c_1=0$，$c_1=R$，即 $0\leqslant z\leqslant R$.

（2）求平面 $z=R$ 截 Ω 所得到的平面闭区域 D_z 及其面积 $S(z)$. 因为：

当 $0\leqslant z\leqslant \frac{R}{2}$ 时，$D_z: x^2+y^2\leqslant 2Rz-z^2$，

当 $\frac{R}{2}\leqslant z\leqslant R$ 时，$D_z: x^2+y^2\leqslant R^2-z^2$，

所以
$$S(z)=\begin{cases}(2Rz-z^2)\pi, & 0\leqslant z\leqslant \frac{R}{2} \\ (R^2-z^2)\pi, & \frac{R}{2}\leqslant z\leqslant R\end{cases}.$$

（3）转化为先对 xy 后对 z 三次积分：

$$I = \iiint\limits_{\Omega} z^2\mathrm{d}x\mathrm{d}y\mathrm{d}z = \int_0^R z^2\mathrm{d}z\iint\limits_{D_z}\mathrm{d}x\mathrm{d}y = \int_0^R z^2 S(z)\mathrm{d}z$$

$$= \pi\int_0^{\frac{R}{2}} z^2(2Rz-z^2)\mathrm{d}z + \pi\int_{\frac{R}{2}}^R z^2(R^2-z^2)\mathrm{d}z$$

$$= \frac{59}{480}\pi R^5.$$

注　从上面三种方法的解题过程中不难发现，虽然此题可用三种方法求解，但“先二后一”法最简便.

【例3】　计算三重积分 $\iiint\limits_{\Omega} z\mathrm{d}x\mathrm{d}y\mathrm{d}z$，其中 Ω 是由圆锥面 $x^2+y^2=z^2(z\geqslant 0)$ 与上半球面 $x^2+y^2+z^2=R^2(z\geqslant 0)$ 所围成.

分析 根据上题的分析知，本题可用“先二后一”和柱面坐标方法进行计算.

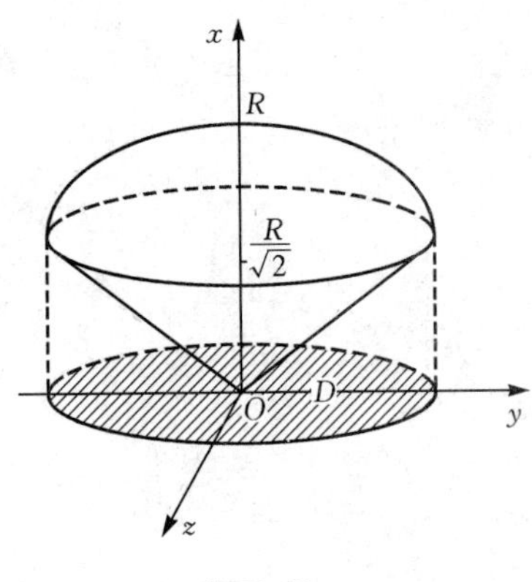

图Ⅱ-42

解法1 “先二后一”法.

（1）确定 c_1，c_2，因为空间闭区域 Ω（如图Ⅱ-42 所示）介于平面 $z=0$ 和 $z=R$ 之间，所以，$c_1=0$，$c_2=R$.

（2）求平面 $z=R$ 截 Ω 所得的平面的闭区域 D_z：

$$D_z=\begin{cases}0\leqslant x^2+y^2\leqslant z^2, & 0\leqslant z\leqslant\dfrac{\sqrt{2}}{2}R\\[2ex] 0\leqslant x^2+y^2\leqslant R^2-z^2, & \dfrac{\sqrt{2}}{2}R\leqslant z\leqslant R\end{cases}.$$

所以，D_z 的面积 $S(z)$ 为

$$S(z)=\begin{cases}\pi z^2, & 0\leqslant z\leqslant\dfrac{\sqrt{2}}{2}R\\[2ex] \pi(R^2-z^2), & \dfrac{\sqrt{2}}{2}R\leqslant z\leqslant R\end{cases}.$$

（3）转化为先对 xy 后对 z 的三次积分：

$$\begin{aligned}\iiint\limits_{\Omega}z\mathrm{d}x\mathrm{d}y\mathrm{d}z&=\int_0^R z\mathrm{d}z\iint\limits_{D_z}\mathrm{d}x\mathrm{d}y=\int_0^R zS(z)\mathrm{d}z\\&=\int_0^{\frac{\sqrt{2}}{2}R}\pi z^3\mathrm{d}z+\int_{\frac{\sqrt{2}}{2}R}^{R}\pi z(R^2-z^2)\mathrm{d}z\\&=\frac{\pi R^4}{8}.\end{aligned}$$

解法2 用柱面坐标方法计算.

（1）把 Ω 用柱面坐标表示：

$$\Omega:\begin{cases}0\leqslant\theta\leqslant 2\pi\\[1ex] 0\leqslant\rho\leqslant\dfrac{\sqrt{2}}{2}R\\[1ex] \rho\leqslant z\leqslant\sqrt{R^2-\rho^2}\end{cases}.$$

（2）求元素：$\mathrm{d}v=\rho\mathrm{d}\rho\mathrm{d}\theta\mathrm{d}z$.

（3）转化为三次积分：

$$\begin{aligned}\iiint\limits_{\Omega}z\mathrm{d}x\mathrm{d}y\mathrm{d}z&=\int_0^{2\pi}\mathrm{d}\theta\int_0^{\frac{\sqrt{2}}{2}R}\rho\mathrm{d}\rho\int_{\rho}^{\sqrt{R^2-\rho^2}}z\mathrm{d}z=\frac{2\pi}{3}\int_0^{\frac{\sqrt{2}}{2}R}[(R^2-\rho^2)-\rho^2]\rho\mathrm{d}\rho\\&=\frac{2\pi}{3}\int_0^{\frac{\sqrt{2}}{2}R}(R^2-2\rho^2)\rho\mathrm{d}\rho=\frac{2\pi}{3}\left(\frac{R^2}{2}\rho^2-\frac{2}{3}\rho^3\right)\Bigg|_0^{\frac{\sqrt{2}}{2}R}=\frac{\pi R^4}{8}.\end{aligned}$$

解法 3　用“先一后二”方法计算.

（1）就空间区域 Ω 在 xOy 平面的投影区域 D_{xy}：

$$D_{xy}: 0 \leqslant x^2 + y^2 \leqslant \frac{R^2}{2}.$$

（2）确定上顶曲面 Σ_1 和下顶曲面 Σ_2：

$$\Sigma_1: z = \sqrt{R^2 - x^2 - y^2}, \quad \Sigma_2: z = \sqrt{x^2 + y^2}.$$

（3）转化为先对 xy 后对 z 的三次积分：

$$\begin{aligned}\iiint_{\Omega} z\mathrm{d}x\mathrm{d}y\mathrm{d}z &= \iint_{D_{xy}} \mathrm{d}x\mathrm{d}y \int_{\sqrt{x^2+y^2}}^{\sqrt{R^2-x^2-y^2}} z\mathrm{d}z \\ &= \frac{1}{2}\iint_{D_{xy}} [(\sqrt{R^2 - x^2 - y^2})^2 - (\sqrt{x^2 + y^2})^2]\mathrm{d}x\mathrm{d}y \\ &= \frac{1}{2}\iint_{D_{xy}} (R^2 - 2x^2 - 2y^2)\mathrm{d}x\mathrm{d}y.\end{aligned}$$

对上面的二重积分应用极坐标求解，得

$$\iiint_{\Omega} z\mathrm{d}x\mathrm{d}y\mathrm{d}z = \frac{1}{3}\int_0^{2\pi}\mathrm{d}\theta\int_0^{\frac{\sqrt{2}}{2}R}(R^2 - 2\rho^2)\rho\mathrm{d}\rho = \frac{2\pi}{3}\left[\frac{R^2}{2}\rho^2 - \frac{2}{5}\rho^4\right]_0^{\frac{\sqrt{2}}{2}R} = \frac{\pi R^4}{8}.$$

注　从本题不难看出，柱面坐标和“先一后二”方法本质是一样的，柱面坐标就是在计算二重积分时，应用极坐标来计算. 上述三个方法中，利用柱面坐标计算最简单.

【例 4】　计算三重积分 $\iiint_{\Omega}(x^2 + y^2)\mathrm{d}x\mathrm{d}y\mathrm{d}z$.

其中 Ω 是 $z = \sqrt{A^2 - x^2 - y^2}$，$z = \sqrt{a^2 - x^2 - y^2}$（$A > a > 0$）和 $z = 0$ 所围成的区域.

分析　由于 $\Omega = \Omega_1 + \Omega_2$，其中 Ω_1 是 $z = \sqrt{A^2 - x^2 - y^2}$，$z = \sqrt{a^2 - x^2 - y^2}$ 和 $x^2 + y^2 = a^2$ 所围成，Ω_2 是 $z = \sqrt{A^2 - x^2 - y^2}$，$x^2 + y^2 = a^2$ 和 $z = 0$ 所围成，剖面图如图Ⅱ-43 所示. 由于 Ω_1 和 Ω_2 在 xOy 平面上的投影域为圆域，而且被积函数 $f(x, y, z) = x^2 + y^2$，所以可利用柱面坐标和球面坐标的方法，即框图 11 中线路 1→ 12 和线路 2 的方法计算.

解法 1　用柱面坐标计算.

（1）把 Ω 分成两部分 $\Omega_1 + \Omega_2$（如图Ⅱ-43 所示），并分别用柱面坐标表示：

$$\Omega_1: \begin{cases} 0 \leqslant \theta \leqslant 2\pi \\ 0 \leqslant \rho \leqslant a \\ \sqrt{a^2 - \rho^2} \leqslant z \leqslant \sqrt{A^2 - \rho^2} \end{cases},$$

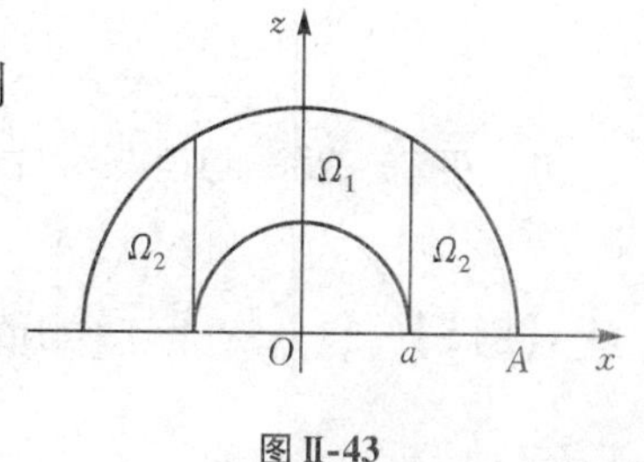

图Ⅱ-43

$$\Omega_2:\begin{cases}0\leqslant\theta\leqslant 2\pi\\ a\leqslant\rho\leqslant A\\ 0\leqslant z\leqslant\sqrt{A^2-\rho^2}\end{cases}.$$

（2）求元素：$dv=\rho d\rho d\theta dz$.

（3）转化为三次积分：

$$\begin{aligned}\iiint_{\Omega}(x^2+y^2)dxdydz &= \iiint_{\Omega_1}(x^2+y^2)dxdydz+\iiint_{\Omega_2}(x^2+y^2)dxdydz\\ &=\int_0^{2\pi}d\theta\int_0^a\rho^3d\rho\int_{\sqrt{a^2-\rho^2}}^{\sqrt{A^2-\rho^2}}dz+\int_0^{2\pi}d\theta\int_a^A\rho^3d\rho\int_0^{\sqrt{A^2-\rho^2}}dz\\ &=\int_0^{2\pi}d\theta\int_0^a\rho^3(\sqrt{A^2-\rho^2}-\sqrt{a^2-\rho^2})d\rho+\int_0^{2\pi}d\theta\int_a^A\rho^3\sqrt{A^2-\rho^2}d\rho\\ &=2\pi\left[\int_0^a\rho^3(\sqrt{A^2-\rho^2}-\sqrt{a^2-\rho^2})d\rho+\int_a^A\rho^3\sqrt{A^2-\rho^2}d\rho\right]\\ &=\pi\left[\int_0^a\rho^2(\sqrt{A^2-\rho^2}-\sqrt{a^2-\rho^2})d\rho^2+\int_a^A\rho^2\sqrt{A^2-\rho^2}d\rho^2\right]\\ &=\frac{4}{15}\pi(A^5-a^5).\end{aligned}$$

解法 2 用球面坐标计算

（1）将 Ω 用球面坐标表示：

$$\Omega:\begin{cases}0\leqslant\theta\leqslant 2\pi\\ 0\leqslant\varphi\leqslant\dfrac{\pi}{2}\\ a\leqslant r\leqslant A\end{cases}.$$

（2）求元素：$dv=r^2\sin\varphi d\theta d\varphi dr$.

（3）转化为三重积分：

$$\begin{aligned}\iiint_{\Omega}(x^2+y^2)dxdydz&=\int_0^{2\pi}d\theta\int_0^{\frac{\pi}{2}}d\varphi\int_a^A r^2\sin^2\varphi r^2\sin\varphi dr\\ &=\int_0^{2\pi}d\theta\int_0^{\frac{\pi}{2}}\sin^3\varphi d\varphi\int_a^A r^4dr=\frac{4}{15}\pi(A^5-a^5).\end{aligned}$$

注 在本题的解题过程中不难发现，虽然此题可用两种方法求解，但球面坐标方法最简便，因此也是最优解法.

【例 5】 设 $f(x)$ 是连续函数，$F(t)=\iiint\limits_{x^2+y^2+z^2\leqslant t^2}f(x^2+y^2+z^2)dxdydz\quad(t\geqslant 0)$，求 $F'(t)$.

分析 此题求函数的导数 $F'(t)$，但 $F(t)$ 由三重积分给出，不能直接求导. 由于被积函

数是 $x^2+y^2+z^2$ 的函数，且积分区域为球体，所以先应用球面坐标计算，然后求导.

解　应用球面坐标计算.

(1) 把积分区域 Ω: $x^2+y^2+z^2\leqslant t^2$ 用球面坐标表示：

$$\Omega:\begin{cases}0\leqslant\theta\leqslant 2\pi\\ 0\leqslant\varphi\leqslant\pi\\ 0\leqslant r\leqslant t\end{cases}.$$

(2) 求元素：$\mathrm{d}v=\mathrm{d}x\mathrm{d}y\mathrm{d}z=r^2\sin\varphi\mathrm{d}\theta\mathrm{d}\varphi\mathrm{d}r$.

(3) 转化为三次积分：

$$\begin{aligned}F(t)&=\iiint\limits_{x^2+y^2+z^2\leqslant t^2}f(x^2+y^2+z^2)\mathrm{d}x\mathrm{d}y\mathrm{d}z=\int_0^{2\pi}\mathrm{d}\theta\int_0^{\pi}\sin\varphi\mathrm{d}\varphi\int_0^t r^2f(r^2)\mathrm{d}r\\&=4\pi\int_0^t r^2f(r^2)\mathrm{d}r.\end{aligned}$$

所以，$F(t)$ 为积分上限函数，求导得

$$F'(t)=\frac{\mathrm{d}}{\mathrm{d}t}\left[4\pi\int_0^t r^2f(r^2)\mathrm{d}r\right]=4\pi t^2f(t^2).$$

与例 5 的解题思路相类似，可以证明如下的问题.

【例 6】　设 $f(x)$ 是连续函数且恒大于零，

$$F(t)=\frac{\iiint\limits_{x^2+y^2+z^2\leqslant t^2}f(x^2+y^2+z^2)\mathrm{d}x\mathrm{d}y\mathrm{d}z}{\iint\limits_{x^2+y^2\leqslant t^2}f(x^2+y^2)\mathrm{d}x\mathrm{d}y},\ G(t)=\frac{\iint\limits_{x^2+y^2\leqslant t^2}f(x^2+y^2)\mathrm{d}x\mathrm{d}y}{\int_{-t}^{t}f(x^2)\mathrm{d}x}.$$

(1) 讨论 $F(t)$ 在区间 $(0,+\infty)$ 内的单调性.

(2) 证明：当 $t>0$ 时，$F(t)>\frac{2}{\pi}G(t)$.

分析　(1) 要讨论 $F(t)$ 在区间 $(0,+\infty)$ 内的单调性，首先应用极坐标和球面坐标分别计算二重积分 $\iint\limits_{x^2+y^2\leqslant t^2}f(x^2+y^2)\mathrm{d}x\mathrm{d}y$ 和三重积分 $\iiint\limits_{x^2+y^2+z^2\leqslant t^2}f(x^2+y^2+z^2)\mathrm{d}x\mathrm{d}y\mathrm{d}z$，然后根据导数 $F'(t)$ 的符号确定单调性.

(2) 要证明 $F(t)>\frac{2}{\pi}G(t)$，即 $F(t)-\frac{2}{\pi}G(t)>0$，等价于证明

$$g(t)=\int_0^t f(x^2)\mathrm{d}x\iiint\limits_{x^2+y^2+z^2\leqslant t^2}f(x^2+y^2+z^2)\mathrm{d}x\mathrm{d}y\mathrm{d}z-\left[\iint\limits_{x^2+y^2\leqslant t^2}f(x^2+y^2)\mathrm{d}x\mathrm{d}y\right]^2>0.$$

如果能够证明 $g'(t)>0$ 且 $g(0)=0$，则 $F(t)>\frac{2}{\pi}G(t)$.

解　(1) 因为　$$F(t)=\frac{\int_0^{2\pi}\mathrm{d}\theta\int_0^{\pi}\mathrm{d}\varphi\int_0^t f(r^2)r^2\sin\varphi\mathrm{d}r}{\int_0^{2\pi}\mathrm{d}\theta\int_0^t f(r^2)r\mathrm{d}r}=\frac{2\int_0^t f(r^2)r^2\mathrm{d}r}{\int_0^t f(r^2)r\mathrm{d}r},$$

所以　$$F'(t)=\frac{2tf(t^2)\int_0^t f(r^2)r(t-r)\mathrm{d}r}{\left[\int_0^t f(r^2)r\mathrm{d}r\right]^2}.$$

因此，在$(0,+\infty)$上$F'(t)>0$，故$F(t)$在区间$(0,+\infty)$内单调增加.

(2) 因为　$$G(t)=\frac{\int_0^{2\pi}\mathrm{d}\theta\int_0^t f(r^2)r\mathrm{d}r}{\int_{-t}^t f(r^2)\mathrm{d}r}=\frac{\pi\int_0^t f(r^2)r\mathrm{d}r}{\int_0^t f(r^2)\mathrm{d}r},$$

令　$$g(t)=\int_0^t f(r^2)\mathrm{d}r\int_0^t f(r^2)r^2\mathrm{d}r-\left[\int_0^t f(r^2)r\mathrm{d}r\right]^2,$$

所以　$$g'(t)=f(t^2)\int_0^t f(r^2)(t-r)^2\mathrm{d}r>0.$$

故$g(t)$在区间$(0,+\infty)$内单调增加.
又因为$g(0)=0$，故当$t>0$时，$g(t)>g(0)$，因此不等式成立.

十三、第一型曲线积分的计算方法

1. 解题方法流程图

计算第一型曲线积分的关键是判别积分曲线的方程形式，其次是确定积分变量的取值范围，最后是转化为定积分计算. 解题方法流程图如框图12所示.

2. 应用举例

【例1】 计算$I=\int_L y\mathrm{d}s$，其中L为摆线$x=a(t-\sin t)$，$y=a(1-\cos t)$的一拱（$a>0$，$0\leqslant t\leqslant 2\pi$）.

分析　由于本题积分曲线L的方程为参数形式，从框图12上看，可采用线路2的方法计算.

解　$$L:\begin{cases}x=a(t-\sin t)\\ y=a(1-\cos t)\end{cases}\quad(0\leqslant t\leqslant 2\pi).$$

因为　$$\mathrm{d}s=\sqrt{x'^2+y'^2}\,\mathrm{d}t=\sqrt{2}a(1-\cos t)^{\frac{1}{2}}\mathrm{d}t,$$

故　$$I=\int_L y\mathrm{d}s=\int_0^{2\pi}a(1-\cos t)\sqrt{2}a(1-\cos t)^{\frac{1}{2}}\mathrm{d}t$$

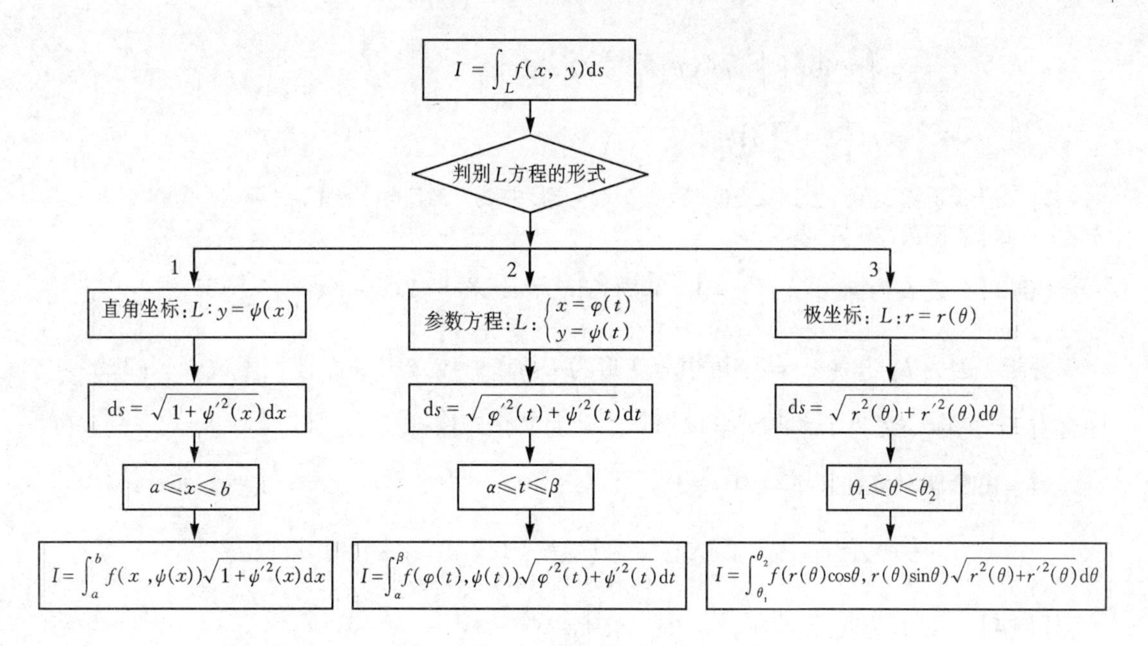

框图 12

$$=4a^2\int_0^{2\pi}\sin^3\frac{t}{2}\mathrm{d}t=8a^2\int_0^{\pi}\sin^3u\mathrm{d}u=\frac{32}{3}a^2.$$

【例 2】 计算 $I=\oint_L \mathrm{e}^{\sqrt{x^2-y^2}}\mathrm{d}s$，其中 L 为圆周 $x^2+y^2=a^2$，直线 $y=x$ 及 x 轴在第一象限内所围成扇形的整个边界.

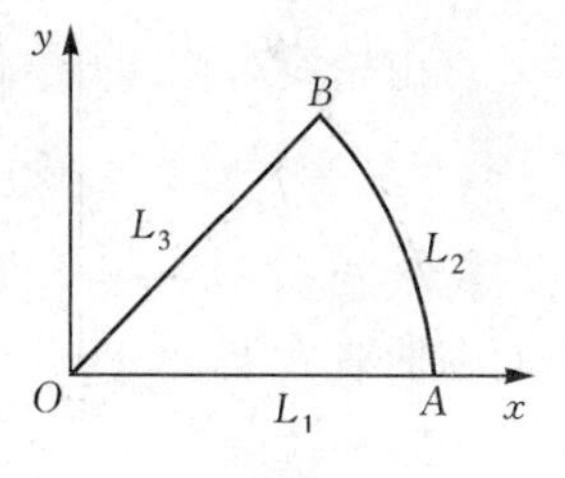

图Ⅱ-44

分析 由于积分曲线 L 为闭曲线，由三段组成 $L=L_1+L_2+L_3$，根据每段曲线的特点，在 L_1 与 L_2 上可用框图 12 中线路 1 的方法计算，在 L_2 上可用线路 3 的方法计算.

解 积分曲线为闭曲线（如图Ⅱ-44），可分为 $L=L_1+L_2+L_3$，其中

$$L_1=\overline{OA}:\ y=0\ (0\leqslant x\leqslant a),$$

$$L_2=\widehat{AB}:\ r=a\left(0\leqslant\theta\leqslant\frac{\pi}{4}\right),$$

$$L_3=\overline{OB}:\ y=x\left(0\leqslant x\leqslant\frac{a}{\sqrt{2}}\right).$$

故

$$I=\int_{L_1}\mathrm{e}^{\sqrt{x^2+y^2}}\mathrm{d}s+\int_{L_2}\mathrm{e}^{\sqrt{x^2+y^2}}\mathrm{d}s+\int_{L_3}\mathrm{e}^{\sqrt{x^2+y^2}}\mathrm{d}s$$

$$=\int_0^a\mathrm{e}^x\sqrt{1+(0)'^2}\mathrm{d}x+\int_0^{\frac{\pi}{4}}\mathrm{e}^a\sqrt{a^2+(a')^2}\mathrm{d}\theta+\int_0^{\frac{a}{\sqrt{2}}}\mathrm{e}^{\sqrt{2x}}\sqrt{1+(x')^2}\mathrm{d}x$$

$$= \int_0^a e^x dx + \int_0^{\frac{\pi}{4}} a e^a d\theta + \int_0^{\frac{a}{\sqrt{2}}} \sqrt{2}^{\sqrt{2}x} dx$$

$$= e^a\left(2 + \frac{\pi}{4}a\right) - 2.$$

注 由于被积函数$f(x, y)$定义在曲线L上，x, y满足曲线L的方程，因此，计算第一型曲线积分时首先需要化简被积函数，如下面例3.

【例3】 设L为椭圆$\frac{x^2}{4}+\frac{y^2}{3}=1$，其周长记为$a$，求$\oint_L (2xy+3x^2+4y^2)ds$.

分析 因为L：$\frac{x^2}{4}+\frac{y^2}{3}=1$，可恒等变形为$L$:$3x^2+4y^2=12$，而被积函数$2xy+3x^2+4y^2$中含有$3x^2+4y^2$，可将$3x^2+4y^2=12$代入，从而简化计算.

解 由奇偶对称性知$\oint_L 2xyds=0$，所以

$$\oint_L (2xy+3x^2+4y^2)ds = \oint_L (3x^2+4y^2)ds = \oint_L 12ds = 12a.$$

【例4】 设L为圆周$x^2+y^2=a^2$，求$\oint_L (2xy+3x^2+4y^2)ds$.

分析 同例3分析类似，可应用轮换对称性求得.

解 由奇偶对称性知，$\oint_L 2xyds=0$.

由轮换对称性知，$\oint_L x^2ds=\oint_L y^2ds$. 故

$$\oint_L (2xy+3x^2+4y^2)ds = \oint_L 7x^2ds = \frac{7}{2}\oint_L (x^2+y^2)ds.$$

而在曲线L上$x^2+y^2=a^2$，所以原式$=\frac{7}{2}\oint_L a^2ds=7\pi a^3$.

十四、第二型曲线积分的计算方法

1. 解题方法流程图

计算第二型曲线积分时，首先要找出函数$P(x, y)$，$Q(x, y)$及积分曲线L，然后判断等式

$$\frac{\partial P}{\partial y}=\frac{\partial Q}{\partial x} \quad (x, y)\in D$$

是否成立，若上述等式成立，则曲线积分在单连域D内与积分路径无关. 此时的计算方法是，判断积分曲线L是否封闭. 若L为封闭曲线，则利用积分与路径无关的等价命题，便可知所求积分为零；若L不是封闭曲线，通常采用取特殊路径的方法（如取平行于坐标轴的折

线 L')来计算所给积分，即

$$I=\int_L P\mathrm{d}x+Q\mathrm{d}y=\int_{L'} P\mathrm{d}x+Q\mathrm{d}y;$$

若上述等式不成立，则曲线积分与积分路径有关. 此时的计算方法是，判断积分曲线 L 是否封闭. 若 L 为封闭曲线，则直接利用格林公式计算所给积分，即

$$I=\oint_L P\mathrm{d}x+Q\mathrm{d}y=\iint_D\left(\frac{\partial Q}{\partial x}-\frac{\partial P}{\partial y}\right)\mathrm{d}x\mathrm{d}y.$$

若 L 不是封闭曲线，则计算方法一般有两种：一是将曲线积分化为定积分来计算；另一方法是先通过补特殊路径 L'，使 L' 与 L 构成封闭曲线，然后在封闭曲线 $L+L'$ 上应用格林公式，即

$$\oint_{L+L'} P\mathrm{d}x+Q\mathrm{d}y=\iint_D\left(\frac{\partial Q}{\partial x}-\frac{\partial P}{\partial y}\right)\mathrm{d}x\mathrm{d}y.$$

再计算 $\int_{L'} P\mathrm{d}x+Q\mathrm{d}y$，最后将两式相减便得原曲线积分的值，即

$$I=\left(\oint_{L+L'}-\int_{L'}\right)P\mathrm{d}x+Q\mathrm{d}y.$$

关于第二型曲线积分的解题方法流程图如框图 13 所示.

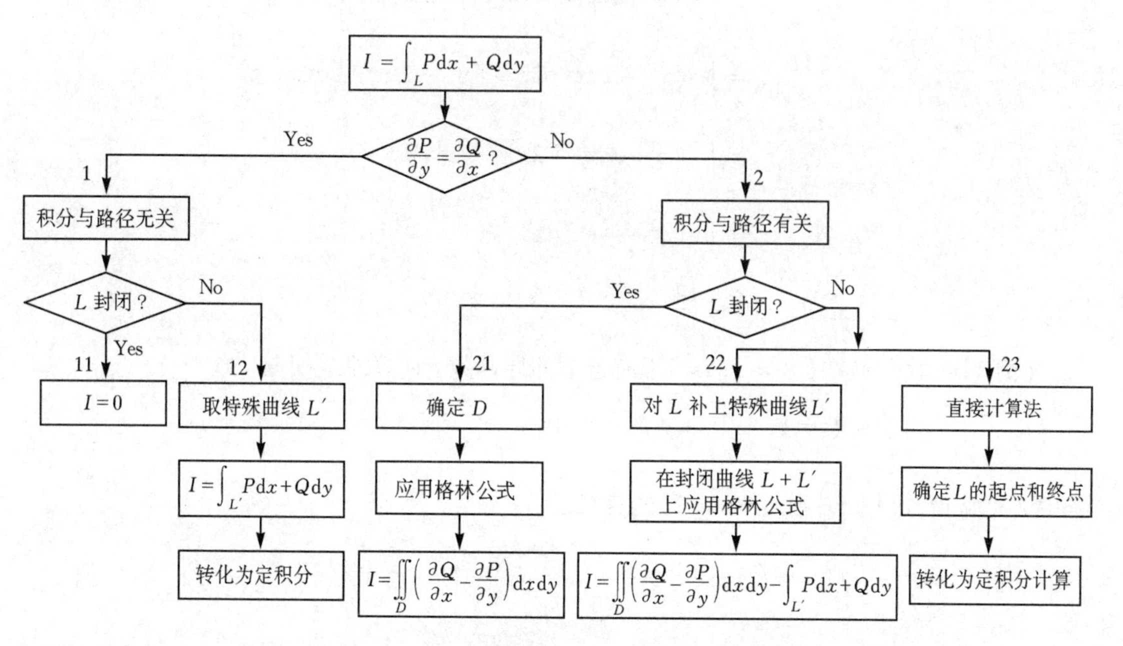

框图 13

2. 应用举例

【例1】 计算曲线积分$\int_L \frac{(x^2-2xy)\mathrm{d}x+(y^2-2xy)\mathrm{d}y}{1+x^2-y}$，其中$L$是抛物线$y=x^2$上从点$(-1,1)$到点$(1,1)$的一段弧.

解 (1) 化简被积函数：由于$P(x,y)$和$Q(x,y)$是定义在曲线L（如图Ⅱ-45所示）上，所以其坐标满足曲线L的方程$y=x^2$，因此

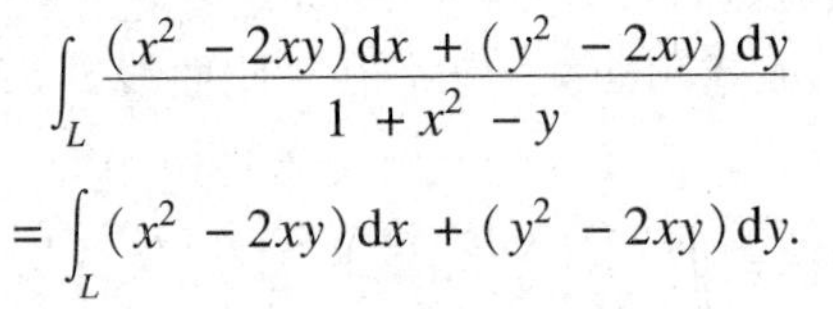

$$\int_L \frac{(x^2-2xy)\mathrm{d}x+(y^2-2xy)\mathrm{d}y}{1+x^2-y}$$
$$=\int_L (x^2-2xy)\mathrm{d}x+(y^2-2xy)\mathrm{d}y.$$

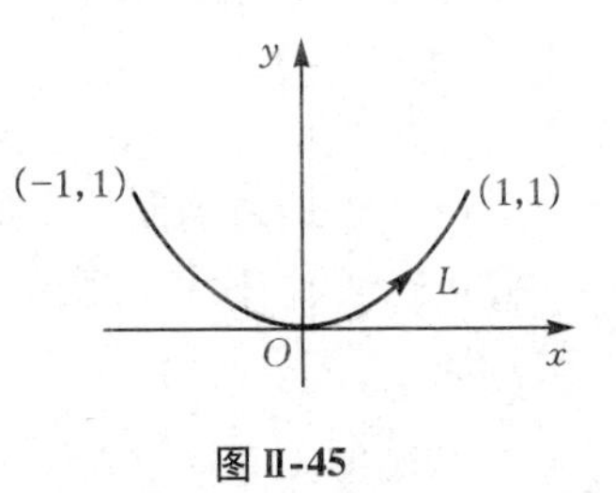

图Ⅱ-45

(2) 因为$\frac{\partial P}{\partial y}\neq\frac{\partial Q}{\partial x}$，所以，曲线积分与路径有关. 又因为$L$不封闭，所以，将第二型曲线积分转化为定积分计算.

由于$L: y=x^2$，变量x从-1到1，因此

$$\int_L (x^2-2xy)\mathrm{d}x+(y^2-2xy)\mathrm{d}y$$
$$=\int_{-1}^{1}(x^2-2xx^2)\mathrm{d}x+(x^4-2xx^2)2x\mathrm{d}x$$
$$=\int_{-1}^{1}(x^2-2x^3+2x^5-4x^4)\mathrm{d}x$$
$$=\int_{-1}^{1}(x^2-4x^4)\mathrm{d}x$$
$$=-\frac{14}{15}.$$

【例2】 设$f(x)$在$(-\infty,+\infty)$上有连续的导函数，计算曲线积分

$$I=\int_L \frac{1}{y}[1+y^2f(xy)]\mathrm{d}x+\frac{x}{y^2}[y^2f(xy)-1]\mathrm{d}y.$$

其中L是从点$A\left(3,\frac{2}{3}\right)$到点$B(1,2)$的直线段.

分析 令$P=\frac{1}{y}[1+y^2f(xy)]$，$Q=\frac{x}{y^2}[y^2f(xy)-1]$. 由于

$$\frac{\partial P}{\partial y}=-\frac{1}{y^2}+f(xy)+xyf'(xy)=\frac{\partial Q}{\partial x}\quad(y\neq 0),$$

故在不包含$y=0$的任何闭区域内，所求曲线积分与路径无关. 又因为积分路径L不是封闭曲线，所以取特殊的路径，即采用线路1→12的方法计算.

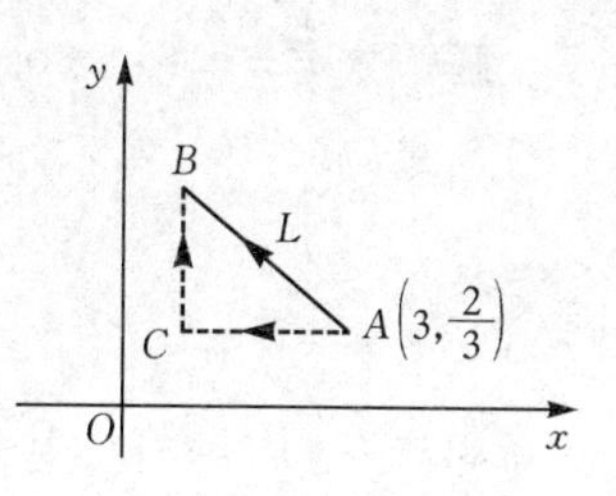

图Ⅱ-46

解　因为$\frac{\partial P}{\partial y}=-\frac{1}{y^2}+f(xy)+xyf'(xy)=\frac{\partial Q}{\partial x}$（$y\neq 0$），所以曲线积分与路径无关，取折线 ACB（如图Ⅱ-46 所示）．其中 $C\left(1,\frac{2}{3}\right)$．因 AC 的方程为：$y=\frac{2}{3}$，x 从 3 变到 1；CB 的方程为：$x=1$，y 从$\frac{2}{3}$变到 2．所以

$$\begin{aligned}I&=\int_{ACB}P\mathrm{d}x+Q\mathrm{d}y=\left(\int_{AC}+\int_{CB}\right)P\mathrm{d}x+Q\mathrm{d}y\\&=\int_3^1\left[\frac{3}{2}+\frac{2}{3}f\left(\frac{2}{3}x\right)\right]\mathrm{d}x+\int_{\frac{2}{3}}^2\left[f(y)-\frac{1}{y^2}\right]\mathrm{d}y\\&=\left[\frac{3}{2}x+F\left(\frac{2}{3}x\right)\right]_3^1+\left[F(y)+\frac{1}{y}\right]_{\frac{2}{3}}^2=-4.\end{aligned}$$

其中 $F'(x)=f(x)$．

如果把例 2 中的积分起点和终点改成 $A(a,b)$和 $B(c,d)$，且 $ab=cd$，则按上述的解法思路，可计算积分 $I=\int_L\frac{1}{y}[1+y^2f(xy)]\mathrm{d}x+\frac{x}{y^2}[y^2f(xy)-1]\mathrm{d}y$．具体解法如下．

解　由于积分 I 与路径无关，故可取积分路径 L'为由点 $A(a,b)$到点 $C(c,b)$在到点 $B(c,d)$ 的折线段，所以

$$\begin{aligned}I&=\int_{L'}\frac{1}{y}[1+y^2f(xy)]\mathrm{d}x+\frac{x}{y^2}[y^2f(xy)-1]\mathrm{d}y\\&=\frac{c-a}{b}+\int_a^c bf(bx)\mathrm{d}x+\int_b^d cf(cy)\mathrm{d}x+\frac{c}{d}-\frac{c}{b}\\&=\frac{c}{d}-\frac{c}{b}+\int_{ab}^{bc}f(t)\mathrm{d}t+\int_{bc}^{cd}f(t)\mathrm{d}t\\&=\frac{c}{d}-\frac{c}{b}+\int_{ab}^{cd}f(t)\mathrm{d}t.\end{aligned}$$

当 $ab=cd$ 时，$\int_{ab}^{cd}f(t)\mathrm{d}t=0.$，由此得 $I=\frac{c}{d}-\frac{c}{b}$.

【**例 3**】　计算曲线积分 $I=\oint_L \mathrm{e}^x[(1-\cos y)\mathrm{d}x-(y-\sin y)\mathrm{d}y]$，其中 L 为区域$0\leqslant x\leqslant\pi$，$0\leqslant y\leqslant\sin x$ 的边界，取逆时针方向．

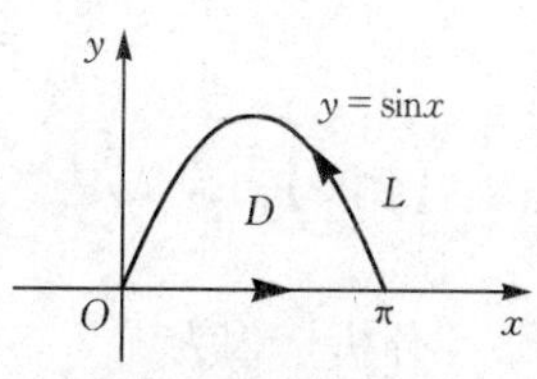

图Ⅱ-47

分析　因为$\frac{\partial P}{\partial y}\neq\frac{\partial Q}{\partial x}$，所以，曲线积分与路径有关．由于 L 为封闭曲线（如图Ⅱ-47），P 和 Q 满足格林公式的条件，所以采用格林公式方法来计算，即采用框图 13 中线路 2→ 21 的方法．

解 令 $P=\mathrm{e}^x(1-\cos y)$，$Q=-\mathrm{e}^x(y-\sin y)$.

由于
$$\frac{\partial P}{\partial y}=\mathrm{e}^x\sin y,\ \frac{\partial Q}{\partial x}=-\mathrm{e}^x(y-\sin y).$$

故
$$\frac{\partial P}{\partial y}\neq\frac{\partial Q}{\partial x}.$$

由于 D: $0\leqslant x\leqslant\pi$, $0\leqslant y\leqslant\sin x$，利用格林公式，得

$$I=\iint\limits_D\left(\frac{\partial Q}{\partial x}-\frac{\partial P}{\partial y}\right)\mathrm{d}x\mathrm{d}y=-\iint\limits_D y\mathrm{e}^x\mathrm{d}x\mathrm{d}y=-\int_0^{\pi}\mathrm{e}^x\mathrm{d}x\int_0^{\sin x}y\mathrm{d}y$$
$$=\frac{1}{5}(1-\mathrm{e}^{\pi}).$$

【例 4】 计算曲线积分

$$I=\int_L\mathrm{e}^x[(1-\cos y)\mathrm{d}x-(y-\sin y)\mathrm{d}y].$$

其中 L 为曲线 $y=\sin x$ 上从点 $A(\pi,0)$ 到点 $O(0,0)$ 的一段弧.

分析 由例 3 的分析可知，曲线积分与路径有关，又因为积分曲线 L 不是封闭的，按框图 13 有两种方法，如果利用第二型曲线积分直接方法计算，不难看出沿着路径 $y=\sin x$ 的积分，被积函数含有 $\mathrm{e}^x\sin(\cos x)$ 和 $\mathrm{e}^x\cos(\sin x)$ 的项，所以不能进行计算，因此，采用补特殊路径，然后应用格林公式，即采用框图 13 中线路 2→ 22 计算.

解 补直线段 $L'=\overline{OA}$，并设闭曲线 $L+L'$ 所围区域为 D（如图Ⅱ-48），则由格林公式得

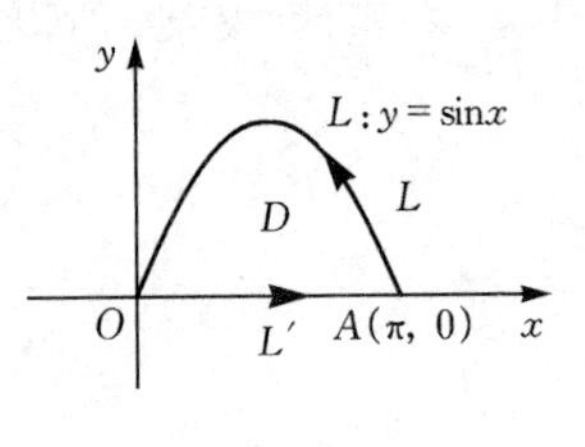

图Ⅱ-48

$$\oint\limits_{L+L'}\mathrm{e}^x[(1-\cos y)\mathrm{d}x-(y-\sin y)\mathrm{d}y]$$
$$=\iint\limits_D\left(\frac{\partial Q}{\partial x}-\frac{\partial P}{\partial y}\right)\mathrm{d}x\mathrm{d}y=-\iint\limits_D y\mathrm{e}^x\mathrm{d}x\mathrm{d}y$$
$$=-\int_0^{\pi}\mathrm{e}^x\mathrm{d}x\int_0^{\sin x}y\mathrm{d}y=\frac{1}{5}(1-\mathrm{e}^{\pi}).$$

又
$$\int_{L'}\mathrm{e}^x[(1-\cos y)\mathrm{d}x-(y-\sin y)\mathrm{d}y]=0\quad(L':y=0,\ x\text{ 从 }0\text{ 变到 }\pi),$$

故
$$I=\left(\oint_{L+L'}-\int_{L'}\right)\mathrm{e}^x[(1-\cos y)\mathrm{d}x-(y-\sin y)\mathrm{d}y]$$
$$=\frac{1}{5}(1-\mathrm{e}^{\pi})-0=\frac{1}{5}(1-\mathrm{e}^{\pi}).$$

【例 5】 设 L 是一条封闭的光滑曲线，方向为逆时针，计算曲线积分 $\oint_L\frac{y\mathrm{d}x-x\mathrm{d}y}{x^2+4y^2}$.

分析 因为
$$P(x,y)=\frac{y}{x^2+4y^2},\ Q(x,y)=\frac{-x}{x^2+4y^2},$$

则
$$\frac{\partial P}{\partial y}=\frac{x^2-4y^2}{(x^2+4y^2)^2},\ \frac{\partial Q}{\partial x}=\frac{x^2-4y^2}{(x^2+4y^2)^2}.$$

所以
$$\frac{\partial P}{\partial y}=\frac{\partial Q}{\partial x}.$$

由于 $P(x, y)$ 和 $Q(x, y)$ 在原点 $(0, 0)$ 处不连续，因此得到：

（1）如果给定的曲线 L 所围成的闭区域不包括原点 $(0, 0)$，则在此区域内曲线积分与路径无关.

（2）如果给定的曲线 L 所围成的闭区域包括原点 $(0, 0)$，那么 P, Q 在 L 所围成的闭区域内不满足格林公式（积分与路径无关的条件），所以取一条特殊的封闭光滑曲线 L_1，在 $L+L_1$ 上应用格林公式.

解　因为
$$P(x, y)=\frac{y}{x^2+4y^2},\ Q(x, y)=\frac{-x}{x^2+4y^2},$$

所以 $\frac{\partial P}{\partial y}=\frac{\partial Q}{\partial x}$.

（1）如果给定的曲线 L 围成的闭区域不包括原点 $(0, 0)$，由 $\frac{\partial P}{\partial y}=\frac{\partial Q}{\partial x}$，知曲线积分 $\oint_L \frac{y\mathrm{d}x-x\mathrm{d}y}{x^2+4y^2}$ 与路径无关，故
$$\oint_L \frac{y\mathrm{d}x-x\mathrm{d}y}{x^2+4y^2}=0.$$

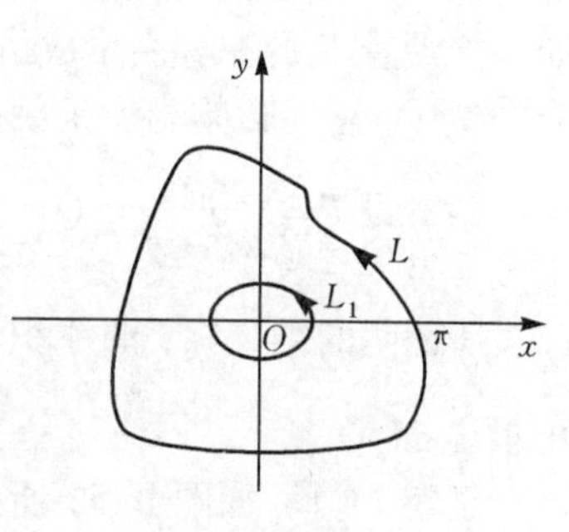

图Ⅱ-49

（2）如果给定的曲线 L 所围成的闭区域包括原点 $(0, 0)$，那么取一条特殊的有向曲线 $L_1: x^2+4y^2=\varepsilon^2\ (\varepsilon>0)$，规定 L_1 的方向为逆时针（如图Ⅱ-49）. 设 $L+(-L_1)$ 所围成的区域为 D，则对 $L+(-L_1)$ 应用格林公式，得
$$\oint_{L+(-L_1)} \frac{y\mathrm{d}x-x\mathrm{d}y}{x^2+4y^2}=\iint_D\left(\frac{\partial Q}{\partial x}-\frac{\partial P}{\partial y}\right)\mathrm{d}x\mathrm{d}y=0.$$

所以
$$\oint_L \frac{y\mathrm{d}x-x\mathrm{d}y}{x^2+4y^2}=\oint_{L_1} \frac{y\mathrm{d}x-x\mathrm{d}y}{x^2+4y^2}.$$

而
$$\oint_{L_1} \frac{y\mathrm{d}x-x\mathrm{d}y}{x^2+4y^2}=\frac{1}{\varepsilon^2}\oint_{L_1} y\mathrm{d}x-x\mathrm{d}y=\frac{-1}{\varepsilon^2}\iint_D 2\mathrm{d}x\mathrm{d}y=-\pi,$$

即
$$\oint_L \frac{y\mathrm{d}x-x\mathrm{d}y}{x^2+4y^2}=-\pi.$$

或者　令 $x=\varepsilon\cos\theta$, $y=\frac{1}{2}\varepsilon\sin\theta$, θ 从 0 到 2π，所以
$$\oint_L \frac{y\mathrm{d}x-x\mathrm{d}y}{x^2+4y^2}=\oint_{L_1} \frac{y\mathrm{d}x-x\mathrm{d}y}{x^2+4y^2}=-\int_0^{2\pi}\frac{\frac{1}{2}\varepsilon^2(\sin^2\theta+\cos^2\theta)}{\varepsilon^2}\mathrm{d}\theta=-\pi.$$

【例 6】 设函数 $\varphi(y)$ 具有连续导数，在围绕原点的任意分段光滑简单闭曲线 L 上，曲线积分 $\oint_L \frac{\varphi(y)\mathrm{d}x + 2xy\mathrm{d}y}{2x^2 + y^4}$ 的值恒为同一常数.

(1) 证明　对右半平面 $x>0$ 内的任一分段光滑简单闭曲线 C，有

$$\oint_C \frac{\varphi(y)\mathrm{d}x + 2xy\mathrm{d}y}{2x^2 + y^4} = 0.$$

(2) 求函数 $\varphi(y)$ 的表达式.

分析　(1) 在右半平面 $x>0$ 内，对于任一分段光滑简单闭合曲线 C，要证明 $\oint_C \frac{\varphi(y)\mathrm{d}x + 2xy\mathrm{d}y}{2x^2 + y^4} = 0$，实质上就是证明在右半平面 $x>0$ 内，曲线积分与路径无关. 因为函数 $\varphi(y)$ 是未知的，所以无法验证在右半平面 $x>0$ 内，$\frac{\partial P}{\partial y} = \frac{\partial Q}{\partial x}$是否成立，因此解题的思路只能转移到曲线积分的定义和积分性质上来. 由于题中唯一可利用的已知条件是：对任意围绕原点的分段光滑简单闭曲线 L，曲线积分的值恒为同一常数，所以对于给定的有向曲线 C，如果把沿着 C 的积分表示成沿着两个围绕原点的闭曲线积分的和，那么根据第二型曲线积分的性质，就可以推出所证明的结论.

(2) 设 $P = \frac{\varphi(y)}{2x^2 + y^4}$，$Q = \frac{2xy}{2x^2 + y^4}$，$P$，$Q$ 在单连通区域 $x>0$ 内具有连续偏导数，根据 (1) 所证明的结论知，曲线积分在半平面 $x>0$ 内与路径无关，故$\frac{\partial P}{\partial y} = \frac{\partial Q}{\partial x}$. 所以根据此等式，可求出 $\varphi(y)$.

证明　(1) 如图Ⅱ-50 所示，设 C 是半平面 $x>0$ 内的任一分段光滑简单闭曲线，在 C 上任取定两点 M，N，作围绕原点的闭曲线 $L_1 = MQNRM$，同时得到另一条围绕原点的闭曲线 $L_2 = MQNPM$.

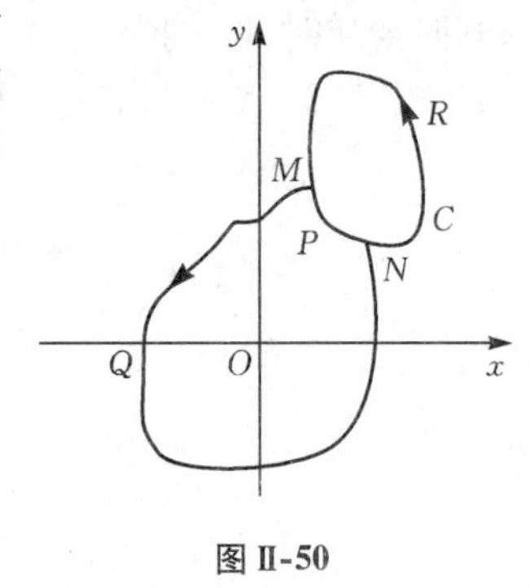

图Ⅱ-50

根据第二型曲线积分的性质：

$$\begin{aligned}
&\oint_C \frac{\varphi(y)\mathrm{d}x + 2xy\mathrm{d}y}{2x^2 + y^4} \\
&= \int_{NRM} \frac{\varphi(y)\mathrm{d}x + 2xy\mathrm{d}y}{2x^2 + y^4} + \int_{MPN} \frac{\varphi(y)\mathrm{d}x + 2xy\mathrm{d}y}{2x^2 + y^4} \\
&= \int_{NRM} \frac{\varphi(y)\mathrm{d}x + 2xy\mathrm{d}y}{2x^2 + y^4} - \int_{NPM} \frac{\varphi(y)\mathrm{d}x + 2xy\mathrm{d}y}{2x^2 + y^4} \\
&= \oint_{L_1} \frac{\varphi(y)\mathrm{d}x + 2xy\mathrm{d}y}{2x^2 + y^4} - \oint_{L_2} \frac{\varphi(y)\mathrm{d}x + 2xy\mathrm{d}y}{2x^2 + y^4} = 0.
\end{aligned}$$

(2) 因为 $\frac{\partial Q}{\partial x} = \frac{2y(2x^2 + y^4) - 4x \cdot 2xy}{(2x^2 + y^4)^2} = \frac{-4x^2y + 2y^5}{(2x^2 + y^4)^2}$，

$$\frac{\partial P}{\partial y}=\frac{\varphi'(y)(2x^2+y^4)-4\varphi(y)y^3}{(2x^2+y^4)^2}=\frac{2x^2\varphi'(y)+\varphi'(y)y^4-4\varphi(y)y^3}{(2x^2+y^4)^2},$$

根据 $\frac{\partial P}{\partial y}=\frac{\partial Q}{\partial x}$，可得

$$\frac{-4x^2y+2y^5}{(2x^2+y^4)^2}=\frac{2x^2\varphi'(y)+\varphi'(y)y^4-4\varphi(y)y^3}{(2x^2+y^4)^2}.$$

比较上式两端，得

$$\begin{cases}\varphi'(y)=-2y & (1)\\ \varphi'(y)y^4-4\varphi(y)y^3=2y^5 & (2)\end{cases}$$

由式(1)得 $\varphi(y)=-y^2+c$，将 $\varphi(y)$ 代入式(2)得 $2y^5-4cy^3=2y^5$，所以 $c=0$，从而 $\varphi(y)=-y^2$.

【例7】 设在上半平面 $D=\{(x,y)\mid y>0\}$ 内，函数 $f(x,y)$ 有连续偏导数，且对任意的 $t>0$ 都有 $f(tx,ty)=t^{-2}f(x,y)$.

证明 对 D 内的任意分段光滑的有向简单闭曲线 L，都有

$$\oint_L yf(x,y)\,\mathrm{d}x-xf(x,y)\,\mathrm{d}y=0.$$

分析 要证明对 D 内的任意分段光滑的有向简单闭曲线 L，都有

$$\oint_L yf(x,y)\,\mathrm{d}x-xf(x,y)\,\mathrm{d}y=0,$$

实质上是证明曲线积分在 D 内与路径无关，如果令 $P=yf(x,y)$，$Q=-xf(x,y)$，则等价于证明 $\frac{\partial P}{\partial y}=\frac{\partial Q}{\partial x}$.

由于

$$\frac{\partial P}{\partial y}=f(x,y)+yf_y(x,y),$$

$$\frac{\partial Q}{\partial x}=-f(x,y)-xf_x(x,y),$$

所以等价于证明

$$f(x,y)+yf_y(x,y)=-f(x,y)-xf_x(x,y).$$

即

$$2f(x,y)+xf_x(x,y)+yf_y(x,y)=0.$$

由于题中唯一可利用的条件是 $f(tx,ty)=t^{-2}f(x,y)$，要证明上述不等式成立，所以必须从此等式中获得 $f_x(x,y)$ 和 $f_y(x,y)$. 进一步要从等式中出现 $f_x(x,y)$ 和 $f_y(x,y)$，或者等式两边对 x 和 y 分别求偏导，或者等式两边同时对 t 求导. 经过简单的运算，不难发现直接对 x 和 y 分别求偏导，得不到 $2f(x,y)+xf_x(x,y)+yf_y(x,y)=0$，所以，只能将等式两边同时对 t 求导.

证明 等式 $f(tx,ty)=t^{-2}f(x,y)$ 两边同时对 t 求导，得

$$xf_1(tx,ty)+yf_2(tx,ty)=-2t^{-3}f(x,y).$$

即
$$2t^{-3}f(x,y)+xf_1(tx,ty)+yf_2(tx,ty)=0.$$

根据题设：对任意的 $t>0$ 都有 $f(tx,ty)=t^{-2}f(x,y)$，从而对任意的 $t>0$ 都有上式成立，特别取 $t=1$ 时也成立．此时由于 $f_1(tx,ty)=f_x(x,y)$，$f_2(tx,ty)=f_y(x,y)$，所以得到

$$2f(x,y)+xf_x(x,y)+yf_y(x,y)=0,$$

$$f(x,y)+yf_y(x,y)=-f(x,y)-xf_x(x,y).$$

即 $\dfrac{\partial P}{\partial y}=\dfrac{\partial Q}{\partial x}$，因此对 D 内的任意分段光滑的有向简单闭曲线 L，都有

$$\oint_L yf(x,y)\mathrm{d}x-xf(x,y)\mathrm{d}y=0.$$

十五、第一型曲面积分的计算方法

1．解题方法流程图

计算第一型曲面积分是将其化成二重积分计算．一般有三种方法，究竟利用哪种方法取决于 Σ 的方程 $F(x,y,z)=0$ 中哪个变量能用其他另外两个变量的显示形式表示．若 Σ 的方程既可化为 $z=z(x,y)$，又可化为 $x=x(y,z)$ 或 $y=y(z,x)$，则可从三种方法中取优．关于第一型曲面积分的解题方法流程图如框图 14 所示．

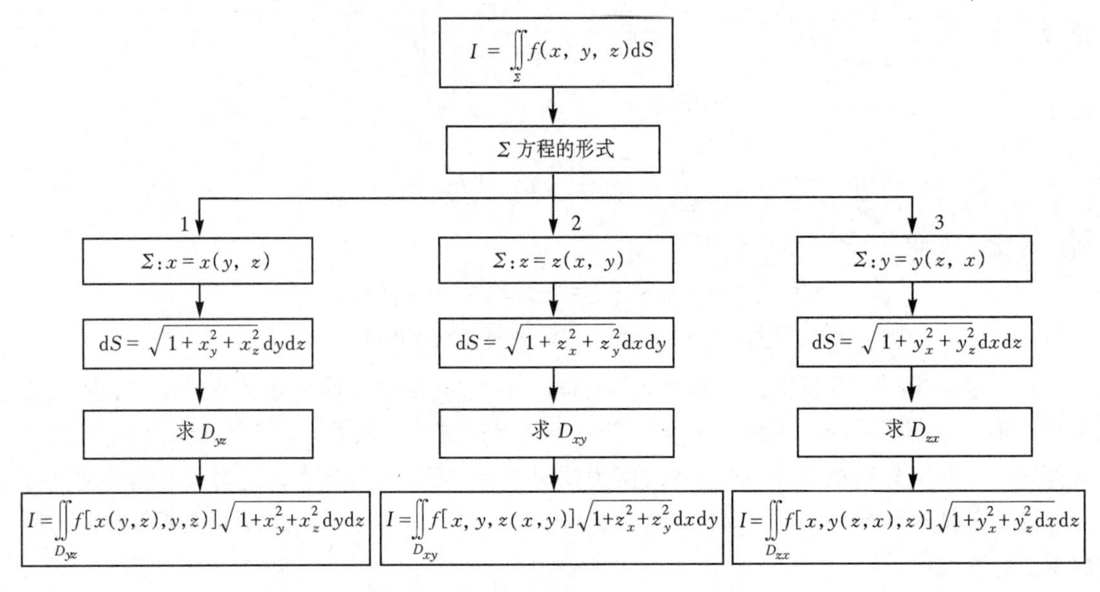

框图 14

2. 应用举例

【例 1】　计算曲面积分$\iint\limits_{\Sigma}(x^2+y^2+z^2)\mathrm{d}S$. 其中$\Sigma$是球面$x^2+y^2+z^2=2az$.

分析　因为曲面为Σ: $x^2+y^2+z^2=2az$, 即

$$F(x,y,z)=x^2+y^2+z^2-2az=0,$$

所以Σ的方程可表示为下面三种形式:

$$z=\pm\sqrt{a^2-x^2-y^2}+a,$$
$$y=\pm\sqrt{2az-x^2-z^2},$$
$$x=\pm\sqrt{2az-y^2-z^2}.$$

因此按照框图 14 有三种方法求解. 现用第二、第三种方法求解, 第一种方法类似.

解法 1　令$\Sigma_1=a+\sqrt{a^2-x^2-y^2}$,$\Sigma_2=-a\sqrt{a^2-x^2-y^2}$, 则$\Sigma=\Sigma_1+\Sigma_2$.

(1) 求Σ_1、Σ_2在xOy平面上的投影区域. Σ_1与Σ_2在xOy面上投影区域相同并设为D_{xy}(图Ⅱ-51), 则D_{xy}: $x^2+y^2\leqslant a^2$.

(2) 求元素$\mathrm{d}S$.

$$\frac{\partial z}{\partial x}=\mp\frac{x}{\sqrt{a^2-x^2-y^2}},\quad \frac{\partial z}{\partial y}=\mp\frac{y}{\sqrt{a^2-x^2-y^2}},$$

$$\mathrm{d}S=\sqrt{1+\left(\frac{\partial z}{\partial x}\right)^2+\left(\frac{\partial z}{\partial y}\right)^2}\,\mathrm{d}x\mathrm{d}y=\frac{a}{\sqrt{a^2-x^2-y^2}}\mathrm{d}x\mathrm{d}y.$$

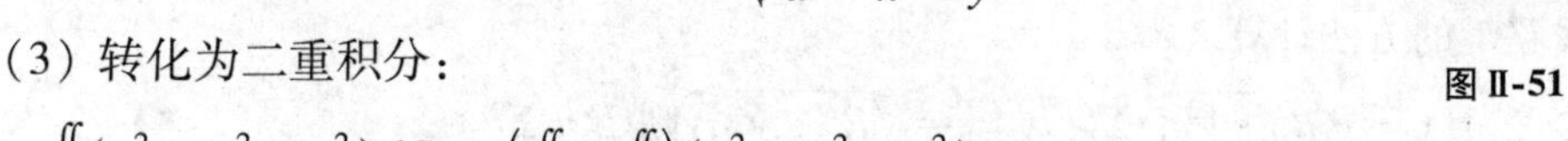

图Ⅱ-51

(3) 转化为二重积分:

$$\begin{aligned}\iint\limits_{\Sigma}(x^2+y^2+z^2)\mathrm{d}S&=\left(\iint\limits_{\Sigma_1}+\iint\limits_{\Sigma_2}\right)(x^2+y^2+z^2)\mathrm{d}S\\&=\iint\limits_{D_{xy}}(2a^2+2a\sqrt{a^2-x^2-y^2})\frac{a}{\sqrt{a^2-x^2-y^2}}\mathrm{d}x\mathrm{d}y+\\&\quad\iint\limits_{D_{xy}}(2a^2-2a\sqrt{a^2-x^2-y^2})\frac{a}{\sqrt{a^2-x^2-y^2}}\mathrm{d}x\mathrm{d}y\\&=4a^3\iint\limits_{D_{xy}}\frac{1}{\sqrt{a^2-x^2-y^2}}\mathrm{d}x\mathrm{d}y=4a^3\int_0^{2\pi}\mathrm{d}\theta\int_0^a\frac{\rho}{\sqrt{a^2-\rho^2}}\mathrm{d}\rho\\&=8\pi a^4.\end{aligned}$$

解法 2　令Σ_1: $y=\sqrt{2az-x^2-z^2}$, Σ_2: $y=-\sqrt{2az-x^2-z^2}$, 则

$$\Sigma=\Sigma_1+\Sigma_2.$$

(1) 求Σ_1, Σ_2在zOx平面上的投影区域. Σ_1与Σ_2在zOx面上的投影区域相同并设为

$D_{zx}: x^2 + z^2 \leqslant 2az.$

(2) 求元素 dS:

$$\frac{\partial y}{\partial x} = \mp \frac{x}{\sqrt{2az - x^2 - z^2}}, \frac{\partial y}{\partial z} = \pm \frac{a - z}{\sqrt{2az - x^2 - z^2}},$$

$$\mathrm{d}S = \sqrt{1 + \left(\frac{\partial y}{\partial x}\right)^2 + \left(\frac{\partial y}{\partial z}\right)^2}\mathrm{d}x\mathrm{d}z = \frac{a}{\sqrt{2az - x^2 - z^2}}\mathrm{d}x\mathrm{d}z.$$

(3) 转化为二重积分:

$$\begin{aligned} I &= \iint_{\Sigma}(x^2 + y^2 + z^2)\mathrm{d}S = \left(\iint_{\Sigma_1} + \iint_{\Sigma_2}\right)(x^2 + y^2 + z^2)\mathrm{d}S \\ &= 2\iint_{\Sigma_1} \frac{2a^2 z}{\sqrt{2az - x^2 - z^2}}\mathrm{d}x\mathrm{d}z = 4a^2\iint_{\Sigma_1} \frac{z}{\sqrt{2az - x^2 - z^2}}\mathrm{d}x\mathrm{d}z \\ &= 4a^2\int_0^{\pi}\mathrm{d}\theta\int_0^{2a\sin\theta} \frac{\rho\sin\theta}{\sqrt{2a\rho\sin\theta - \rho^2}}\rho\mathrm{d}\rho. \end{aligned}$$

很显然，在计算定积分时很复杂. 所以，此题不适合投影到 xOz 面和 yOz 面上计算.

【例 2】 计算曲面积分 $\iint\limits_{\Sigma} \frac{\mathrm{d}S}{x^2 + y^2 + z^2}$，其中 Σ 为 $x^2 + y^2 = R^2$ 在 $z = 2$ 与 $z = 0$ 之间的部分.

分析 因为 $\Sigma: x^2 + y^2 = R^2$，即 $F(x, y, z) = x^2 + y^2 - R^2 = 0$，从 $F(x, y, z) = 0$ 中能确定 $x = \pm\sqrt{R^2 - y^2}$，或 $y = \pm\sqrt{R^2 - x^2}$，所以可采用框图 14 中线路 1 和线路 3 的解题方法求解. 下面仅用线路 1 的方法计算.

解 令 $\Sigma_1: x = \sqrt{R^2 - y^2}$，$\Sigma_2: x = -\sqrt{R^2 - y^2}$，则 $\Sigma = \Sigma_1 + \Sigma_2$（如图Ⅱ-52）.

(1) 求 Σ_1 和 Σ_2 在 yOz 平面上的投影区域. 因 Σ_1 和 Σ_2 在 yOz 平面上的投影区域相同，设为 D_{yz}，则

$$D_{yz}: \begin{cases} -R \leqslant y \leqslant R \\ 0 \leqslant z \leqslant 2 \end{cases}.$$

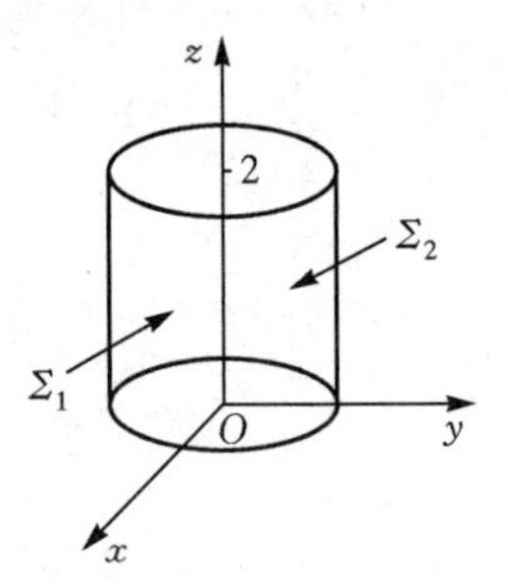

图Ⅱ-52

(2) 求元素 dS:

$$\mathrm{d}S = \sqrt{1 + \left(\frac{\partial x}{\partial y}\right)^2 + \left(\frac{\partial x}{\partial z}\right)^2}\mathrm{d}y\mathrm{d}z = \frac{R}{\sqrt{R^2 - y^2}}\mathrm{d}y\mathrm{d}z.$$

(3) 转化为二重积分:

$$\iint_{\Sigma} \frac{\mathrm{d}S}{x^2 + y^2 + z^2} = \left(\iint_{\Sigma_1} + \iint_{\Sigma_2}\right)\frac{\mathrm{d}S}{x^2 + y^2 + z^2} = 2\iint_{D_{yz}} \frac{R\mathrm{d}y\mathrm{d}z}{(R^2 + z^2)\sqrt{R^2 - y^2}}$$

$$= 2R\int_0^2 \frac{\mathrm{d}z}{R^2 + z^2}\int_{-R}^{R} \frac{\mathrm{d}y}{\sqrt{R^2 - y^2}} = 2\pi\arctan\frac{2}{R}.$$

【例3】　计算曲面积分 $\iint\limits_{\Sigma}\left(z + 2x + \frac{4}{3}y\right)\mathrm{d}S$，其中 Σ 为平面 $\frac{x}{2} + \frac{y}{3} + \frac{z}{4} = 1$ 在第一卦限中的部分.

分析　因为 Σ：$\frac{x}{2} + \frac{y}{3} + \frac{z}{4} = 1$，可恒等变形为 Σ：$z = 4 - 2x - \frac{4}{3}y$，而被积函数 $z + 2x + \frac{4}{3}y$ 与 Σ 形式相同，可将 $z + 2x + \frac{4}{3}y = 4$ 代入，从而简化计算.

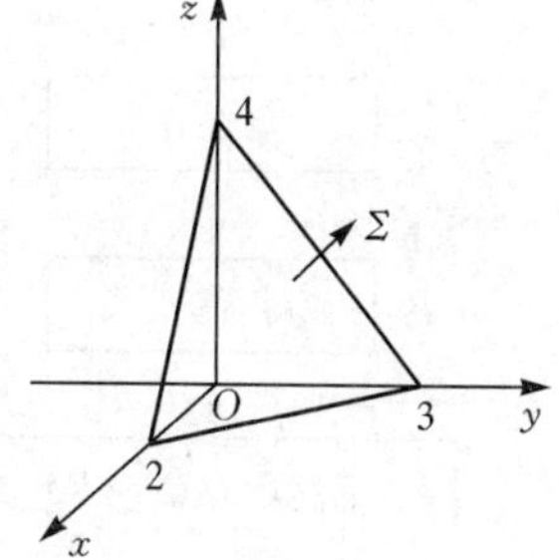

图Ⅱ-53

解　平面 Σ 方程为 $z = 4\left(1 - \frac{x}{2} - \frac{y}{3}\right)$（图Ⅱ-53），$\Sigma$ 在 xOy 面上投影区域 D_{xy} 为 $\frac{x}{2} + \frac{y}{3} \leqslant 1$，$x \geqslant 0$，$y \geqslant 0$，$\frac{\partial z}{\partial x} = -2$，$\frac{\partial z}{\partial y} = \frac{-4}{3}$.

$$\mathrm{d}S = \sqrt{1 + \left(\frac{\partial z}{\partial x}\right)^2 + \left(\frac{\partial z}{\partial y}\right)^2}\,\mathrm{d}x\mathrm{d}y = \frac{\sqrt{61}}{3}\mathrm{d}x\mathrm{d}y.$$

$$\begin{aligned}\iint\limits_{\Sigma}\left(z + 2x + \frac{4}{3}y\right)\mathrm{d}S &= \iint\limits_{D_{xy}} 4 \cdot \frac{\sqrt{61}}{3}\mathrm{d}x\mathrm{d}y \\ &= \frac{4\sqrt{61}}{3} \times \frac{1}{2} \times 2 \times 3 \\ &= 4\sqrt{61}.\end{aligned}$$

十六、第二型曲面积分的计算方法

1. 解题方法流程图

计算第二型曲面积分时，首先应找出函数 $P(x, y, z)$，$Q(x, y, z)$，$R(x, y, z)$ 及积分曲面 Σ，然后判别 Σ 是否封闭. 若 Σ 是封闭曲面，则可直接利用高斯公式，将所求积分转化为三重积分来计算. 若 Σ 不是封闭曲面，则可进一步判别 Σ 是否为平面块，Σ 是平面块，则可根据题目的特点，考虑将对坐标的曲面积分转化为对面积的曲面积分来计算；若 Σ 不是平面块，此时，一般有两种方法：一种是先通过补特殊曲面 Σ'，使 $\Sigma + \Sigma'$ 构成一封闭曲面，然后在封闭曲面上 $\Sigma + \Sigma'$ 应用高斯公式，并计算在曲面 Σ' 上的积分，最后将上面二积分相减，便得原曲面积分的值，即

$$I = \left(\oiint\limits_{\Sigma + \Sigma'} - \iint\limits_{\Sigma'}\right)P\mathrm{d}y\mathrm{d}z + Q\mathrm{d}z\mathrm{d}x + R\mathrm{d}x\mathrm{d}y.$$

另一种方法是按照定义将曲面积分直接转化为二重积分来计算，即直接计算方法. 关于第二

型曲面积分解题方法流程图如框图 15 所示.

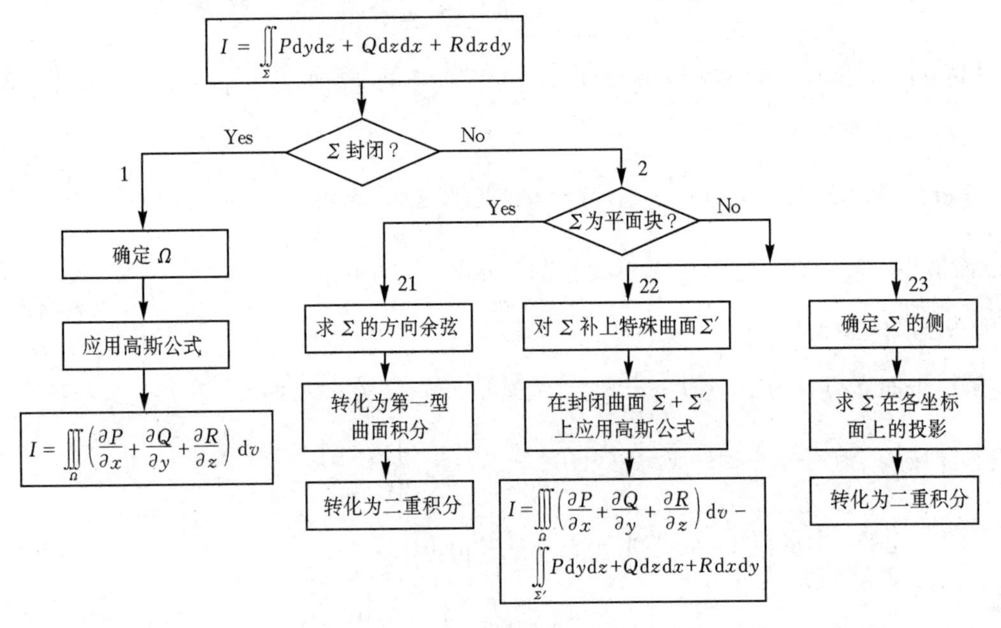

框图 15

2. 应用举例

【例 1】 计算曲面积分 $I=\iint_{\Sigma} xyz\mathrm{d}x\mathrm{d}y+xyz\mathrm{d}z\mathrm{d}x+xyz\mathrm{d}y\mathrm{d}z$，其中 Σ 是球面 $x^2+y^2+z^2=1$ 外侧在 $x\geqslant 0$，$y\geqslant 0$ 部分.

分析 由于 Σ 不封闭，Σ 也不是平面块，所以，可采用框图 15 中线路 2→ 22 和线路 2→ 23 的方法计算.

解法 1 按照第二型曲面积分的性质，

$$I=\iint_{\Sigma} xyz\mathrm{d}x\mathrm{d}y+xyz\mathrm{d}z\mathrm{d}x+xyz\mathrm{d}y\mathrm{d}z$$
$$=\iint_{\Sigma} xyz\mathrm{d}x\mathrm{d}y+\iint_{\Sigma} xyz\mathrm{d}z\mathrm{d}x+\iint_{\Sigma} xyz\mathrm{d}y\mathrm{d}z.$$

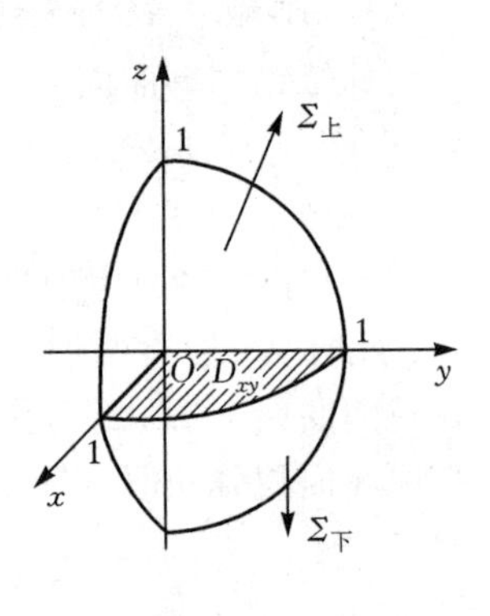

图 Ⅱ-54

(1) 对于 $\iint_{\Sigma} xyz\mathrm{d}x\mathrm{d}y$ 积分，要把 Σ 分成上侧 $\Sigma_{上}$：$z=\sqrt{1-x^2-y^2}$ 和下侧 $\Sigma_{下}$：$z=-\sqrt{1-x^2-y^2}$. $\Sigma_{上}$ 和 $\Sigma_{下}$ 在 xOy 平面投影区域：D_{xy}：$x^2+y^2\leqslant 1$，$x\geqslant 0$，$y\geqslant 0$（如图 Ⅱ -54 所示）. 于是

$$\begin{aligned}\iint\limits_{\Sigma} xyz\mathrm{d}x\mathrm{d}y &= \iint\limits_{\Sigma_上} xyz\mathrm{d}x\mathrm{d}y + \iint\limits_{\Sigma_下} xyz\mathrm{d}x\mathrm{d}y \\ &= \iint\limits_{D_{xy}} xy\sqrt{1-x^2-y^2}\,\mathrm{d}x\mathrm{d}y - \iint\limits_{D_{xy}} xy(-\sqrt{1-x^2-y^2})\,\mathrm{d}x\mathrm{d}y \\ &= 2\iint\limits_{D_{xy}} xy\sqrt{1-x^2-y^2}\,\mathrm{d}x\mathrm{d}y \\ &= 2\iint\limits_{D_{xy}} \rho^3\sin\theta\cos\theta\sqrt{1-\rho^2}\,\mathrm{d}\rho\mathrm{d}\theta \\ &= \int_0^{\frac{\pi}{2}}\sin2\theta\mathrm{d}\theta\int_0^1\rho^3\sqrt{1-\rho^2}\,\mathrm{d}\rho = \frac{2}{15}.\end{aligned}$$

（2）对于$\iint\limits_{\Sigma} xyz\mathrm{d}y\mathrm{d}z$积分，$\Sigma$的外侧就是前侧$\Sigma_前$：$x=\sqrt{1-y^2-z^2}$. $\Sigma_前$在yOz平面投影区域：D_{yz}：$y^2+z^2\leqslant 1$，$y\geqslant 0$. 于是

$$\begin{aligned}\iint\limits_{\Sigma} xyz\mathrm{d}y\mathrm{d}z &= \iint\limits_{\Sigma_前} xyz\mathrm{d}y\mathrm{d}z = \iint\limits_{D_{yz}} yz\sqrt{1-y^2-z^2}\,\mathrm{d}y\mathrm{d}z \\ &= \int_0^{\pi}\mathrm{d}\theta\int_0^1\rho\sin\theta\rho\cos\theta\sqrt{1-\rho^2}\,\rho\mathrm{d}\rho \\ &= \frac{1}{2}\int_0^{\pi}\sin2\theta\mathrm{d}\theta\int_0^1\rho^3\sqrt{1-\rho^2}\,\mathrm{d}\rho = 0.\end{aligned}$$

（3）对于$\iint\limits_{\Sigma} xyz\mathrm{d}x\mathrm{d}z$积分，$\Sigma$的外侧就是右侧$\Sigma_右$：$y=\sqrt{1-x^2-z^2}$. $\Sigma_右$在xOz平面投影区域：D_{xz}：$x^2+z^2\leqslant 1$，$x\geqslant 0$. 计算同(2)，得

$$\iint\limits_{\Sigma} xyz\mathrm{d}x\mathrm{d}z = \iint\limits_{\Sigma} xyz\mathrm{d}y\mathrm{d}z = 0.$$

综合(1)，(2)和(3)便得$I=\frac{2}{15}$.

解法2　补面　Σ_1：$y=0$（$x^2+z^2\leqslant 1$，$x\geqslant 0$），取左侧，

Σ_2：$x=0$（$y^2+z^2\leqslant 1$，$y\geqslant 0$），取后侧，

则$\Sigma+\Sigma_1+\Sigma_2$为闭曲面（如图Ⅱ-55），外侧，应用高斯公式，得

$$\begin{aligned}&\iint\limits_{\Sigma+\Sigma_1+\Sigma_2} xyz\mathrm{d}x\mathrm{d}y + xyz\mathrm{d}z\mathrm{d}x + xyz\mathrm{d}y\mathrm{d}z \\ &= \iiint\limits_{\Omega}(yz+xz+xy)\,\mathrm{d}x\mathrm{d}y\mathrm{d}z = \iiint\limits_{\Omega} xy\mathrm{d}x\mathrm{d}y\mathrm{d}z \\ &= \int_0^{\frac{\pi}{2}}\mathrm{d}\theta\int_0^{\pi}\mathrm{d}\varphi\int_0^1 r^4\sin^3\varphi\cos\theta\sin\theta\mathrm{d}r = \frac{2}{15}.\end{aligned}$$

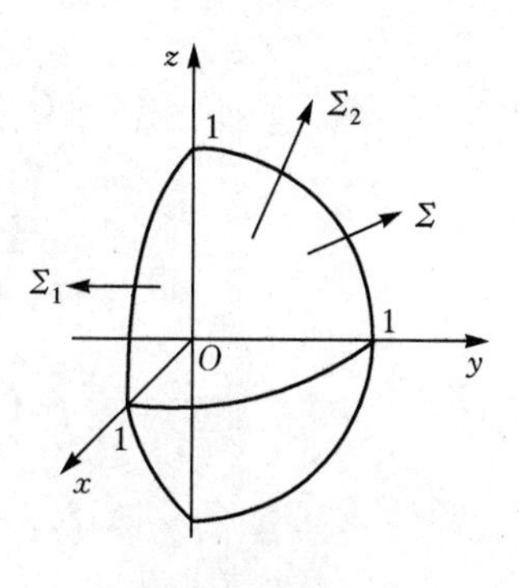

图Ⅱ-55

所以
$$I=\left(\iint_{\Sigma+\Sigma_1+\Sigma_2}-\iint_{\Sigma_1}-\iint_{\Sigma_2}\right)xyz\mathrm{d}x\mathrm{d}y+xyz\mathrm{d}z\mathrm{d}x+xyz\mathrm{d}y\mathrm{d}z$$
$$=\frac{2}{15}-\iint_{D_{xz}}0\mathrm{d}x\mathrm{d}z-\iint_{D_{yz}}0\mathrm{d}y\mathrm{d}z=\frac{2}{15}.$$

【例 2】 计算曲面积分 $I=\iint_{\Sigma}xz^2\mathrm{d}y\mathrm{d}z+(x^2y-z^2)\mathrm{d}z\mathrm{d}x+(2+y^2z)\mathrm{d}x\mathrm{d}y$. 其中 Σ 为上半球体 $x^2+y^2\leqslant a^2,0\leqslant z\leqslant\sqrt{a^2-x-y^2}$ 的表面外侧.

分析 由于 Σ 为封闭曲面，所以，可采用框图 15 中线路 1 的方法计算.

解 本题中，$P=xz^2$, $Q=x^2y-z^2$, $R=2+y^2z$. 积分曲面 Σ 为封闭曲面，Σ 围成空间闭区域为

$$\Omega:x^2+y^2\leqslant a^2,\ 0\leqslant z\leqslant\sqrt{a^2-x^2-y^2},\quad 或\quad \Omega:\begin{cases}0\leqslant\theta\leqslant2\pi\\0\leqslant\varphi\leqslant\dfrac{\pi}{2}.\\0\leqslant r\leqslant a\end{cases}$$

于是，由高斯公式，得
$$I=\iiint_{\Omega}\left(\frac{\partial P}{\partial x}+\frac{\partial Q}{\partial y}+\frac{\partial R}{\partial z}\right)\mathrm{d}v=\iiint_{\Omega}(z^2+x^2+y^2)\mathrm{d}v$$
$$=\int_0^{2\pi}\mathrm{d}\theta\int_0^{\frac{\pi}{2}}\mathrm{d}\varphi\int_2^a r^2r^2\sin\varphi\mathrm{d}r=\frac{2}{5}\pi a^5.$$

若本题中的积分曲面 Σ 改为上半球面 $z=\sqrt{a^2-x^2-y^2}$ 的上侧，由于 Σ 不是封闭曲面，又不是平面块，从框图 15 上看，可采用线路 2 的方法计算较为简便，计算如下.

补平面块 Σ': $z=0(x^2+y^2\leqslant a^2)$ 取下侧，则 Σ 与 Σ' 构成一封闭曲面，且取外侧（如图 Ⅱ-56)，在封闭曲面 $\Sigma+\Sigma'$ 上应用高斯公式，得

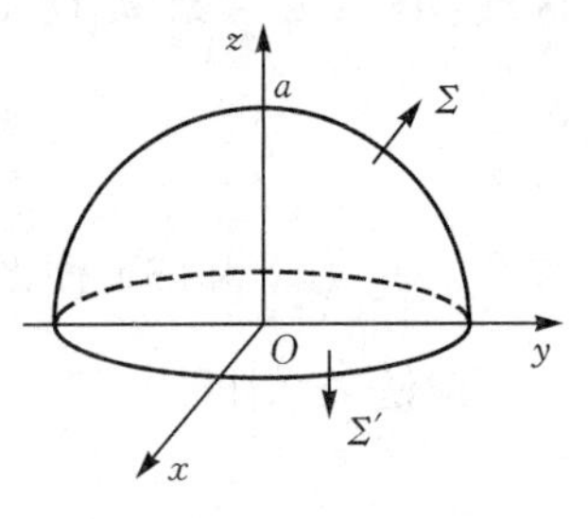

图 Ⅱ-56

$$\oint\!\!\!\oint_{\Sigma+\Sigma'}xz^2\mathrm{d}y\mathrm{d}z+(x^2y-z^2)\mathrm{d}z\mathrm{d}x+(2+y^2z)\mathrm{d}x\mathrm{d}y$$
$$=\iiint_{\Omega}\left(\frac{\partial P}{\partial x}+\frac{\partial Q}{\partial y}+\frac{\partial R}{\partial z}\right)\mathrm{d}v=\iiint_{\Omega}(z^2+x^2+y^2)\mathrm{d}v$$
$$=\int_0^{2\pi}\mathrm{d}\theta\int_0^{\frac{\pi}{2}}\mathrm{d}\varphi\int_0^a r^2r^2\sin\varphi\mathrm{d}r=\frac{2}{5}\pi a^5.$$

又
$$\iint_{\Sigma'}xz^2\mathrm{d}y\mathrm{d}z+(x^2y-z^2)\mathrm{d}z\mathrm{d}x+(2+y^2z)\mathrm{d}x\mathrm{d}y$$
$$=\iint_{\Sigma'}(2+y^2z)\mathrm{d}x\mathrm{d}y=-\iint_{D_{xy}}2\mathrm{d}x\mathrm{d}y=-2\pi a^2,$$

故
$$I=\left(\oiint_{\Sigma+\Sigma'}-\iint_{\Sigma'}\right)xz^2\mathrm{d}y\mathrm{d}z+(x^2y-z^2)\mathrm{d}z\mathrm{d}x+(2+y^2z)\mathrm{d}x\mathrm{d}y$$
$$=\frac{2}{5}\pi a^5-(2\pi a^2)=\frac{2}{5}\pi a^5(5+a^3).$$

【例3】 计算曲面积分 $I=\iint\limits_{\Sigma}\dfrac{ax\mathrm{d}y\mathrm{d}z+(z+a)^2\mathrm{d}x\mathrm{d}y}{(x^2+y^2+z^2)^{\frac{1}{2}}}$，其中 Σ 为下半球面 $z=-\sqrt{a^2-x^2-y^2}$ 的下侧，$a>0$.

分析 由于 $P(x,y,z)=\dfrac{ax}{(x^2+y^2+z^2)^{\frac{1}{2}}}$，$Q(x,y,z)=0$，$R(x,y,z)=\dfrac{(a+z)^2}{(x^2+y^2+z^2)^{\frac{1}{2}}}$定义在曲面 Σ 上，故被积函数满足曲面方程 $z=-\sqrt{a^2-x^2-y^2}$，所以，首先考虑把被积函数化简为 $I=\dfrac{1}{a}\iint\limits_{\Sigma}ax\mathrm{d}y\mathrm{d}z+(z+a)^2\mathrm{d}x\mathrm{d}y$．其次考虑用高斯公式和第二型曲面积分的直接计算法来计算，即采用框图 15 中线路 2→ 22 和线路 2→ 23 的方法计算.

解法 1 将积分 I 化简为 $I=\dfrac{1}{a}\iint\limits_{\Sigma}ax\mathrm{d}y\mathrm{d}z+(z+a)^2\mathrm{d}x\mathrm{d}y$. 补面 Σ_1：$z=0(x^2+y^2\leqslant a^2)$，取上侧，则 $\Sigma+\Sigma_1$ 构成封闭曲面，且方向为外侧. 由 $\Sigma+\Sigma_1$ 所围成的空间闭区域为 Ω：$0\leqslant z\leqslant\sqrt{a^2-x^2-y^2}$（图Ⅱ-57）.

应用高斯公式，得
$$\oiint_{\Sigma+\Sigma_1}ax\mathrm{d}y\mathrm{d}z+(z+a)^2\mathrm{d}x\mathrm{d}y$$
$$=\iiint_{\Omega}\left(\frac{\partial P}{\partial x}+\frac{\partial Q}{\partial y}+\frac{\partial R}{\partial z}\right)\mathrm{d}x\mathrm{d}y\mathrm{d}z$$
$$=\iiint_{\Omega}[a+2(z+a)]\mathrm{d}x\mathrm{d}y\mathrm{d}z$$
$$=3a\iiint_{\Omega}\mathrm{d}x\mathrm{d}y\mathrm{d}z+2\iiint_{\Omega}z\mathrm{d}x\mathrm{d}y\mathrm{d}z$$
$$=2\pi a^4+2\iiint_{\Omega}z\mathrm{d}x\mathrm{d}y\mathrm{d}z.$$

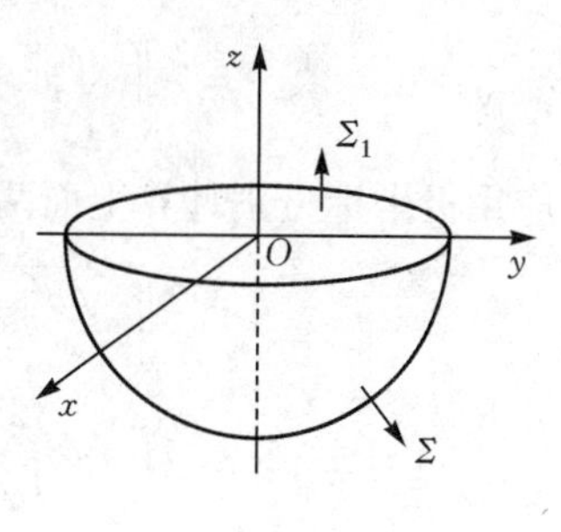

图Ⅱ-57

应用“先二后一”方法求积分 $2\iiint\limits_{\Omega}z\mathrm{d}x\mathrm{d}y\mathrm{d}z$，得
$$2\iiint_{\Omega}z\mathrm{d}x\mathrm{d}y\mathrm{d}z=2\int_{-a}^{0}z\mathrm{d}z\iint_{D_z}\mathrm{d}x\mathrm{d}y=2\int_{-a}^{0}zS(z)\mathrm{d}z=2\pi\int_{-a}^{0}z(a^2-z^2)\mathrm{d}z=-\frac{\pi a^4}{2}.$$

所以
$$\iint_{\Sigma+\Sigma_1}ax\mathrm{d}y\mathrm{d}z+(z+a)^2\mathrm{d}x\mathrm{d}y=2\pi a^4+2\iiint_{\Omega}z\mathrm{d}x\mathrm{d}y\mathrm{d}z=2\pi a^4-\frac{\pi}{2}a^4=\frac{3}{2}\pi a^4.$$

由于曲面 Σ_1 为 $z=0(x^2+y^2\leqslant a^2)$，且方向为上侧，所以 $\mathrm{d}z=0$，所以

$$\iint_{\Sigma_1} ax\mathrm{d}y\mathrm{d}z+(z+a)^2\mathrm{d}x\mathrm{d}y=\iint_{\Sigma_1} a^2\mathrm{d}x\mathrm{d}y=\pi a^4.$$

因此

$$I=\frac{1}{a}\left(\frac{3}{2}\pi a^4-\pi a^4\right)=\frac{\pi}{2}a^3.$$

解法 2　有向曲面 Σ 对 x 轴分为前侧 $\Sigma_{前}$：$x=\sqrt{a^2-y^2-z^2}$ 和后侧 $\Sigma_{后}$：$x=-\sqrt{a^2-y^2-z^2}$，它们在 yOz 平面的投影区域都为 D_{yz}：$y^2+z^2\leqslant a^2$，$z\leqslant 0$；有向曲面 Σ 对 z 轴为上侧，在 xOy 平面的投影区域为 D_{xy}：$y^2+z^2\leqslant a^2$.

应用第二型曲面积分的定义，得

$$\begin{aligned}
I&=\frac{1}{a}\iint_{\Sigma} ax\mathrm{d}y\mathrm{d}z+(z+a)^2\mathrm{d}x\mathrm{d}y=\frac{1}{a}\left[\iint_{\Sigma} ax\mathrm{d}y\mathrm{d}z+\iint_{\Sigma}(z+a)^2\mathrm{d}x\mathrm{d}y\right]\\
&=\frac{1}{a}\left(\iint_{\Sigma_{前}} ax\mathrm{d}y\mathrm{d}z+\iint_{\Sigma_{后}} ax\mathrm{d}y\mathrm{d}z\right)+\frac{1}{a}\iint_{\Sigma}(z+a)^2\mathrm{d}x\mathrm{d}y\\
&=\frac{1}{a}\left[\iint_{D_{yz}} a\sqrt{a^2-y^2-z^2}\mathrm{d}y\mathrm{d}z-\iint_{D_{yz}}\left(-\sqrt{a^2-y^2-z^2}\right)\mathrm{d}y\mathrm{d}z\right]+\\
&\quad\frac{1}{a}\iint_{D_{xy}}\left(a-\sqrt{a^2-x^2-y^2}\right)^2\mathrm{d}x\mathrm{d}y\\
&=2\iint_{D_{yz}}\sqrt{a^2-y^2-z^2}\mathrm{d}y\mathrm{d}z+\frac{1}{a}\iint_{D_{xy}}\left(a-\sqrt{a^2-x^2-y^2}\right)^2\mathrm{d}x\mathrm{d}y.
\end{aligned}$$

应用极坐标分别计算上面两个二重积分，得

$$\begin{aligned}
I&=2\iint_{D_{yz}}\sqrt{a^2-y^2-z^2}\mathrm{d}y\mathrm{d}z+\frac{1}{a}\iint_{D_{xy}}\left(a-\sqrt{a^2-x^2-y^2}\right)^2\mathrm{d}x\mathrm{d}y\\
&=2\int_0^{2\pi}\mathrm{d}\theta\int_0^a\sqrt{a^2-\rho^2}\rho\mathrm{d}\rho+\frac{1}{a}\int_0^{2\pi}\mathrm{d}\theta\int_0^a\left(a-\sqrt{a^2-\rho^2}\right)^2\rho\mathrm{d}\rho\\
&=\frac{2}{3}\pi a^3+\frac{2\pi}{a}\int_0^a\left(2a^2-2a\sqrt{a^2-\rho^2}-\rho^2\right)\mathrm{d}\rho=\frac{\pi}{2}a^3.
\end{aligned}$$

注　比较上面的两种计算方法，不难看出应用高斯公式计算相对是简单的.

【例 4】　计算 $\iint_{\Sigma} x\mathrm{d}y\mathrm{d}z+y\mathrm{d}z\mathrm{d}x+(x+z)\mathrm{d}x\mathrm{d}y$，其中 Σ 是 $2x+2y+z=2$ 在第一卦限的上侧.

分析　由于有向曲面 Σ 是平面，所以把第二型曲面积分首先化成第一型曲面积分，然后化成二重积分计算，即采用框图 15 中线路 2→ 21 的方法计算. 另外也可考虑用第二型曲面积分的直接计算法，即采用框图 15 中线路 2→ 23 的方法计算.

解法 1　（转化第一型曲面积分）由于 Σ：$2x+2y+z=2$，取上侧，所以 $\boldsymbol{n}=(2,2,1)$，它

的方向余弦是 $\cos\alpha=\frac{2}{3}$，$\cos\beta=\frac{2}{3}$，$\cos\gamma=\frac{1}{3}$，于是

$$\iint_{\Sigma} x\mathrm{d}y\mathrm{d}z+y\mathrm{d}z\mathrm{d}x+(x+z)\mathrm{d}x\mathrm{d}y=\frac{1}{3}\iint_{\Sigma}(3x+2y+z)\mathrm{d}S=\frac{1}{3}\iint_{\Sigma}(2+x)\mathrm{d}S.$$

因为 Σ 的方程可表示为 Σ：$z=2-2x-2y$，它在 xOy 平面的投影区域为

$$D_{xy}:\begin{cases}0\leqslant x\leqslant 1\\0\leqslant y\leqslant 1-x\end{cases}.$$

$$\mathrm{d}S=\sqrt{1+z_x^2+z_y^2}\,\mathrm{d}x\mathrm{d}y=3\mathrm{d}x\mathrm{d}y.$$

所以

$$\begin{aligned}\iint_{\Sigma} x\mathrm{d}y\mathrm{d}z+y\mathrm{d}z\mathrm{d}x+(x+z)\mathrm{d}x\mathrm{d}y&=\frac{1}{3}\iint_{\Sigma}(2+x)\mathrm{d}S=\iint_{D_{xy}}(2+x)\mathrm{d}x\mathrm{d}y\\&=\int_0^1\mathrm{d}x\int_0^{1-x}(2+x)\mathrm{d}y\\&=\int_0^1(-x^2-x+2)\mathrm{d}x=\frac{7}{6}.\end{aligned}$$

解法 2（直接计算法）：因为 Σ：$2x+2y+z=0$，曲面 Σ 对 x，y 和 z 轴来说分别是前侧、右侧和上侧，它们在 yOz，xOz 和 xOy 平面的投影区域分别为

$$D_{yz}:0\leqslant y\leqslant 1,0\leqslant z\leqslant 2-2y,\quad D_{xz}:0\leqslant x\leqslant 1,0\leqslant z\leqslant 2-2x,$$

$$D_{xy}:0\leqslant x\leqslant 1,0\leqslant y\leqslant 1-x.$$

所以

$$\iint_{\Sigma} x\mathrm{d}y\mathrm{d}z+y\mathrm{d}z\mathrm{d}x+(x+z)\mathrm{d}x\mathrm{d}y=\iint_{\Sigma} x\mathrm{d}y\mathrm{d}z+\iint_{\Sigma} y\mathrm{d}z\mathrm{d}x+\iint_{\Sigma}(x+z)\mathrm{d}x\mathrm{d}y$$

$$=\iint_{D_{yz}}\left(1-y-\frac{1}{2}z\right)\mathrm{d}y\mathrm{d}z+\iint_{D_{xz}}\left(1-x-\frac{1}{2}z\right)\mathrm{d}x\mathrm{d}z+\iint_{D_{xy}}(2-x-2y)\mathrm{d}x\mathrm{d}z$$

$$=2\iint_{D_{yz}}\left(1-y-\frac{1}{2}z\right)\mathrm{d}y\mathrm{d}z+\iint_{D_{xy}}(2-x-2y)\mathrm{d}x\mathrm{d}z$$

$$=2\int_0^1\mathrm{d}y\int_0^{2-2y}\left(1-y-\frac{1}{2}z\right)\mathrm{d}z+\int_0^1\mathrm{d}x\int_0^{1-x}(2-x-2y)\mathrm{d}y=\frac{7}{6}.$$

注　从上面两种解法可以看出，第一种方法较为简单.

【例 5】　计算曲面积分 $I=\iint_{\Sigma} x\mathrm{d}y\mathrm{d}z+y\mathrm{d}z\mathrm{d}x+z\mathrm{d}x\mathrm{d}y$，其中 Σ 是柱面 $x^2+y^2=1$ 被平面 $z=0$ 及 $z=3$ 所截得的在第一卦限内的部分的前侧.

分析　由于本题中，$P=x$，$Q=y$，$R=z$. 积分曲面 Σ 不是封闭的，也不是平面块. 所以用定义进行计算较为简便，即采用框图 15 中线路 2→23 的方法.

解 因 Σ（如图Ⅱ-58）在 xOy 面上的投影 $\mathrm{d}x\mathrm{d}y=0$，所以 $\iint\limits_{\Sigma} z\mathrm{d}x\mathrm{d}y=0$，又 Σ 在 yOz 面、zOx 面上的投影区域为：

$$D_{yz}: 0\leqslant y\leqslant 1, 0\leqslant z\leqslant 3;\ D_{zx}: 0\leqslant x\leqslant 1, 0\leqslant z\leqslant 3.$$

故 $$I=\iint\limits_{\Sigma} x\mathrm{d}y\mathrm{d}z+y\mathrm{d}z\mathrm{d}x=\iint\limits_{D_{yz}}\sqrt{1-y^2}\,\mathrm{d}y\mathrm{d}z+\iint\limits_{D_{xz}}\sqrt{1-x^2}\,\mathrm{d}z\mathrm{d}x$$

$$=\int_0^1\sqrt{1-y^2}\,\mathrm{d}y\int_0^3\mathrm{d}z+\int_0^1\sqrt{1-x^2}\,\mathrm{d}x\int_0^3\mathrm{d}z=\frac{3\pi}{2}.$$

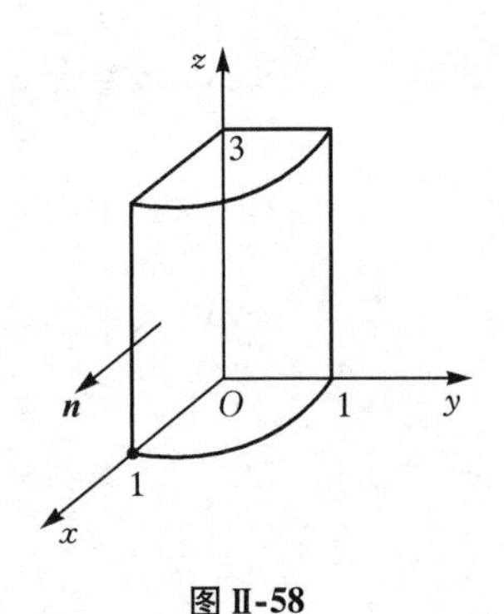

图Ⅱ-58

【例6】 计算曲面积分

$$I=\iint\limits_{\Sigma}[f(x,y,z)+x]\mathrm{d}y\mathrm{d}z+[2(f(x,y,z)+y]\mathrm{d}z\mathrm{d}x+[(f(x,y,z)+z]\mathrm{d}x\mathrm{d}y.$$

其中 $f(x,y,z)$ 为连续函数，Σ 是平面 $x-y+z=1$ 在第四卦限部分的上侧.

分析 由于 $P=f(x,y,z)+x$，$Q=2f(x,y,z)+y$，$R=f(x,y,z)+z$，积分曲面 Σ 为平面块，所以，把给定的第二型曲面积分转化为第一型曲面积分，即采用框图15中线路2→21的方法计算.

解 Σ（如图Ⅱ-59）在 xOy 面上的投影区域 D_{xy}：$0\leqslant x\leqslant 1$，$x-1\leqslant y\leqslant 0$. Σ 的方向余弦为 $\cos\alpha=\dfrac{1}{\sqrt{3}}$，$\cos\beta=\dfrac{-1}{\sqrt{3}}$，$\cos\gamma=\dfrac{1}{\sqrt{3}}$.

故 $$I=\oiint\limits_{\Sigma}[(f+x)\cos\alpha+(2f+y)\cos\beta+(f+z)\cos\gamma]\mathrm{d}S$$

$$=\frac{1}{\sqrt{3}}\iint\limits_{\Sigma}(x-y+z)\mathrm{d}S=\frac{1}{\sqrt{3}}\iint\limits_{\Sigma}\mathrm{d}S$$

$$=\frac{1}{\sqrt{3}}\iint\limits_{D_{xy}}\sqrt{3}\,\mathrm{d}x\mathrm{d}y=\iint\limits_{D_{xy}}\mathrm{d}x\mathrm{d}y=\frac{1}{2}.$$

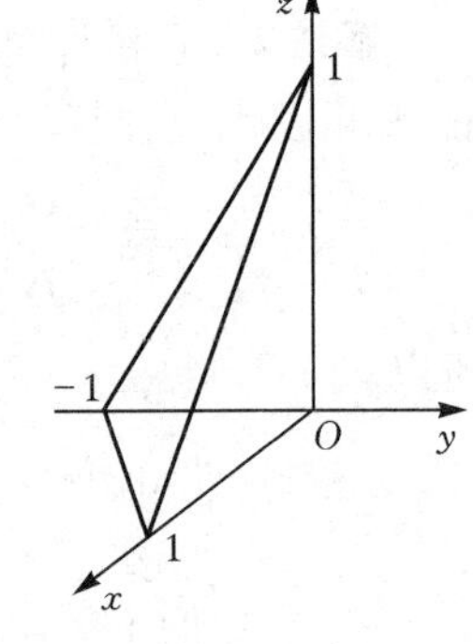

图Ⅱ-59

注 在例6中，若用定义直接计算，由于被积函数含有未知函数 $f(x,y,z)$，那么转化成三个二重积分后，下一步计算二重积分就很难进行了. 一般情况下，若被积函数中含有抽象函数，通常不采用直接计算法，而是采用将第二型曲面积分转化为第一型曲面积分或高斯公式的方法，看下面例题.

【例7】 设 $f(u)$ 具有连续导数，计算曲面积分

$$I=\iint\limits_{\Sigma}x^3\mathrm{d}y\mathrm{d}z+\left[\frac{1}{z}f\left(\frac{y}{z}\right)+y^3\right]\mathrm{d}z\mathrm{d}x+\left[\frac{1}{y}f\left(\frac{y}{z}\right)+z^3\right]\mathrm{d}x\mathrm{d}y.$$

其中，Σ 为 $z=\sqrt{x^2+y^2}$ 和 $z=2$ 所围成区域的外侧.

分析 令 $P=x^3$，$Q=\dfrac{1}{z}f\left(\dfrac{y}{z}\right)+y^3$，$R=\dfrac{1}{y}f\left(\dfrac{y}{z}\right)+z^3$. 由于被积函数含有抽象函数 $f\left(\dfrac{y}{z}\right)$，

如果直接计算很难求出．考虑到 Σ 为封闭曲面，而且

$$\frac{\partial P}{\partial x}+\frac{\partial Q}{\partial y}+\frac{\partial P}{\partial z}=3(x^2+y^2+z^2),$$

因此，应用高斯公式，即采用框图 15 中线路 1 的方法计算．

解　令 $P=x^3$，$Q=\frac{1}{z}f\left(\frac{y}{z}\right)+y^3$，$R=\frac{1}{y}f\left(\frac{y}{z}\right)+z^3$，则

$$\frac{\partial P}{\partial x}=3x^2,\ \frac{\partial Q}{\partial y}=-\frac{1}{z^2}f'\left(\frac{y}{z}\right)+3y^2,\ \frac{\partial R}{\partial z}=-\frac{1}{z^2}f'\left(\frac{y}{z}\right)+3z^2.$$

应用高斯公式，得

$$I=\iiint\limits_{\Omega}\left(\frac{\partial P}{\partial x}+\frac{\partial Q}{\partial y}+\frac{\partial R}{\partial z}\right)\mathrm{d}v=\iiint\limits_{\Omega}3(x^2+y^2+z^2)\,\mathrm{d}x\mathrm{d}y\mathrm{d}z.$$

其中，Ω 为 $z=\sqrt{x^2+y^2}$ 和 $z=2$ 所围成空间区域（图 Ⅱ-60）．

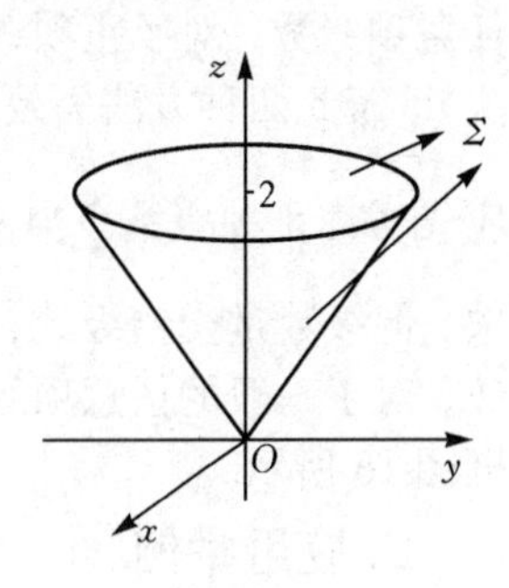

图Ⅱ-60

在球面坐标系下，Ω：$\begin{cases}0\leqslant\theta\leqslant 2\pi\\ 0\leqslant\varphi\leqslant\frac{\pi}{4}\\ 0\leqslant r\leqslant 2\sec\varphi\end{cases}$，计算三重积分，得

$$I=\iiint\limits_{\Omega}3(x^2+y^2+z^2)\,\mathrm{d}x\mathrm{d}y\mathrm{d}z=3\int_0^{2\pi}\mathrm{d}\theta\int_0^{\frac{\pi}{4}}\mathrm{d}\varphi\int_0^{2\sec\varphi}r^2r^2\sin\varphi\,\mathrm{d}r$$

$$=6\pi\int_0^{\frac{\pi}{4}}\sin\varphi\left(\frac{r^5}{5}\right)\Bigg|_0^{2\sec\varphi}\mathrm{d}\varphi=6\pi\int_0^{\frac{\pi}{4}}\sin\varphi\left(\frac{32}{5}\cos^{-5}\varphi\right)\mathrm{d}\varphi$$

$$=-\frac{192}{5}\pi\int_0^{\frac{\pi}{4}}\cos^{-5}\varphi\,\mathrm{d}(\cos\varphi)=-\frac{192}{5}\pi\left(-\frac{1}{4}\right)\cos^{-4}\varphi\Bigg|_0^{\frac{\pi}{4}}=\frac{144}{5}\pi.$$

或在柱面坐标系下，Ω：$\begin{cases}0\leqslant\theta\leqslant 2\pi\\ 0\leqslant\rho\leqslant 2\\ \rho\leqslant z\leqslant 2\end{cases}$，计算三重积分，得

$$I=\iiint\limits_{\Omega}3(x^2+y^2+z^2)\,\mathrm{d}x\mathrm{d}y\mathrm{d}z=3\int_0^{2\pi}\mathrm{d}\theta\int_0^2\rho\,\mathrm{d}\rho\int_\rho^2(\rho^2+z^2)\,\mathrm{d}z$$

$$=6\pi\int_0^2\rho^3\mathrm{d}\rho\int_\rho^2\mathrm{d}z+6\pi\int_0^2\rho\,\mathrm{d}\rho\int_\rho^2 z^2\mathrm{d}z$$

$$=6\pi\int_0^2(2\rho^3-\rho^4)\,\mathrm{d}\rho+2\pi\int_0^2(8\rho-\rho^4)\,\mathrm{d}\rho$$

$$=6\pi\left(\frac{1}{2}\rho^4-\frac{\rho^5}{5}\right)\Bigg|_0^2+2\pi\left(4\rho^2-\frac{\rho^5}{5}\right)\Bigg|_0^2$$

$$=\frac{144}{5}\pi.$$

十七、常数项级数敛散性的判别方法

1. 解题方法流程图

判别常数项级数 $\sum_{n=1}^{\infty} a_n$ 的敛散性，应先考察是否有 $\lim_{n\to\infty} a_n = 0$ 成立. 若不成立，则可判定级数发散；若成立，则需做进一步的判别. 此时可将常数项级数分为两大类，即正项级数与任意项级数. 对于正项级数，可优先考虑应用比值法(达朗贝尔判别法)或根值法(柯西判别法). 若此两种方法失效，则可利用比较法(或定义)做进一步判别；对于任意项级数，一般应先考虑正项级数 $\sum_{n=1}^{\infty} |a_n|$ 是否收敛. 若收敛，则可判定原级数收敛，且为绝对收敛；若不收敛，但级数是交错级数，可考虑应用莱布尼茨判别法，若能判别级数收敛，则原级数条件收敛；对于一般的任意项级数，则可考虑利用级数收敛定义、性质等判别. 解题方法流程图如框图 16 所示.

2. 应用举例

【例 1】 判别级数 $\sum_{n=1}^{\infty} \dfrac{3^n n^n}{n!}$ 的敛散性.

分析 本题中，$a_n = \dfrac{3^n n^n}{n!}$ $(n = 1, 2, \cdots)$，由 a_n 的特点看，采用比值法判别简单，即采用框图 16 中线路 $2 \to 21$ 的方法.

解 由比值法得

$$\lim_{n\to\infty} \frac{a_{n+1}}{a_n} = \lim_{n\to\infty} \frac{3^{n+1}(n+1)^{n+1}}{(n+1)!} \cdot \frac{n!}{3^n n^n} = \lim_{n\to\infty} \frac{3}{\left(1+\dfrac{1}{n}\right)^n} = \frac{3}{\mathrm{e}}.$$

即 $\rho = \dfrac{3}{e} > 1$，故原级数发散.

【例 2】 判别级数 $\sum_{n=1}^{\infty} \dfrac{\mathrm{e}^n n!}{n^n}$ 的敛散性.

分析 此题与例 1 类似，首先想到比值法，但由于 $\lim_{n\to\infty} \dfrac{a_{n+1}}{a_n} = 1$，比值法失效，接下来考虑 $\lim_{n\to\infty} a_n = 0$ 是否成立.

解 本题中，$a_n = \dfrac{\mathrm{e}^n n!}{n^n}$ $(n = 1, 2, \cdots)$，由框图 16 知，首先判别 $\lim_{n\to\infty} a_n = 0$ 是否成立.
由于 $\dfrac{a_n}{a_{n+1}} = \dfrac{\mathrm{e}^n n!}{n^n} \cdot \dfrac{(n+1)^{n+1}}{\mathrm{e}^{n+1}(n+1)!} = \dfrac{1}{\mathrm{e}}\left(1+\dfrac{1}{n}\right)^n < 1$，所以，$a_n < a_{n+1}$ $(n = 1, 2, \cdots)$，即

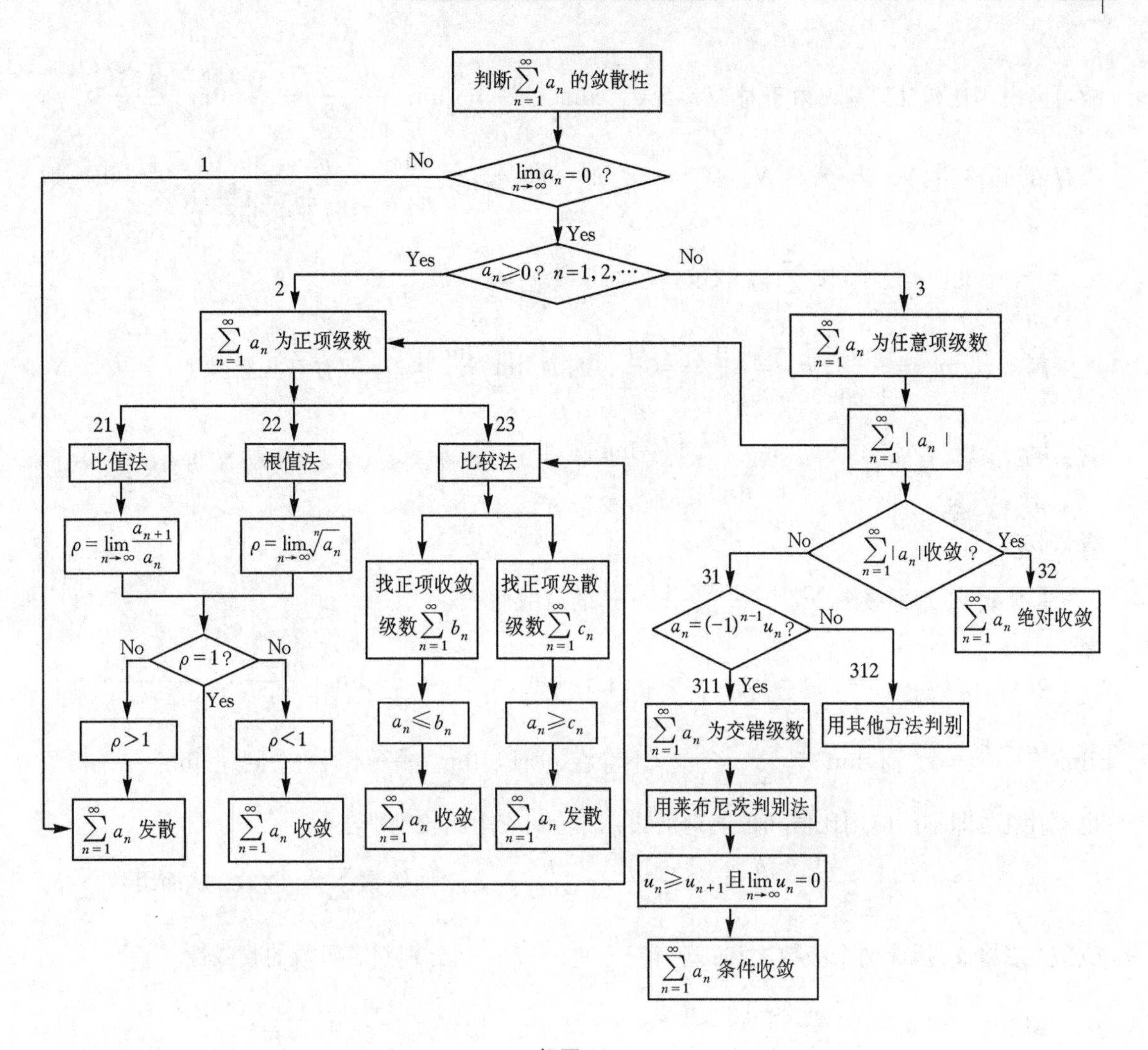

框图 16

$\{a_n\}$为（严格）单调增加，且$a_1=\mathrm{e}$，故$\lim\limits_{n\to\infty}a_n\neq 0$，从而级数发散.

【例 3】　判别级数$\sum\limits_{n=1}^{\infty}\dfrac{\ln n}{n\sqrt{n}}$的敛散性.

分析　设$a_n=\dfrac{\ln n}{n\sqrt{n}}$，显然$\lim\limits_{n\to\infty}a_n=0$. 按照框图16判断正项级数收敛的优先顺次，自然想到用比值法. 但$\lim\limits_{n\to\infty}\dfrac{a_{n+1}}{a_n}=\lim\limits_{n\to\infty}\dfrac{3^{n+1}(n+1)^{n+1}}{(n+1)!}\cdot\dfrac{n\sqrt{n}}{\ln n}=1$，即$\rho=1$，此时比值法失效，

故可考虑用比较法判别. 由于对 $\forall \lambda > 0$, $\lim\limits_{x\to+\infty}\dfrac{\ln x}{x^{\lambda}} = \lim\limits_{x\to+\infty}\dfrac{\frac{1}{x}}{\lambda x^{\lambda-1}} = \dfrac{1}{\lambda}\lim\limits_{x\to+\infty}\dfrac{1}{x^{\lambda}} = 0$, 所以存在正整数 N, 当 $n > N$, 有 $\ln n \leqslant n^{\lambda}$, 即 $a_n = \dfrac{\ln n}{n\sqrt{n}} \leqslant \dfrac{n^{\lambda}}{n^{\frac{3}{2}}} = \dfrac{1}{n^{\frac{3}{2}-\lambda}}$. 如果选取 $b_n = \dfrac{1}{n^{\frac{3}{2}-\lambda}}\left(\lambda < \dfrac{1}{2}\right)$, 则 $\sum\limits_{n=1}^{\infty} b_n$ 收敛, 进而得到 $\sum\limits_{n=1}^{\infty} a_n$ 收敛.

解 设 $a_n = \dfrac{\ln n}{n\sqrt{n}}$, $b_n = \dfrac{1}{n^{\frac{3}{2}-\frac{1}{3}}} = \dfrac{1}{n^{\frac{7}{6}}}$. 因为 $\lim\limits_{n\to\infty}\dfrac{\ln n}{n^{\frac{1}{3}}} = 0$, 故存在正整数 N, 当 $n > N$, 总有 $\dfrac{\ln n}{n^{\frac{1}{3}}} < 1$. 从而有 $a_n = \dfrac{\ln n}{n\sqrt{n}} = \dfrac{1}{n^{\frac{7}{6}}}\cdot\dfrac{\ln n}{n^{\frac{1}{3}}} < \dfrac{1}{n^{\frac{7}{6}}} = b_n$ $(n > N)$, 而级数 $\sum\limits_{n=1}^{\infty} b_n$ 收敛, 故原级数收敛.

【例 4】 判别级数 $\sum\limits_{n=1}^{\infty}\dfrac{[2+(-1)^n]n}{3^n}$ 的敛散性.

分析 设 $a_n = \dfrac{[2+(-1)^n]n}{3^n}$, 由于 $\lim\limits_{n\to\infty}\dfrac{a_{n+1}}{a_n} = \dfrac{1}{3}\lim\limits_{n\to\infty}\left[\dfrac{n+1}{n}\cdot\dfrac{2+(-1)^{n+1}}{2+(-1)^n}\right]$, $\lim\limits_{n\to\infty}\dfrac{n+1}{n} = 1$, 而 $\lim\limits_{n\to\infty}\dfrac{2+(-1)^{n+1}}{2+(-1)^n}$ 不存在, 所以 $\lim\limits_{n\to\infty}\dfrac{a_{n+1}}{a_n}$ 不存在. 同理 $\lim\limits_{n\to\infty}\sqrt[n]{a_n}$ 极限也不存在, 即不能应用比值和根值判别法, 故转到应用比较判别法.

由于 $a_n = \dfrac{[2+(-1)^n]n}{3^n} \leqslant \dfrac{(2+1)n}{3^n} = \dfrac{n}{3^{n-1}} = b_n$, 而级数 $\sum\limits_{n=1}^{\infty} b_n$ 收敛, 从而级数 $\sum\limits_{n=1}^{\infty} a_n$ 收敛. 或将 a_n 拆成两个级数之和: $a_n = \dfrac{2n}{3^n} + \dfrac{(-1)^n n}{3^n}$, 分别判定级数的收敛性.

解法 1 设 $a_n = \dfrac{[2+(-1)^n]n}{3^n}$ $(n = 1,2,\cdots)$. 由于 $a_n = \dfrac{[2+(-1)^n]n}{3^n} \leqslant \dfrac{n}{3^{n-1}} = b_n$, 而由比值法 (或根值法) $\lim\limits_{x\to\infty}\dfrac{b_{n+1}}{b_n} = \lim\limits_{x\to\infty}\dfrac{\frac{n+1}{3^{n+1}}}{\frac{n}{3^n}} = \dfrac{1}{3} < 1$, 易知级数 $\sum\limits_{n=1}^{\infty} b_n = \sum\limits_{n=1}^{\infty}\dfrac{n}{3^{n-1}}$ 收敛, 故根据级数的比较判别法知, 级数 $\sum\limits_{n=1}^{\infty} a_n$ 收敛, 即原级数收敛.

解法 2 因为 $a_n = \dfrac{2n}{3^n} + \dfrac{(-1)^n n}{3^n}$, 所以, 分别考虑 $\sum\limits_{n=1}^{\infty}\dfrac{2n}{3^n}$ 和 $\sum\limits_{n=1}^{\infty}\dfrac{(-1)^n n}{3^n}$ 的敛散性.

对于 $\sum_{n=1}^{\infty}\left|\frac{(-1)^n n}{3^n}\right| = \sum_{n=1}^{\infty}\frac{n}{3^n}$，由比值法 $\lim_{x\to\infty}\frac{a_{n+1}}{a_n}=\lim_{x\to\infty}\frac{\frac{n+1}{3^{n+1}}}{\frac{n}{3^n}}=\frac{1}{3}<1$，知 $\sum_{n=1}^{\infty}\left|\frac{(-1)^n n}{3^n}\right|$ 收敛，所以，$\sum_{n=1}^{\infty}\frac{(-1)^n n}{3^n}$ 绝对收敛；同理得 $\sum_{n=1}^{\infty}\frac{2n}{3^n}$ 收敛，可知原级数收敛.

注 应用比较法判别一个正项级数 $\sum_{n=1}^{\infty}a_n$ 的敛散性，最关键问题是要熟练掌握一些已知正项级数的敛散性（如几何级数，p-级数等），然后根据 a_n 的特点，进行有针对性的放缩.

【例 5】 设数列 $\{a_n\}$、$\{b_n\}$ 满足 $0<a_n<\frac{\pi}{2}$，$0<b_n<\frac{\pi}{2}$，$\cos a_n - a_n = \cos b_n$，且级数 $\sum_{n=1}^{+\infty}b_n$ 收敛.

（1）证明：$\lim_{n\to\infty}a_n=0$.

（2）证明级数 $\sum_{n=1}^{+\infty}\frac{a_n}{b_n}$ 收敛.

分析 由于 $a_n=\cos a_n-\cos b_n$，$0<a_n<\frac{\pi}{2}$，$0<b_n<\frac{\pi}{2}$，则可知 $0<a_n<b_n$，此时，我们可以考虑用夹逼准则进行计算. 另外，证明抽象级数收敛，可以加入等价无穷小量替换进行计算.

证明 （1）由于 $a_n=\cos a_n-\cos b_n$，$0<a_n<\frac{\pi}{2}$，$0<b_n<\frac{\pi}{2}$，所以 $0<a_n<b_n$，又级数 $\sum_{n=1}^{+\infty}b_n$ 收敛，所以 $\lim_{n\to\infty}b_n=0$，由夹逼准则知 $\lim_{n\to\infty}a_n=0$.

（2）由 $\lim_{n\to\infty}\frac{a_n}{b_n^2}=\lim_{n\to\infty}\frac{1-\cos b_n}{b_n^2}\cdot\frac{a_n}{1-\cos b_n}=\frac{1}{2}\lim_{n\to\infty}\frac{a_n}{a_n+1-\cos a_n}=\frac{1}{2}$，且级数 $\sum_{n=1}^{+\infty}b_n$ 收敛，所以级数 $\sum_{n=1}^{+\infty}\frac{a_n}{b_n}$ 收敛.

【例 6】 设级数 $\sum_{n=0}^{\infty}a_n$ 绝对收敛，判别当 $r>\frac{1}{2}$ 时，证明级数 $\sum_{n=1}^{\infty}\frac{\sqrt{|a_n|}}{n^r}$ 收敛.

分析 由于级数 $\sum_{n=1}^{\infty}\frac{\sqrt{|a_n|}}{n^r}$ 的一般项为 $\frac{\sqrt{|a_n|}}{n^r}$，已知级数 $\sum_{n=0}^{\infty}|a_n|$ 和 $\sum_{n=1}^{\infty}\frac{1}{n^p}$ $(p>1)$ 收敛，所以要证明级数 $\sum_{n=1}^{\infty}\frac{\sqrt{|a_n|}}{n^r}$ 收敛，必须把 $\frac{\sqrt{|a_n|}}{n^r}$ 分离成 $|a_n|$ 与 $\frac{1}{n^p}$ 之间的代数和. 如果想到不等式

$$2|a||b| \leqslant a^2 + b^2$$

或 Cauchy－Schwarz 不等式

$$\left(\sum_{n=1}^{\infty} |a_n b_n|\right)^2 \leqslant \sum_{n=1}^{\infty} a_n^2 \sum_{n=1}^{\infty} b_n^2,$$

则结论即可证明.

证法 1 根据不等式

$$2|a||b| \leqslant a^2 + b^2$$

得到

$$\frac{\sqrt{|a_n|}}{n^r} \leqslant \frac{1}{2}\left(|a_n| + \frac{1}{n^{2r}}\right).$$

由于级数 $\sum_{n=0}^{\infty} |a_n|$ 和 $\sum_{n=1}^{\infty} \frac{1}{n^{2r}}(2r > 1)$ 收敛，所以由正项级数的比较判别法知，级数 $\sum_{n=1}^{\infty} \frac{\sqrt{|a_n|}}{n^r}$ 收敛.

证法 2 根据 Cauchy－Schwarz 不等式 $\left(\sum_{n=1}^{\infty} |a_n b_n|\right)^2 \leqslant \sum_{n=1}^{\infty} a_n^2 \sum_{n=1}^{\infty} b_n^2$，得到 $\sum_{n=1}^{\infty} \frac{\sqrt{|a_n|}}{n^r} \leqslant \sqrt{\sum_{n=1}^{\infty} |a_n| + \sum_{n=1}^{\infty} \frac{1}{n^{2r}}}$，而级数 $\sum_{n=0}^{\infty} |a_n|$ 和 $\sum_{n=1}^{\infty} \frac{1}{n^{2r}}(2r > 1)$ 收敛，所以 $\sum_{n=1}^{\infty} |a_n| + \sum_{n=1}^{\infty} \frac{1}{n^{2r}}$ 收敛，根据正项级数的比较判别法知，级数 $\sum_{n=1}^{\infty} \frac{\sqrt{|a_n|}}{n^r}$ 收敛.

【例 7】 若 $\lim_{n\to\infty} na_n = 0$，级数 $\sum_{n=1}^{\infty}[(n+1)a_n - na_{n+1}]$ 收敛，证明级数 $\sum_{n=1}^{\infty} a_n$ 收敛.

分析 因为题设给出了级数 $\sum_{n=1}^{\infty}[(n+1)a_n - na_{n+1}]$ 收敛，但 $\sum_{n=1}^{\infty} a_n$ 没有具体表达式，只能将 $\sum_{n=1}^{\infty} a_n$ 看成任意项级数，所以，考虑级数收敛定义.

证明 设级数 $\sum_{n=1}^{\infty}[(n+1)a_n - na_{n+1}]$ 和 $\sum_{n=1}^{\infty} a_n$ 的部分和分别为 σ_n 和 S_n，则

$$\sigma_n = (2a_1 - a_2) + (3a_2 - 2a_3) + \cdots + [(n-1)a_n - na_{n+1}] = 2S_n - na_{n+1},$$

即

$$S_n = \frac{1}{2}(\sigma_n + na_{n+1}).$$

由于级数 $\sum_{n=1}^{\infty}[(n+1)a_n - na_{n+1}]$ 收敛，所以 $\lim_{n\to\infty} \sigma_n$ 存在，所以要证明 $\lim_{n\to\infty} S_n$ 存在，只需要证明 $\lim_{n\to\infty} na_{n+1}$ 存在即可. 根据题中的条件 $\lim_{n\to\infty} na_n = 0$，有 $\lim_{n\to\infty}(n+1)a_{n+1} = 0$. 因此

$\lim\limits_{n\to\infty} na_{n+1} = \lim\limits_{n\to\infty}(n+1)a_{n+1} - \lim\limits_{n\to\infty} a_{n+1} = 0$，根据级数收敛的定义知$\sum\limits_{n=1}^{\infty} a_n$ 收敛.

注　由例7的证明过程可知，如果$\lim\limits_{n\to\infty} a_n$存在，则级数$\sum\limits_{n=1}^{\infty}(a_{n+1}-a_n)$收敛［因为$S_n = \sum\limits_{k=1}^{n}(a_n - a_{n+1}) = a_1 - a_{n+1}$，所以$\lim\limits_{n\to\infty} S_n = a_1 - \lim\limits_{n\to\infty} a_{n+1}$存在］.

【例8】　设$a_1 = 2$，$a_{n+1} = \frac{1}{2}\left(a_n + \frac{1}{a_n}\right)(n = 2,3,\cdots)$，证明：级数$\sum\limits_{n=1}^{\infty}\left(\frac{a_n}{a_{n+1}} - 1\right)$收敛.

分析　由于$\frac{a_n}{a_{n+1}} - 1 = \frac{a_n - a_{n+1}}{a_{n+1}}$，如果能证明$\{a_n\}$是单调递减数列，且有下界$m > 0$，则有

$$0 \leqslant \frac{a_n}{a_{n+1}} - 1 = \frac{a_n - a_{n+1}}{a_{n+1}} \leqslant \frac{a_n - a_{n+1}}{m},$$

所以

$$\sum_{n=1}^{\infty}\left(\frac{a_n}{a_{n+1}} - 1\right) \leqslant \frac{1}{m}\sum_{n=1}^{\infty}(a_n - a_{n+1}).$$

根据正项级数的比较判别法，要证明级数$\sum\limits_{n=1}^{\infty}\left(\frac{a_n}{a_{n+1}} - 1\right)$收敛，只需证明$\sum\limits_{n=1}^{\infty}(a_n - a_{n+1})$收敛，由例7中的注知，只要证明$\lim\limits_{n\to\infty} a_n$存在即可.

证明　因为

$$a_{n+1} = \frac{1}{2}\left(a_n + \frac{1}{a_n}\right) \geqslant \sqrt{a_n \cdot \frac{1}{a_n}} = 1,$$

$$a_{n+1} - a_n = \frac{1}{2}\left(a_n + \frac{1}{a_n}\right) - a_n = \frac{1 - a_n^2}{2a_n} \leqslant 0,$$

所以数列$\{a_n\}$单调减少且有下界$m = 1$，故数列$\{a_n\}$极限存在. 如果设$\lim\limits_{n\to\infty} a_n = a$，则$a = \frac{1}{2}\left(a + \frac{1}{a}\right)$，解得$a = 1$.

又因为

$$\frac{a_n}{a_{n+1}} - 1 = \frac{a_n - a_{n+1}}{a_{n+1}} \leqslant a_n - a_{n+1},$$

记$S_n = \sum\limits_{k=1}^{n}(a_k - a_{k+1}) = a_1 - a_{n+1}$，因为$\lim\limits_{n\to\infty} a_n = 1$，$\lim\limits_{n\to\infty} S_n = a_1 - \lim\limits_{n\to\infty} a_{n+1} = a_1 - 1$，所以级数$\sum\limits_{n=1}^{\infty}(a_n - a_{n+1})$收敛，则由正项级数比较法可知，级数$\sum\limits_{n=1}^{\infty}\left(\frac{a_n}{a_{n+1}} - 1\right)$收敛.

【例9】 设级数$\sum\limits_{n=1}^{\infty}(a_{n+1}-a_n)$收敛，级数$\sum\limits_{n=1}^{\infty}b_n$绝对收敛，证明级数$\sum\limits_{n=1}^{\infty}a_nb_n$绝对收敛.

分析 由于$|a_nb_n|=|a_n|\ |b_n|$，如果能证明$|a_nb_n|\leqslant M|b_n|(M>0)$，则由正项级数比值法知，级数$\sum\limits_{n=1}^{\infty}a_nb_n$绝对收敛. 要证明$|a_nb_n|\leqslant M|b_n|$，等价于证明$|a_n|\leqslant M$，即证明$\lim\limits_{n\to\infty}a_n$存在. 由例8的证明过程可知，级数$\sum\limits_{n=1}^{\infty}(a_{n+1}-a_n)$收敛恰好能推出$\lim\limits_{n\to\infty}a_n$存在.

证明 由于级数$\sum\limits_{n=1}^{\infty}(a_{n+1}-a_n)$收敛，记$S_n=\sum\limits_{k=1}^{n}(a_{k+1}-a_k)=a_n-a_1$，则$\lim\limits_{n\to\infty}S_n$存在，所以$\lim\limits_{n\to\infty}a_n$存在，因此存在$M>0$，使得当$n>N$时，$|a_n|\leqslant M$，于是有$|a_nb_n|\leqslant M|b_n|$，因此，应用正项级数比较法知，级数$\sum\limits_{n=1}^{\infty}a_nb_n$绝对收敛.

【例10】 设$f(x)$在$x=0$的某一邻域内具有二阶连续导数，且$\lim\limits_{x\to 0}\dfrac{xh(x)}{\ln\left(\dfrac{\sin x}{x}\right)}=0$. 证明级数$\sum\limits_{n=1}^{\infty}f\left(\dfrac{1}{n}\right)$绝对收敛 .

分析 因为$\lim\limits_{x\to 0}\dfrac{xh(x)}{\ln\left(\dfrac{\sin x}{x}\right)}=0$，通过分析可知，此极限为“$\dfrac{0}{0}$”型不等式极限，且其中含有抽象函数$f(x)$，首先通过等价无穷小替换可知，$\ln\left(\dfrac{\sin x}{x}\right)\sim\dfrac{\sin x}{x}-1$. 其中，由于$f(x)$在$x=0$的某一邻域内具有二阶连续导数，我们可以考虑利用泰勒公式在0点处展开找到关系. 最后，要想让其绝对收敛，我们只要证出$\sum\limits_{n=1}^{\infty}\left|f(\dfrac{1}{n})\right|$收敛即可 .

解 因为$\lim\limits_{x\to 0}\dfrac{xf(x)}{\ln\left(\dfrac{\sin x}{x}\right)}=\lim\limits_{x\to 0}\dfrac{xf(x)}{\dfrac{\sin x-x}{x}}=\lim\limits_{x\to 0}\dfrac{x^2f(x)}{-\dfrac{1}{6}x^3}=0$，所以

$$\lim_{x\to 0}\frac{f(x)}{x}=0\Rightarrow f(0)=0\Rightarrow f'(0)=0.$$

由泰勒公式，有

$$f(x)=f(0)+f'(0)x+\frac{f''(\xi)}{2!}x^2\quad(x\to 0).$$

则

$$f\left(\frac{1}{n}\right)=\frac{f''(\xi)}{2!}\cdot\frac{1}{n^2},\ \exists\xi\in\left(0,\frac{1}{n}\right).$$

所以 $\left|f(\frac{1}{n})\right|=\frac{1}{2n^2}\cdot|f''(\xi)|$.

又因为$f''(x)$连续，所以必存在最大值，设最大值为M，则

$$\left|f\left(\frac{1}{n}\right)\right|=\frac{1}{2n^2}|f''(\xi)|\leqslant\frac{1}{2n^2}M.$$

又因为$\sum\limits_{n=1}^{\infty}\frac{1}{2n^2}\cdot M$收敛，由比较判别法可知，$\sum\limits_{n=1}^{\infty}\left|f\left(\frac{1}{n}\right)\right|$收敛，则级数$\sum\limits_{n=1}^{\infty}f\left(\frac{1}{n}\right)$绝对收敛.

【例 11】 判别级数$\sum\limits_{n=1}^{\infty}(-1)^n\frac{\ln n}{n}$的敛散性.

分析 本题中，$a_n=(-1)^n\frac{\ln n}{n}(n=1,2,\cdots)$. 由框图16可以看出，可采用线路3的方法.

解 先考虑级数$\sum\limits_{n=1}^{\infty}|a_n|=\sum\limits_{n=1}^{\infty}\frac{\ln n}{n}$的敛散性. 由于当$n>3$时，$|a_n|=\frac{\ln n}{n}>\frac{1}{n}$，而级数$\sum\limits_{n=3}^{\infty}\frac{1}{n}$发散，故级数$\sum\limits_{n=3}^{\infty}|a_n|=\sum\limits_{n=3}^{\infty}\frac{\ln n}{n}$发散，即原级数非绝对收敛.

因为$a_n=(-1)^n\frac{\ln n}{n}=(-1)^n u_n$，其中$u_n=\frac{\ln n}{n}$，即原级数为交错级数，故应用莱布尼茨判别法判别级数的收敛性.

由于$u_n=\frac{\ln n}{n}$，令$f(x)=\frac{\ln x}{x}$，因为

$$f'(x)=\left(\frac{\ln x}{x}\right)'=\frac{1-\ln x}{x^2}<0,$$

所以$f(x)$在$[1,+\infty)$内单调递减，得$u_n>u_{n+1}$，且

$$\lim_{n\to\infty}u_n=\lim_{n\to\infty}\frac{\ln n}{n}=0,$$

于是由莱布尼茨判别法可得：级数$\sum\limits_{n=3}^{\infty}(-1)^n\frac{\ln n}{n}$收敛，从而$\sum\limits_{n=1}^{\infty}(-1)^n\frac{\ln n}{n}$条件收敛.

【例 12】 设数列$\{x_n\}$满足$0\leqslant x_1\leqslant\pi$，$x_{n+1}=\sin x_n$，判别级数$\sum\limits_{n=1}^{\infty}(-1)^n\sin x_n$的条件收敛性.

分析 由于$x_{n+1}=\sin x_n>0$，所以$\sum\limits_{n=1}^{\infty}(-1)^n\sin x_n$是交错级数，因此，如果能证明数列$\{x_n\}$单调减少且$\lim\limits_{n\to\infty}x_n=0$，则级数$\sum\limits_{n=1}^{\infty}(-1)^n\sin x_n$条件收敛.

证明 由于 $x_{n+1}=\sin x_n>0$，所以 $\sum_{n=1}^{\infty}(-1)^n\sin x_n$ 为交错级数. 因为当 $n\geqslant 1$ 时，$x_{n+1}=\sin x_n\leqslant x_n$，所以数列 $\{x_n\}$ 单调减少. 又因为 $x_n\geqslant 0$，所以 $\{x_n\}$ 有下界，因此 $\{x_n\}$ 存在极限，设 $\lim_{n\to\infty}x_n=a$，则有 $\sin a=a$，所以 $a=0$. 因此由莱布尼茨判别法，可知级数 $\sum_{n=1}^{\infty}(-1)^n\sin x_n$ 条件收敛.

【例 13】 判定 $\sum_{n=1}^{\infty}\frac{(-1)^n}{n(1+\alpha^n)}$ 的敛散性.

分析 本题中，$a_n=\frac{(-1)^n}{n(1+\alpha^n)}(n=1,2,\cdots)$. 由框图 16 可以看出，可采用线路 3 的方法. 此题中由于含有参数 α，所以，在讨论敛散性时需对 α 进行讨论.

解 先考虑级数 $\sum_{n=1}^{\infty}|a_n|=\sum_{n=1}^{\infty}\frac{1}{n(1+\alpha^n)}$ 的敛散性. 采用比值法：

$$\lim_{n\to\infty}\frac{a_{n+1}}{a_n}=\lim_{n\to\infty}\frac{n}{(n+1)}\cdot\frac{1+\alpha^n}{1+\alpha^{n+1}}=\lim_{n\to\infty}\frac{1+\alpha^n}{1+\alpha^{n+1}}.$$

当 $\alpha>1$ 时，$\lim_{n\to\infty}\frac{a_{n+1}}{a_n}=\lim_{n\to\infty}\frac{1+\alpha^n}{1+\alpha^{n+1}}=\frac{1}{\alpha}<1$，所以 $\sum_{n=1}^{\infty}|a_n|=\sum_{n=1}^{\infty}\frac{1}{n(1+\alpha^n)}$ 收敛，故原级数绝对收敛.

当 $0<\alpha\leqslant 1$ 时，$\lim_{n\to\infty}\frac{a_{n+1}}{a_n}=\lim_{n\to\infty}\frac{1+\alpha^n}{1+\alpha^{n+1}}=1$，比值法失效. 但因为

$$\frac{1}{n(1+\alpha^n)}\geqslant\frac{1}{n(1+1^n)}=\frac{1}{2n},$$

而级数 $\sum_{n=1}^{\infty}\frac{1}{n}$ 发散，从而由正项级数的判别法知，当 $0<\alpha\leqslant 1$ 时，原级数非绝对收敛.

又由于

$$a_n=(-1)^n\frac{1}{n(1+\alpha^n)}=(-1)^n u_n,\quad 其中\ u_n=\frac{1}{n(1+\alpha^n)},$$

所以原级数为交错级数，故应用莱布尼茨判别法判别级数的条件收敛性. 因此只需验证 $u_n=\frac{1}{n(1+\alpha^n)}$ 是单调递减的，即可验证 $n(1+\alpha^n)$ 单调递增.

令 $f(x)=x(1+\alpha^x)$，因为

$$f'(x)=(x(1+a^x))'=1+\alpha^x(1+x\ln\alpha)>0,$$

所以 $f(x)$ 在 $[1,+\infty)$ 内单调递增，得 $u_n>u_{n+1}$. 且

$$\lim_{n\to\infty} u_n = \lim_{n\to\infty} \frac{1}{n(1+\alpha^n)} = 0,$$

于是由莱布尼茨判别法可得，级数$\sum\limits_{n=1}^{\infty} \dfrac{(-1)^n}{n(1+\alpha^n)}$条件收敛.

【例 14】 设正项级数$\{a_n\}$单调减小，并且级数$\sum\limits_{n=1}^{\infty}(-1)^n a_n$发散，试讨论级数$\sum\limits_{n=1}^{+\infty}(-1)^n\left(1-\dfrac{a_{n+1}}{a_n}\right)$的敛散性.

分析 对一般项级数，先判别是否绝对收敛，加绝对值之后正项级数$\sum\limits_{n=1}^{+\infty}\left(1-\dfrac{a_{n+1}}{a_n}\right)$，用比值法．根值法很明显不满足条件，同时，由于找不到通项的等价无穷小．所以不能用比较判别法的极限形式，只能用一般形式，而一般形式需要将通项放大或者缩小，由于是分式，所以只需要将分母变大或变小．根据$\{a_n\}$单调减小，所以$\dfrac{1}{a_1}<\dfrac{1}{a_n}<\dfrac{1}{a_l}$，其中$l=\lim\limits_{n\to\infty} a_n$，最后发现只需要判别$\sum\limits_{n=1}^{+\infty}(a_n-a_{n+1})$的敛散性，从形式看，用定义判断.

解 因为正项数列$\{a_n\}$单调减小且$a_n>0$，所以$\lim\limits_{n\to\infty} a_n$存在，设为$l$. 又因为$\sum\limits_{n=1}^{+\infty}(-1)^n a_n$发散，所以$l\neq 0$，且

$$1-\frac{a_{n+1}}{a_n}=\frac{a_n-a_{n+1}}{a_n}<\frac{a_n-a_{n+1}}{l}.$$

设$S_n=\dfrac{a_1-a_2}{l}+\dfrac{a_2-a_3}{l}+\cdots+\dfrac{a_n-a_{n+1}}{l}=\dfrac{a_1-a_{n+1}}{l}$，则

$$\lim_{n\to\infty} S_n=\lim_{n\to\infty}\frac{a_1-a_{n+1}}{l}=\frac{a_1}{l}-1,$$

所以原级数绝对收敛.

十八、求幂级数收敛域的方法

1. 解题方法流程图

求幂级数的收敛域，通常有三种基本类型，即$\sum\limits_{n=0}^{\infty} a_n x^n$型、$\sum\limits_{n=0}^{\infty} a_n(x-x_0)^n$型和缺幂型，还有一种特殊的非幂函数型. 对于$\sum\limits_{n=0}^{\infty} a_n x^n$型，通过求$\rho=\lim\limits_{n\to\infty}\left|\dfrac{a_{n+1}}{a_n}\right|$，得半径$R=\dfrac{1}{\rho}$，然后

讨论$x=\pm R$处的敛散性，从而得收敛域；对于$\sum_{n=0}^{\infty}a_n(x-x_0)^n$型，令$t=x-x_0$，化为$\sum_{n=0}^{\infty}a_nt^n$型，可得收敛域；对于缺幂型，可采用比值法，先求出收敛半径，再讨论$x=\pm R$处的敛散性，从而得收敛域. 对于给定的幂函数，只要判别了幂级数的类型，便可以确定出相应的解法. 解题方法流程图如框图 17 所示.

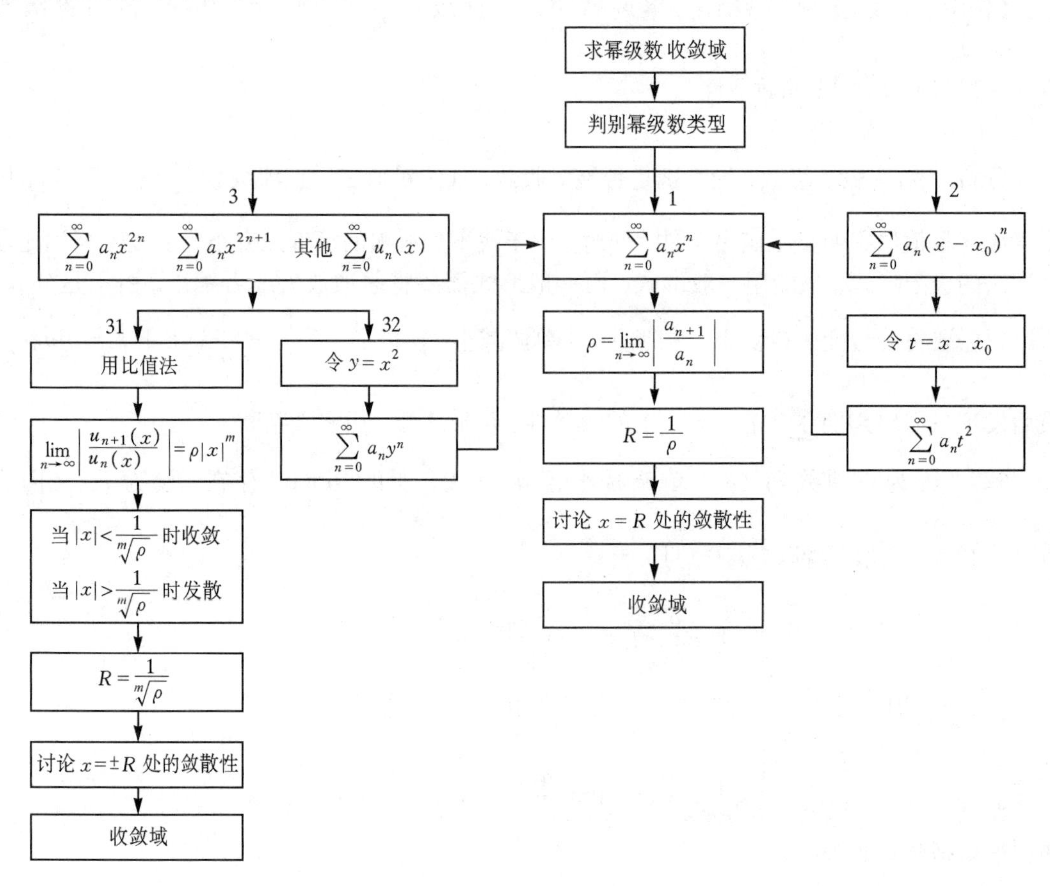

框图 17

2. 应用举例

【例 1】 求幂级数$\sum_{n=1}^{\infty}\frac{1}{3^n+(-2)^n}\cdot\frac{x^n}{n}$的收敛区间，并讨论该区间端点处的敛散性.

解 本题属框图 17 中线路 1 的类型.

设 $a_n=\frac{1}{[3^n+(-2)^n]\cdot n}$，则

$$\rho = \lim_{n\to\infty}\left|\frac{[3^n+(-2)^n]\cdot n}{[3^{n+1}+(-2)^{n+1}]\cdot(n+1)}\right| = \frac{1}{3}.$$

所以，收敛半径 $R=\dfrac{1}{\rho}=3$，所以收敛区间为 $(-3,3)$.

当 $x=3$ 时，因为 $\dfrac{3^n}{3^n+(-2)^n}\cdot\dfrac{1}{n}>\dfrac{1}{2n}$，且发散，所以原级数在点 $x=3$ 处发散.

当 $x=-3$ 时，因为

$$\frac{(-3)^n}{3^n+(-2)^n}\cdot\frac{1}{n}=(-1)^n\cdot\frac{1}{n}-\frac{2^n}{3+(-2)^n}\cdot\frac{1}{n},$$

且 $\sum\limits_{n=1}^{\infty}\dfrac{(-1)^n}{n}$ 与 $\sum\limits_{n=1}^{\infty}\dfrac{2^n}{3+(-2)^n}\cdot\dfrac{1}{n}$ 都收敛，所以原级数在点 $x=-3$ 处收敛.

【例 2】　求幂函数 $\sum\limits_{n=1}^{\infty}\dfrac{(x-1)^n}{2^n n}$ 的收敛域.

解　本题属框图 17 中线路 2 的类型. 令 $t=x-1$，得 $\sum\limits_{n=1}^{\infty}\dfrac{(x-1)^n}{2^n n}=\sum\limits_{n=1}^{\infty}\dfrac{t^n}{2^n n}$. 采用框图 17 中线路 1 的方法计算如下：

$$\rho=\lim_{n\to\infty}\left|\frac{a_{n+1}}{a_n}\right|=\lim_{n\to\infty}\frac{2^n\cdot n}{2^{n+1}(n+1)}=\frac{1}{2}.$$

所以，收敛半径 $R=\dfrac{1}{\rho}=2$.

当 $t=-2$ 时，级数 $\sum\dfrac{(-1)^n}{n}$ 收敛；当 $t=2$ 时，级数 $\sum\limits_{n=1}^{\infty}\dfrac{1}{n}$ 发散.

因此 $-2\leqslant t<2$，即 $-2\leqslant x-1<2$ 或 $-1\leqslant x<3$. 所以，原级数的收敛域为 $[-1,3)$.

【例 3】　求幂级数 $\sum\limits_{n=1}^{\infty}(-1)^n\dfrac{x^{2n+1}}{2n+1}$ 的收敛半径和收敛域.

解　本题属框图 17 中线路 3 的类型之一，缺少偶次幂的项. 采用线路 3→31 的方法，即比值法. 因

$$\lim_{x\to\infty}\left|\frac{u_{n+1}}{u_n}\right|=\lim_{x\to\infty}\left|\frac{(-1)^{n+1}x^{2(n+1)+1}}{2(n+1)+1}\cdot\frac{2n+1}{(-1)^n x^{2n+1}}\right|=|x|^2,$$

当 $|x^2|<1$，即 $|x|<1$ 时，原级数绝对收敛；当 $|x|^2>1$，即 $|x|>1$ 时，原级数发散. 故收敛半径 $R=1$.

当 $x=1$ 时，级数 $\sum\limits_{n=1}^{\infty}\dfrac{(-1)^n}{2n+1}$ 收敛；当 $x=-1$ 时，级数 $\sum\limits_{n=1}^{\infty}\dfrac{(-1)^{n+1}}{2n+1}$ 收敛. 所以级数的收敛域为 $[-1,1]$.

【例 4】 求级数$\sum_{n=1}^{\infty}\frac{1}{n}\left(\frac{x-1}{2x+1}\right)^{n}$的收敛域.

解 设$M_n(x)=\frac{1}{n}\left(\frac{x-1}{2x+1}\right)$，由比值判别法知，

$$\lim_{n\to\infty}\left|\frac{u_{n+1}(x)}{u_n(x)}\right|=\lim_{n\to\infty}\left|\frac{1}{n+1}\cdot\frac{(x-1)^{n+1}}{(2x+1)^{n+1}}\cdot\frac{n\cdot(2x+1)^{n}}{(x-1)^{n}}\right|=\left|\frac{x-1}{2x+1}\right|.$$

所以，当$\left|\frac{x-1}{2x+1}\right|<1$时，函数项级数绝对收敛．即函数项级数在$(-\infty,-2)$，$(0,+\infty)$内绝对收敛．在端点$x=0$处$\sum_{n=1}^{\infty}\frac{1}{n}(-1)^{n}$收敛，在端点$x=-2$处$\sum_{n=1}^{\infty}\frac{1}{n}$发散，故原级数收敛域为$(-\infty,-2)\cup[0,+\infty)$.

【例 5】 求级数$\sum_{n=1}^{\infty}(-1)^{n-1}\frac{2^{n}\sin^{2n}x}{n}$的收敛区间.

解 本题为非幂函数类型，可采用比值法，即采用框图 17 中线路 3 → 31 的方法计算．因

$$\lim_{n\to\infty}\left|\frac{u_{n+1}}{u_n}\right|=\lim_{n\to\infty}\left|\frac{(-1)2^{n+1}\sin^{2(n+2)}x}{n+1}\cdot\frac{n}{(-1)^{n-1}2^{n}\sin^{2n}x}\right|=2\sin^{2}x,$$

当$2\sin^{2}x<1$时，即$|\sin x|<\frac{1}{\sqrt{2}}$，原级数绝对收敛；当时$2\sin^{2}x>1$，即$|\sin x|>\frac{1}{\sqrt{2}}$，原级数发散；当$2\sin^{2}x=1$时，原级数为$\sum_{n=1}^{\infty}\frac{(-1)^{n-1}}{n}$，亦收敛，所以原级数的收敛域为$\left[k\pi-\frac{\pi}{4},k\pi+\frac{\pi}{4}\right]$ $(k=0,\pm1,\pm2,\cdots)$.

【例 6】 设$a_n=\frac{2^{n}}{(5^{n}+2^{n})n}$，求幂级数$\sum_{n=1}^{\infty}a_n a^{n}$的收敛半径，收敛区间与收敛域.

解 因为

$$\lim_{n\to\infty}\left|\frac{a_{n+1}}{a_n}\right|=\lim_{n\to\infty}\frac{n}{n+1}\left[\frac{2(5^{n}+2^{n})}{5^{n+1}+2^{n+1}}\right]=\lim_{n\to\infty}\frac{2\left[1+\left(\frac{5}{2}\right)^{n}\right]}{5+2\cdot\left(\frac{5}{2}\right)^{n}}=\frac{2}{5},$$

所以收敛半径$R=\frac{5}{2}$，收敛区间为$\left(-\frac{5}{2},\frac{5}{2}\right)$.

当$x=-\frac{5}{2}$时，级数

$$\sum_{n=1}^{\infty}a_n\left(-\frac{5}{2}\right)^{n}=\sum_{n=1}^{\infty}(-1)^{n}a_n\left(\frac{5}{2}\right)^{n}=\sum_{n=1}^{\infty}\frac{(-1)^{n}}{\left[1+\left(\frac{5}{2}\right)^{n}\right]n}.$$

令 $f(x)=\left[1+\left(\frac{5}{2}\right)^{x}\right]x$，$\lim\limits_{x\to+\infty}f(x)=+\infty$，则

$$f'(x)=1+\left(\frac{2}{5}\right)^{x}+x\left(\frac{2}{5}\right)^{x}\ln\frac{2}{5}>0\text{（当充分大时）}.$$

所以 $\dfrac{1}{\left[1+\left(\frac{5}{2}\right)^{n}\right]n}$ 单调减少且趋于零（当 $n\to\infty$ 时）.

由莱布尼茨判别法知，级数 $\sum\limits_{n=1}^{\infty}(-1)^{n}a_{n}\left(\frac{5}{2}\right)^{n}$ 收敛.

当 $x=\frac{5}{2}$ 时，级数为 $\sum\limits_{n=1}^{\infty}a_{n}\left(\frac{5}{2}\right)^{n}$，通项 $\dfrac{1}{\left[1+\left(\frac{5}{2}\right)^{n}\right]n}>\dfrac{1}{2n}$.

由于 $\sum\limits_{n=1}^{\infty}\frac{1}{2n}$ 发散，所以 $\sum\limits_{n=1}^{\infty}a_{n}\left(\frac{5}{2}\right)^{n}$ 发散，所以收敛域为 $\left[-\frac{5}{2},\frac{5}{2}\right)$.

十九、求幂级数的和函数的方法

1. 解题方法流程图

求幂级数的和函数，最常用的方法是首先对给定的幂级数进行恒等变形，然后采用“先求导后积分”或“先积分后求导”等技巧，并利用形如 $\sum\limits_{n=0}^{\infty}x^{n}\left(\text{或}\sum\limits_{n=0}^{\infty}\frac{x^{n}}{n!}\text{等}\right)$ 幂级数的和函数，求出其和函数. 解题方法流程图如框图 18 所示.

2. 应用举例

【例 1】 求幂级数 $\sum\limits_{n=1}^{\infty}\dfrac{x^{n}}{n(n+1)}$ 的收敛域与和函数.

分析 由于

$$\sum_{n=1}^{\infty}\frac{x^{n}}{n(n+1)}=\sum_{n=1}^{\infty}\frac{x^{n}}{n}-\sum_{n=1}^{\infty}\frac{x^{n}}{n+1},$$

其中，$\sum\limits_{n=1}^{\infty}\frac{x^{n}}{n}=-\ln(1-x)$. 而

$$\sum_{n=1}^{\infty}\frac{x^{n}}{n+1}=\frac{1}{x}\sum_{n=1}^{\infty}\frac{x^{n+1}}{n+1}=\frac{1}{x}\left(\sum_{n=1}^{\infty}\frac{x^{n}}{n}-x\right),$$

即应用框图 18 中线路 $2\to22$ 的方法计算.

解 由 $\lim\limits_{n\to\infty}\left|\dfrac{a_{n+1}}{a_{n}}\right|=1$ 得级数的收敛半径为 $R=1$.

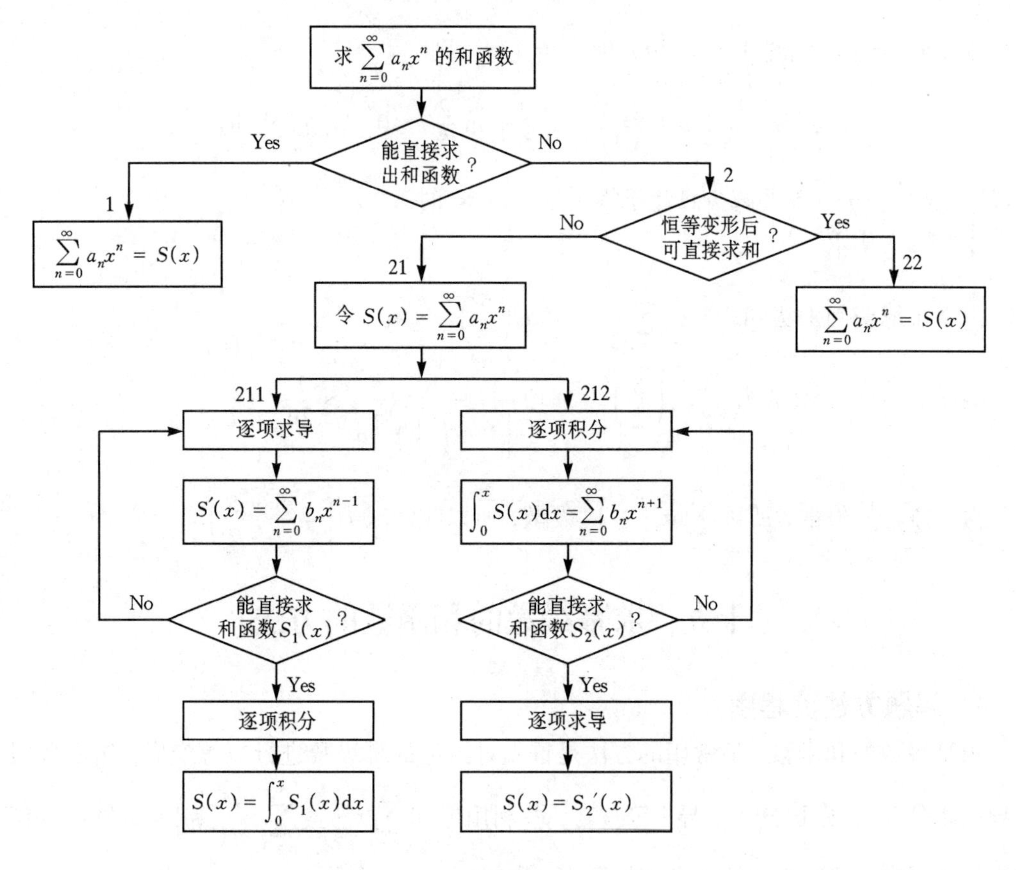

框图 18

当 $x = \pm 1$ 时，因为 $\left|\dfrac{(\pm 1)^n}{n(n+1)}\right| \sim \dfrac{1}{n^2}$，且 $\sum_{n=1}^{\infty} \dfrac{1}{n^2}$ 收敛，所以当 $x = \pm 1$ 时级数绝对收敛，故级数的收敛域为 $[-1, 1]$.

令 $S(x) = \sum_{n=1}^{\infty} \dfrac{x^n}{n(n+1)} = \sum_{n=1}^{\infty} \dfrac{x^n}{n} - \sum_{n=1}^{\infty} \dfrac{x^n}{n+1} = S_1(x) - S_2(x)$.

当 $x = 1$ 时，$S(1) = \sum_{n=1}^{\infty} \dfrac{1}{n(n+1)} = 1$；

当 $x = 0$ 时，$S(0) = 0$；

当 $-1 < x < 1$ 且 $x \neq 0$ 时，

$$S_1(x) = \sum_{n=1}^{\infty} \frac{x^n}{n} - \ln(1-x),$$

$$S_2(x) = \frac{1}{x}\sum_{n=1}^{\infty} \frac{x^{n+1}}{n+1} = \frac{1}{x}\left(\sum_{n=1}^{\infty} \frac{x^n}{n} - x\right) = -\frac{1}{x}\ln(1-x) - 1.$$

于是，

$$S(x)=\begin{cases}0, & x=0\\ 1, & x=1\\ \left(\dfrac{1}{x}-1\right)\ln(1-x)+1, & -1\leqslant x<1 \text{ 且 } x\neq 0\end{cases}.$$

【例 2】 求幂级数 $\sum\limits_{n=0}^{\infty}\dfrac{x^{2n+1}}{2n+1}$ 在收敛区间 $(-1,1)$ 内的和函数.

分析 由于 $\sum\limits_{n=0}^{\infty}y^n=\dfrac{1}{1-y}$，而 $\dfrac{x^{2n+1}}{2n+1}$ 与 y^n 的关系是 $\left(\dfrac{x^{2n+1}}{2n+1}\right)'=(x^2)^n=y^n$，所以很容易想到先逐项求导，利用 $\sum\limits_{n=0}^{\infty}y^n=\dfrac{1}{1-y}$，再积分的方法求和函数，即选用线路 $21\to 211$ 的方法计算.

解 令 $S(x)=\sum\limits_{n=0}^{\infty}\dfrac{x^{2n+1}}{2n+1}$，逐项求导，得

$$S'(x)=\left(\sum_{n=0}^{\infty}\frac{x^{2n+1}}{2n+1}\right)'=\sum_{n=0}^{\infty}\left(\frac{x^{2n+1}}{2n+1}\right)'=\sum_{n=0}^{\infty}x^{2n}.$$

而

$$\sum_{n=0}^{\infty}x^{2n}=\frac{1}{1-x^2}\quad(-1<x<1),$$

所以 $S'(x)=\dfrac{1}{1-x^2}$. 逐项积分，并注意到 $S(0)=0$，得

$$S(x)=\int_0^x S'(x)\mathrm{d}x=\int_0^x\frac{1}{1-x^2}=\frac{1}{2}\ln\frac{1+x}{1-x},$$

故

$$\sum_{n=0}^{\infty}\frac{x^{2n+1}}{2n+1}=\frac{1}{2}\ln\frac{1+x}{1-x}(-1<x<1).$$

【例 3】 求幂函数 $\sum\limits_{n=1}^{\infty}\dfrac{2n+1}{n!}x^{2n}$ 的和函数.

分析 由于幂函数 $\sum\limits_{n=0}^{\infty}\dfrac{1}{n!}y^n=\mathrm{e}^y$，而从本题的一般项 $\dfrac{2n+1}{n!}x^{2n}$ 看，通过对它求积分得到 $\dfrac{1}{n!}x^{2n+1}=x\cdot\dfrac{1}{n!}(x^2)^n=x\cdot\dfrac{1}{n!}y^n$，所以很容易想到先逐项求积分，利用 $\sum\limits_{n=0}^{\infty}\dfrac{y^n}{n!}=\dfrac{1}{1+y}$，再求导的方法求出和函数，即应用框图 18 中线路 $21\to 212$ 的方法计算.

解 由比值法易知原级数在 $(-\infty,+\infty)$ 内收敛. 令

$$S(x)=\sum_{n=1}^{\infty}\frac{2n+1}{n!}x^{2n},$$

对级数在 $(-\infty,+\infty)$ 内逐项积分，得

$$\int_0^x S(x)\mathrm{d}x = \int_0^x\left(\sum_{n=1}^{\infty}\frac{2n+1}{n!}x^{2n}\right)\mathrm{d}x = \sum_{n=1}^{\infty}\int_0^x\frac{2n+1}{n!}x^{2n}\mathrm{d}x = x\sum_{n=1}^{\infty}\frac{x^{2n}}{n!}.$$

又
$$\sum_{n=1}^{\infty}\frac{x^{2n}}{n!} = \sum_{n=1}^{\infty}\frac{(x^2)^n}{n!} = \mathrm{e}^{x^2}-1,$$

所以
$$\int_0^x S(x)\mathrm{d}x = x(\mathrm{e}^{x^2}-1).$$

对上式求导，得

$$S(x) = [x(\mathrm{e}^{x^2}-1)]' = (2x^2+1)\mathrm{e}^{x^2}-1,$$

即
$$\sum_{n=1}^{\infty}\frac{2n+1}{n!}x^{2n} = (2x^2+1)\mathrm{e}^{x^2}-1 \quad (-\infty < x < +\infty).$$

【例 4】 求幂级数$\sum\limits_{n=1}^{\infty}n^2x^{n-1}$在收敛区间$(-1,1)$内的和函数.

分析 由于幂级数$\sum\limits_{n=1}^{\infty}x^n = \dfrac{x}{1-x}$，通过比较级数$\sum\limits_{n=1}^{\infty}n^2x^{n-1}$和$\sum\limits_{n=0}^{\infty}x^n$的一般项，不难发现，$\int_0^x\left(\sum\limits_{n=1}^{\infty}n^2x^{n-1}\right)\mathrm{d}x = \sum\limits_{n=1}^{\infty}nx^n$，而$\int_0^x\sum\limits_{n=1}^{\infty}nx^{n-1}\mathrm{d}x = \sum\limits_{n=1}^{\infty}x^n$，所以应对给定的幂级数先积分，后求导，就可以利用$\sum\limits_{n=1}^{\infty}x^n = \dfrac{x}{1-x}$进行计算.

解 令$S(X) = \sum\limits_{n=1}^{\infty}n^2x^{n-1}$，对幂级数在区间$(-1,1)$内逐项积分，得

$$S_1(x) = \int_0^x S(x)\mathrm{d}x = \sum_{n=1}^{\infty}\int_0^x n^2x^{n-1}\mathrm{d}x = \sum_{n=1}^{\infty}nx^n = x\sum_{n=1}^{\infty}nx^{n-1} = xS_2(x).$$

其中，$S_2(x) = \sum\limits_{n=1}^{\infty}nx^{n-1}$.

再应用逐项积分的方法，得

$$S_3(x) = \int_0^x S_2(x)\mathrm{d}x = \sum_{n=1}^{\infty}\int_0^x nx^{n-1}\mathrm{d}x = \sum_{n=1}^{\infty}x^n = \frac{x}{1-x}.$$

对$S_3(x)$求导，得

$$S_2(x) = S'_3(x) = \left(\frac{x}{1-x}\right)' = \frac{1}{(1-x)^2}.$$

所以
$$S_1(x) = xS_2(x) = \frac{x}{(1-x)^2}.$$

对$S_1(x)$求导，得

$$S(x) = S'_1(x) = \left[\frac{x}{(1-x)^2}\right]' = \frac{1+x}{(1-x)^3},$$

即
$$\sum_{n=1}^{\infty} n^2 x^{n-1} = \frac{1+x}{(1-x)^3} \quad (-1 < x < 1).$$

【例5】　求幂级数 $\sum_{n=1}^{\infty} \frac{(-1)^{n-1}}{2n-1} x^{2n}$ 的收敛域与和函数.

分析　由于 $\sum_{n=1}^{\infty} \frac{(-1)^{n-1}}{2n-1} x^{2n} = x\sum_{n=1}^{\infty} \frac{(-1)^{n-1}}{2n-1} x^{2n-1}$，不难看出对幂级数进行求导再积分，即可得到.

解　由 $\lim_{n\to\infty}\left|\frac{a_{n+1}}{a_n}\right| = 1$，得级数 $\sum_{n=1}^{\infty} \frac{(-1)^{n-1}}{2n-1} x^{2n}$ 的收敛半径为 $R=1$.

当 $x=\pm 1$ 时，级数 $\sum_{n=1}^{\infty} \frac{(-1)^{n-1}}{2n-1}$ 收敛，故级数 $\sum_{n=1}^{\infty} \frac{(-1)^{n-1}}{2n-1} x^{2n}$ 的收敛域为 $[-1,1]$.

令 $S(x) = \sum_{n=1}^{\infty} \frac{(-1)^{n-1}}{2n-1} x^{2n}$，则 $S(x) = x\sum_{n=1}^{\infty} \frac{(-1)^{n-1}}{2n-1} x^{2n-1} = xS_1(x)$.

由
$$S_1(0) = 0, S_1{}'(x) = \sum_{n=1}^{\infty} (-x^2)^{n-1} = \frac{1}{1+x^2}$$
得
$$S_1(x) = S_1(x) - S_1(0) = \int_0^x S_1\ (x)\,\mathrm{d}x = \arctan x,$$
故 $S(x) = \arctan x$.

【例6】　求幂级数 $\sum_{n=1}^{\infty} (-1)^{n-1}\left(1+\frac{1}{n(2n-1)}\right)x^{2n}$ 的和函数.

分析　由于
$$\sum_{n=1}^{\infty} (-1)^{n-1}\left(1+\frac{1}{n(2n-1)}\right)x^{2n} = \sum_{n=1}^{\infty} (-1)^{n-1}x^{2n} + \sum_{n=1}^{\infty} (-1)^{n-1}\frac{1}{n(2n-1)}x^{2n},$$
而 $\sum_{n=1}^{\infty} (-1)^{n-1}x^{2n} = \frac{x^2}{1+x^2}$，所以，求给定幂级数转化为求幂级数 $\sum_{n=1}^{\infty} (-1)^{n-1}\frac{1}{n(2n-1)}x^{2n}$ 的和函数问题. 通过比较 $\sum_{n=1}^{\infty} (-1)^{n-1}\frac{1}{n(2n-1)}x^{2n}$ 与 $\sum_{n=1}^{\infty} (-1)^{n-1}x^n$ 的一般项，不难看出对幂级数两次求导便得到 $\sum_{n=1}^{\infty} (-1)^{n-1}x^{2n-2} = \frac{1}{1+x^2}$，因此可采用两次求导、再求积分的方法计算.

解　(1) 求幂级数的收敛区间. 由比值法:
$$\lim_{n\to\infty} \frac{(n+1)(2n+1)+1}{n(2n-1)+1}\cdot\frac{n(2n-1)}{(n+1)(2n+1)}|x|^2 = |x|^2.$$

所以，当 $x^2<1$ 时，原级数绝对收敛；当 $x^2>1$ 时，原级数发散. 因此原级数的收敛半径为 1，收敛区间为 $(-1,1)$.

（2）求幂级数的和函数.

设
$$S(x)=\sum_{n=1}^{\infty}(-1)^{n-1}\left(1+\frac{1}{n(2n-1)}\right)x^{2n},$$
而
$$\sum_{n=1}^{\infty}(-1)^{n-1}\left(1+\frac{1}{n(2n-1)}\right)x^{2n}=\sum_{n=1}^{\infty}(-1)^{n-1}x^{2n}+\sum_{n=1}^{\infty}(-1)^{n-1}\frac{1}{n(2n-1)}x^{2n},$$
令 $S_1(x)=\sum_{n=1}^{\infty}(-1)^{n-1}x^{2n}$，$S_2(x)=\sum_{n=1}^{\infty}(-1)^{n-1}\frac{1}{2n(2n-1)}x^{2n}$，

则
$$S(x)=S_1(x)+2S_2(x).$$
由于 $S_1(x)=-\sum_{n=1}^{\infty}(-x^2)^n=\frac{x^2}{1+x^2}$，所以要求 $S(x)$，关键是求 $S_2(x)$.

在区间 $(-1,1)$ 内，对 $S_2(x)$ 连续两次求导，得
$$S'_2(x)=\sum_{n=1}^{\infty}(-1)^{n-1}\frac{1}{2n-1}x^{2n-1},$$
$$S''_2(x)=\sum_{n=1}^{\infty}(-1)^{n-1}x^{2n-2}=\frac{1}{1+x^2}.$$
由于 $S_2(0)=0$，$S'_2(0)=0$，所以
$$S'_2(x)=\int_0^x S''_2(t)\mathrm{d}t=\int_0^x\frac{1}{1+t^2}\mathrm{d}t=\arctan x,$$
$$S_2(x)=\int_0^x S'_2(t)\mathrm{d}t=\int_0^x\arctan t\mathrm{d}t=x\arctan x-\frac{1}{2}\ln(1+x^2).$$
从而
$$S(x)=S_1(x)+2S_2(x)=\frac{x^2}{1+x^2}+2x\arctan x-\ln(1+x^2)\quad(-1<x<1).$$

二十、把函数展开成幂函数的方法

1. 解题方法流程图

将一个函数展成泰勒级数，其方法可分为两种：直接展开法和间接展开法. 直接展开法是通过求函数在给定点的各阶导数，写出泰勒展开式；而间接展开法通常要先对函数 $f(x)$ 进行恒等变形，然后利用已知展开式［如函数 $\frac{1}{1\mp x}$，e^x，$\sin x$，$(1+x)^m$ 的展开式等］或利用

和函数的性质（求导数或积分），将函数展开成幂级数. 一般情况下，大多数函数的幂级数展开都用间接展开法. 解题方法流程图如框图 19 所示.

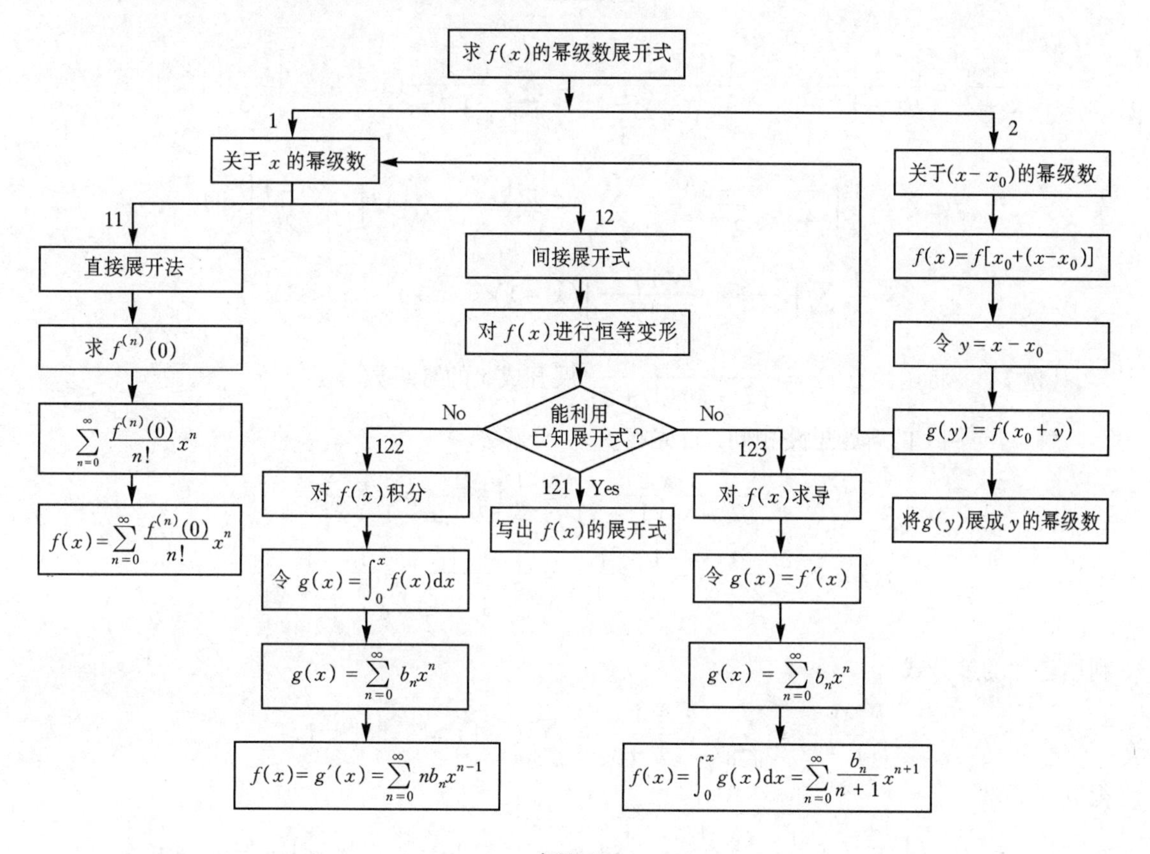

框图 19

2. 应用举例

【例 1】 将函数$f(x)=\dfrac{1}{x^2-x-6}$展开成 $x-1$ 的幂级数，并指出其收敛区间.

分析 由于$f(x)=\dfrac{1}{x^2-x-6}=\dfrac{1}{(x-3)(x+2)}$，如果能把$\dfrac{1}{(x-3)(x+2)}$分解为$\dfrac{A}{x-3}+\dfrac{B}{x+2}$的形式，那么就可以利用已知函数$\dfrac{1}{1-(y-1)}=\sum\limits_{n=0}^{\infty}(y-1)^n$，把$\dfrac{A}{x-3}$和$\dfrac{B}{x+2}$分别展开成 $x-1$ 的幂级数，即采用框图 19 线路 12 → 121 的方法展开.

解 对$f(x)$进行恒等变形：

$$f(x)=\frac{1}{5}\left(\frac{1}{x-3}-\frac{1}{x+2}\right).$$

而 $$\frac{1}{x-3}=\frac{1}{(x-1)-2}=\frac{1}{2}\frac{1}{1-\frac{x-1}{2}}=\sum_{n=0}^{\infty}\frac{(x-1)^n}{2^{n+1}},\ \left|\frac{x-1}{2}\right|<1,$$

$$\frac{1}{x+2}=\frac{1}{(x-1)+3}=\frac{1}{3}\frac{1}{1+\frac{x-1}{3}}=\sum_{n=0}^{\infty}\frac{(-1)^n}{3^{n+1}}(x-1)^n,\ \left|\frac{x-1}{3}\right|<1,$$

故 $$f(x)=\frac{1}{5}\left[\sum_{n=0}^{\infty}\frac{(x-1)^n}{2^{n+1}}-\sum_{n=0}^{\infty}\frac{(x-1)^n}{3^{n+1}}(x-1)^n\right],\ \left|\frac{x-1}{2}\right|<1$$

$$=\frac{1}{5}\sum_{n=0}^{\infty}\left[\frac{1}{2^{n+1}}+\frac{(-1)^{n+1}}{3^{n+1}}\right](x-1)^n\quad(-1<x<3).$$

【例 2】 将函数 $f(x)=\frac{x}{(2-x)(1+x)}$ 展开成 x 的幂级数.

解 与例 1 的解题思路相同，首先将 $f(x)$ 分解为

$$f(x)=\frac{x}{(2-x)(1+x)}=\frac{1}{3}\left(\frac{2}{2-x}-\frac{1}{1+x}\right).$$

于是 $$f(x)=\frac{2}{3}\frac{1}{2-x}-\frac{1}{3}\frac{1}{1+x}=\frac{1}{3}\frac{1}{1-\frac{x}{2}}-\frac{1}{3}\frac{1}{1+x}.$$

利用已知的展开式

$$\frac{1}{1-y}=\sum_{n=0}^{\infty}y^n,\ \frac{1}{1+y}=\sum_{n=0}^{\infty}(-1)^ny^n,\ |y|<1,$$

得到

$$f(x)=\frac{1}{3}\sum_{n=0}^{\infty}\left(\frac{x}{2}\right)^n-\frac{1}{3}\sum_{n=0}^{\infty}(-1)^nx^n=\frac{1}{3}\sum_{n=0}^{\infty}\left[\frac{1}{2^n}-(-1)^n\right]x^n,\ |x|<1.$$

【例 3】 将函数 $f(x)=\frac{x}{1-x-x^2+x^3}$ 展开成 x 的幂级数.

解 与例 1 的解题思路相同，首先将 $f(x)$ 分解为

$$f(x)=\frac{x}{1-x-x^2+x^3}=\frac{x}{(1-x)^2(1+x)}.$$

于是，

$$f(x)=-\frac{1}{4(1-x)}-\frac{1}{4(1+x)}+\frac{1}{2}\cdot\frac{1}{(1-x)^2}.$$

由于

$$\frac{1}{4(1-x)}=\frac{1}{4}\sum_{n=0}^{\infty}x^n\quad(-1<x<1),$$

$$\frac{1}{4(1+x)}=\frac{1}{4}\sum_{n=0}^{\infty}(-1)^n x^n \quad (-1<x<1),$$

$$\frac{1}{2}\cdot\frac{1}{(1-x)^2}=\frac{1}{2}\left(\frac{1}{1-x}\right)'=\frac{1}{2}\left(\sum_{n=0}^{\infty}x^n\right)'=\frac{1}{2}\sum_{n=1}^{\infty}nx^{n-1} \quad (-1<x<1),$$

所以，

$$\begin{aligned} f(x) &= -\frac{1}{4}\sum_{n=0}^{\infty}x^n-\frac{1}{4}\sum_{n=0}^{\infty}(-1)^n x^n+\frac{1}{2}\sum_{n=1}^{\infty}nx^{n-1} \\ &= -\frac{1}{4}\sum_{n=0}^{\infty}x^n-\frac{1}{4}\sum_{n=0}^{\infty}(-1)^n x^n+\frac{1}{2}\sum_{n=0}^{\infty}(n+1)x^n \\ &= \sum_{n=0}^{\infty}\left[-\frac{1}{4}-\frac{1}{4}(-1)^n+\frac{1}{2}(n+1)\right]x^n \quad (-1<x<1). \end{aligned}$$

【例 4】　将函数 $f(x)=\arctan\dfrac{1-2x}{1+2x}$ 展开成 x 的幂级数.

分析　本题用直接方法展开非常烦琐，用先积分后求导的间接方法是很难把 $f(x)$ 展开成 x 的幂级数，所以，只能用对 $f(x)$ 先求导再积分的间接方法展开成 x 的幂级数，即采用框图 19 线路 12 → 123 的方法展开.

解　因为

$$f'(x)=-\frac{2}{1+4x^2},$$

而
$$\frac{1}{1+4x^2}=\frac{1}{1+(2x)^2}=\sum_{n=0}^{\infty}(-1)^n 4^n x^{2n} \quad x\in\left(-\frac{1}{2},\frac{1}{2}\right),$$

所以
$$f'(x)=-\frac{2}{1+4x^2}=2\sum_{n=0}^{\infty}(-1)^{n+1}4^n x^{2n} \quad x\in\left(-\frac{1}{2},\frac{1}{2}\right).$$

又因为 $f(0)=\dfrac{\pi}{4}$，从而积分，得

$$\begin{aligned} f(x) &= \int_0^x f'(x)\,dx=\int_0^x\left[2\sum_{n=0}^{\infty}(-1)^{n+1}4^n x^{2n}\right]dx \\ &= \frac{\pi}{4}+2\sum_{n=0}^{\infty}\frac{(-1)^{n+1}4^n}{2n+1}x^{2n+1}. \end{aligned}$$

因为幂级数在 $x=\dfrac{1}{2}$ 处收敛，所以，收敛域为 $x\in\left(-\dfrac{1}{2},\dfrac{1}{2}\right]$.

【例 5】　将函数 $f(x)=x\arctan x-\ln\sqrt{1+x^2}$ 展开为 x 的幂级数.

解　与上题的解题思路相同. 对函数 $\arctan x$ 可采用先求导后积分的方法展开为 x 的幂级数. 由于

$$(\arctan x)' = \frac{1}{1+x^2},$$

又
$$\frac{1}{1+x^2} = \sum_{n=0}^{\infty}(-1)^n x^{2n} \quad (-1 < x < 1),$$

所以

$$\arctan x = \int_0^x (\arctan x)' \mathrm{d}x = \int_0^x \left(\sum_{n=0}^{\infty}(-1)^n x^{2n}\right)\mathrm{d}x$$
$$= \sum_{n=0}^{\infty}(-1)^n \frac{x^{2n+1}}{2n+1} = \sum_{n=1}^{\infty}(-1)^{n-1}\frac{x^{2n-1}}{2n-1} \quad (-1 < x < 1).$$

对函数 $\ln\sqrt{1+x^2}$ 首先进行恒等变形，即可得 $\ln\sqrt{1+x^2} = \frac{1}{2}\ln(1+x^2)$，利用已知函数 $\ln(1+y) = \sum_{n=1}^{\infty}(-1)^n \frac{y^n}{n}$ 的展开式把 $\frac{1}{2}\ln(1+x^2)$ 展开为 x 的幂级数为

$$\ln\sqrt{1+x^2} = \frac{1}{2}\ln(1+x^2) = \frac{1}{2}\sum_{n=0}^{\infty}(-1)^n \frac{x^{2(n+1)}}{n+1}$$
$$= \frac{1}{2}\sum_{n=1}^{\infty}(-1)^{n-1}\frac{x^{2n}}{n} \quad (-1 < x \leqslant 1).$$

从而
$$f(x) = x\sum_{n=1}^{\infty}(-1)^{n-1}\frac{x^{2n-1}}{2n-1} - \frac{1}{2}\sum_{n=1}^{\infty}(-1)^{n-1}\frac{x^{2n}}{n}$$
$$= \sum_{n=1}^{\infty}(-1)^{n-1}\frac{x^{2n}}{2n(2n-1)} \quad (-1 \leqslant x \leqslant 1).$$

【例 6】 将函数 $f(x) = \frac{1}{(1-x)^3}$ 展开成 x 的幂级数，并求收敛区间.

分析 由于 $\frac{1}{1-x} = \sum_{n=0}^{\infty}x^n(-1 < x < 1)$，对 $f(x) = \frac{1}{(1-x)^3}$ 连续两次积分就得到与 $\frac{1}{1-x}$ 的关系，或者对 $\frac{1}{1-x}$ 连续两次求导就得到与 $f(x) = \frac{1}{(1-x)^3}$ 的关系，所以可采用先积分、后求导，即采用框图 19 线路 12 → 122 的方法展开；或根据 $\frac{1}{1-x} = \sum_{n=0}^{\infty}x^n$ 直接求导的间接方法展开，即采用框图 19 线路 12 → 123 的方法展开.

解法 1 令 $g(x) = \int_0^x f(x)\mathrm{d}x = \int_0^x \frac{1}{(1-x)^3}\mathrm{d}x = \frac{1}{2(1-x)^2} - \frac{1}{2}$,

$$g_1(x) = \int_0^x g(x)\mathrm{d}x = \int_0^x \left[\frac{1}{2(1-x)^2} - \frac{1}{2}\right]\mathrm{d}x = \frac{1}{2}\frac{1}{1-x} - \frac{1}{2} - \frac{x}{2}.$$

而
$$\frac{1}{2}\frac{1}{1-x} = \frac{1}{2}\sum_{n=0}^{\infty}x^n \quad (-1 < x < 1),$$

所以
$$g_1(x)=\frac{1}{2}\sum_{n=1}^{\infty}x^n-\frac{x}{2}\quad(-1<x<1),$$

从而
$$g(x)=g'_1(x)=\frac{1}{2}\sum_{n=1}^{\infty}nx^{n-1}-\frac{1}{2}\quad(-1<x<1),$$

$$f(x)=g'(x)=\frac{1}{2}\sum_{n=2}^{\infty}n(n-1)x^{n-2}\quad(-1<x<1).$$

解法 2　由于$\frac{1}{1-x}=\sum_{n=0}^{\infty}x^n\quad(-1<x<1)$,

所以

$$\left(\frac{1}{1-x}\right)'=\frac{1}{(1-x)^2}=\sum_{n=1}^{\infty}nx^{n-1}\quad(-1<x<1),$$

$$\left(\frac{1}{1-x}\right)''=\frac{\mathrm{d}}{\mathrm{d}x}\left[\frac{1}{(1-x)^2}\right]=\frac{2}{(1-x)^3}=\sum_{n=2}^{\infty}n(n-1)x^{n-2}\quad(-1<x<1).$$

从而
$$\frac{1}{(1-x)^3}=\frac{1}{2}\sum_{n=2}^{\infty}n(n-1)x^{n-2}\quad(-1<x<1).$$

【例 7】　将函数$f(x)=\frac{1}{4}\ln\frac{1+x}{1-x}+\frac{1}{2}\arctan x$展开成 x 的幂级数，并求$f^{(101)}(0)$.

解　与上题的解题思路相同，将$f(x)$求导得

$$f'(x)=\frac{1}{2(1-x^2)}+\frac{1}{2(1+x^2)}-1$$

$$=\frac{1}{1-x^4}-1=\sum_{n=1}^{\infty}x^{4n},\ x\in(-1,1).$$

因为$f(0)=0$，所以积分得

$$f(x)=f(0)+\int_0^x\left(\sum_{n=1}^{\infty}x^{4n}\right)\mathrm{d}x=\sum_{n=1}^{\infty}\frac{x^{4n+1}}{4n+1},\ x\in(-1,1).$$

所以，$f^{(101)}(0)=101!\frac{1}{101}=100!$.

二十一、把函数展开成傅里叶级数的方法

1. 解题方法流程图

把给定的函数$f(x)$展开成傅里叶级数，首先要判断$f(x)$是否为周期函数；如果$f(x)$以$2l\,(2\pi)$为周期，那么在定义域$(-\infty,+\infty)$内，可把$f(x)$展开成以$2l\,(2\pi)$为周期的傅里叶级数；如果$f(x)$不是以$2l\,(2\pi)$为周期的函数，则要判别$f(x)$定义域的特点（$[-l,+l]$

或 $[0, l]$）对 $f(x)$ 进行周期延拓、奇延拓或偶延拓，再把 $f(x)$ 展开成以 $2l$（2π）为周期的傅里叶级数、正弦级数或余弦级数，最后限制在定义域上. 解题方法流程图如框图 20 所示.

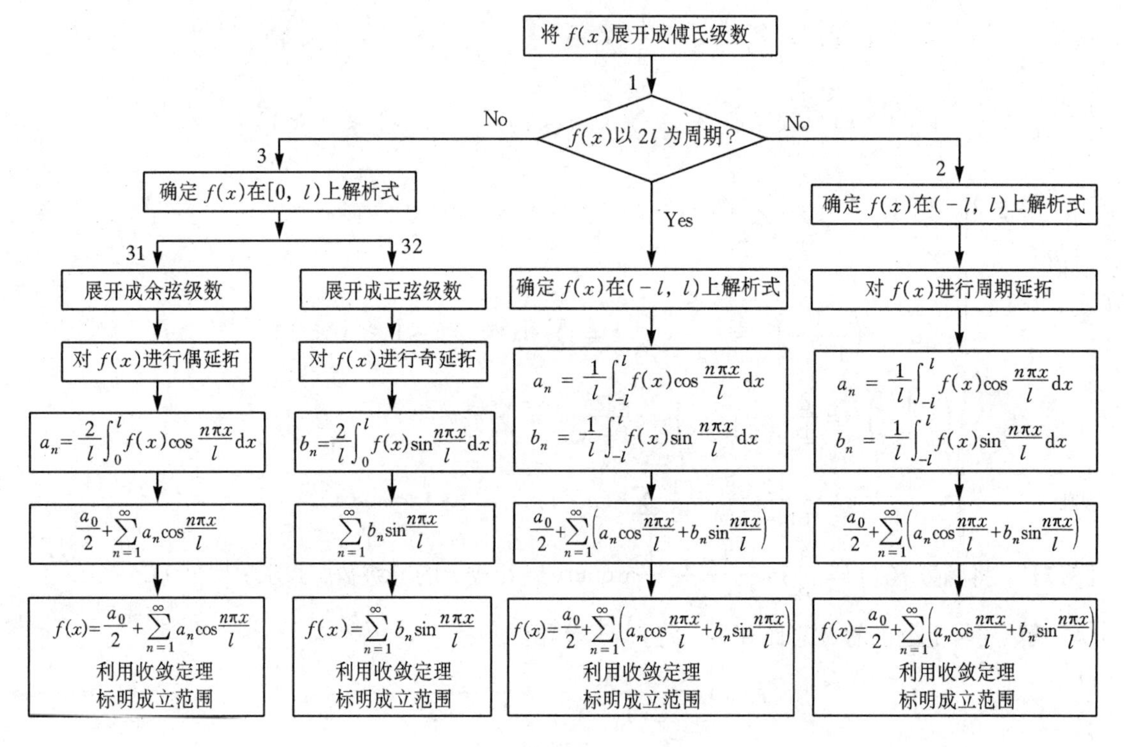

框图 20

2. 应用举例

【例 1】 设 $f(x)$ 以 2π 为周期，且 $f(x)=\begin{cases}-1, & -\pi\leqslant x\leqslant 0\\ 1, & 0\leqslant x<\pi\end{cases}$，求其傅里叶级数展开式.

解 由于的定义域是 $(-\infty, +\infty)$ [$f(x)$ 以 2π 为周期]，故应按框图 20 中线路 1 的方法求解.

（1）求 $f(x)$ 的傅里叶系数：

$$a_n=\frac{1}{\pi}\int_{-\pi}^{\pi}f(x)\cos nx\mathrm{d}x=\frac{1}{\pi}\left[\int_{-\pi}^{0}(-1)\cos nx\mathrm{d}x+\int_0^{\pi}\cos nx\mathrm{d}x\right]=0\quad(n=1,2,\cdots),$$

$$b_n=\frac{1}{\pi}\int_{-\pi}^{\pi}\sin nx\mathrm{d}x=\frac{1}{\pi}\left[\int_{-\pi}^{0}(-1)\sin nx\mathrm{d}x+\int_0^{\pi}\sin nx\mathrm{d}x\right]$$

$$=\frac{2}{\pi}\,\frac{1-(-1)^n}{n}\quad(n=1,2,\cdots).$$

（2）$f(x)$ 的傅里叶级数为

$$\frac{a_0}{2}+\sum_{n=1}^{\infty}(a_n\cos nx+b_n\sin nx)=\frac{2}{\pi}\sum_{n=1}^{\infty}\frac{1-(-1)^n}{n}\sin nx.$$

（3）$f(x)$ 在 $(-\infty,+\infty)$ 内的间断点为 $x=k\pi(k\in Z)$，依据收敛定理 $f(x)$ 的傅里叶级数展开式及成立范围为

$$f(x)=\frac{2}{\pi}\sum_{n=1}^{\infty}\frac{1-(-1)^n}{n}\sin nx\quad -\infty<x<+\infty,x\neq k\pi\quad(k\in Z).$$

【例 2】　设 $f(x)=\begin{cases}x, & -\pi\leqslant x<0\\ 0, & 0\leqslant x\leqslant\pi\end{cases}$，求其傅里叶级数展开式.

解　由于 $f(x)$ 的定义域是 $[-\pi,\pi]$，故应按框图 20 中的线路 2 的方法进行求解.

（1）对 $f(x)$ 进行周期延拓.

（2）求得傅里叶系数：

$$a_0=\frac{1}{\pi}\int_{-\pi}^{\pi}f(x)\mathrm{d}x=\frac{1}{\pi}\int_{-\pi}^{0}x\mathrm{d}x=-\frac{\pi}{2},$$

$$a_n=\frac{1}{\pi}\int_{-\pi}^{0}f(x)\cos nx\mathrm{d}x=\frac{1}{\pi}\int_{-\pi}^{0}x\cos nx\mathrm{d}x=\frac{1}{n^2\pi}[1-(-1)^n]\quad(n=1,2,\cdots).$$

$$b_n=\frac{1}{\pi}\int_{-\pi}^{\pi}f(x)\sin nx\mathrm{d}x=\frac{1}{\pi}\int_{-\pi}^{0}x\sin nx\mathrm{d}x=\frac{(-1)^{n+1}}{n}\quad(n=1,2,\cdots).$$

（3）$f(x)$ 的傅里叶级数为

$$\frac{a_0}{2}+\sum_{n=1}^{\infty}(a_n\cos nx+b_n\sin nx)=-\frac{\pi}{4}+\sum_{n=1}^{\infty}\left[\frac{1-(-1)^n}{n^2\pi}\cos nx+\frac{(-1)^{n+1}}{n}\sin nx\right].$$

（4）由于将 $f(x)$ 周期延拓后所得函数于 $(2k+1)\pi\ (k\in Z)$ 处间断，而 $f(x)$ 的定义域是 $[-\pi,\pi]$，所以依据收敛定理的傅里叶级数展开式及成立范围为

$$f(x)=-\frac{\pi}{4}+\sum_{n=1}^{\infty}\left[\frac{1-(-1)^n}{n^2\pi}\cos nx+\frac{(-1)^{n+1}}{n}\sin nx\right]\quad(-\pi<x<\pi).$$

【例 3】　将函数 $f(x)=\begin{cases}|x|, & 0<|x|<\dfrac{\pi}{2}\\ 0, & \dfrac{\pi}{2}\leqslant|x|\leqslant\pi\end{cases}$ 展开成傅里叶级数.

解　显然 $f(x)$ 在 $[-\pi,\pi]$ 上满足收敛定理条件，将函数进行周期延拓，因为 $f(x)$ 为偶函数，所以

$$b_n=0\ (n=1,2,\cdots),$$

$$a_0=\frac{2}{\pi}\int_0^{\pi}f(x)\mathrm{d}x=\frac{\pi}{4},$$

$$a_n=\frac{2}{\pi}\int_0^{\pi}f(x)\cos nx\mathrm{d}x=\frac{2}{\pi}\left(\sin\frac{n\pi}{2}+\frac{1}{n^2}\cos\frac{n\pi}{2}-\frac{1}{n^2}\right)\quad(n=1,2,\cdots).$$

当 $x=\pm\frac{\pi}{2}$ 时，级数收敛于$\frac{\pi}{4}$，故

$$f(x)=\frac{\pi}{8}+\frac{2}{\pi}\sum_{n=1}^{\infty}\left(\sin\frac{n}{2}\pi+\frac{1}{n^2}\cos\frac{n\pi}{2}-\frac{1}{n^2}\right)\cos nx\quad(|x|\leqslant\pi \text{ 且 } x\neq\pm\frac{\pi}{2}).$$

【例 4】 设$f(x)=x+1\ (0\leqslant x\leqslant\pi)$，求其余弦级数展开式.

解 由于$f(x)$ 的定义域是$[0,\pi]$，故应按框图 20 中的线路 3 → 31 的方法求解.

(1) 对$f(x)$ 进行偶延拓.

(2) 求$f(x)$ 的傅里叶系数：

$$a_0=\frac{2}{\pi}\int_0^{\pi}f(x)\mathrm{d}x=\frac{2}{\pi}\int_0^{\pi}(x+1)\mathrm{d}x=\pi+2,$$

$$a_n=\frac{2}{\pi}\int_0^{\pi}f(x)\cos nx\mathrm{d}x=\frac{2}{\pi}\int_0^{\pi}(x+1)\cos nx\mathrm{d}x=\frac{2}{n^2\pi}[(-1)^n-1]\quad(n=1,2,\cdots).$$

(3) $f(x)$ 的余弦级数为

$$\frac{a_0}{2}+\sum_{n=1}^{\infty}a_n\cos nx=\frac{\pi}{2}+1+\frac{2}{\pi}\sum_{n=1}^{\infty}\frac{(-1)^n-1}{n^2}\cos nx.$$

(4) 由于将$f(x)$ 偶延拓后所得函数在$(-\infty,+\infty)$上连续，而$f(x)$ 的定义域为$[0,\pi]$，依据收敛定理，$f(x)$ 的余弦级数展开式及成立范围为

$$f(x)=\frac{\pi}{2}+1+\frac{2}{\pi}\sum_{n=1}^{\infty}\frac{(-1)^n-1}{n^2}\cos nx\quad(0\leqslant x\leqslant\pi).$$

从上面的例题可以看出，利用傅里叶级数解题方法流程图进行归纳、总结傅里叶级数的内容，概括分析解题类型，可以达到解题步骤整齐统一的目的，有很大益处.

二十二、求一阶微分方程通解的方法

1. 解题方法流程图

求一阶微分方程通解的关键是先判别方程的类型，而判别方程类型的一般方法和思路如下：

(1) 先用观察法判别是否为可分离变量方程，若是，分离变量，两边积分即可得到其通解，否则转入下一步.

(2) 判别是否为全微分方程. 若$\frac{\partial P}{\partial y}=\frac{\partial Q}{\partial x}$，则为全微分方程，其通解为

$$u(x,y)=\int_{(x_0,y_0)}^{(x,y)}P\mathrm{d}x+Q\mathrm{d}y=C;$$

若 $\frac{\partial P}{\partial y}\neq\frac{\partial Q}{\partial x}$，继续判别.

(3) 解出$\frac{\mathrm{d}y}{\mathrm{d}x}$的解析式：判别是否为下面类型的方程：

$$\frac{\mathrm{d}y}{\mathrm{d}x}=f(x,y)=\varphi\left(\frac{y}{x}\right),\qquad\text{(齐次方程)}$$

$$\frac{\mathrm{d}y}{\mathrm{d}x}+P(x)y=Q(x),\qquad\text{(一阶线性方程)}$$

$$\frac{\mathrm{d}y}{\mathrm{d}x}+P(x)y=Q(x)y^n\quad(n\neq 0,1).\qquad\text{(伯努利方程)}$$

对于这些类型的方程，它们各自都有固定的解法. 如果所给的方程按上述思路不能转化为已知类型的方程，这时常用的方法和技巧如下：

① 熟悉常用的微分公式；

② 选取适当的变量代换，转化成上述可解类型的方程；

③ 变换自变量和因变量$\left(\text{即有时把 } y \text{ 看成自变量，而考虑 } \frac{\mathrm{d}x}{\mathrm{d}y} \text{ 的方程类型}\right)$.

关于一阶微分方程的解题方法流程图如框图 21 所示.

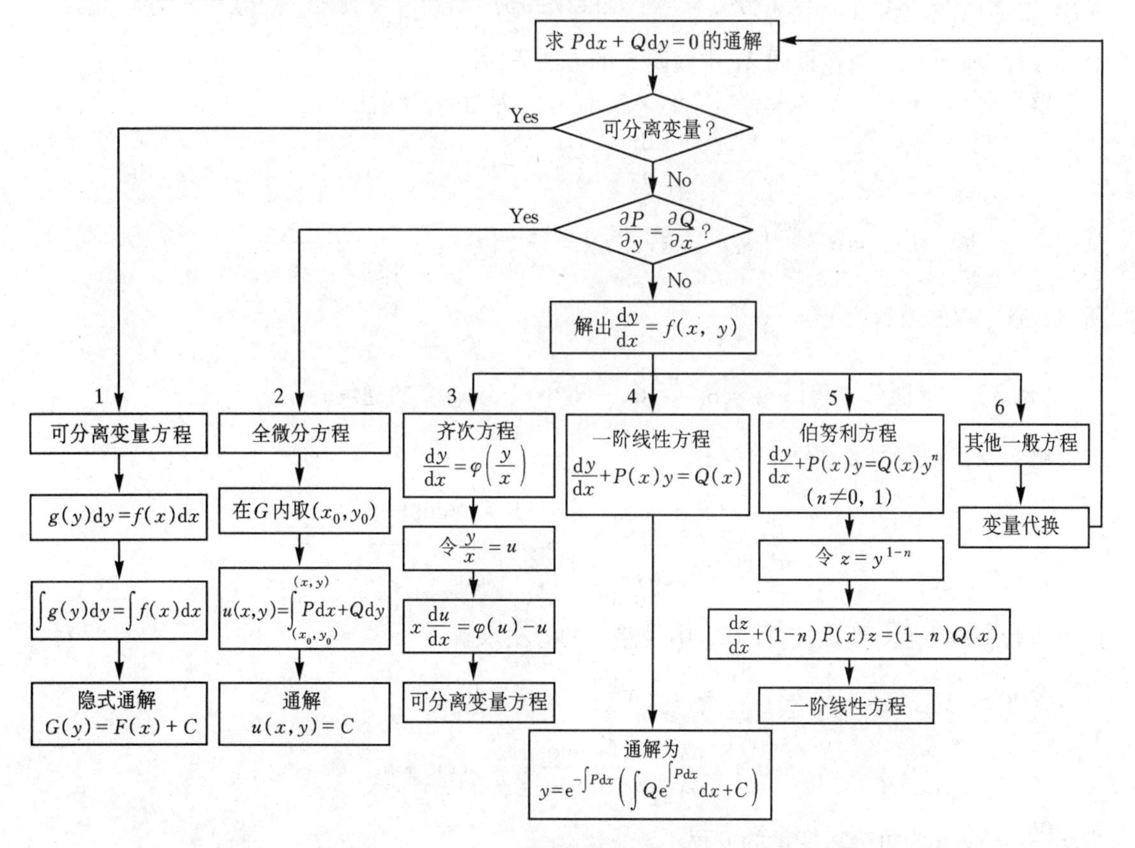

框图 21

2. 应用举例

【例1】 求解微分方程 $y\mathrm{d}x+\sqrt{x^2+1}\,\mathrm{d}y=0$.

解 用观察法，可见它是可分离变量方程. 分离变量为

$$\frac{\mathrm{d}y}{y}=-\frac{\mathrm{d}x}{\sqrt{x^2+1}}.$$

积分，得
$$\ln y=-\ln(x+\sqrt{x^2+1})+\ln C.$$

因此，所求通解为
$$y=\frac{C}{x+\sqrt{x^2+1}}.$$

【例2】 求解微分方程 $x\mathrm{d}y+2(xy^2-y)\mathrm{d}x=0$.

分析 首先可以看出，它不是可分离变量方程；又

$$P=2xy^2-y,\quad Q=x,\quad \frac{\mathrm{d}P}{\mathrm{d}y}=4xy-1,\quad \frac{\mathrm{d}Q}{\mathrm{d}x}=1,$$

显然 $\dfrac{\partial P}{\partial y}\neq\dfrac{\partial Q}{\partial x}$，它也不是全微分方程. 于是继续判别，解出 $\dfrac{\mathrm{d}y}{\mathrm{d}x}$，得 $\dfrac{\mathrm{d}y}{\mathrm{d}x}-\dfrac{1}{x}y=-2y^2$. 这是伯努利方程（$n=2$），故按框图 21 中线路 5 的方法求解.

解 令 $z=y^{-1}$，$z'=-y^{-2}y'$，代入方程可化为为一阶线性方程：

$$\frac{\mathrm{d}z}{\mathrm{d}x}+\frac{1}{x}z=2,$$

从而
$$z=\mathrm{e}^{-\int\frac{1}{x}\mathrm{d}x}\left(\int 2\mathrm{e}^{\int\frac{1}{x}\mathrm{d}x}\mathrm{d}x+C\right)=\frac{1}{x}\left(\int 2x\mathrm{d}x+C\right)=\frac{x^2+C}{x}.$$

所以，原方程的通解为 $y=\dfrac{x}{x^2+C}$.

【例3】 求微分方程 $\left(x+y\cos\dfrac{y}{x}\right)\mathrm{d}x-x\cos\dfrac{y}{x}\mathrm{d}y=0$ 的通解.

解 将方程变形，得

$$\frac{\mathrm{d}y}{\mathrm{d}x}=\frac{x+y\cos\frac{y}{x}}{x\cos\frac{y}{x}}=\frac{1+\frac{y}{x}\cos\frac{y}{x}}{\cos\frac{y}{x}}.$$

此方程为齐次方程，所以按框图 21 中线路 3 的方法求解.

令 $u=\dfrac{y}{x}$，于是 $y=ux$，$\dfrac{\mathrm{d}y}{\mathrm{d}x}=u+x\dfrac{\mathrm{d}u}{\mathrm{d}x}$. 上式可化为

$$u+x\frac{\mathrm{d}u}{\mathrm{d}x}=\frac{1+u\cos u}{\cos u}=\sec u+u.$$

即 $x\dfrac{\mathrm{d}u}{\mathrm{d}x}=\sec u$ 为可分离变量的方程.

分离变量，得
$$\cos u\mathrm{d}u = \frac{\mathrm{d}x}{x}.$$
积分，得
$$\sin u = \ln x - \ln C.$$
所以
$$\mathrm{e}^{\sin u} = \frac{x}{C}.$$
故原方程的通解为
$$x = C\mathrm{e}^{\sin\frac{y}{x}}.$$

【例4】 求微分方程 $x\mathrm{d}y + (x - 2y)\mathrm{d}x = 0$ 的通解．

解法1 由 $x\mathrm{d}y + (x - 2y)\mathrm{d}x = 0$，得 $\frac{\mathrm{d}y}{\mathrm{d}x} = \frac{2y - x}{x}$ 或 $\frac{\mathrm{d}y}{\mathrm{d}x} - \frac{2}{x}y = -1$，为一阶线性微分方程，故原方程的通解为
$$y = \mathrm{e}^{-\int -\frac{2}{x}\mathrm{d}x}\left[\int(-1)\mathrm{e}^{\int -\frac{2}{x}\mathrm{d}x}\mathrm{d}x + c\right] = cx^2 + x.$$
所以，原方程的通解为 $y = cx^2 + x$.

解法2 由 $x\mathrm{d}y + (x - 2y)\mathrm{d}x = 0$，将方程变形得 $\frac{\mathrm{d}y}{\mathrm{d}x} = 2\frac{y}{x} - 1$，此方程为齐次线性微分方程，所以按框图21中线路3的方法求解．

令 $u = \frac{y}{x}$，于是
$$y = ux,\ \frac{\mathrm{d}y}{\mathrm{d}x} = u + x\frac{\mathrm{d}u}{\mathrm{d}x}.$$
得
$$x\frac{\mathrm{d}u}{\mathrm{d}x} = u - 1.$$
变量分离，得
$$\frac{\mathrm{d}u}{u - 1} = \frac{\mathrm{d}x}{x}.$$
两边积分，得
$$\ln(u - 1) = \ln x + \ln c.$$
即
$$u - 1 = cx.$$
故原方程的通解为
$$y = cx^2 + x.$$

【例5】 求微分方程 $(x\mathrm{e}^{-y}\mathrm{d}y - \mathrm{e}^{-y}\mathrm{d}x) + \mathrm{d}y = 0$ 的通解.

解 原方程可化为 $(x\mathrm{e}^{-y} + 1)\mathrm{d}y - \mathrm{e}^{-y}\mathrm{d}x = 0$. 这里，
$$P = -\mathrm{e}^{-y},\quad Q = x\mathrm{e}^{-y} + 1.$$
由于 $\frac{\partial P}{\partial y} = \mathrm{e}^{-y} = \frac{\partial Q}{\partial x}$，故此方程为全微分方程，用框图21中线路2的方法求解.

取 $(x_0, y_0) = (0, 0)$，则
$$u(x, y) = \int_{(0,0)}^{(x, y)}(-\mathrm{e}^{-y})\mathrm{d}x + (x\mathrm{e}^{-y} + 1)\mathrm{d}y$$

$$=\int_0^x(-e^{-y})dx+\int_0^y(0\cdot e^{-y}+1)dy=-xe^{-y}+y.$$

所以原方程的通解为 $y-xe^{-y}=C$.

【例 6】 求微分方程 $(1+y)dx+(x+y^2+y^3)dy=0$ 的通解.

分析 按框图 21 所叙述的方法和思路，由于所给方程不是常见的已知类型的方程，即按通常的想法——将 x 当作自变量，则方程为非线性方程 $\frac{dy}{dx}=-\frac{1+y}{x+y^2+y^3}$. 但若将 x 当作因变量，即将方程改写为 $\frac{dx}{dy}=-\frac{x+y^2+y^3}{1+y}=-\frac{x}{1+y}-y^2$，此时方程变为一阶线性微分方程.

解 因为

$$\frac{dy}{dx}=-\frac{1+y}{x+y^2+y^3},$$

所以

$$\frac{dx}{dy}+\frac{1}{1+y}x=-y^2,$$

为一阶线性微分方程，故原方程的通解为

$$x=e^{-\int\frac{1}{1+y}dy}\left[\int-y^2e^{\int\frac{1}{1+y}dy}dy+C\right]$$

$$=\frac{1}{1+y}\left[\int-y^2(1+y)dy+C\right]=\frac{1}{1+y}\left(-\frac{y^3}{3}-\frac{y^4}{4}+C\right).$$

【例 7】 求微分方程 $\frac{dy}{dx}=\frac{1}{x+2y}$ 的通解.

解法 1 将 $\frac{dy}{dx}=\frac{1}{x+2y}$ 化为 $\frac{dx}{dy}=x+2y$，即

$$\frac{dx}{dy}-x=2y.$$

所以 $\frac{dx}{dy}-x=2y$ 为一阶线性微分方程. 故原方程的通解为

$$x=e^{-\int-dy}\left(\int 2y\cdot e^{\int-dy}dy+c\right)=ce^y-2(y+1).$$

解法 2 令 $x+2y=u$，则

$$\frac{dy}{dx}=\frac{1}{2}\left(\frac{dy}{dx}-1\right).$$

带入原方程 $\frac{du}{dx}=\frac{u+2}{u}$，变量分离，得

$$\left(1-\frac{2}{u+2}\right)du=dx.$$

积分，得

$$u-2\ln|u+2|=x+c.$$

故原方程的通解为

$$y-\ln|x+2y+2|=c.$$

【例 8】　求微分方程 $xy'+y=y(\ln x+\ln y)$ 的通解.

分析　原方程为非标准型方程，把它可化为

$$x\mathrm{d}y+y\mathrm{d}x=y(\ln x+\ln y)\mathrm{d}x.$$

用凑微分法，可变形为 $\mathrm{d}(xy)=y\ln(xy)\mathrm{d}x$，则可采用框图 21 中线路 6 的方法，进行变量代换 $xy=u$.

解　因为
$$x\mathrm{d}y+y\mathrm{d}x=y(\ln x+\ln y)\mathrm{d}x,$$
用凑微分法，可变形为
$$\mathrm{d}(xy)=y\ln(xy)\mathrm{d}x.$$

令 $xy=u$，则方程变为 $\mathrm{d}u=\frac{u}{x}\ln u\mathrm{d}x$，此方程为可分离变量的方程.

分离变量，得
$$\frac{1}{u\ln u}\mathrm{d}u=\frac{1}{x}\mathrm{d}x.$$

积分，得
$$\ln(\ln u)=\ln x+\ln C.$$
$$\ln u=Cx.$$

故原方程的通解为
$$y=\frac{1}{x}\mathrm{e}^{Cx}.$$

【例 9】　求 $y'=(4x+y+4)^2$ 的通解.

分析　此方程为一阶微分方程，依次判别这个方程不是可分离变量的、齐次的、一阶线性的、伯努利的和全微分方程，只能用变量代换，将其化为已知类型. 根据题目的特点，右侧函数为 $4x+y+4$ 的函数，所以令 $u=4x+y+4$.

解　令 $u=4x+y+4$，$y=u-4x-4$，则 $\frac{\mathrm{d}y}{\mathrm{d}x}=\frac{\mathrm{d}u}{\mathrm{d}x}-4$，代入原方程中，得 $\frac{\mathrm{d}u}{\mathrm{d}x}=u^2+4$，此方程为可分离变量得方程.

分离变量，得
$$\frac{\mathrm{d}u}{u^2+4}=\mathrm{d}x,$$

积分，得
$$\frac{1}{2}\arctan\frac{u}{2}=x+C_1.$$

将 $u=4x+y+4$ 代回，得通解
$$\frac{1}{2}\arctan\frac{4x+y+4}{2}=x+C_1.$$

即
$$y=2\tan(2x+C)-4x-4.$$

【例 10】　求 $(1+xy)y\mathrm{d}x+(1-xy)x\mathrm{d}y=0$ 的通解.

分析　此方程为一阶微分方程，依次判别这个方程不是可分离变量的、齐次的、一阶线性的、伯努利的和全微分方程，只能是变量代换，将其化为已知类型. 根据题目的特点，试着寻找合适的变量代换，因为这个方程中含有 xy，所以令 $u=xy$.

解 将方程恒等变形为 $\frac{\mathrm{d}y}{\mathrm{d}x}=-\frac{(1+xy)y}{(1-xy)x}$.

令 $u=xy$，$y=\frac{1}{x}u$，$\frac{\mathrm{d}y}{\mathrm{d}x}=-\frac{1}{x^2}u+\frac{1}{x}\frac{\mathrm{d}u}{\mathrm{d}x}$，代入方程中，得

$$-\frac{1}{x^2}u+\frac{1}{x}\frac{\mathrm{d}u}{\mathrm{d}x}=-\frac{(1+u)u}{(1-u)x^2}.$$

即 $-\frac{1-u}{u^2}\mathrm{d}u=2\frac{\mathrm{d}x}{x}$，为可分离变量的方程.

积分，得

$$\frac{1}{u}+\ln|u|=2\ln|x|+C.$$

将 $u=xy$ 代回，得通解

$$\frac{1}{xy}+\ln\left|\frac{y}{x}\right|=C.$$

【例 11】 求 $y'+\frac{y}{x}\ln y=\frac{y}{x^2}$的通解.

分析 此方程分析同上，根据题目的特点，试寻找合适的变量代换，令 $u=\ln y$ 求解.

解 令 $u=\ln y$，$y=\mathrm{e}^u$，$y'=\mathrm{e}^u u'$，代入原方程，得

$$\mathrm{e}^u u'+\frac{\mathrm{e}^u}{x}u=\frac{\mathrm{e}^u}{x^2}.$$

即

$$u'+\frac{1}{x}u=\frac{1}{x^2},$$

为一阶线性微分方程. 解得

$$u=\frac{1}{x}(C+\ln x).$$

将 $u=\ln y$ 代入上式，得通解

$$\ln y=\frac{1}{x}(C+\ln x).$$

注 对于可降阶的高阶微分方程，通过引入变量进行降阶，转化为一阶微分方程，通过判别一阶微分方程的类型，求出通解，见下面例题.

【例 12】 求微分方程 $(1+x)y''+y'=\ln(x+1)$的通解.

分析 此方程为可降阶的二阶微分方程，由于不显含 y，所以可引入变量 $y'=p(x)$，将二阶微分方程变成一阶微分方程，然后根据一阶微分方程的特点求解.

解 由于不显含 y，令 $y'=p(x)$，则 $y''=p'$，代入原方程得

$$(1+x)p'+p=\ln(x+1).$$

即

$$p'+\frac{p}{1+x}=\frac{\ln(x+1)}{1+x}$$

为一阶线性微分方程. 利用公式，得

$$p = e^{-\int\frac{1}{1+x}dx}\left(\int\frac{\ln(1+x)}{1+x}e^{\int\frac{1}{1+x}dx}dx + C\right)$$

$$= e^{-\ln(1+x)}\left(\int\frac{\ln(1+x)}{1+x}e^{\ln(1+x)}dx + C\right)$$

$$= \frac{1}{1+x}\left(\int\ln(1+x)dx + C_1\right)$$

$$= \ln(1+x) - 1 + \frac{C}{1+x}.$$

即

$$y' = \ln(1+x) - 1 + \frac{C}{1+x}.$$

积分，得通解

$$y = (x + C_1)\ln(x+1) - 2x + C_2.$$

【例 13】　求微分方程 $xy'' = y'\ln\frac{y}{x}$ 的通解．

分析　此方程为可降阶的二阶微分方程．由于不显含 y，所以可引入变量 $y' = P(x)$，则 $y'' = p'$，将二阶微分方程变成一阶微分方程，然后根据一阶微分方程的特点求解．

解　由于微分方程 $xy'' = y'\ln\frac{y}{x}$ 不显含，令 $y'' = p'$，代入原方程，得

$$xp' = p\ln\frac{p}{x}.$$

设 $u = \frac{p}{x}$，则 $p = u - x, p' = u + x\frac{du}{dx}$，所以 $u + x\frac{du}{dx} = u\ln u$ 是可分离变量的方程，即

$$\frac{1}{u(\ln u - 1)}du = \frac{1}{x}dx.$$

积分，得

$$\int\frac{1}{u(\ln u - 1)}du = \int\frac{1}{x}dx.$$

所以

$$\ln|\ln u - 1| = \ln|x| + \ln|C_1|.$$

即 $\ln u = C_1 + 1$，$u = e^{C_1x+1}$，$y' = p = ux = xe^{C_1x+1}$，故原方程通解为

$$y = \int xe^{C_1x+1}dx + C_2 = \frac{e}{C_1}\int xde^{C_1x} + C_2 = \frac{e}{C_1}\left(xe^{C_1x} - \frac{1}{C_1}e^{C_1x}\right) + C_2 \quad (C_1 \neq 0).$$

【例 14】　求微分方程 $yy'' + (y')^2 = 0$ 满足初始条件 $y\big|_{x=0} = 1$，$y'\big|_{x=0} = \frac{1}{2}$ 的特解.

分析　此方程为可降阶的微分方程，由于不显含 x，所以可引入变量 $y' = p(y)$，将二阶微分方程变成一阶微分方程，然后根据一阶微分方程的特点求解.

解　由于不显含 x，令 $y' = p(y)$，所以 $y'' = pp'$，代入原方程，得

$$ypp' + p^2 = 0.$$

所以 $$p=0 \quad 或 \quad yp'+p=0.$$

当 $yp'+p=0$ 时，此方程为可分离变量的方程，分离变量，得

$$\frac{dp}{p}=-\frac{dy}{y}.$$

积分，得 $$\ln p=-\ln y+\ln C_1.$$

所以 $$p=\frac{C_1}{y}, \quad 即 \quad y'=\frac{C_1}{y}.$$

将 $y\big|_{x=0}=1$，$y'\big|_{x=0}=\frac{1}{2}$ 代入，得 $C_1=\frac{1}{2}$.

从而 $$y'=\frac{1}{2y}.$$

分离变量，得 $$y^2=x+C_2.$$

将 $y\big|_{x=0}=1$ 代入，得 $C_2=1$.

所求方程的特解为 $$y^2=x+1.$$

当 $p=0$ 时，即 $y'=0$，积分得 $y=C$，特解为 $y=1$，含在 $y^2=x+1$ 内.

二十三、求二阶常系数非齐次线性微分方程通解的方法

1. 解题方法流程图

求二阶常系数非齐次线性微分方程的通解，一般分为四步：

(1) 写出特征方程并求根；

(2) 求对应的齐次线性方程的通解 Y；

(3) 根据不同类型的自由项 $f(x)$，利用待定系数法求出一个特解 y^*；

(4) 写出原方程的通解 $y=Y+y^*$. 解题方法流程图如框图 22 所示.

2. 应用举例

【例 1】 求微分方程 $y''+3y'+2y=3xe^{-x}$ 的通解.

解 所给的方程是二阶常系数非齐次线性微分方程，它的特征方程为 $r^2+3r+2=0$，解得两个不同的实根 $r_1=-1$，$r_2=-2$，故齐次方程的通解为

$$Y=C_1e^{-x}+C_2e^{-2x}.$$

由于 $f(x)=3xe^{-x}$ 是 $P_m(x)e^{\lambda x}$ 型(其中 $P_m(x)=3x$，$\lambda=-1$)，且 $\lambda=-1$ 是特征方程的单根，所以应设特解 $y^*=x(b_0x+b_1)e^{-x}$，求出 $(y^*)'$，$(y^*)''$，把它们代入原方程，得

$$2b_0x+2b_0+b_1=3x.$$

比较等式两边的系数，得 $2b_0=3$，$2b_0+b_1=0$. 解之得 $b_0=\frac{3}{2}$，$b_1=-3$，由此求得一个特

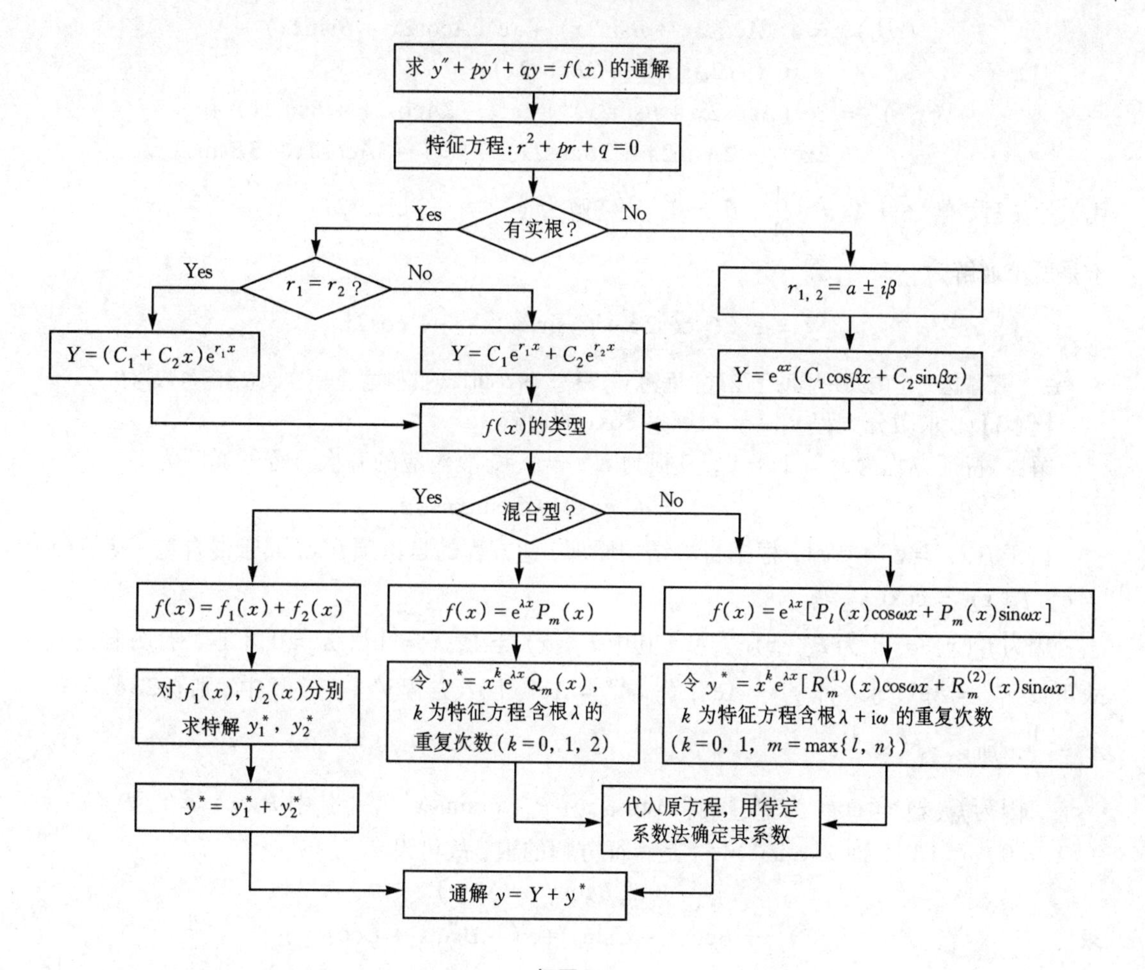

框图 22

解为 $y^*=\left(\frac{3}{2}x^2-3x\right)e^{-x}$. 则原方程的通解为

$$y=Y+y^*=C_1e^{-x}+C_2e^{-2x}+\left(\frac{3}{2}x^2-3x\right)e^{-x}.$$

【例 2】　求微分方程 $y''-2y'+5y=e^x\sin 2x$ 的通解.

解　特征方程为 $r^2-2r+5=0$，其根为 $r_{1,2}=1\pm 2i$，故齐次方程的通解为

$$Y=e^x(C_1\cos 2x+C_2\sin 2x).$$

而 $f(x)=e^x\sin 2x$ 为 $e^{\lambda x}[P_l(x)\cos\omega x+P_n(x)\sin\omega x]$ 型（其中 $P_l(x)=0$，$P_n(x)=1$，$\lambda=1$，$\omega=2$)，因为 $\lambda\pm i\omega=1\pm 2i$ 是特征方程的根，所以应设特解为

$$y^*=xe^x(A\cos 2x+B\sin 2x).$$

$$(y^*)' = e^x(A\cos 2x + B\sin 2x) + xe^x(A\cos 2x + B\sin 2x) + xe^x(-2A\sin 2x + 2B\cos 2x),$$

$$(y^*)'' = 2e^x(A\cos 2x + B\sin 2x) + 2e^x(-2A\cos 2x + B\sin 2x) + 2xe^x(-2A\sin 2x + 2B\cos 2x) + xe^x(-3A\cos 2x - 3B\sin 2x).$$

代入原方程，解之得 $A = -\frac{1}{4}$，$B = 0$，故特解为 $y^* = -\frac{x}{4}e^x\cos 2x$.

于是所求通解为

$$y = e^x(C_1\cos 2x + C_2\sin 2x) - \frac{x}{4}e^x\cos 2x.$$

注 不能因为自由项只出现正弦项，而将 y^* 设为 $xe^xB\sin 2x$. 此例可理解为 $\cos 2x$ 的系数为 0.

【例 3】 求微分方程 $y'' + y = e^x + \cos x$ 的通解.

解 特征方程为 $r^2 + 1 = 0$，其根为 $r_{1,2} = \pm i$，故对应的齐次方程的通解为

$$Y = C_1\cos x + C_2\sin x.$$

由于 $f(x) = e^x + \cos x$，根据特解结构原理，此方程的自由项 $f(x)$ 属于混合型. 令 $f_1(x) = e^x$，$f_2(x) = \cos x$.

因为 $f_1(x) = e^x$ 为 $P_m(x)e^{\lambda x}$ 型[其中 $P_m(x) = 1$，$\lambda = 1$]，$\lambda = 1$ 不是特征方程的根，故可设 $y_1^* = Ae^x$，求 $(y_1^*)' = Ae^x$，$(y_1^*)'' = Ae^x$，代入方程 $y'' + y = e^x$ 中，则有 $2Ae^x = e^x$，$A = \frac{1}{2}$. 所以 $y_1^* = \frac{1}{2}e^x$.

又因为 $f_2(x) = \cos x$ 为 $e^{\lambda x}[P_l(x)\cos\omega x + P_n(x)\sin\omega x]$ 型[其中 $P_l(x) = 1$，$P_n(x) = 0$，$\lambda = 0$，$\omega = 1$]，而 $\lambda \pm i\omega = \pm i$ 是特征方程的根，故可设

$$y_2^* = x(B\cos x + C\sin x).$$

求

$$(y_2^*)' = B\cos x + C\sin x + x(-B\sin x + C\cos x),$$

$$(y_2^*)'' = 2(-B\sin x + C\cos x) + x(-B\cos x - C\sin x).$$

代入方程 $y'' + y = \cos x$ 中，解之得 $B = 0$，$C = \frac{1}{2}$ 所以 $y_2^* = \frac{x}{2}\sin x$.

于是原方程的通解为

$$y = Y + y_1^* + y_2^* = C_1\cos x + C_2\sin x + \frac{1}{2}e^x + \frac{x}{2}\sin x.$$

【例 4】 求微分方程 $y'' - 2y' + y = \sin^2 x$ 的通解.

解 特征方程为 $r^2 - 2r + 1 = 0$，其根为 $r_{1,2} = 1$，故对应的齐次方程的通解为

$$Y = (C_1 + C_2x)e^x.$$

由于 $f(x) = \sin^2 x = \frac{1}{2} - \frac{1}{2}\cos 2x$ 属于混合型，故根据特解结构原理，可设

$$y^* = y_1^* + y_2^* = A + B\cos 2x + C\sin 2x.$$

代入原方程，并比较两边系数，得 $A=\frac{1}{2}$，$B=\frac{3}{50}$，$C=\frac{2}{25}$，从而

$$y^{*}=\frac{1}{2}+\frac{3}{50}\cos 2x+\frac{2}{25}\sin 2x.$$

所以原方程的通解为

$$y=(C_1+C_2x)\mathrm{e}^{x}+\frac{1}{2}+\frac{3}{50}\cos 2x+\frac{2}{25}\sin 2x.$$

【例5】　求微分方程 $y''+y=4\cos x+2\sin x$ 的通解.

解　特征方程为 $r^2+1=0$，其根为 $r_{1,2}=\pm\mathrm{i}$，故齐次微分方程 $y''+y=0$ 的通解为

$$Y=C_1\cos x+C_2\sin x,$$

$\alpha=0,\beta=1$ 是单根.

设微分方程的特解形式为 $y^{*}=x(A\cos x+B\sin x)$，则

$$(y^{*})'=(A+Bx)\cos x+(B-Ax)\sin x,$$
$$(y^{*})''=(2B-Ax)\cos x-(2A+Bx)\sin x.$$

代入微分方程 $y''+y=4\cos x+2\sin x$，得

$$(2B-Ax)\cos x-(2A+Bx)\sin x+x(A\cos x+B\sin x)=4\cos x+2\sin x.$$

比较两边系数，整理得 $2B=4$，$-2A=2$，所以 $A=-1$，$B=2$.
即微分方程的特解为

$$y^{*}=x(-\cos x+2\sin x),$$

所以原方程的通解为

$$y=Y+y^{*}=C_1\cos x+C_2\sin x+x(-\cos x+2\sin x).$$

【例6】　求解微分方程 $y''-3y'+2y=2\mathrm{e}^{-x}\cos x+\mathrm{e}^{2x}(4x+5)$.

解　特征方程 $r^2-3r+2=0$，其解为 $r_1=2,r_2=1$，因此对应的齐次微分方程的通解是

$$Y=C_1\mathrm{e}^{x}+C_2\mathrm{e}^{2x}.$$

为求非齐次线性微分方程的一个特解，将原方程分解为两个方程：

$$y''-3y'+2y=2\mathrm{e}^{-x}\cos x. \tag{1}$$
$$y''-3y'+2y=\mathrm{e}^{2x}(4x+5). \tag{2}$$

方程(1)的一个特解可设为 $y_1^{*}=\mathrm{e}^{-x}(A\cos x+B\sin x)$，求得

$$(y_1^{*})'=\mathrm{e}^{-x}[(B-A)\cos x-(A+B)\sin x],$$
$$(y_1^{*})''=\mathrm{e}^{-x}(-2B\cos x+2A\sin x).$$

代入方程(1)，解得 $A=\frac{1}{5}$，$B=-\frac{1}{5}$. 即

$$y_1^{*}=\frac{1}{5}\mathrm{e}^{-x}(\cos x-\sin x).$$

方程(2) 的一个特解设为 $y_2^* = e^{2x} \cdot x(Cx + D)$，求得

$$(y_2^*)' = e^{2x}[2Cx^2 + 2(C + D)x + D],$$
$$(y_2^*)'' = e^{2x}[4Cx^2 + (8C + 4D)x + 2C + 4D].$$

代入方程(2)，解得 $C = 2$，$D = 1$，即

$$y_2^* = e^{2x}(2x^2 + x).$$

因此，

$$y_1^* + y_2^* = \frac{1}{5}e^{-x}(\cos x - \sin x) + e^{2x}(2x^2 + x)$$

是原方程的一个特解，从而原方程的通解为

$$y = Y + y^* = C_1e^x + (C_2 + x + 2x^2)e^{2x} + \frac{1}{5}e^{-x}(\cos x - \sin x).$$

二十四、微分方程的应用

微分方程的应用问题可以分为两部分：微分方程的建立和解微分方程. 微分方程的建立是根据实际问题或给定条件建立等量关系，从而得到自变量、未知函数和未知函数导数的关系式——微分方程. 解微分方程是按照方程类型求解，一般都是解微分方程的初值问题. 后者方法相对固定，前者涉及其他数学或物理等方面的知识. 下面重点讨论建立方程的方法与步骤.

1. 曲线积分与路径无关及全微分方程问题

在未知函数 $f(x)$ 及其导数含在二元函数 $P(x, y)$ 和 $Q(x, y)$ 中，且已知该曲线积分 $\int_L P\mathrm{d}x + Q\mathrm{d}y$ 与路径无关，或已知 $P\mathrm{d}x + Q\mathrm{d}y = 0$ 为全微分方程，则可以通过关系式 $\frac{\partial P}{\partial y} = \frac{\partial Q}{\partial x}$ 来建立关于 $f(x)$ 的微分方程. 然后，根据所给定的初始条件，确定其特解.

【例 1】 设 $f(x)$ 具有二阶连续导数，且 $f(0) = 0$，$f'(0) = 1$. 已知曲线积分

$$\int_L (xe^{2x} - 6f(x))\sin y\mathrm{d}x - (5f(x) - f'(x))\cos y\mathrm{d}y$$

与积分路径无关，求 $f(x)$.

分析 曲线积分 $\int_L P\mathrm{d}x + Q\mathrm{d}y$ 与路径无关的充分必要条件是 $\frac{\partial P}{\partial y} = \frac{\partial Q}{\partial x}$. 故应首先分别求出 $\frac{\partial P}{\partial y}$ 和 $\frac{\partial Q}{\partial x}$，列出等式 $\frac{\partial P}{\partial y} = \frac{\partial Q}{\partial x}$，建立关于函数 $f(x)$ 的微分方程，然后根据初始条件求特解.

解 因为曲线积分 $\int_L P\mathrm{d}x + Q\mathrm{d}y$ 与路径无关，所以，根据曲线积分与路径无关的条件

$\frac{\partial P}{\partial y}=\frac{\partial Q}{\partial x}$，得

$$-\frac{\partial}{\partial x}[(5f(x)-f'(x))\cos y]=\frac{\partial}{\partial y}[(xe^{2x}-6f(x))\sin y].$$

即

$$-[5f'(x)-f''(x)]\cos y=[xe^{2x}-6f(x)]\cos y,$$

亦即

$$f''(x)-5f'(x)+6f(x)=xe^{2x}.$$

解此二阶常系数非齐次线性微分方程，其通解为

$$f(x)=C_1e^{2x}+C_2e^{3x}-\frac{x}{2}(x+2)e^{2x}.$$

再由 $f(0)=0$，$f'(0)=1$，可得特解

$$f(x)=-2e^{2x}+2e^{3x}-\frac{x}{2}(x+2)e^{2x}.$$

【例 2】　设 $f(x)$ 具有二阶连续导数，$f(0)=0$，$f'(0)=1$，且

$$[xy(x+y)-f(x)y]dx+[f'(x)+x^2y]dy=0$$

为一全微分方程，求 $f(x)$.

分析　方程 $Pdx+Qdy=0$ 是全微分方程的充分必要条件是 $\frac{\partial P}{\partial y}=\frac{\partial Q}{\partial x}$. 故应首先分别求出 $\frac{\partial P}{\partial y}$ 和 $\frac{\partial Q}{\partial x}$，列出等式 $\frac{\partial P}{\partial y}=\frac{\partial Q}{\partial x}$，建立微分方程，然后求其特解.

解　因为 $[xy(x+y)-f(x)y]dx+[f'(x)+x^2y]dy=0$ 为一全微分方程，所以根据 $\frac{\partial P}{\partial y}=\frac{\partial Q}{\partial x}$，得

$$\frac{\partial}{\partial x}[f'(x)+x^2y]=\frac{\partial}{\partial y}[xy(x+y)-f(x)y].$$

即

$$f''(x)+2xy=x^2-2xy-f(x).$$

亦即

$$f''(x)+f(x)=x^2.$$

解此二阶常系数非齐次线性微分方程，其通解为

$$f(x)=C_1\cos x+C_2\sin x+x^2-2.$$

再由 $f(0)=0$，$f'(0)=1$，可得特解

$$f(x)=2\cos x+\sin x+x^2-2.$$

2. 含有积分上限函数的问题

对于给定的一个带有积分上限函数形式的等式，未知函数 $f(x)$ 含在该等式中，则可通过对积分上限函数求一次或两次导数的方法将此等式化为微分方程. 根据初始条件确定满足初始条件的特解.

【例 3】　设 $f(x)=\sin x-\int_0^x(x-t)f(t)dt$，其中 f 为连续函数，求 $f(x)$.

分析 所给等式右端含有积分(未知函数的)上限函数，常称此类等式为积分方程. 应该通过求导的方法，将所给的积分方程化为微分方程的初值问题，进而求解.

特别值得注意的是，此题的积分上限函数 $\int_0^x (x-t)f(t)\,dt$ 的被积表达式中含有(求导)变量x，因此在对x求导时，不能直接利用积分上限函数的性质 $\left(\int_0^x F(t)\,dt\right)' = F(x)$，而应首先将$\int_0^x (x-t)f(t)\,dt$ 变成

$$\int_0^x xf(t)\,dt - \int_0^x tf(t)\,dt = x\int_0^x f(t)\,dt + \int_0^x tf(t)\,dt$$

的形式. 该形式的两项中的第一项 $x\int_0^x f(t)\,dt$ 为两个函数 x 与$\int_0^x f(t)\,dt$ 的乘积，可以按乘积的求导法则求导；而第二项$\int_0^x tf(t)\,dt$ 可以直接利用积分上限函数的性质$\left(\int_0^x F(t)\,dt\right)' = F(x)$求导.

解 将所给等式化为

$$f(x) = \sin x - x\int_0^x f(t)\,dt + \int_0^x tf(t)\,dt.$$

两边对 x 求导，得

$$f'(x) = \cos x - \left[\int_0^x f(t)\,dt + xf(x)\right] + xf(x). \tag{1}$$

即
$$f'(x) = \cos x - \int_0^x f(t)\,dt.$$

两边再对 x 求导，得
$$f''(x) = -\sin x - f(x).$$

即
$$f''(x) + f(x) = -\sin x.$$

解此二阶常系数非齐次线性微分方程，其通解为

$$f(x) = C_1\sin x + C_2\cos x + \frac{x}{2}\cos x.$$

在所给等式及(1) 式中，令 $x=0$，可得初始条件$f(0)=0$，$f'(0)=1$，进而得特解

$$f(x) = \frac{1}{2}\sin x + \frac{x}{2}\cos x.$$

注 值得指出的是，这种由积分方程求导化为微分方程的问题，其初始条件往往要通过积分方程本身以及积分方程求导后的等式得到.

【例 4】 设$f(x)$ 二阶可导，且满足$f(x) = \sin 2x + \int_0^x tf(x-t)\,dt$，求$f(x)$.

分析 此题的积分上限函数$\int_0^x tf(x-t)\,dt$ 的被积表达式中含有(求导) 变量，因此在求

导时，不能直接利用积分上限函数的性质 $\left(\int_0^x F(x)\mathrm{d}x\right)' = F(x)$，而应首先设 $u = x - t$，将 $\int_0^x tf(x-t)\mathrm{d}t$ 变成

$$\int_0^x tf(x-t)\mathrm{d}t = \int_x^0 (x-u)f(u)(-\mathrm{d}u) = x\int_0^x f(u)\mathrm{d}u - \int_0^x uf(u)\mathrm{d}u$$

的形式，则解题方法与例 3 相似.

解　先处理变上限积分 $\int_0^x tf(x-t)\mathrm{d}t$. 设 $u = x - t$，则

$$\int_0^x tf(x-t)\mathrm{d}t = \int_x^0 (x-u)f(u)(-\mathrm{d}u)$$

$$= x\int_0^x f(u)\mathrm{d}u - \int_0^x uf(u)\mathrm{d}u.$$

则将所给等式化为

$$f(x) = \sin 2x + x\int_0^x f(u)\mathrm{d}u - \int_0^x uf(u)\mathrm{d}u.$$

两边对 x 求导，得

$$f(x)' = 2\cos 2x + \int_0^x f(u)\mathrm{d}u + xf(x) - xf(x).$$

即

$$f(x)' = 2\cos 2x + \int_0^x f(u)\mathrm{d}u. \tag{1}$$

两边再对 x 求导，得

$$f(x)'' = -4\sin 2x + f(x).$$

即

$$f(x)'' - f(x) = -4\sin 2x.$$

在所给等式及（1）式中，令 $x = 0$，可得初始条件 $f(0) = 0$, $f(0)' = 2$.

齐次线性微分方程 $y'' - y = 0$ 的通解为

$$y = A\cos 2x + B\sin 2x.$$

代入方程并整理，得 $A = 0$, $B = \frac{4}{5}$.

故特解为

$$y^* = \frac{4}{5}\sin 2x.$$

所以 $y'' - y = -4\sin 2x$ 的通解为

$$y = C_1\mathrm{e}^x + C_2\mathrm{e}^{-x} + \frac{4}{5}\sin 2x.$$

由 $f(0) = 0$, $f(0)' = 2$，得 $C_1 = \frac{1}{5}$, $C_2 = -\frac{1}{5}$，故

$$f(x) = \frac{1}{5}\mathrm{e}^x - \frac{1}{5}\mathrm{e}^{-x} + \frac{4}{5}\sin 2x.$$

3. 几何问题

给定未知函数$f(x)$对应的曲线$y=f(x)$的一些几何性质，通常利用切线的斜率、曲线的曲率、变上限的弧长、变上限曲边梯形的面积、变上限旋转体的体积，或上述某些组合，找出等量关系，从而建立微分方程．在求解这类微分方程时，通常都是求微分方程的初值问题．

【例5】 设曲线L位于平面xOy的第一象限内，L上任一点M处的切线与轴y总相交，交点记为A．已知$|\overline{MA}|=|\overline{OA}|$，且$L$过点$\left(\frac{3}{2},\frac{3}{2}\right)$，求$L$的方程．

分析 应首先设出所求曲线方程$y=y(x)$，然后根据曲线在点$M(x,y)$处的斜率为$y'=y'(x)$求得切线方程［注：切线方程中应用(X,Y)表示切线上动点坐标］，进而求得点A的坐标，由此求得$|\overline{MA}|$和$|\overline{OA}|$的表达式，再通过关系式$|\overline{MA}|=|\overline{OA}|$，建立微分方程．由$x=\frac{3}{2}$，$y=\frac{3}{2}$，可求得特解$y=y(x)$．

解 设曲线L的方程为$y=y(x)$，则L上任一点$M(x,y)$的切线方程为

$$Y-y=y'(X-x).$$

令$X=0$，得$Y=y-xy'$，故点A的坐标为$(0,y-xy')$．于是

$$|\overline{MA}|=\sqrt{(x-0)^2+(y-y+xy')^2}=\sqrt{x^2(1+y'^2)},\ |\overline{OA}|=|y-xy'|.$$

依题意，有

$$|y-xy'|=\sqrt{x^2(1+y'^2)}.$$

化简，得

$$y'-\frac{1}{2x}y=-\frac{x}{2}y^{-1}.$$

解此伯努利方程，其通解为

$$y^2=Cx-x^2.$$

注意到曲线在第一象限且过点$\left(\frac{3}{2},\frac{3}{2}\right)$，即求初值问题$\begin{cases}y^2=Cx-x^2\\ y\left(\frac{3}{2}\right)=\frac{3}{2}\end{cases}$，因此曲线方程为

$$y=\sqrt{3x-x^2}\quad(0<x<3).$$

【例6】 设函数$y(x)$ $(x\geqslant 0)$二阶可导且$y'(x)>0$，$y(0)=1$，过曲线$y=y(x)$上任意一点$P(x,y)$作该曲线的切线及x轴的垂线，上述两直线与x轴所围成的三角形的面积记为S_1，区间$[0,x]$上以$y=y(x)$为曲边的曲边梯形面积记为S_2，并设$2S_1-S_2$恒为1，求此曲线$y=y(x)$的方程．

分析 依题设，先建立所求曲线$y=y(x)$上任一点$P(x,y)$处的切线方程，并求此切线与x轴的交点的坐标．然后分别用定积分表示出两个面积S_1和S_2(图Ⅱ-61)(其中由于S_1是三角形面积，可不用定积分表示)，最后由关系式$2S_1-S_2=1$建立方程．注意到这是一个积分方程，求导后可以转化为微分方程．如例3的分析中所指出的：求微分方程的特解的初始条件要通过积分方程本身以及积分方程求导后的等式得到．

解　曲线 $y=y(x)$ 上点 $P(x,y)$ 处的切线方程为

$$Y-y=y'(x)(X-x).$$

它与 x 轴的交点为 $\left(x-\frac{y}{y'},0\right)$. 由于 $y'(x)>0$, $y(0)=1$, 从而 $y(x)>0$, 于是

$$S_1=\frac{1}{2}y\left|x-\left(x-\frac{y}{y'}\right)\right|=\frac{y^2}{2y'}.$$

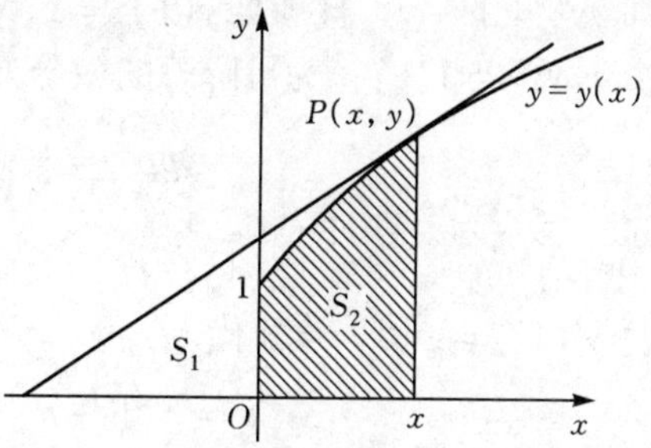

又

$$S_2=\int_0^x y(t)\mathrm{d}t,$$

由条件 $2S_1-S_2=1$ 知

$$\frac{y^2}{y'}-\int_0^x y(t)\mathrm{d}t=1. \tag{2}$$

图 Ⅱ-61

两边对 x 求导并化简，得

$$yy''=(y')^2.$$

解此不显含 x 的二阶可降阶微分方程，已知 $y(0)=1$，由 (2) 式可得出 $y'(0)=1$，即初值问题为

$$\begin{cases}yy''=(y')^2\\ y(0)=1,\ y'(0)=1\end{cases}.$$

可得通解为

$$y=\mathrm{e}^{C_1x+C_2}.$$

将初始条件代入，得

$$C_1=1,\ C_2=0.$$

则曲线方程为

$$y=\mathrm{e}^x.$$

【例7】　在上半平面求一条向上凹的曲线，其上任一点 $P(x,y)$ 处的曲率等于此曲线在该点的法线段 PQ 长度的倒数（Q 是法线与 x 轴的交点），且曲线在点(1，1) 处的切线与 x 轴平行.

分析　应首先设出所求曲线方程 $y=y(x)$，根据曲线在点 $P(x,y)$ 处的斜率为 $y'=y'(x)$ 求得法线方程，进而求得法线与 x 轴的交点 Q 的坐标，由题意曲线为凹的，知 $y''>0$，可求出曲率 K，通过等量关系式 $K=\frac{1}{|PQ|}$，建立微分方程. 最后解出 $y=y(x)$.

解　曲线 $y=y(x)$ 在点 $P(x,y)$ 处的法线方程为 $Y-y=-\frac{1}{y'}(X-x)$. 令 $Y=0$，得交点 $Q(x+yy',0)$，由题意知曲线为凹的，知 $y''>0$，所以

$$K=\frac{y''}{(1+y'^2)^{\frac{3}{2}}}=\frac{1}{|PQ|}=\frac{1}{\sqrt{(x-x-yy')^2+(y-0)^2}}=\frac{1}{y\sqrt{1+y'^2}}.$$

即 $yy''=1+y'^2$ 且满足 $y(1)=1$，$y'(1)=0$.

由于 $yy''=1+y'^2$ 为可降阶的微分方程，且不显含 x，令 $y'=p(y)\Rightarrow y''=pp'$，代入方程，得

$$ypp'=1+p^2,\quad 即\quad \frac{p}{1+p^2}\mathrm{d}p=\frac{1}{y}\mathrm{d}y.$$

积分得
$$y=C_1\sqrt{1+p^2}.$$

将 $y'(1)=p(1)=0$ 代入，得
$$C_1=1.$$

$$y=\sqrt{1+p^2}\Rightarrow y=\sqrt{1+y'^2}\Rightarrow y'=\pm\sqrt{y^2-1}.$$

分离变量，得
$$\frac{\mathrm{d}y}{\sqrt{y^2-1}}=\pm\mathrm{d}x,$$

$$\ln(y+\sqrt{y^2-1})=\pm x+C_2.$$

将 $y(1)=1$ 代入，得
$$C_2=\mp 1.$$

$$\ln(y+\sqrt{y^2-1})=\pm(x-1).$$

即
$$y+\sqrt{y^2-1}=\mathrm{e}^{\pm(x-1)}.$$

【例 8】 求微分方程 $x\mathrm{d}y+(x-2y)\mathrm{d}x=0$ 的一个解 $y=y(x)$，使曲线 $y=y(x)$ 与直线 $x=1$，$x=2$ 以及轴所围成的平面图形绕轴旋转一周的旋转体体积最小.

分析 应首先设出 $x=1$，$x=2$ 以及轴所围成的平面图形绕轴旋转一周，则旋转体体积可以求出，从而建立微分方程，最后解出 $y=y(x)$.

解 原方程可化为 $y'-\frac{2}{x}y=-1$，从而

$$y=\mathrm{e}^{\int\frac{2}{x}\mathrm{d}x}\left(-\int\mathrm{e}^{-\int\frac{2}{x}\mathrm{d}x}\mathrm{d}x+C\right)=x^2\left(\frac{1}{x}+C\right)x+Cx^2.$$

由直线 $y=x+Cx$ 与直线 $x=1$，$x=2$ 及轴所围成的平面图形绕轴旋转一周的旋转体体积为

$$V(c)=\int_1^2\pi(x+cx^2)^2\mathrm{d}x=\pi\left(\frac{31}{5}c^2+\frac{15}{2}c+\frac{7}{3}\right).$$

则

$$V'(c)=\pi\left(\frac{62}{5}c+\frac{15}{2}\right).$$

令 $V'(c)=0$，得 $c=-\frac{75}{124}$. 又 $V''(c)=\frac{62}{5}\pi>0$，故 $c=-\frac{75}{124}$为唯一的极小值点，也是最小值点.

于是得
$$y=y(x)=x-\frac{75}{124}x^2.$$

4. 物体运动轨迹的问题

在平面内运动的物体，其速度方向的变化规律是给定的，求运动的轨迹曲线 $y=f(x)$. 求解此类问题的基本方法是：依照速度方向的变化规律，找到等量关系，建立微分方程，进

而求得曲线 $y=f(x)$ 的表达式. 建立方程时, 值得注意的问题是: 物体运动速度 $\boldsymbol{v}$ 的方向为 $\boldsymbol{a}=\left(1,\dfrac{\mathrm{d}y}{\mathrm{d}x}\right)$. 建立方程的过程一般会涉及三个变量 x, y, t, 最终的目的是建立一个不含 t 的微分方程.

【例 9】 物体 A 从点 $(0,1)$ 出发, 沿 y 轴正向运动, 速度为常数 v. 物体 B 从点 $(-1,0)$ 与 A 同时出发, 速度的方向始终指向 A, 其大小为 $2v$. 试建立物体 B 的轨迹所满足的微分方程, 并列出其初始条件.

分析 设在 t 时刻时, 物体 B 的坐标为 (x,y), 所谓建立方程, 就是建立 y 与 x 的微分 (或导数) 形式的关系式.

首先, 应给出在 t 时刻时物体 A 的坐标, 进而得到向量 $\overrightarrow{BA}$ 的坐标. 注意到向量 $\overrightarrow{BA}$ 与物体 B 运动的速度方向 $\left(1,\dfrac{\mathrm{d}y}{\mathrm{d}x}\right)$ 一致, 可得到一个关系式. 再注意到物体 B 经过 t 时间, 以速度 $2v$ 由点 $(-1,0)$ 运动到点 (x,y), 又可得到一个关系式. 从两个关系式中消去 t, 即可得到 y 与 x 的关系式.

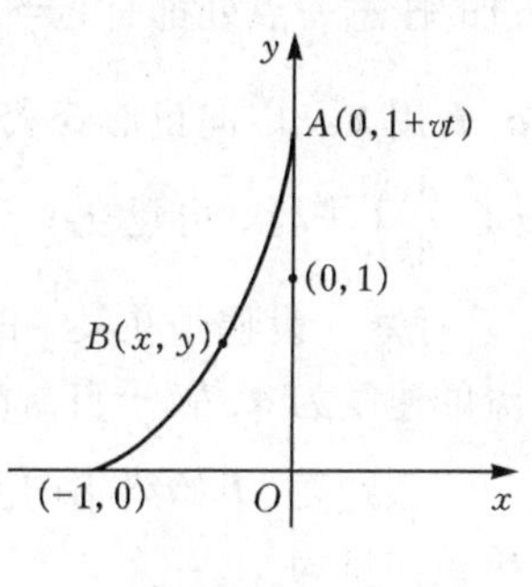

图Ⅱ-62

解 依题意, 在 t 时刻, 物体 A 的位置为 $(0,1+vt)$, 物体 B 的位置为 (x,y) (图Ⅱ-62), 则 $\overrightarrow{BA}=(-x,1+vt-y)$, 与物体 B 运动的速度方向 $\boldsymbol{a}=\left(1,\dfrac{\mathrm{d}y}{\mathrm{d}x}\right)$ 一致, 从而有

$$\frac{-x}{1}=\frac{1+vt-y}{\frac{\mathrm{d}y}{\mathrm{d}x}},$$

即

$$x\frac{\mathrm{d}y}{\mathrm{d}x}=y-1-vt. \tag{3}$$

而物体 B 经过 t 时间所移动的距离应该等于点 $(-1,0)$ 到点 (x,y) 的弧长, 即

$$2vt=\int_{-1}^{x}\sqrt{1+y'^2}\,\mathrm{d}x.$$

将此式代入 (3) 式中, 得

$$x\frac{\mathrm{d}y}{\mathrm{d}x}=y-1-\frac{1}{2}\int_{-1}^{x}\sqrt{1+y'^2}\,\mathrm{d}x.$$

两边对 x 求导, 得

$$x\frac{\mathrm{d}^2y}{\mathrm{d}x^2}+\frac{1}{2}\sqrt{1+y'^2}=0.$$

即

$$xy''+\frac{1}{2}\sqrt{1+y'^2}=0.$$

这是一个不显含 y 的二阶微分方程, 其初始条件 ($t=0$ 时) 为 $y\big|_{x=-1}=0$, $y'\big|_{x=-1}=1$. 即

初值问题为

$$\begin{cases} xy'' + \frac{1}{2}\sqrt{1+y'^2} = 0 \\ y\Big|_{x=-1} = 0,\ y'\Big|_{x=-1} = 1 \end{cases}.$$

【例 10】 设河边点 O 的正对岸为点 A，河宽 $OA = h$，两岸为平行直线，水流速度为 a，有一鸭子从点 A 游向点 O，设鸭子（在静水中）的游速为 b（$b > a$），且鸭子游动方向始终朝着点 O. 求鸭子游过的迹线的方程.

分析 鸭子实际移动的速度 $\boldsymbol{v}$ 是由水流的速度 $\boldsymbol{a}$ 和鸭子自身游速 $\boldsymbol{b}$ 合成的，即在鸭子游过的任意一点处都有 $\boldsymbol{v} = \boldsymbol{a} + \boldsymbol{b}$. 而 $\boldsymbol{v}$ 的方向为 $\left(1, \frac{\mathrm{d}y}{\mathrm{d}x}\right)$. 设 $P(x, y)$ 为鸭子游过的一点，应将 $\boldsymbol{a}, \boldsymbol{b}$ 用 x,y 以向量形式表示出来，进而得到 $\boldsymbol{v}$ 的用 x, y 以向量形式表示式，再利用 $\boldsymbol{v}$ 与向量 $\left(1, \frac{\mathrm{d}y}{\mathrm{d}x}\right)$ 平行，可建立 y 与 x 的微分方程.

解 设鸭子在某一时刻位于 $P(x, y)$，鸭子实际移动的速度为 $\boldsymbol{v}$，水流的速度为 $\boldsymbol{a}$，鸭子自身游速为 $\boldsymbol{b}$（如图 Ⅱ-63）.

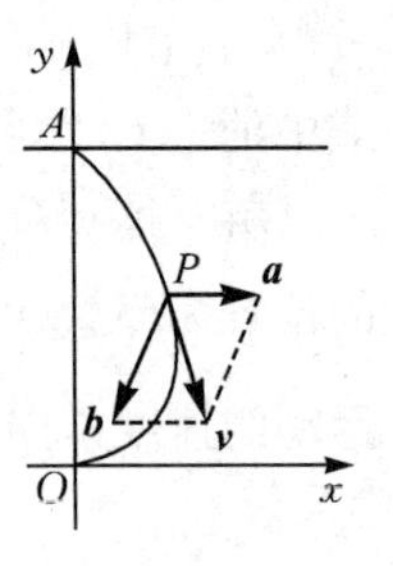

图 Ⅱ-63

依题意，$\boldsymbol{b}$ 始终指向原点 O，而 $\overrightarrow{PO} = (-x, -y)$，从而得与 $\overrightarrow{PO}$ 同向的单位向量为

$$\boldsymbol{e} = \left(-\frac{x}{\sqrt{x^2+y^2}}, -\frac{y}{\sqrt{x^2+y^2}}\right).$$

由此得

$$\boldsymbol{b} = b\boldsymbol{e} = -\frac{b}{\sqrt{x^2+y^2}}(x, y).$$

再由 $\boldsymbol{a} = (a, 0)$ 得

$$\boldsymbol{v} = \boldsymbol{a} + \boldsymbol{b} = \left(a - \frac{bx}{\sqrt{x^2+y^2}}, -\frac{by}{\sqrt{x^2+y^2}}\right).$$

利用 $\boldsymbol{v}$ 平行于 $\left(1, \frac{\mathrm{d}y}{\mathrm{d}x}\right)$，得

$$\frac{a - \frac{bx}{\sqrt{x^2+y^2}}}{1} = \frac{-\frac{by}{\sqrt{x^2+y^2}}}{\frac{\mathrm{d}y}{\mathrm{d}x}}.$$

整理，得
$$\frac{\mathrm{d}x}{\mathrm{d}y} = -\frac{a}{b}\sqrt{\left(\frac{x}{y}\right)^2 + 1} + \frac{x}{y}.$$

解此一阶齐次方程，得通解为

$$x = \frac{1}{2C}\left[(Cy)^{1-\frac{a}{b}} - (Cy)^{1+\frac{a}{b}}\right].$$

由初始条件 $y\big|_{x=0}=h$，可得 $C=\dfrac{1}{h}$，进而得所求迹线方程为

$$x=\frac{h}{2}\left[\left(\frac{y}{h}\right)^{1-\frac{a}{b}}-\left(\frac{y}{h}\right)^{1+\frac{a}{b}}\right]\quad(0\leqslant y\leqslant h).$$

5．在外力作用下物体运动规律的问题

物体在变外力（重力、弹性力和阻力等）作用下，做变速直线运动，求物体的运动规律 $x=x(t)$.

求解此类问题，应依据牛顿第二定律，找到关于时间 t 与位移 x，加速度的大小为 $a=\dfrac{\mathrm{d}^2x}{\mathrm{d}t^2}$ 和速度大小为 $v=\dfrac{\mathrm{d}x}{\mathrm{d}t}$ 之间的等量关系，建立微分方程，进而求得运动规律 $x=x(t)$.

【例11】　某种飞机在机场降落时，为了减少滑行距离，在触地的瞬间，飞机尾部张开减速伞，以增大阻力，使飞机迅速减速并停下．现有一质量为9000 kg 的飞机，着陆时的水平速度为700 km/h．经测试，减速伞打开后，飞机所受的总阻力与飞机的速度成正比（比例系数为 $k=6.0\times10^6$）．问从着陆点算起，飞机滑行的最长距离是多少.

分析　本题是典型的牛顿第二定律问题，飞机受变力的作用做变速直线运动．由于飞机着陆后只受到阻力的作用，所以得到等量关系 $f=ma=m\dfrac{\mathrm{d}v}{\mathrm{d}t}=m\dfrac{\mathrm{d}^2x}{\mathrm{d}t^2}$，从而可建立微分方程，并求解.

解法1　由牛顿第二定律

$$ma=m\frac{\mathrm{d}v}{\mathrm{d}t}=f=-kv.$$

因为

$$\frac{\mathrm{d}v}{\mathrm{d}t}=\frac{\mathrm{d}v}{\mathrm{d}x}\cdot\frac{\mathrm{d}x}{\mathrm{d}t}=v\cdot\frac{\mathrm{d}v}{\mathrm{d}x},$$

代入，得

$$mv\frac{\mathrm{d}v}{\mathrm{d}x}=-kv\Rightarrow\mathrm{d}x=-\frac{m}{k}\mathrm{d}v.$$

此为可分离变量的方程．解得其通解

$$x(t)=-\frac{m}{k}v+C.$$

由初始条件 $v(0)=700$，$x(0)=0$，得 $C=700\dfrac{m}{k}$.

所以

$$x(t)=\frac{m}{k}[700-v(t)].$$

当 $v(t)\to0$ 时，

$$x(t)\to700\frac{m}{k}=1.05\ (\mathrm{km}).$$

解法2　由牛顿第二定律得

$$ma=m\frac{\mathrm{d}^2x}{\mathrm{d}t^2}=f=-kv=-k\frac{\mathrm{d}x}{\mathrm{d}t}.$$

整理，得
$$\frac{\mathrm{d}^2 x}{\mathrm{d}t^2}+\frac{k}{m}\frac{\mathrm{d}x}{\mathrm{d}t}=0.$$
此为二阶常系数齐次微分方程．其特征方程为
$$r^2+\frac{k}{m}r=0.$$
解得特征根
$$r_1=0,\ r_2=-\frac{k}{m}.$$
通解为
$$x=C_1+C_2\mathrm{e}^{-\frac{k}{m}t}.$$
由初始条件 $x(0)=0,\ v(0)=\left.\frac{\mathrm{d}x}{\mathrm{d}t}\right|_{t=0}=700$，得 $C_1=-C_2=700\frac{m}{k}$.

所以
$$x(t)=\frac{700m}{k}(1-\mathrm{e}^{-\frac{k}{m}t}).$$

当 $t\to+\infty$ 时，$x(t)\to\frac{700m}{k}=1.05\ (\mathrm{km})$.

【例 12】 一子弹以速度 $v_0=200\ \mathrm{m/s}$ 打入一块厚度为 10 cm 的纸板，穿透纸板时的速度为 $v_1=100\ \mathrm{m/s}$，设纸板对子弹的阻力与子弹的速度成正比，求子弹穿过纸板所用的时间．

分析 本题为牛顿第二定律问题，可利用关系式 $m\frac{\mathrm{d}^2 s}{\mathrm{d}t^2}=-k\frac{\mathrm{d}s}{\mathrm{d}t}$，并求解．

解 设 t 时刻子弹的位移为 s，子弹的质量为 m，子弹的阻力与子弹的速度的正比例系数为 k，根据牛顿第二定律，有关系式
$$m\frac{\mathrm{d}^2 s}{\mathrm{d}t^2}=-k\frac{\mathrm{d}s}{\mathrm{d}t}.$$
依据题设条件，得到初值问题
$$\frac{\mathrm{d}^2 s}{\mathrm{d}t^2}=-\frac{k}{m}\frac{\mathrm{d}s}{\mathrm{d}t},\quad s\big|_{t=0}=0,\quad \left.\frac{\mathrm{d}s}{\mathrm{d}t}\right|_{t=0}=200. \tag{1}$$
由于微分方程 (1) 中不显含未知函数，因而可令 $\frac{\mathrm{d}s}{\mathrm{d}t}=v$，将方程化为一阶方程 $\frac{\mathrm{d}v}{\mathrm{d}t}=-\frac{k}{m}v$. 分离变量，得 $\frac{\mathrm{d}v}{v}-\frac{k}{m}\mathrm{d}t$. 两端积分，得
$$\ln|v|=-\frac{k}{m}t+C_1,$$
即
$$v=C\mathrm{e}^{\frac{k}{m}t}\quad(\pm\mathrm{e}^{C_1}=C).$$
再由 $\left.\frac{\mathrm{d}s}{\mathrm{d}t}\right|_{t=0}=200$，得 $C=200$，所以 $v=200\mathrm{e}^{\frac{k}{m}t}$，即 $\frac{\mathrm{d}s}{\mathrm{d}t}=200\mathrm{e}^{\frac{k}{m}t}$.

分离变量，得 $\mathrm{d}s=200\mathrm{e}^{\frac{k}{m}t}\mathrm{d}t$，两端积分，得

$$s(t)=-\frac{200m}{k}\mathrm{e}^{\frac{k}{m}t}+C^2 \tag{2}$$

再由 $s\Big|_{t=0}=0$，得 $C_2=\frac{200m}{k}$. 因而

$$s(t)=\frac{200m}{k}-\frac{200m}{k}\mathrm{e}^{\frac{k}{m}t} \tag{3}$$

这里常数$\frac{m}{k}$未知.

现在求子弹穿透纸板的时间. 已知子弹穿透纸板时，$s=0.1\ \mathrm{m}$，$\frac{\mathrm{d}s}{\mathrm{d}t}=100\ \mathrm{m/s}$，将它们分别代入 (2) 式与 (3) 式，就可以确定穿透纸板的时刻，并确定常数$\frac{m}{k}$.

事实上，有

$$\begin{cases}200\mathrm{e}^{\frac{k}{m}t}=100\\ \frac{200m}{k}-\frac{200m}{k}\mathrm{e}^{\frac{k}{m}t}=0.1\end{cases}$$

由此解出 $\frac{m}{k}=\frac{0.1}{100}=0.001$，$t=\frac{\ln 2}{1000}$.

【例 13】　一弹簧的上端固定，下端挂 10 g 重的物体时弹簧伸长 4.9 cm. 现把质量为 500 g 的物体挂于弹簧下端，使成平衡状态. 今由平衡位置往下拉 4 cm 后放手，假设物体在运动过程中所受阻力与速度成正比，其方向与速度方向相反，比例系数是$\sqrt{3}$ N · s/m，求物体的运动规律.

分析　对弹簧振动问题，为简单起见，建立坐标系时常取弹簧振动线路为 x 轴，取平衡位置为原点（这样在物体运动过程中，可以不再考虑重力作用），取最初的拉伸方向为轴正向. 并注意在位移 x 处，弹性力为 $-kx$，这里 k 为弹性系数. 物体运动过程中，受（除去重力以外）弹性力 $F=-kx$ 和阻力 f 两个变力的作用，注意到加速度的大小为 $a=\frac{\mathrm{d}^2x}{\mathrm{d}t^2}$，速度大小为 $v=\frac{\mathrm{d}x}{\mathrm{d}t}$，依牛顿第二定律列出位移 x 关于时间 t 的微分方程，进而求解.

本题中，弹簧挂两次重物. 第一次没有使弹簧振动，仅是为了测得弹性系数；第二次使弹簧振动，这是所要研究的问题.

解　取 x 轴铅直向下，且原点取在第二次挂重物时的平衡位置处. 注意到，振动过程中，重物受两个力弹性力 $F=-kx$ 和阻力 $f=-\sqrt{3}v=-\sqrt{3}\frac{\mathrm{d}x}{\mathrm{d}t}$（$v$ 是速度）. 由牛顿第二定律 $ma=F+f$（m 是重物质量，a 是加速度），得

$$m\frac{\mathrm{d}^2x}{\mathrm{d}t^2}=-kx-\sqrt{3}\frac{\mathrm{d}x}{\mathrm{d}t}. \tag{4}$$

由第一次下挂重物可得弹性系数 $k=\frac{0.098}{0.049}\mathrm{N/m}=2\ \mathrm{N/m}$，并且 $m=0.5\ \mathrm{kg}$，将此代入（4）式，得

$$\frac{\mathrm{d}^2x}{\mathrm{d}t^2}+2\sqrt{3}\frac{\mathrm{d}x}{\mathrm{d}t}+4x=0.$$

又由题意可知，当 $t=0$ 时，$x=0.04$（m），$v=\frac{\mathrm{d}x}{\mathrm{d}t}=0$（m/s）. 从而归结为求解初值问题：

$$\begin{cases}\frac{\mathrm{d}^2x}{\mathrm{d}t^2}+2\sqrt{3}\frac{\mathrm{d}x}{\mathrm{d}t}+4=0\\ x\big|_{t=0}=0.04,\ \frac{\mathrm{d}x}{\mathrm{d}t}\Big|_{t=0}=0\end{cases}.$$

解得此二阶常系数齐次线性方程的题解为

$$x=0.04\mathrm{e}^{-\sqrt{3}t}(\sqrt{3}\sin t+\cos t)=0.08\mathrm{e}^{-\sqrt{3}t}\sin\left(t+\frac{\pi}{6}\right).$$

【例 14】 质量均匀的链条悬挂在钉子上，起动时一端离开钉子 8 m，另一端离开钉子 12m. 若不计钉子对链条产生的摩擦力，求链条自然滑下所需时间.

分析 本题是典型的牛顿第二定律问题（受变力的作用变速直线运动）. 运用牛顿第二定律时，这类问题一定要将物体看成一个点（重心）为研究对象.

建立坐标系时，一般选取物体运动路径为 x 轴，取运动初始时重心（中心）所在位置为原点，取 x 轴方向为物体运动方向.

链条在运动过程中受两个变力的作用：链条长端重力和链条短端重力（阻力）. 注意到加速度大小为 $a=\frac{\mathrm{d}^2x}{\mathrm{d}t^2}$，依牛顿第二定律建立微分方程，并求解.

解 取 x 轴铅直向下，原点取在运动初始时链条的中心所在位置. 当中心下滑（链条下滑）x 时，则下垂那一段的长度为 $12+x$，另一段的长度为 $8-x$. 又设链条的线密度为 ρ，则链条总质量为 20ρ，整个链条（重心）受方向相反的两个重力的作用. 按牛顿第二定律，有

$$(12+x)\rho g-(8-x)\rho g=20\rho\frac{\mathrm{d}^2x}{\mathrm{d}t^2}.$$

即

$$\frac{\mathrm{d}^2x}{\mathrm{d}t^2}-\frac{g}{10}x=\frac{g}{5}.$$

此方程为二阶常系数非齐次线性方程. 注意到初始条件 $x\big|_{t=0}=0$，$\frac{\mathrm{d}x}{\mathrm{d}t}\Big|_{t=0}=0$，可解得特解为

$$x=\mathrm{e}^{\sqrt{\frac{g}{10}}t}+\mathrm{e}^{-\sqrt{\frac{g}{10}}t}-2.$$

由于链条是自然滑下，即 $x=8$，代入求得相应的时间为

$$t=\sqrt{\frac{10}{g}}\ln(5+\sqrt{24}).$$

注　解决在外力作用下，求解物体运动规律的微分方程问题时，应注意的是：建立方程前要建立适当的坐标轴（方向和原点）.

6. 变化率问题及综合

导数描述了两个变量之间的相关变化率，许多变化率问题都可归结为导数问题，其基本过程是通过建立微分方程来求解.

【例 15】　物质 A 和物质 B 化合生成新的物质 X，设反应过程不可逆，在反应初始时刻 A，B，X 的量分别为 a，b，0. 在反应过程中，A，B 失去的量之和为 X 生成的量，并且在 X 中所含的 A 与 B 之比例为 $\alpha:\beta$. 已知 X 的量 x 的增长率与 A，B 的剩余量之积成正比，比例系数 $k>0$，求过程开始后 t 时，生成物 X 的量 x 与时间 t 的关系（其中，设 $ba-\alpha\beta\neq 0$）.

分析　由于在 t 时 X 的量为 x，物质 A 和 B 的比例一定，可得 A 和 B 的量，进而可得物质 A 和 B 剩余的量. 在根据“已知 X 的量 x 的增长率与 A，B 的剩余量之积成正比”，可建立微分方程，进而求解.

解　设在 t 时 X 的量 x，其中含 A 与 B 之比为 $\alpha:\beta$，从而 x 中有物质 A 为 $\frac{\alpha}{\alpha+\beta}x$，有物质 B 为 $\frac{\beta}{\alpha+\beta}x$，从而在时刻 t，A 的剩余量为 $\left(a-\frac{\alpha}{\alpha+\beta}x\right)$，B 的剩余量为 $\left(b-\frac{\beta}{\alpha+\beta}x\right)$，于是得微分方程及初始条件为

$$\begin{cases}\frac{\mathrm{d}x}{\mathrm{d}t}=k\left(a-\frac{\alpha}{\alpha+\beta}x\right)\left(b-\frac{\beta}{\alpha+\beta}x\right).\\ x(0)=0\end{cases}$$

分离变量，积分，得

$$\frac{\alpha+\beta}{a\beta-b\alpha}\ln\left[\frac{a(\alpha+\beta)-\alpha x}{b(\alpha+\beta)-\beta x}\right]=kt+C.$$

由初始条件 $x\big|_{t=0}=0$，可求得

$$C=\frac{\alpha+\beta}{\alpha\beta-b\alpha}\ln\frac{a}{b},$$

从而得 x 与 t 的关系为

$$\frac{\alpha+\beta}{a\beta-b\alpha}\ln\left[\frac{ab(\alpha+\beta)-\alpha bx}{ab(\alpha+\beta)-a\beta x}\right]=kt.$$

【例 16】　某湖泊的水量为 V，每年排入湖泊内含污物 A 的污水量为 $\frac{V}{6}$，流入湖泊内不含 A 的水量为 $\frac{V}{6}$，流出湖泊的水量为 $\frac{V}{3}$. 已知 1999 年底湖中 A 的含量为 $5m_0$，超过国家规

定指标，为了治理污染，从2000年初起，限定排入湖泊中含A污水的浓度不超过$\frac{m_0}{V}$. 问至多需经过多少年，湖泊中污染物A的含量才可降至m_0以内.（注：设湖水中A的浓度是均匀的）.

分析　此题是年度t（时间）与湖泊中A含量m之间变化率$\frac{\mathrm{d}m}{\mathrm{d}t}$问题. 为了得到A的改变量$\mathrm{d}m$与时间间隔$\mathrm{d}t$之间的关系，应考虑在时间间隔$[t, t+\mathrm{d}t]$内，排入与流出湖泊的水中含A的量，从而得到A的改变量$\mathrm{d}m$，由此建立了m与t的微分方程，进而求解.

解　设从2000年初（令此时$t=0$）开始，第t年湖泊中污染物A的总量为m，则浓度为$\frac{m}{V}$. 在时间间隔$[t, t+\mathrm{d}t]$内，排入湖泊中A的量为$\frac{m_0}{V}\cdot\frac{V}{6}\mathrm{d}t=\frac{m_0}{6}\mathrm{d}t$，流出湖泊的水中A的量为$\frac{m}{V}\cdot\frac{V}{3}\mathrm{d}t=\frac{m}{3}\mathrm{d}t$，因而在此时间间隔内湖泊中污染物A的改变量

$$\mathrm{d}m=\left(\frac{m_0}{6}-\frac{m}{3}\right)\mathrm{d}t.$$

解此可分量变量的微分方程，得通解为

$$m=\frac{m_0}{2}-C\mathrm{e}^{-\frac{t}{3}}.$$

代入初始条件$m\big|_{t=0}=5m_0$，得特解为

$$m=\frac{m_0}{2}(1+9\mathrm{e}^{-\frac{t}{3}}).$$

令$m=m_0$，可得$t=6\ln3$. 即至多需经过$6\ln3$年，湖泊中污染物A的含量才能降至m_0以内.

【例17】　一个半球体状的雪堆，其体积融化的速率与半球面面积S成正比，比例常数$K>0$. 假设在融化过程中雪堆始终保持半球体状，已知半径为r_0的雪堆在开始融化的3小时内，融化了其体积的$\frac{7}{8}$，问雪堆全部融化需要多少小时.

分析　所谓融化速率就是雪堆的体积V与时间t的相关变化率$\frac{\mathrm{d}V}{\mathrm{d}t}$. 可根据题设，建立半径$r$与时间$t$的微分方程，也可直接建立体积$V$与时间$t$的微分方程.

解法1　设在时刻t雪堆的半径为r，则其体积$V=\frac{2}{3}\pi r^3$，侧面积为$S=2\pi r^2$，由题设知

$$\frac{\mathrm{d}V}{\mathrm{d}t}=-KS,$$

而

$$\frac{\mathrm{d}V}{\mathrm{d}t}=2\pi r^2\frac{\mathrm{d}r}{\mathrm{d}t},$$

从而有
$$2\pi r^2\frac{dr}{dt}=-2\pi Kr^2.$$
即
$$\frac{dr}{dt}=-K.$$
可求得
$$r=-Kt+C.$$
由 $r\big|_{t=0}=r_0$，得 $r=r_0-Kt$. $V=\frac{2}{3}\pi r^3=\frac{2}{3}\pi(r_0-kt)^3$. 注意到 $V\big|_{t=3}=\frac{1}{8}V\big|_{t=0}$，可解得 $K=\frac{1}{6}r_0$，从而
$$r=r_0-\frac{1}{6}r_0t.$$
因雪球全部融化时 $r=0$，故得 $t=6$，即雪球全部融化需 6 小时.

解法 2　由体积 $V=\frac{2}{3}\pi r^3$，侧面积为 $S=2\pi r^2$，可得 $S=\sqrt[3]{18\pi V^2}$，进而得
$$\frac{dV}{dt}=-KS=-\sqrt[3]{18\pi V^2}K.$$
这是一个可分离变量方程，分离变量，得
$$\frac{dV}{\sqrt[3]{V^2}}=-K\sqrt[3]{18\pi}dt.$$
积分，得
$$3\sqrt[3]{V}=-K\sqrt[3]{18\pi}t+C.$$
将 $V\big|_{t=0}=V_0$ 代入，得
$$C=3\sqrt[3]{V_0}.$$
所以
$$3\sqrt[3]{V}=-K\sqrt[3]{18\pi}t+3\sqrt[3]{V_0}.$$
又因为 $V\big|_{t=3}=\frac{1}{8}V_0$，代入得 $K=\frac{\sqrt[3]{V_0}}{2\sqrt[3]{18\pi}}$.

故
$$3\sqrt[3]{V}=3\sqrt[3]{V_0}-\frac{1}{2}\sqrt[3]{V_0}t.$$
当 $V=0$ 时，$t=6$，即雪球全部融化需 6 小时.

【例 18】　设有高度为 $h(t)$（t 为时间）的雪堆在融化过程中，其侧面满足方程 $z=h(t)-\frac{2(x^2+y^2)}{h(t)}$（设长度单位为 cm，时间单位为 h），已知体积减少的速率与侧面积成正比（比例系数 0.9），问高度为 130 cm 的雪堆全部融化需多少小时.

分析　所谓体积减少的速率就是雪堆的体积 V 与时间 t 的相关变化率 $\frac{dV}{dt}$. 可根据题设，先求出体积 V 和侧面积 A，建立体积减少的速率与侧面积的等量关系，可建立高度与时间 t 的微分方程，解方程即可.

解 侧面Σ: $z=h(t)-\dfrac{z(x^2+y^2)}{h(t)}$在$xOy$面上投影为$D_{xy}$: $x^2+y^2\leqslant\dfrac{h^2}{2}$, 计算体积得

$$V=\iiint_{\Omega}\mathrm{d}v=\iint_{D_{xy}}\left(h(t)-\frac{z(x^2+y^2)}{h(t)}\right)\mathrm{d}x\mathrm{d}y=\int_0^{2\pi}\mathrm{d}\theta\int_0^{\frac{h}{\sqrt{2}}}\left(h(t)-\frac{2r^2}{h(t)}r\mathrm{d}r\right)=\frac{1}{4}\pi h^3(t).$$

侧面面积为

$$A=\iint_{\Sigma}\mathrm{d}S=\iint_{D_{xy}}\sqrt{1+z_x^2+z_y^2}\,\mathrm{d}x\mathrm{d}y=\iint_{D_{xy}}\sqrt{1+\left(\frac{4x}{h}\right)^2+\left(\frac{4y}{h}\right)^2}\,\mathrm{d}x\mathrm{d}y$$

$$=\frac{1}{h}\iint_{D_{xy}}\sqrt{h^2+16(x^2+y^2)}\,\mathrm{d}x\mathrm{d}y=\frac{1}{h}\int_0^{2\pi}\mathrm{d}\theta\int_0^{\frac{h}{\sqrt{2}}}\sqrt{h^2+16r^2}\,r\mathrm{d}r=\frac{13}{12}\pi h^2(t).$$

由题意，得

$$\frac{\mathrm{d}V}{\mathrm{d}t}=-0.9,$$

$$\frac{1}{4}\pi 3h^2(t)\frac{\mathrm{d}h}{\mathrm{d}t}=-0.9\cdot\frac{13}{12}\pi h^2(t).$$

整理，得

$$\frac{\mathrm{d}h}{\mathrm{d}t}=-\frac{13}{10}.$$

解得

$$h(t)=-\frac{13}{10}t+C.$$

将$h(0)=130$代入,得$C=130$, 得雪堆高

$$h(t)=-\frac{13}{10}t+130.$$

雪堆全部融化，即当$h(t)=0$时，$t=100$ (h)，即雪堆全部融化需100小时.

参考文献

[1] 同济大学应用数学系. 高等数学[M]. 5版. 北京:高等教育出版社,2002.

[2] 辽宁工学院数学教研室. 高等数学学习指导[M]. 2版. 沈阳:东北大学出版社,2006.

[3] 佟绍成,王涛. 框图在高等数学解题中的应用[G]. 锦州:辽宁工学院,1996.

[4] 佟绍成,王涛. 高等数学学习中常见错误评析[G]. 锦州:辽宁工学院,1996.

[5] 佟绍成,杜祖缔. 傅里叶级数解题方法流程图[J]. 工科数学,1995,17(1):213-217.

[6] 石月岩,许作良. 高等数学学习中的常见错误及评析[J]. 中国高校科学,1996,8(2):501-507.

[7] 王涛. 高等数学教学中关于学生思维能力培养的研究与探索[J]. 工科数学,2001,17(1):80-84.

[8] 王涛. 框图在高等数学教学中的应用[J]. 辽宁工学院学报,1999,19(增刊):82-86.

[9] 王涛,蔡敏,佟绍成. 关于高等数学中几个重要定理的证明分析[J]. 中国高等教育研究论丛,1995,17(3):153-155.

[10] 唐剑涛,佟绍成. Fourier级数问题解题流程图及其应用[J]. 中国高等教育研究论丛,1995,7(3):211-213.